“十二五”职业教育国家规划教材
经全国职业教育教材审定委员会审定
普通高等教育“十一五”国家级规划教材

数控加工工艺及编程

第2版

主　编　刘万菊
副主编　刘瑞已　陈文杰
参　编　陈思萍
主　审　陈继振

机械工业出版社

本教材是“十二五”职业教育国家规划教材，经全国职业教育教材审定委员会审定。

本教材注重培养学生数控加工的实践能力。通过学习本课程，学生能够较全面地掌握数控加工工艺知识、数控加工编程基本知识及代码指令功能，熟练应用数控编程指令编制出符合加工工艺过程的程序，并在数控设备上完成从工件的装夹定位到加工出符合图样要求的合格零件整个流程。本教材主要内容为数控加工工艺与编程基础、数控刀具、数控车削加工工艺制订与编程、数控铣削加工工艺制订与编程、数控电火花线切割加工工艺制订与编程。

本教材可作为高等职业院校数控技术、机电一体化、模具设计与制造等专业的教材，也可供相关领域工程技术人员参考。

本书配有电子课件，凡使用本书作教材的教师可登录机械工业出版社教育服务网(http://www.cmpedu.com)下载，或发送电子邮件至 cmpgaozhi@sina. com 索取。咨询电话：010-88379375。

图书在版编目(CIP)数据

数控加工工艺及编程 / 刘万菊主编. —2 版. —北京：机械工业出版社，2016. 1(2025.1重印)

“十二五”职业教育国家规划教材 经全国职业教育教材审定委员会审定 普通高等教育“十一五”国家级规划教材

ISBN 978-7-111-52575-2

Ⅰ. ①数… Ⅱ. ①刘… Ⅲ. ①数控机床—加工工艺—高等职业教育—教材②数控机床—程序设计—高等职业教育—教材 Ⅳ. ①TG659

中国版本图书馆 CIP 数据核字(2015)第 308206 号

机械工业出版社(北京市百万庄大街 22 号 邮政编码 100037)

策划编辑：王英杰 责任编辑：武 晋

封面设计：陈 沛 责任校对：肖 琳

责任印制：张 博

北京建宏印刷有限公司印刷

2025 年 1 月第 2 版第 4 次印刷

184mm×260mm · 17 印张 · 415 千字

标准书号：ISBN 978-7-111-52575-2

定价：49.00 元

前　言

数控技术的竞争是制造业竞争的核心，数控技术的普及使企业急需大批数控编程人员，然而，目前数控专业人才，特别是具备综合基础知识，能够现场解决各种数控技术问题的人才较为紧缺，这严重制约了数控设备的使用，影响了制造业的竞争能力。因此，数控人才的培养已迫在眉睫。

本教材以数控技术专业人才培养方案为依据，在内容上兼顾各校培养不同特色人才要求，突出实用性。结合目前职业教育、职业技能培训现状，以培养职业技能为特色，以培养技术应用能力和岗位工作能力为核心，本教材在知识内容的选择方面，贯彻“必需、够用、实用及可操作性”的原则，在编写过程中力求体现“知识新、理念新、技术新”的编写思想，不追求理论知识的系统性和完整性。同时，本教材还兼顾数控机床操作工国家职业标准要求的内容及“双证书”教育，以学生为主体，尽量考虑学生的认识水平和已有的知识能力，将学生的实际状况和培养方案有机结合起来，增大实用性较强的例题、习题、实验、实训题的比例，具有较强的适用性。

本教材针对目前数控技术应用情况，以日本法那科(FANUC)、德国西门子(SIEMENS)和华中世纪星数控系统为例，详细介绍了数控机床加工工艺制订、数控机床编程和数控刀具的应用等内容。

本教材适用对象是高等职业院校数控技术专业、机电一体化专业、模具设计与制造专业的师生及从事数控编程的技术人员。本教材既可用于高职高专教学，又可用于行业培训。

本教材第一章、第三章由湖南工业职业技术学院刘瑞已编写，第二章由天津轻工职业技术学院刘万菊编写，第四章由包头职业技术学院陈思萍编写，第五章由河北机电职业技术学院陈文杰编写。全书由刘万菊教授担任主编并统稿。廊坊职业技术学院陈继振任本教材主审，在此表示衷心感谢！

由于编者水平有限及数控技术发展迅速，书中难免有不妥之处，恳请读者提出宝贵意见。

编　者

目　录

第一章　数控加工工艺与编程基础

学习目的：通过本章的学习，了解数控加工工艺内容，学会对零件图进行数控加工工艺分析；熟悉数控机床坐标系、工件坐标系、编程方法、编程格式及常用指令，并能根据零件图编制数控加工工艺路线。

第一节　数控加工工艺的基本内容

一、数控加工工艺基本概念

1. 数控加工

数控加工是根据零件图样及工艺要求等原始条件编制零件数控加工程序(简称为数控程序)，输入数控系统，控制数控机床中刀具与工件的相对运动，从而完成零件的加工。

2. 数控加工技术

数控加工技术是综合了普通金属切削加工、计算机数字控制、计算机辅助制造等技术的一门先进加工技术。目前，数控加工技术正从深度、广度上对机械加工技术进行革命性的变革。

3. 数控加工工艺

数控加工工艺是数控加工工艺过程中所用的各种方法和技术手段的总称。它是伴随着数控机床的产生、发展而逐步完善起来的一种应用技术，是人们大量数控加工实践的经验总结。

4. 数控加工工艺过程

数控加工工艺过程是利用切削工具在数控机床上直接改变加工对象的形状、尺寸、表面位置、表面状态等，使其成为成品或半成品的过程。

二、数控加工工艺的主要内容

1. 数控加工工艺的主要内容

数控加工与通用机床加工在方法与内容上有一些相似之处，但也有许多不同，最大的不同表现在控制方式上。一般来说，数控加工工艺主要包括以下几个方面的内容：

1）通过分析零件图，选择并确定数控加工的内容。

2）结合加工表面的特点和数控设备的功能对零件进行数控加工工艺分析。

3）进行数控加工的工艺设计。

4）根据编程的需要，对零件图形进行数学处理和计算。

5）编写加工程序单(自动编程时为源程序,由计算机自动生成目标程序——加工程序)。

6）按程序单制作控制介质，如磁带和磁盘等。

7）检验与修改加工程序。

8）首件试加工，以进一步修改加工程序，并对现场问题进行处理。

9）编制数控加工工艺技术文件，如数控加工工序卡、刀具卡、程序说明卡和进给路线图等。

2. 数控加工的工艺特点

数控加工与通用机床加工相比较，在许多方面遵循的原则基本一致。但由于数控机床本身自动化程度较高，控制方式不同，设备费用也高，使数控加工工艺相应形成了以下几个特点。

（1）工艺的内容十分具体　在用通用机床加工时，许多具体的工艺问题可以由操作工人根据自己的实践经验和习惯自行考虑和决定，一般无需工艺人员在设计工艺规程时进行过多的规定。而在数控加工时，工艺人员不仅要认真考虑这些具体的工艺问题，而且还必须做出正确的选择并编入加工程序中。

（2）工艺的设计非常严密　数控机床虽然自动化程度较高，但自适应性差。它不像通用机床，加工时可以根据加工过程中出现的问题，比较灵活自由地适时进行人为调整。即使人们在现代数控机床自适应调整方面已经做出了不少努力与改进，但调整的自由度也不大。例如，数控机床在加工螺纹时，不知道孔中是否已挤满切屑，是否需要退一下刀，或先清理一下切屑再加工。所以，在数控加工的工艺设计中必须注意加工过程中的每一个细节。同时，在对图形进行数学处理、计算和编程时，都要力求准确无误，以使数控加工顺利进行。

（3）注重加工的适应性　根据数控加工的特点，正确选择加工方法和加工对象。数控加工自动化程度高，质量稳定，可多坐标联动，便于工序集中；但由于价格昂贵、操作技术要求高等特点均比较突出，加工方法、加工对象选择不当往往会造成较大损失。为了既能充分发挥出数控加工的优点，又能达到较好的经济效益，在选择加工方法和对象时要特别慎重，甚至有时还要在基本不改变工件原有性能的前提下，对其形状、尺寸和结构等进行适应数控加工的修改。

3. 数控加工的工艺适应性

这里所指的适应性是广义的，不讨论某个具体数控设备适应加工什么零件。根据数控加工的特点，一般可按工艺适应程度将零件分为下列三类。

（1）最适应类　最适应数控加工的零件大致有以下几种：

1）形状复杂，加工精度要求高，用通用加工设备无法加工或虽然能加工但很难保证产品质量的零件。

2）用数学模型描述的复杂曲线或曲面轮廓零件。

3）难测量、难控制进给或难控制尺寸的壳体或盒形零件。

4）必须在一次装夹中合并完成铣、镗、铰或攻螺纹等多工序的零件。

对于上述零件，可以先不要过多地去考虑生产率与经济上是否合理，而首先应考虑能不能把它们加工出来，要着重考虑可能性问题。只要有可能，就应把采用数控加工作为优选方案。

（2）较适应类　较适应数控加工的零件大致有下列几种：

1）在通用机床上加工时极易受人为因素（如情绪波动、体力强弱和技术水平高低等）干扰，零件价值又高，一旦质量失控便造成重大经济损失的零件。

2）在通用机床上加工必须制造复杂专用工装的零件。

3）需要多次更改设计后才能定形的零件。

4）在通用机床上加工需要做长时间调整的零件。

5）用通用机床加工时，生产率很低或劳动强度很大的零件。

对这类零件在分析其可加工性以后，从提高生产率及经济效益方面衡量，一般可把它们作为数控加工的主要选择对象。

（3）不适应类　根据数控加工的特点及应用实践，下列零件一般不太适合数控加工：

1）生产批量大的零件（当然不排除其中个别工序用数控机床加工）。

2）装夹困难或完全靠找正定位来保证加工精度的零件。

3）加工余量很不稳定，且数控机床上无在线检测系统可自动调整零件坐标位置的零件。

4）必须用特定的工艺装备协调加工的零件。

对以上零件采用数控加工后，在生产率与经济效益方面一般无明显改善，更有可能弄巧成拙或得不偿失，所以一般不应作为数控加工的选择对象。

三、数控加工工艺过程的组成

数控加工工艺过程是由一个或若干个顺序排列的工序组成的，而工序又可分为安装、工位、工步和行程。

1. 工序

一个或一组工人，在一个工作地对同一个或同时对几个工件所连续完成的那一部分工艺过程，称为工序。

区分工序的主要依据是设备（或工作地）是否变动和完成的那一部分工艺内容是否连续。零件加工的设备变动后，即构成了另一工序。

工序不仅是制订工艺过程的基本单元，也是制订时间定额、配备工人、安排作业计划和进行质量检验的基本单元。

2. 工步与行程

在一个工序内，往往需要采用不同的工具对不同的表面进行加工。为了便于分析和描述工序的内容，工序还可以进一步划分为若干工步。工步是指在加工表面（或装配时的连接表面）和加工（或装配）工具不变的条件下所完成的那部分工艺过程。一个工序可以包括几个工步，也可以只有一个工步。

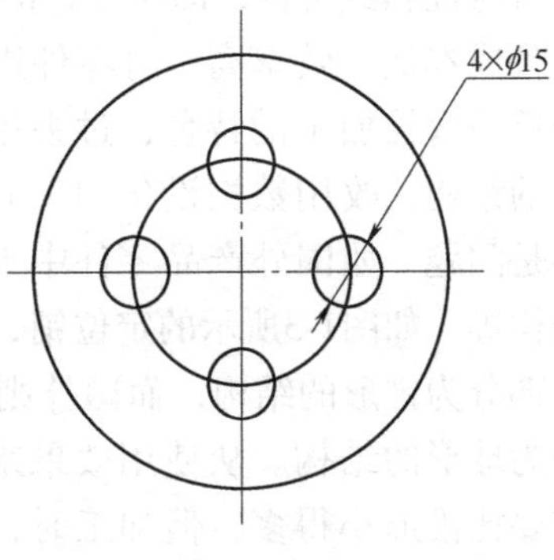

图 1-1　4 个 ϕ15mm 孔的钻削

一般构成工步的任一因素（加工表面和刀具）改变后，就划为另一工步。但对于那些在一次安装中连续进行的若干相同工步，如图 1-1 所示零件上的 4 个 ϕ15mm

孔的钻削，可写成一个工步，即钻4×ϕ15mm孔。为了提高生产率，用几把刀具同时加工几个表面的工步，称为复合工步。在工艺文件上，复合工步应视为一个工步。

行程分工作行程和空行程。工作行程是指刀具以加工进给速度相对工件所完成一次进给运动的工步部分。空行程是指刀具以非加工进给速度相对工件所完成一次进给运动的工步部分。

3. 安装与工位

工件在加工之前，在机床或夹具上先占据一正确位置(定位)，然后再予以夹紧的过程称为装夹。工件(或装配单元)经一次装夹后所完成的那一部分工序内容称为安装。在一个工序中，工件可能只需一次安装，也可能需要几次安装。工件加工中应尽量减少安装的次数，因为多一次安装就造成多一次的安装误差，而且还增加了辅助时间。

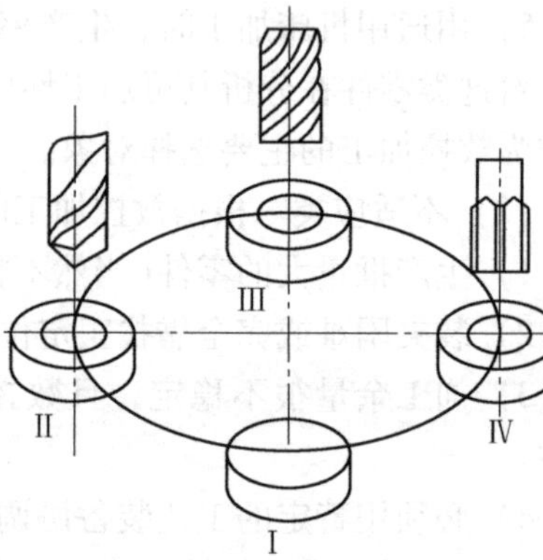

图 1-2　多工位加工

为了完成一定的工序内容，一次装夹工件后，工件(或装配单元)与夹具或设备的可动部分一起相对刀具或设备的固定部分所占据的每一个位置称为工位。为了减少工件安装的次数，在大批量生产时，常采用各种回转工作台、回转夹具或移位夹具，使工件在一次安装中先后处于几个不同位置进行加工。此时工件在机床上占据每一个加工位置均称为工位。图 1-2 所示为一种用回转工作台在一次安装中完成装卸工件、钻孔、扩孔和铰孔 4 个工位加工的实例。

四、对零件图进行数控加工工艺分析

(一) 结构工艺性分析

在进行数控加工工艺性分析时，工艺人员应根据所掌握的数控加工基本特点及所用数控机床的功能和实际工作经验，力求把这一前期准备工作做得更仔细、更扎实一些，以便为下面要进行的工作铺平道路，减少失误和返工，不留遗患。

1. 零件结构工艺性

零件结构工艺性是指在满足使用要求前提下零件加工的可行性和经济性，即所设计的零件结构应便于加工成形，并且成本低，效率高。对零件进行结构工艺性分析时要充分反映数控加工的特色，过去用普通设备加工时工艺性很差的结构，改用数控设备加工时，其结构工艺性则可能不再是问题，如国外产品零件中大量使用的圆弧结构、微小结构等。如图1-3所示的定位销，国内普遍采用图 1-3a 中销头部分为锥形的结构，而国外则普遍采用图 1-3b 中销头部分为球形的结构。从使用效果来说，球形结构对工件的划伤要比锥形小得多，但加工时，球形的销必须用数控车削加工。一般来说，对图样的工艺性分析与审查，是在不损

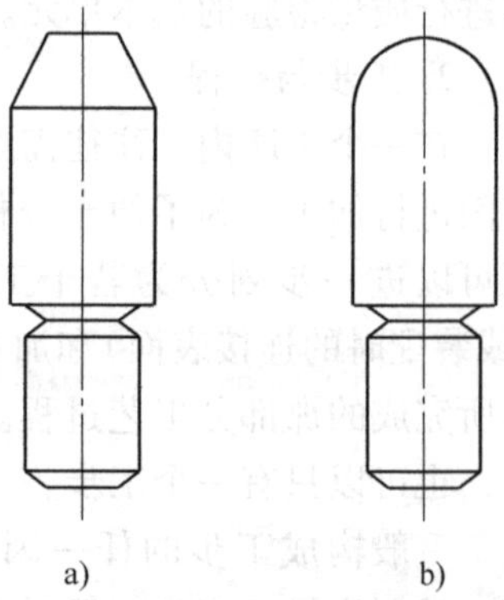

图 1-3　两种结构形式的定位销

害零件使用特性的许可范围内，更多地满足数控加工工艺的各种要求，尽可能采用适合数控加工的结构，尽可能发挥数控加工的优越性原则下进行。

2. 零件结构工艺性分析的主要内容

（1）审查与分析零件图样中的尺寸标注方法是否适应数控加工的特点　对数控加工来说，最倾向于以同一基准标注尺寸或直接给出坐标尺寸，即坐标标注法。这种标注法既便于编程，也便于尺寸之间的相互协调，为保证设计、定位、检测基准与编程原点设置的一致性带来很大方便。由于零件设计人员往往在尺寸标注中较多地考虑装配等使用特性要求，而不得不采取局部分散的标注方法，这样会给工序安排与数控加工带来诸多不便。事实上，由于数控加工精度及重复定位精度都很高，不会因产生较大的积累误差而破坏使用特性，因而改变局部的分散标注法为集中标注或坐标式尺寸标注是完全可行的。目前，国外的产品零件设计尺寸标注绝大部分采用坐标标注法，这是他们基本采用数控设备制造并充分考虑数控加工特点所采取的一种设计原则。

（2）审查与分析零件图样中构成轮廓的几何元素的条件是否充分、正确　在零件设计过程中往往存在难以完全避免的问题，编程人员常常遇到构成零件轮廓的几何元素的条件不充分或模糊不清，甚至多余的情况，如圆弧与直线、圆弧与圆弧到底是相切还是相交，有些明明是画成相切，但根据图样给出的尺寸计算相切条件不充分或条件多余而变为相交或相离状态，这会使编程人员无从下手。有时，所给条件又过于“苛刻”或自相矛盾，增加了数学处理与节点计算的难度。因为在自动编程时要对构成轮廓的所有几何元素进行定义，手工编程时要计算出每一个节点坐标，无论哪一点不明确或不确定，编程都无法进行。因此，在审查与分析图样时，一定要仔细认真，发现问题应及时找设计人员更改。

例如图 1-4 所示的圆弧与斜线的关系要求为相切，但经计算后却为相交关系，而并非相切。又如图 1-5 所示，图样上给定几何条件自相矛盾，其给出的各段长度之和不等于其总长。

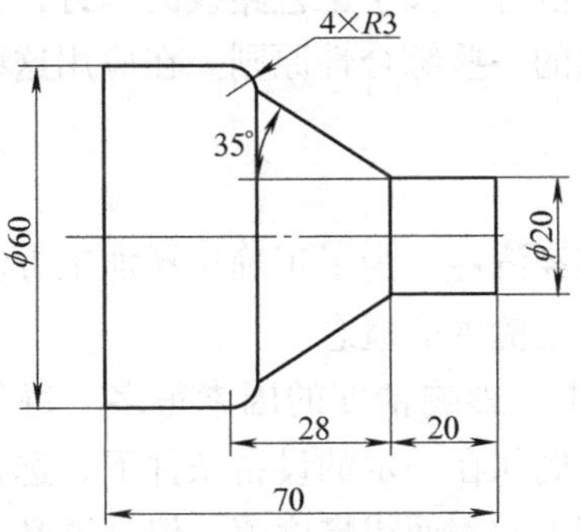

图 1-4　几何要素缺陷示例一

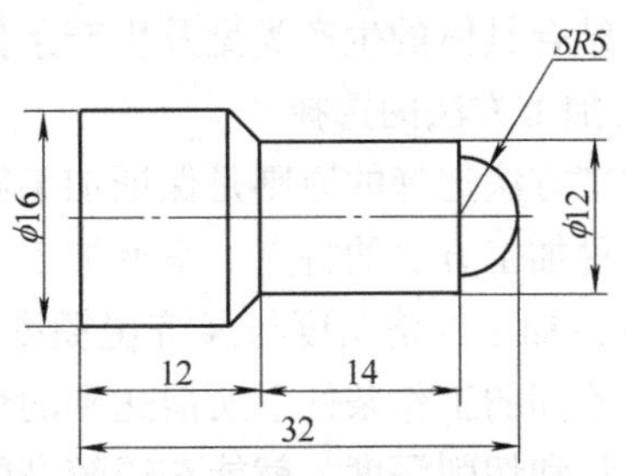

图 1-5　几何要素缺陷示例二

（3）审查与分析在数控车床上加工时零件结构的合理性　例如图 1-6a 所示零件，需用三把不同宽度的车槽刀车槽，如无特殊需要，显然是不合理的。若改成图 1-6b 所示结构，只需一把刀即可车出三个槽。既减少了刀具数量，少占了刀架刀位，又节省了换刀时间。

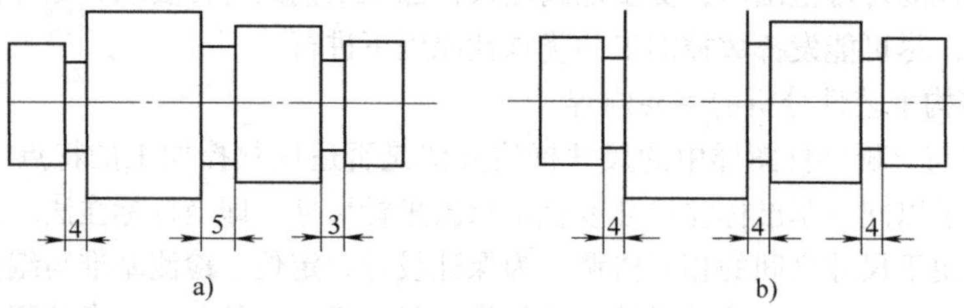

图 1-6 结构工艺性示例

(二) 精度及技术要求分析

对被加工零件的精度及技术要求进行分析，是零件工艺性分析的重要内容，只有在分析零件精度和表面粗糙度的基础上，才能对加工方法、装夹方式、进给路线、刀具及切削用量等进行正确而合理的选择。

精度及技术要求分析的主要内容如下：

1) 分析精度及各项技术要求是否齐全、合理。对采用数控加工的表面，其精度要求应尽量一致，以便最后能一刀连续加工。

2) 分析本工序的数控车削加工精度能否达到图样要求，若达不到，需采取其他措施(如磨削)弥补的话，注意给后续工序留有余量。

3) 找出图样上有较高位置精度要求的表面，这些表面应在一次安装下完成。

4) 对表面粗糙度值要求较小的表面，应确定用恒线速切削。

五、零件数控加工工艺路线的拟订

机械加工工艺规程的制订大体可分为两部分：拟订零件加工工艺路线，确定各道工序的工序尺寸及公差、所用设备及工艺装备、切削用量和时间定额等。

工艺路线的拟订是制订工艺规程的关键，其主要任务是选择各个表面的加工方法和加工方案，确定各个表面的加工顺序以及工序集中与分散等。关于工艺路线的拟订，目前还没有一套普遍而完善的方法，多采取生产实践总结出的一些综合性原则。在应用这些原则时，要结合具体的生产类型及生产条件灵活处理。

1. 加工方法的选择

加工方法选择的原则是保证加工质量、生产率与经济性。为了正确选择加工方法，应了解各种加工方法的特点、掌握加工经济精度及经济粗糙度的概念。

(1) 加工经济精度与经济粗糙度　在加工过程中，影响精度的因素很多。每种加工方法在不同的工作条件下所能达到的精度是不同的。例如在一定的设备条件下，选择较低的进给量和切削深度，就能获得较高的加工精度和较小的表面粗糙度值。但是这必然会使生产率降低，生产成本增加。反之，生产率提高，成本降低，但会增大加工误差，降低加工精度。

加工经济精度是指在正常的加工条件下(采用符合质量的标准设备、工艺装备和标准技术等级的工人,不延长加工时间)所能保证的加工精度。

经济粗糙度的概念类同于经济精度的概念。

（2）选择加工方法时考虑的因素　选择加工方法，一般是根据经验或查表来确定，再根据实际不同情况或工艺试验进行修改。一般来讲，满足同样精度要求的加工方法有若干种，所以选择时还要考虑下列因素。

1）选择相应能获得经济精度的加工方法。例如，公差等级为 IT7，表面粗糙度值 Ra 为 0.4μm 的外圆柱表面，通过精车可以达到要求，但不如磨削经济。

2）工件材料的性质。例如，淬火钢的精加工用磨削；而对于有色金属圆柱表面的精加工，为避免磨削时堵塞砂轮，要选用高速精细车或精细镗(金刚镗)。

3）工件的结构形状和尺寸大小。例如对于公差等级为 IT7 的孔，采用镗削、铰削、拉削和磨削均可达到要求。但箱体上的孔一般不宜选择拉孔或磨孔，而宜选择镗孔（大孔）或铰孔（小孔）。

4）结合生产类型考虑生产率与经济性。大批量生产时，应采用高效率的先进工艺。例如，加工孔和平面用拉削方法，同时加工几个表面用组合铣削和磨削等。单件小批生产时，宜采用刨削、铣削平面和钻、扩、铰孔等加工方法，避免盲目地采用高效加工方法和专用设备，造成经济损失。

5）现有生产条件。应该充分利用现有设备，选择加工方法时要注意合理安排设备负荷；同时要充分挖掘企业潜力，发挥工人的创造性。

2. 加工顺序的确定

复杂工件的机械加工工艺路线包含切削加工、热处理和辅助工序。因此，在拟订工艺路线时，必须全面地把切削加工、热处理和辅助工序一起考虑，合理安排。为确定各表面的加工顺序和工序数目，生产中已总结出一些指导性原则及具体安排中应注意的问题。现分述如下：

（1）机械加工工序的安排原则

1）划分加工阶段。工件的加工质量要求较高时，都应划分加工阶段。一般可分为粗加工、半精加工和精加工三个阶段。如果加工精度要求特别高，表面粗糙度值要求特别小时，还可增设光整加工和超精密加工阶段。

应当指出，划分加工阶段是针对零件加工的整个过程来说的，不能从某一表面的加工或某一工序的性质来判断。例如，有些定位基准面，在半精加工甚至在粗加工阶段就要完成而不能放在精加工阶段。

2）先加工基准面。选为精基准的表面，应安排在起始工序先进行加工，以便尽快为后续工序提供精基准。

3）先面后孔。对于箱体、支架和连杆等零件，应先加工平面后加工孔。这是因为平面的轮廓平整，安放和定位比较稳定可靠。若先加工好平面，就能以平面定位加工孔，便于保证平面与孔的位置精度。另外，平面先加工好，给平面上的孔加工也带来方便，可使刀具的初始工作条件得到改善。

4）次要表面穿插在各加工阶段进行。次要表面一般加工量都较少，加工比较方便，把次要表面穿插在各加工阶段中进行加工，既能使加工阶段更加明显和顺利进行，又能增加加工阶段间的时间间隔，以便有足够的时间使工件中的残余应力重新分布，并使其引起的变形充分表现，得以在后续工序中修正。

（2）工序集中与分散　在拟订零件加工的工艺路线时，确定工序集中或分散是很重要的。

工序集中就是将工件的加工集中在少数几道工序内完成，每道工序加工内容较多。工序分散就是将工件的加工分散在较多的工序中进行，每道工序的内容很少，最少时每道工序仅包含一个简单工步。

工序集中与工序分散各有利弊，应根据生产类型、现有生产条件、企业能力、工件结构特点和技术要求等进行综合分析，择优选用。

例如，单件小批生产采用万能机床顺序加工，使工序集中，可以简化生产计划和组织工作；对于重型工件，为了减少工件装卸和运输的劳动量，工序应适当集中；但对一些结构较简单的产品(如轴承)和刚性差、精度高的精密工件，则工序应适当分散。

目前的发展趋势是倾向于工序集中。

（3）工序顺序的安排

1）机械加工工序的安排。根据零件的功用和技术要求，先将零件的主要表面和次要表面分开，然后着重考虑主要表面的加工顺序。安排的一般顺序是：加工精基准面→粗加工主要表面→半精加工主要表面→精加工主要表面→光整加工、超精密加工主要表面。次要表面的加工穿插在各阶段之间进行。

由于次要表面精度要求不高，一般在粗、半精加工阶段即可完成，但对于那些同主要表面有密切关系的表面，如主要孔周围的紧固螺孔等，通常置于主要表面精加工之后完成，以便保证它们的位置精度。

2）热处理工序的安排。热处理的目的是提高材料的力学性能，消除残余应力和改善金属的加工性能。

常用的热处理工艺有退火、正火、调质、时效、淬火、回火、渗碳和渗氮等。按照热处理的不同目的，上述热处理工艺可分为两类：预备热处理和最终热处理。

① 预备热处理的目的是改善加工性能、消除内应力和为最终热处理准备良好的金相组织。其处理工艺有退火、正火、时效和调质等。退火和正火用于经过热加工的毛坯，常安排在毛坯制造之后、粗加工之前进行。时效处理主要用于消除毛坯制造和机械加工过程中所产生的内应力，最好安排在粗加工之后、半精加工之前进行。为了避免过多的运输工作量，对于精度要求不太高的零件，一般在粗加工之前安排一次时效处理即可。但对于高精度的复杂铸件(如坐标镗床的箱体等)，应安排两次时效工序，即铸造→粗加工→时效→半精加工→时效→精加工。简单铸件一般不进行时效处理。调质处理常安排在粗加工之后、半精加工之前进行。

② 最终热处理的目的是提高零件材料的硬度、耐磨性和强度等力学性能。处理工艺包括淬火、渗碳和渗氮等。淬火一般安排在精加工之前。渗碳适用于碳钢和低合金钢。它一般安排在精加工之前。在渗氮处理中，渗氮层可以提高零件表面的硬度、耐磨性、抗疲劳强度和耐蚀性。由于渗氮处理温度较低，变形小，且渗氮层较薄(一般不超过0.6~0.7mm)，故渗氮工序应尽量靠后安排。为了减少渗氮时的变形，在切削加工后一般需要进行消除应力的高温回火。

3）辅助工序的安排。辅助工序一般包括去毛刺、倒棱、清洗、防锈、退磁和检验等。其中，检验工序是主要的辅助工序，它对产品的质量有重要的作用。

3. 数控加工工艺路线的拟订

（1）工序的划分　根据数控加工的特点，数控加工工序的划分一般可按下列方法进行。

1）以一次安装加工作为一道工序。这种方法适合于加工内容不多的工件，加工完后就能达到待检状态。

2）以同一把刀具加工的内容划分工序。有些零件虽然能在一次安装中加工出很多待加工面，但考虑到程序太长，会受到某些限制，如控制系统的限制（主要是内存容量）、机床连续工作时间的限制（如一道工序在一个工作班内不能结束）等。此外，程序太长会增加出错率，造成查错与检索困难。因此程序不能太长，一道工序的内容不能太多。

3）以加工部位划分工序。对于加工内容很多的零件，可按其结构特点将加工部位分成几个部分，如内形、外形、曲面或平面等。

4）以粗、精加工划分工序。对于易发生加工变形的零件，由于粗加工后可能发生较大的变形而需要进行校形，所以一般将粗、精加工分开进行。

综上所述，在划分工序时，一定要视零件的结构与工艺性、机床的功能、零件数控加工内容的多少、安装次数及本单位生产组织状况灵活掌握。零件宜采用工序集中还是采用工序分散，也要根据实际需要和生产条件来确定，要力求合理。

（2）加工顺序的安排　加工顺序的安排应根据零件的结构和毛坯状况，以及定位安装与夹紧的需要来考虑，重点是保证定位夹紧时工件的刚性和利于保证加工精度。加工顺序安排一般应按下列原则进行：

1）上道工序的加工不能影响下道工序的定位与夹紧，中间穿插有通用机床加工工序的也要综合考虑。

2）先进行内型腔加工工序，后进行外形加工工序。

3）以相同定位、夹紧方式或同一把刀具加工的工序，最好连续进行，以减少重复定位次数、换刀次数与挪动压紧元件次数。

4）在同一次安装中进行的多道工序，应先安排对工件刚性破坏较小的工序。

（3）数控加工工序与普通工序的衔接　数控加工的工艺路线设计常常是几道数控加工工艺过程，而不是指从毛坯到成品的整个工艺过程。由于数控加工工序常常穿插于零件加工的整个工艺过程中，因此在工艺路线设计中一定要全面，瞻前顾后，使之与整个工艺过程协调吻合。如果协调衔接得不好就容易产生矛盾，最好的办法是建立相互状态要求。例如，要不要留加工余量，留多少；定位面与定位孔的精度要求及几何公差的技术要求；对毛坯的热处理状态要求等。目的是达到相互能满足加工需要，且质量目标及技术要求明确，交接验收有依据。关于手续问题，如果是在同一个车间，可由编程人员与主管零件的工艺员共同协商确定，在制订工艺文件中互审会签，共同负责；如果不是在同一个车间，则应用交接状态表进行规定，共同会签，然后反映在工艺规程中。

六、切削用量的确定

切削用量包括主轴转速、进给速度和切削深度等，切削用量的参数都应在加工程序中体现，其具体值可根据所用数控机床的工艺特性、参考切削用量手册并结合实践经验确定。

1. 切削深度的确定

在机床、夹具、刀具和零件等的刚度允许条件下，尽可能选取较大的切削深度，以减少走刀次数，提高生产率。

2. 主轴转速的确定

应根据零件上被加工部位的直径，并按照零件和刀具的材料及加工性质等条件所允许的切削速度来确定主轴转速。

3. 进给速度的确定

进给速度通常是根据零件的加工精度和表面粗糙度值及刀具和材料进行选择。最大进给速度受机床伺服系统性能的限制，并与机床的脉冲当量有关。

确定进给速度的原则如下：

1）当工件的质量要求能够得到保证时，为提高生产率，可选择较高的进给速度。

2）在切断、加工深孔或用高速钢刀具加工时，宜选择较低的进给速度。

3）当加工精度要求较高时，进给速度应选小一些，常在20~50mm/min范围内选取。

4）刀具空行程，特别是远距离回零时，可以设定尽量高的进给速度。

5）进给速度应与主轴转速和背吃刀量相适应。

七、数控加工工艺文件的编制

编写数控加工工艺文件是数控加工工艺设计的内容之一。这些工艺文件既是数控加工和产品验收的依据，也是操作者必须遵守和执行的规程。不同的数控机床和加工要求，工艺文件的内容和格式有所不同，因目前尚无统一的国家标准，各企业可根据自身特点制订出相应的工艺文件。下面介绍企业中应用的几种主要工艺文件。

1. 数控加工工序卡

数控加工工序卡与普通机械加工工序卡有较大区别。数控加工一般采用工序集中，每一加工工序可划分为多个工步，工序卡不仅应包含每一工步的加工内容，还应包含其程序段号、所用刀具类型及材料、刀具号、刀具补偿号及切削用量等内容。它不仅是编程人员编制程序时必须遵循的基本工艺文件，同时也是指导操作人员进行数控机床操作和加工的主要资料。不同的数控机床，数控加工工序卡可采用不同的格式和内容。表1-1是数控加工工序卡的一种格式。

表1-1 数控加工工序卡

零件号			零件名称			编制		审核	
程序号						日期		日期	
工步号	程序段号	工步内容	使用刀具			切削用量			
			刀具号	刀长补偿	半径补偿	主轴转速/(r/min)	进给速度/(m/s)	切削深度/mm	
	N_					n=_	v_f=_		
			T_	H_	D_	S_	F_		
	N_					n=_	v_f=_		
			T_	H_	D_	S_	F_		
	…		…	…	…	…	…		

2. 数控加工刀具卡

数控加工刀具卡主要反映所用刀具的型号、编号、规格、长度和半径补偿值以及所用刀柄的型号等内容，它是调刀人员准备和调整刀具、机床操作人员输入刀补参数的主要依据。表 1-2 是数控加工刀具卡的一种格式。

表 1-2 数控加工刀具卡

零件号		零件名称		编制		审核	
程序号				日期		日期	
工步号	刀具号	刀具名称	刀具型号	刀柄型号	刀长及半径补偿		备注
	T_				H_= ______ D_= ______		
	T_				H_= ______ D_= ______		
	…			…			

3. 数控加工程序说明卡

实践证明，仅用加工程序单和工艺规程来进行实际加工还有许多不足之处。由于操作者对程序的内容不清楚，对编程人员的意图不够理解，经常需要编程人员在现场进行口头解释、说明与指导。这种做法在程序仅使用一两次就不用了的场合还是可以的。但是，若程序是用于长期批量生产的，则编程人员很难都到达现场。再者，如果编程人员临时不在场或调离，已经熟悉的操作工人不在场或调离，可能会造成质量事故或临时停产。因此，对加工程序进行必要的、详细的说明是很有用的，特别是对于那些需要长时间保存和使用的程序尤其重要。

根据应用实践，一般应对加工程序做出以下说明：

1）所用数控设备型号及控制机型号。

2）程序原点、对刀点及允许的对刀误差。

3）工件相对于机床的坐标方向及位置(用简图表述)。

4）镜像加工使用的对称轴。

5）所用刀具的规格、图号及其在程序中对应的刀具号(如 D03 或 T0101 等)，必须按实际刀具半径或长度加大或缩小补偿值的特殊要求(如用同一条程序、同一把刀具利用加大刀具半径补偿值进行粗加工)，更换该刀具的程序段号等。

6）整个程序加工内容的顺序安排(相当于工步内容说明与工步顺序)，使操作者明白先干什么后干什么。

7）子程序说明。对程序中编入的子程序应说明其内容，使人明白每条子程序的功用。

8）其他需要做特殊说明的问题，如需要在加工中更换夹紧点(挪动压板)的计划停机程序段号、中间测量用的计划停机程序段号、允许的最大刀具半径和长度补偿值等。

4. 数控加工进给路线图

数控加工中，常常要注意并防止刀具在运动中与夹具、工件等发生意外碰撞，为此，必须设法告诉操作者编程中的刀具运动路线(如从哪里下刀，在哪里抬刀，哪里是斜下刀等），使操作者在加工前就有所了解并计划好夹紧位置及控制夹紧元件的高度，这样可以减少上述事故的发生。此外，对有些被加工零件，由于工艺性问题，必须在加工过程中挪动其夹紧位置，也需要事先告诉操作者，在哪个程序段前挪动，夹紧点在零件的什么地方，然后更换到什么地方，需要在什么地方事先备好夹紧元件等，以防到时候手忙脚乱或出现安全问题。这些用程序说明卡和工序说明卡是难以说明或表达清楚的，如用进给路线图加以附加说明，效果会更好。

为简化进给路线图，一般可采取统一约定的符号来表示。不同的机床可以采用不同图例与格式。

5. 数控加工专用技术文件的编写要求

编写数控加工专用技术文件应像编写工艺规程和加工程序一样认真对待，切不可草草了事。

编写的基本要求如下：

1）字迹工整，文字简练达意。

2）加工图清晰，尺寸标注准确无误。

3）应该说明的问题要全部说得清楚、正确。

4）文图相符，文实相符，不能互相矛盾。

5）更改程序时，要同时更改相应文件，须办理更改手续的要及时办理。

6）对于长期使用的程序和文件，要统一编号，办理存档手续，建立借阅（借用）、更改、复制等管理制度。

八、首件试加工与现场问题处理

制订完数控加工工艺并编制好程序后，要进行首件试加工。由于现场机床自身存在的误差大小、误差规律各不相同，用同一程序加工，实际加工尺寸可能发生很大偏差，这时可根据实测结果和现场问题处理方案对所制订工艺及所编程序进行修正，直至满足零件技术要求为止。

第二节 数控机床的坐标系

一、数控机床的坐标系统

数控机床的标准坐标系及其运动方向，在国际标准中有统一规定，我国也制订了GB/T 19660—2005《工业自动化系统与集成 机床数值控制坐标系和运动命名》。

1. 规定原则

（1）右手直角坐标系 标准的机床坐标系是一个右手直角坐标系，三个主要轴称为 X、Y 和 Z 轴，绕 X、Y 和 Z 轴回转的轴分别称为 A、B 和 C 轴，如图 1-7 所示。坐标系轴的方向用右手法则判定。右手的拇指、食指、中指互相垂直，并分别代表 $+X$、$+Y$、$+Z$ 轴。围绕 $+X$、$+Y$、$+Z$ 轴的回转运动分别用 $+A$、$+B$、$+C$ 表示，其正向用右手螺旋定则确定。与 $+X$、$+Y$、$+Z$、$+A$、$+B$、$+C$ 相反的方向用带“′”的 $+X'$、$+Y'$、$+Z'$、$+A'$、$+B'$、$+C'$ 表示。

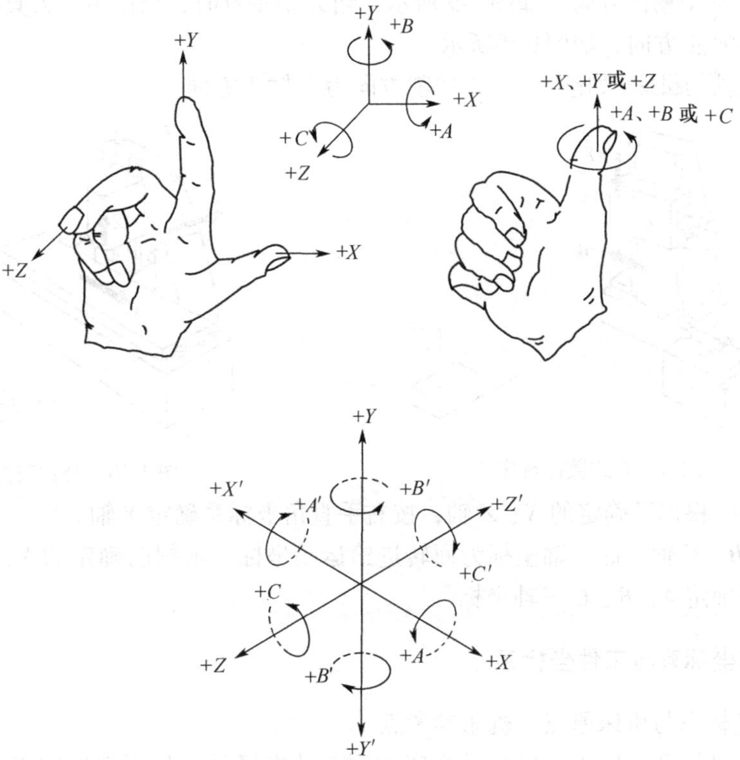

图 1-7　右手直角坐标系

（2）刀具运动坐标与工件运动坐标　数控机床的坐标系是机床运动部件进给运动的坐标系。由于进给运动可以是刀具相对工件的运动(如数控车床)，也可以是工件相对刀具的运动(如数控铣床)，所以统一规定：不论机床的具体结构是工件静止，刀具运动，还是工件运动、刀具静止、在确定坐标系时，一律看作是刀具相对静止的工件运动，且坐标轴(*X*、*Y*、*Z*、*A*、*B*、*C*)不带“′”的表示刀具相对“静止”工件而运动的刀具运动坐标，带“′”的表示工件相对“静止”刀具而运动的工件运动坐标。

（3）运动的正方向　规定使刀具与工件距离增大的方向为运动的正方向。

2. 坐标轴确定的方法及步骤

（1）*Z* 轴　一般取 *Z* 轴平行于机床的主要主轴，刀具远离工件的方向为正向，如图 1-8~图 1-10所示。当机床有几个主轴时，选一个与工件装夹面垂直的主轴为主要主轴。当机床无主轴时，*Z* 轴应垂直于工件装夹面。

（2）*X* 轴　*X* 轴一般位于平行于工件装夹面的水平面内。对于工件做回转切削运动的机床(如车床、磨床等)，在水平面内取垂直于工件回转轴线(*Z* 轴)为 *X* 轴，刀具远离工件的方向为正向，如图 1-8 所示。

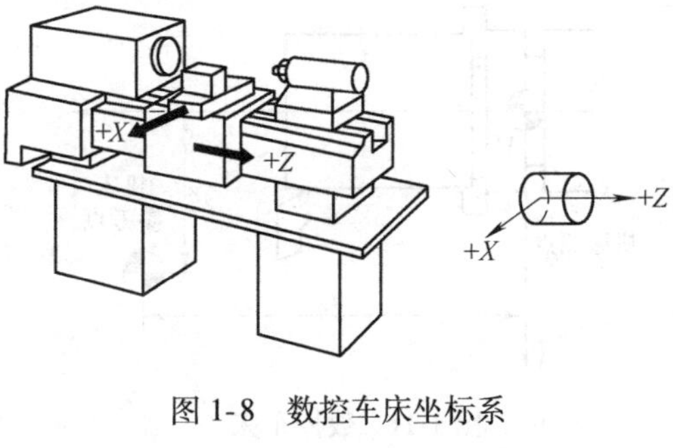

图 1-8　数控车床坐标系

对于刀具做回转切削运动的机床(如铣床、镗床等)，当 *Z* 轴水平时，朝 *Z* 轴负方向看，则向右为 X 轴正方向，如图 1-9 所示；当 Z 轴垂直时，当由主要刀具主轴向立柱看时，向右为 X 轴正方向，如图1-10所示。

对于无主轴的机床(如刨床)，以切削方向为 X 轴正方向。

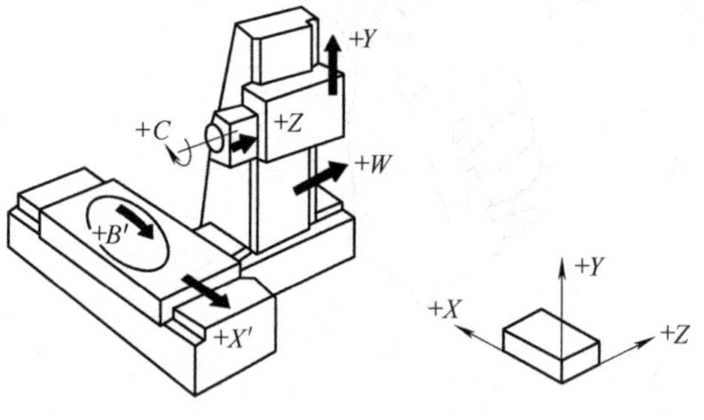

图 1-9 立式数控铣床

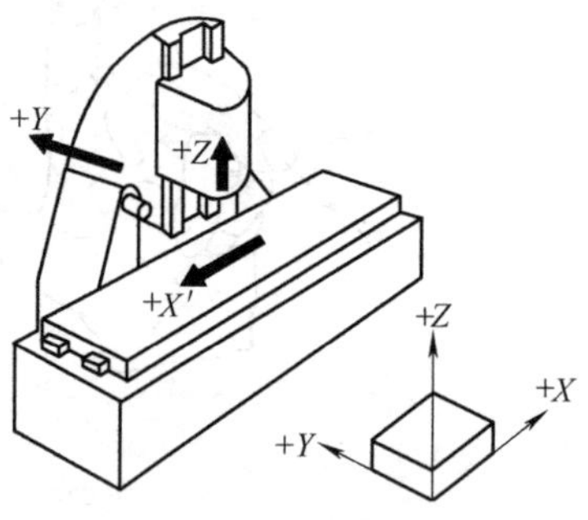

图 1-10 卧式数控铣床

(3) Y 轴 根据已确定的 X、Z 轴，按右手直角坐标系确定 Y 轴。

(4) A、B、C 轴 此三轴坐标为回转进给运动坐标。根据已确定的 X、Y、Z 轴，用右手螺旋定则确定 A、B、C 三轴坐标。

二、机床坐标系与工件坐标系

1. 机床坐标系与机床原点、机床参考点

(1) 机床坐标系 机床坐标系是机床上固有的坐标系，是用来确定工件坐标系的基本坐标系，是确定刀具(刀架)或工件(工作台)位置的参考系，并建立在机床原点上。机床坐标系各坐标和运动正方向按前述标准坐标系规定设定。

(2) 机床原点 现代数控机床都有一个基准位置，称为机床原点，它是机床制造商设置在机床上的一个物理位置，通常不允许用户改变。其作用是使机床与控制系统同步，建立测量机床运动坐标的起始点。机床原点是工件坐标系、机床参考点的基准点。数控车床的机床原点一般设在卡盘前端面或后端面的中心，如图 1-11 所示。数控铣床的机床原点，各生产厂不一致，有的设在机床工作台的中心，有的设在主轴位于正极限位置的一基准点上，如图 1-12 所示。

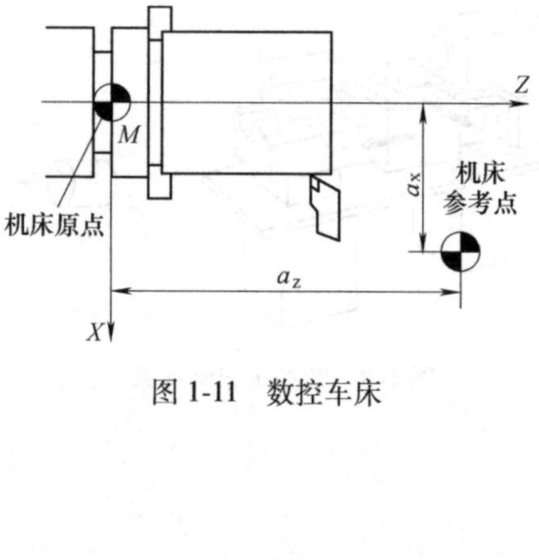

图 1-11 数控车床

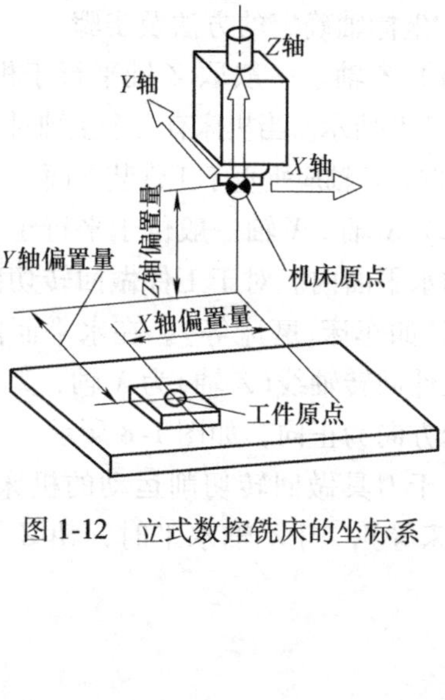

图 1-12 立式数控铣床的坐标系

（3）机床参考点　与机床原点相对应的还有一个机床参考点，它也是机床上的一个固定点，通常不同于机床原点。一般来说，加工中心的参考点设在工作台位于负极限位置时的一基准点上。该极限位置通过机械挡块来调整和确定，但必须位于各坐标轴的移动范围内。为了在机床工作时建立机床坐标系，要通过参数来指定参考点到机床原点的距离，此参数通过精确测量来确定。一般而言，机床工作前，必须先进行回参考点动作，各坐标轴回零，才可建立机床坐标系。参考点的位置可以通过调整机械挡块的位置来改变，改变后必须重新精确测量并修改机床参数。

2. 工件坐标系

工件坐标系是在数控编程时用来定义工件形状和刀具相对工件运动的坐标系，为保证编程与机床加工的一致性，工件坐标系也应是右手直角坐标系。工件装夹到机床上时，应使工件坐标系与机床坐标系的坐标轴方向保持一致。工件坐标系的原点称为工件原点或编程原点，工件原点在工件上的位置虽可任意选择，但一般应遵循以下原则：

1）工件原点选在工件图样的基准上，以利于编程。

2）工件原点尽量选在尺寸精度高、表面粗糙度值小的工件表面上。

3）工件原点最好选在工件的对称中心上。

4）要便于测量和检验。

数控车床上加工工件时，工件原点一般设在主轴中心线与工件右端面（或左端面）的交点处。数控铣床上加工工件时，工件原点一般设在进刀方向一侧工件外轮廓表面的某个角上或对称中心上。

第三节　数控编程基础

一、数控编程的内容

数控编程的主要内容包括：

（1）分析零件图样，确定工艺过程　包括确定加工方案，选择合适的机床、刀具及夹具，确定合理的进给路线及切削用量等。

（2）数学处理　包括建立工件的几何模型，计算加工过程中刀具相对工件的运动轨迹等。数学处理的最终目的是获得编程所需要的所有相关位置坐标数据。

（3）编写程序单　按照数控装置规定的指令和程序格式，编写零件的加工程序单。

（4）制作程序介质并输入程序信息　加工程序可以存储在控制介质（如磁盘）上，作为控制数控装置的输入信息。通常，若加工程序简单，可直接通过机床操作面板上的键盘输入。

（5）程序校验和试切削　编制的加工程序必须通过空运行、图形动态模拟或试切削等方法检验是否正确。当发现错误时，通过分析产生错误的原因来修改程序或调整刀具补偿参数，直到加工出合格的零件。

二、程序编制方法

程序编制方法可以分为手工编程和自动编程两大类。

1. 手工编程

手工编程是指编制工件加工程序的各个步骤，即从工件图样分析、工艺处理、确定加工路线和工艺参数，计算程序中所需的数据，编写加工程序清单直到程序的检验，均由人工来完成。对几何形状较为简单的工件，所需程序指令不多，坐标计算也比较简单，程序又不长，使用手工编程既经济又及时。因此，手工编程在点位直线加工及直线圆弧组成的轮廓加工中仍广泛应用。

但是，工件轮廓复杂，特别是加工非圆弧曲线、曲面等表面，或工件加工程序较长时，使用手工编程既烦琐又费时，而且容易出错，常会出现手工编程工作跟不上数控机床加工的情况，影响数控机床的开动率。此时，必须解决程序编制的自动化问题。

2. 自动编程

自动编程又称计算机辅助编程。自动编程在自动编程系统上进行。自动编程系统由一台通用计算机配上打印机和自动绘图机等组成，可以完成手工编程的大部分工作。自动编程系统使用数控语言描述切削加工时的刀具和工件的相对运动轨迹和一些加工工艺过程，程序员只需使用规定的数控语言编制一个简短的工件源程序，然后输入计算机，自动编程系统即可自动完成运动轨迹的计算、加工程序编制等工作。所编程序还可以通过屏幕显示或绘图仪进行模拟加工演示。有错误时，可以在屏幕上进行编辑、修改，直至程序正确为止。自动编程与手工编程相比，编程工作量减轻，编程时间缩短，编程的准确性提高，特别是复杂工件的编程，其技术经济效益显著。

三、编程指令与程序格式

（一）编程指令

在数控加工程序中，主要编程指令有准备功能 G 指令、辅助功能 M 指令、进给功能 F 指令、主轴转速功能 S 指令和刀具功能 T 指令。其中 G、M 指令用于描述工艺过程的各种操作和运动特征。G、M 指令分别由地址符 G、M 及两位数字组成，数字范围为00~99，但也有超出范围的。

1. G 指令

G 指令是用来规定刀具和工件的相对运动轨迹(即插补功能)、机床坐标系、坐标平面、刀具补偿和坐标偏置等多种加工操作。不同的数控系统，G 指令的功能不同，编程时需参考机床制造厂的编程说明书。

这里只介绍常用的 FANUC 0i 系统的 G 指令。

表 1-3 和表 1-4 分别是数控系统用于铣削、车削的 G 指令。

表 1-3 FANUC 0i-MA 数控系统用于铣削的 G 指令表

G 代码	模态	功 能	G 代码	模态	功 能
G00	01	快速点定位	G01	01	直线插补

（续）

G代码	模态	功　能	G代码	模态	功　能
G02	01	顺时针圆弧插补，螺旋线插补	G41.1 G(151)	18	法线方向控制左侧接通
G03	01	逆时针圆弧插补，螺旋线插补			
G04	00	暂停、准确停止	G42.1 G(152)	18	法线方向控制右侧接通
G05.1	00	预读控制(超前读多个程序段)			
G07.1 (G107)	00	圆柱插补	G45	00	刀具位置偏置加
			G46	00	刀具位置偏置减
G08	00	预读控制	G47	00	刀具位置偏置加2倍
G09	00	准确停止	G48	00	刀具位置偏置减2倍
G10	00	可编程数据输入	G49	08	刀具长度补偿取消
G11	00	可编程数据输入方式取消	G50	11	比例缩放取消
G15	17	极坐标指令取消	G50.1	22	可编程镜像取消
G16	17	极坐标指令	G51	11	比例缩放有效
G17	02	选择 *XY* 平面	G51.1	22	可编程镜像有效
G18	02	选择 *XZ* 平面	G52	00	局部坐标系设定
G19	02	选择 *YZ* 平面	G53	00	选择机床坐标系
G20	06	英寸输入	G54	14	选择工件坐标系1
G21	06	毫米输入	G54.1	14	选择附加工件坐标系
G22	04	存储行程检测功能接通	G55	14	选择工件坐标系2
G23	04	存储行程检测功能断开	G56	14	选择工件坐标系3
G27	00	返回参考点检测	G57	14	选择工件坐标系4
G28	00	返回参考点	G58	14	选择工件坐标系5
G29	00	从参考点返回	G59	14	选择工件坐标系6
G30	00	返回第二、三、四参考点	G60	00/01	单方向定位
G31	00	跳转功能	G61	15	准确停止方式
G33	01	螺纹切削	G62	15	自动换倍率
G37	00	自动刀具长度测量	G63	15	攻螺纹方式
G39	00	拐角偏置圆弧插补	G64	15	切削方式
G40	07	刀具半径补偿取消	G65	00	宏程序调用
G41	07	刀具半径补偿，左侧	G66	12	宏程序模态调用
G42	07	刀具半径补偿，右侧	G67	12	宏程序模态调用取消
G43	08	正向刀具长度补偿	G68	16	坐标旋转有效
G44	08	负向刀具长度补偿	G69	16	坐标旋转取消
G40.1 G(150)	18	法线方向控制取消方式	G73	09	深孔钻循环
			G74	09	左旋攻螺纹循环

（续）

G代码	模态	功　能	G代码	模态	功　能
G76	09	精镗循环	G90	03	绝对值编程
G80	09	固定循环取消/外部操作功能取消	G91	05	增量值编程
G81	09	钻孔循环，锪镗循环或外部操作功能	G92	00	设定工件坐标系或最大主轴速度控制
G82	09	钻孔循环或反镗循环	G92.1	00	工件坐标系预置
G83	09	深孔钻循环	G94	05	每分钟进给
G84	09	攻螺纹循环	G95	05	每转进给
G85	09	镗孔循环	G96	13	恒线速度控制(切削速度)
G86	09	镗孔循环	G97	13	恒线速度控制取消
G87	09	背镗循环	G98	10	固定循环返回到初始点
G88	09	镗孔循环	G99	10	固定循环返回到*R*点
G89	09	镗孔循环			

表 1-4　FANUC 0*i* Mate-TB 数控系统用于车削的 G 指令表

G代码			组	功　能
A	B	C		
G00	G00	G00	01	快速点定位
G01	G01	G01	01	直线插补
G02	G02	G02	01	顺时针圆弧插补
G03	G03	G03	01	逆时针圆弧插补
G04	G04	G04	00	暂停(延时)
G07.1 G(107)	G07.1(G107)	G07.1(G107)	00	圆柱插补
G10	G10	G10	00	可编程数据输入
G11	G11	G11	00	可编程数据输入方式取消
G12.1 (G112)	G12.1(G112)	G12.1(G112)	21	极坐标插补方式
G13.1 (G113)	G13.1(G113)	G13.1(G113)	21	极坐标插补方式取消
G17	G17	G17	16	*XY* 平面选择
G18	G18	G18	16	*XZ* 平面选择
G19	G19	G19	16	*YZ* 平面选择
G20	G20	G70	06	英寸输入
G21	G21	G71	06	毫米输入
G22	G22	G22	09	存储行程检查接通
G23	G23	G23	09	存储行程检查断开

（续）

G代码			组	功能
A	B	C		
G25	G25	G25	08	主轴速度波动检测断开
G26	G26	G26	08	主轴速度波动检测接通
G27	G27	G27	00	返回参考点检查
G28	G28	G28	00	返回参考位置
G30	G30	G30	00	返回第二、三、四参考点
G31	G31	G31	00	跳转功能
G32	G32	G32	01	螺纹切削，等螺距
G34	G34	G34	01	变螺距螺纹切削
G36	G36	G36	00	自动刀具补偿 *X*
G37	G37	G37	00	自动刀具补偿 *Z*
G40	G40	G40	07	刀具半径补偿取消
G41	G41	G41	07	刀具半径补偿(左)
G42	G42	G42	07	刀具半径补偿(右)
G50	G92	G92	00	坐标系设定或最大主轴速度设定
G50.3	G92.1	G92.1	00	工件坐标系预置
G50.2 (G250)	G50.2(G250)	G50.2(G250)	20	多边形车削取消
G51.2 (G251)	G51.2(G251)	G51.2(G251)	20	多边形车削
G52	G52	G52	00	局部坐标系设定
G53	G53	G53	00	机床坐标系设定
G54	G54	G54	14	选择工件坐标系 1
G54.1	G54.1	G54.1	14	选择附加工件坐标系
G55	G55	G55	14	选择工件坐标系 2
G56	G56	G56	14	选择工件坐标系 3
G57	G57	G57	14	选择工件坐标系 4
G58	G58	G58	14	选择工件坐标系 5
G59	G59	G59	14	选择工件坐标系 6
G65	G65	G65	00	宏程序调用
G66	G66	G66	12	宏程序模态调用
G67	G67	G67	12	宏程序模态调用取消
G70	G70	G72	00	精加工循环
G71	G71	G73	00	粗车外圆
G72	G72	G74	00	粗车端面
G73	G73	G75	00	多重车削循环

（续）

G代码			组	功 能
A	B	C		
G74	G74	G76	00	排屑钻端面孔
G75	G75	G77	00	外径/内径钻孔
G76	G76	G78	00	多线螺纹循环
G80	G80	G80	10	固定钻循环取消
G83	G83	G83	10	钻孔循环
G84	G84	G84	10	攻螺纹循环
G85	G85	G85	10	正面镗循环
G87	G87	G87	10	侧钻循环
G88	G88	G88	10	侧攻螺纹循环
G89	G89	G89	10	侧镗循环
G90	G77	G20	01	外径/内径车削循环
G92	G78	G21	01	螺纹切削循环
G94	G79	G24	01	端面车削循环
G96	G96	G96	02	恒线速度控制
G97	G97	G97	02	恒转速度控制
G98	G94	G94	05	每分钟进给
G99	G95	G95	05	每转进给
	G90	G90	03	绝对值编程
	G91	G91	03	增量值编程
	G98	G98	11	返回到起始平面
	G99	G99	11	返回到 *R* 平面

说明：1）表1-3、表1-4中的G功能以组别可区分为两类，属于“00”组别者，为非模态指令；属于非“00”组别者，为模态指令。模态指令又称续效指令，一经程序段中指定，便一直有效，直到以后程序段中出现同组另一指令或被其他指令取消时才失效。编写程序时，与上段相同的模态指令可省略不写。不同组模态指令编在同一程序段内，不影响其续效。例如：

N0010 G91 G01 X20 Y20 Z-5 F150;

N0020 X35;

N0030 G90 G00 X0 Y0 Z100 M02;

上例中，第一段出现两个模态指令，即G91、G01，因它们不同组而均续效，其中G91功能延续到第三段出现G90时失效，G01功能在第二段中继续有效，至第三段出现G00时才失效。

2）表1-4中FANUC 0*i* Mate-TB数控系统的G功能有A、B、C三种类型，一般数控车床设定为A类型。

2. F、S、T指令

（1）进给功能F指令　F指令表示刀具中心运动时的进给速度，由F和其后的若干数字组成。数字的单位取决于数控系统所采用的进给速度单位的指定方法，一般有mm/min和mm/r两种单位。具体内容参考所用机床的编程说明书。

使用F指令时的注意事项如下：

1）当编写程序时，第一次遇到直线插补指令（G01）或圆弧插补指令（G02/G03）时，必须编写进给率F。如果没有编写F指令，数控系统采用F0。当工作在快速定位（G00）方式时，机床将以通过机床轴参数设定的快速进给率移动，与编写的F指令无关。

2）F指令为模态指令，实际进给率可以通过数控系统操作面板上的进给倍率旋钮，在0~120%调整。

（2）主轴转速功能S指令　S指令表示机床主轴的转速，由S和其后的若干数字组成，其表示方法有以下三种。

1）转速。S表示主轴转速，单位为r/min，如S1000表示主轴转速为1000r/min。

2）线速。在恒线速状态下，S表示切削点的线速度，单位为m/min，如S60表示切削点的线速度恒定为60m/min。

3）代码。即我们常说的S2位代码。所谓S2位代码是指用S代码后跟随2位十进制数字代码来指定主轴转速，共有100级（S00~S99）分度，并且按等比级数递增，其公比为$\sqrt[20]{10}=1.12$，即相邻分度的后一级速度比前一级速度增加约12%。这样，根据主轴转速的上、下限和上述等比关系就可以获得一个S2位代码与主轴转速（BCD码）的对应表格，它可用于S2位代码的译码。例如S40表示主轴转速为1200r/min，S41表示主轴转速为1230r/min，S00表示主轴转速为0r/min，S99表示最高转速。

（3）刀具功能T指令　刀具和刀具参数的选择是数控编程的重要内容，其编程格式因数控系统不同而异，主要格式有以下两种。

1）采用T指令编程。采用T指令编程时，程序由T和数字组成，有“T××”和“T××××”两种格式，数字的位数由所用数控系统决定。T后面的数字用来指定刀具号和刀具补偿号。例如，T04表示选择4号刀；T0404也表示选择4号刀，4号偏置值；T0400表示选择第4号刀，刀具偏置取消。

2）采用T、D指令编程。采用T、D指令编程时，利用T功能选择刀具，利用D功能选择相关的刀具偏置。

在定义这两个参数时，编程的顺序为T、D。T和D可以编写在一起，也可以单独编写。例如，T4 D04表示选择4号刀，采用刀具偏置表第4号的偏置尺寸；T04 D12表示仍用4号刀，采用刀具偏置表第12号的偏置尺寸；T2表示选择2号刀，采用与该刀具相关的刀具偏置尺寸。

3. M指令

M指令是控制数控机床开、关功能的指令，主要用于完成加工操作时的辅助动作。

常用M指令的功能定义见表1-5。

表1-5 常用M指令表

M代码	功能	M代码	功能
M00	程序停止	M07	1号切削液开
M01	计划停止	M08	2号切削液开
M02	程序结束	M09	切削液关
M03	主轴顺时针旋转	M30	程序结束，并返回初始状态
M04	主轴逆时针旋转	M98	调用子程序
M05	主轴停止	M99	子程序结束，并返回主程序
M06	换刀		

（二）程序中的信息字和程序格式

1. 信息字及其含义

一个完整的程序由若干程序段组成，程序段又由若干个信息字组成。数控装置处理程序时是以信息字为单元进行处理的。信息字又称功能字，是组成程序的最基本单元，它由地址字和数字组成。地址字的含义见表1-6。

表1-6 ISO代码中地址字及其含义

地址字	含义	地址字	含义
A	绕*X*坐标的角度尺寸	O	程序名
B	绕*Y*坐标的角度尺寸	P	平行于*X*坐标的第三坐标
C	绕*Z*坐标的角度尺寸	Q	平行于*Y*坐标的第三坐标
D	绕特殊坐标的角度尺寸或第三种进给速度功能	R	平行于*Z*坐标的第三坐标
E	绕特殊坐标的角度尺寸或第二种进给速度功能	S	主轴转速功能
F	进给速度功能	T	刀具功能
G	准备功能	U	平行于*X*坐标的第二坐标
H	永不指定	V	平行于*Y*坐标的第二坐标
I	平行于*X*坐标的插补参数或螺纹螺距	W	平行于*Z*坐标的第二坐标
J	平行于*Y*坐标的插补参数或螺纹螺距	X	*X*坐标方向的主运动
K	平行于*Z*坐标的插补参数或螺纹螺距	Y	*Y*坐标方向的主运动
L	永不指定	Z	*Z*坐标方向的主运动
M	辅助功能	:	对准功能，倒带停止，可以代替序号N
N	程序号		

2. 程序段格式

程序段格式就是指信息字的特定排列方式。目前广泛使用地址字程序段格式，如：

N001 G01 X70.0 Z-40.0 F140 S300 T0101 M03 LF

这段程序表示一种操作，除程序段结束字符“LF”外，它由8个功能字组成。N001是程序段序号，表示工作加工程序中的第一段程序；G01是准备功能字，定义为直线插补，即加工直线；X70.0是坐标字，表示向 *X* 轴正向位移至70mm处；Z-40.0是坐标字，表示刀具位移至 *Z* 轴负方向40mm处；F140是进给功能字，表示刀具相对工件的进给量是140mm/min；S300是主轴转速功能字，表示主轴转速为300r/mm；T0101是刀具功能字，表示使用1号刀具并调用第1组刀具补偿值；M03是辅助功能字，表示主轴起动正转。可见，该程序段的含义是命令数控机床使用1号刀具以140mm/min速度的进给，主轴正向旋转，转速为300r/min加工工件，刀具从当前位置按直线插补方式移至坐标点X70mm和Z-40mm处。地址字程序段格式的特点如下：

1）在程序段中，功能字排列顺序并不严格，没有必要的功能字可以省去。

2）对于坐标字后面的数字只要求写有效数字，不要求坐标字后的数字写满固定位数。例如 *X* 坐标字后的数字，规定在小数点前取4位数，在小数点后取2位数。若程序要求沿 *X* 坐标正方向移动70mm，可以写成X0070.00，也可以写成X70.0。

正是由于地址字程序段格式具有上述特点，所以在一个程序中每个程序段的长短不一样，故又称其为可变程序段格式。

也有少数数控系统，如线切割机床，采用分隔符的固定程序段格式。但这种程序不直观，易出错，其他数控机床都不采用，所以教材中不再介绍。

思考练习题

1-1 数控加工工艺的特点如何？

1-2 在数控加工中热处理工序是怎样安排的？

1-3 怎样选择切削用量？

1-4 数控编程的方法和内容有哪些？

1-5 在数控车床上加工零件，分析零件图样时主要考虑哪些方面？

1-6 主轴转速S指令有哪几种表示方法？

1-7 数控机床的坐标系是怎样确定的？

1-8 简述程序段的格式。

第二章 数控刀具

学习目的： 熟悉数控刀具的种类和特点，明确数控刀具材料对加工的影响并合理选用刀具的材料，掌握刀具的失效形式以及可转位刀片型号、特性和选择方法。熟悉并掌握数控刀具系统组成及应用，合理选择数控刀柄。了解高速加工时所用刀柄和夹头的特性。

第一节 数控刀具的种类及特点

一、数控刀具的种类

数控机床加工时通常采用数控刀具。这里所说的数控刀具主要是指数控车床、数控铣床、加工中心等机床上所使用的刀具。从现实情况看，对数控机床刀具应从广义来理解“刀具”的含义。随着数控机床结构、功能的发展，现在数控机床所使用的刀具，不是普通机床所采用的那样一机一刀的模式，而是多种不同类型的刀具同时在数控机床的主轴上或刀架上轮换使用，可以达到自动换刀的目的。因此，对“刀具”的含义应理解为“数控工具系统”。数控刀具有几种不同的分类方式。

（一）按结构分类

（1）整体式刀具　由整块材料磨制而成，使用时可根据不同用途将切削部分修磨成所需要的形状。

（2）镶嵌式刀具　它分为焊接式刀具和机夹式刀具。机夹式刀具又根据刀体结构的不同，分为不转位刀具和可转位刀具两种。目前，数控机床主要采用机夹式可转位刀具，如图 2-1 所示。

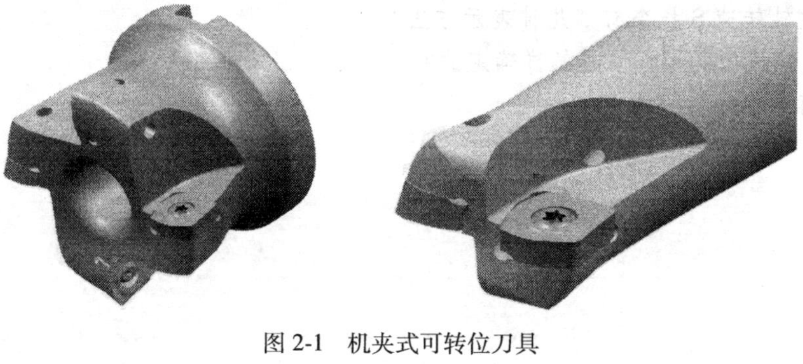

图 2-1　机夹式可转位刀具

（二）按制造所采用的材料分类

（1）高速钢(High Speed Steel)刀具。

(2) 硬质合金(Cemented Carbide)刀具。

(3) 陶瓷(Ceamics)刀具。

(4) 立方氮化硼(Cubic Born Nitride=CBN)刀具。

(5) 聚晶金刚石(Polymerize Cyrstal Diamond=PCD)刀具。

目前数控机床用得最普遍的是硬质合金刀具。

(三) 按切削工艺分类

(1) 车削加工刀具 有外圆车刀、端面车刀和成形车刀等刀具，如图 2-2 所示。

(2) 孔加工刀具 包括钻削刀具和镗削刀具。有麻花钻、深孔钻、扩孔钻、铰刀、镗刀等刀具，如图 2-3 所示。

(3) 铣削加工刀具 包括圆柱铣刀、立铣刀、键槽铣刀、模具铣刀、成形铣刀等刀具，如图 2-4 所示。

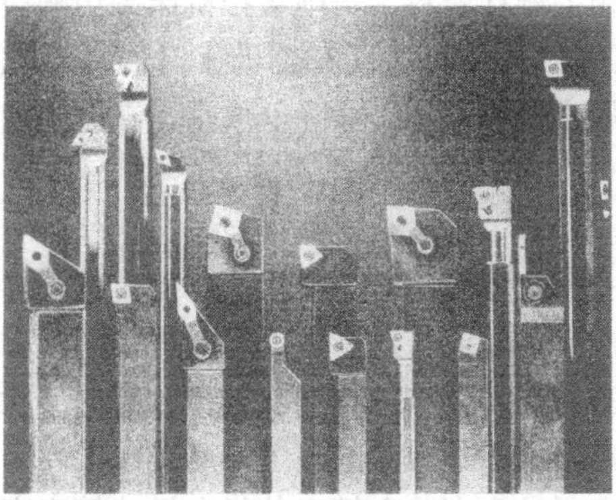

图 2-2 车削加工刀具

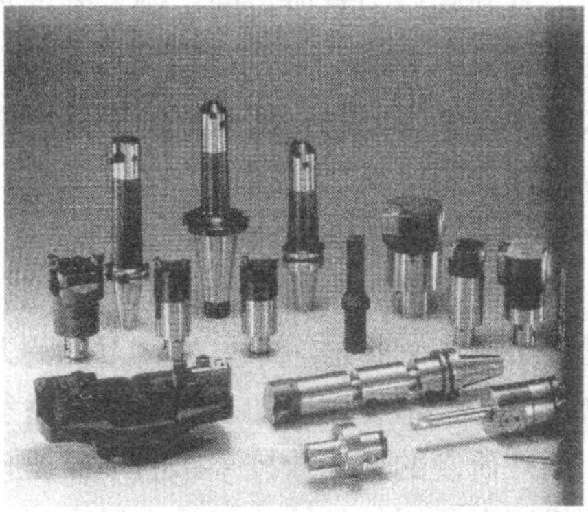

图 2-3 孔加工刀具

(四) 按数控机床工具系统的发展分类

可分为整体式工具系统和模块式工具系统。

工具系统的发展明显地趋向模块化，目前的数控工具逐渐形成了两大系统，即车削工具系统和镗铣类工具系统。国际上有一种将车削工具系统与镗铣类工具系统合为一体的模块化连接系统，如图 2-5 所示。

图 2-4 铣削加工刀具

图 2-5 工具系统

二、数控刀具的特点

为适应数控机床加工精度高、加工效率高、加工工序集中及零件装夹次数少等要求，对所用的刀具有许多性能上的要求，只有达到这些要求才能使数控机床真正发挥效率。在数控机床上所使用刀具应具有以下特点：

1. 具有很高的切削效率

为了提高加工效率，数控机床向高速度、高刚度和大功率的方向发展，数控车床和车削中心的主轴转速可达8000r/min以上，加工中心的主轴转速一般都在15000~20000r/min，甚至还有40000r/min和60000r/min的。对于数控铣削，用立方氮化硼刀具材料在加工铸铁材料时铣削速度可达5000m/min，在加工一般钢材料时可达1000m/min。因此，现代刀具必须具有能够承受高速切削和强力切削的性能。在数控机床上使用涂层硬质合金刀具、超硬刀具和陶瓷刀具所占的比例不断增加。根据相关统计资料，美国数控机床采用陶瓷刀具的比例已达20%，采用涂层硬质合金刀具的比例已达40%。现在辅助工时因自动化而大大减少，加上刀具切削效率的提高，都将使产量直接提高并明显降低成本。在数控加工中应尽量使用优质、高效的刀具。

2. 具有高的精度和重复定位精度

现在高精密加工中心的加工精度可以达到3~5μm，因此刀具的精度、刚度和重复定位精度必须和它相适应。另外，刀具的刀柄与快换夹头间或与机床锥孔间的连接部分有高的制造、定位精度，所加工的零件日益复杂和精密，这就要求刀具必须具备较高的形状精度。国外研制的用于数控车床的不需要预调的精化刀具，其刀尖的位置精度要求很高。对数控机床上所用的整体式刀具也提出了较高的精度要求，有些立铣刀其径向尺寸精度高达5μm，以满足精密零件的加工需要。

3. 具有很高的可靠性和寿命

在数控机床上，为了保证产品质量，对刀具实行强迫换刀制或由数控系统对刀具寿命进行管理。所以，刀具工作的可靠性已上升为选择刀具的关键指标。为满足数控加工及对难加工材料加工的要求，数控机床上所用的刀具的材料应具有高的切削性能和较长的寿命。不但其切削性能要好，而且一定要性能稳定，同一批刀具在切削性能和刀具寿命方面不得有较大差异。对刀具实行在线检测，以解决刀具损坏时能及时判断、识别并补偿，防止工件出现废品和意外事故。

4. 具有一个系列化、标准化的工具系统

模块式工具系统能更好地适应多品种零件的生产，且有利于工具的生产、使用和管理，能有效地减少使用厂的工具储备。配备完善而先进的系列化、标准化工具系统是用好数控机床的重要一环。

5. 建立刀具管理系统

在加工中心和柔性制造系统出现后，刀具管理相当复杂。刀具数量大，要对全部刀具进行自动识别，记忆其规格尺寸、存放位置、已切削时间和剩余切削时间等，还需要管理刀具的更换、运送，刀具的刃磨和尺寸预调等。

第二节　数控刀具材料

对于切削加工来说，数控机床的一次性投资是很高的，而这些先进设备的效率能否发挥出来，很大程度上取决于刀具材料及其性能的好坏。随着制造技术的发展，开发大量新的刀具材料，对提高切削加工的效率起着决定性的作用。因此，刀具材料是现代加工中的重要环节。

刀具材料从碳素工具钢、高速钢的问世，直至今天的硬质合金和超硬材料（陶瓷、立方氮化硼、聚晶金刚石）的出现，都是随着机床的主轴转速、功率增大，主轴精度和定位精度的提高，机床刚性的增加而逐步发展的。当然，新的工程材料（耐磨、耐热、超轻、高强度、纤维等）的开发和应用，也需要新的刀具。

一、刀具材料的性能

切削用刀具材料具备的性能见表 2-1。

表 2-1　切削用刀具材料具备的性能

希望具备的性能	作为刀具使用时的性能
高硬度（常温及高温状态）	耐磨性
高韧性（抗弯强度）	耐崩刃性，耐破损性
高耐热性	耐塑性变形性
热传导性能良好	耐热冲击性，耐热裂纹性
化学稳定性良好	耐氧化性，耐扩散性
低亲和性	耐溶着性，凝着（粘刀）性
磨削成形性能良好	刀具制造的高生产率，重磨性
锋刃性良好	刃口锋利，表面质量好，微小切削可能

二、刀具材料

1. 高速工具钢（High Speed Steel）

高速钢刀具材料大体上可分为 W 系和 Mo 系两大类。其主要特征有：合金元素含量多且结晶颗粒比其他工具钢细小，淬火温度极高（1200℃）而淬透性极好，可使刀具整体的硬度一致。回火时有明显的二次硬化现象，甚至比淬火硬度更高且耐回火软化性较高，在 600℃仍能保持较高的硬度，较之其他工具钢耐磨性好且比硬质合金韧性高，但压延性较差，热加工困难，耐热冲击性较弱。因此，高速钢刀具仍是数控机床刀具的选择对象之一。目前，国内外用得比较普遍的高速钢刀具材料以 WMo、WMoAl、WMoCo 为主，其中 WMoAl 是我国所特有的品种。国内生产高速钢刀具企业有成都量具刃具厂、哈尔滨量具刃具集团有限责任公司、上海量具刃具厂等。

2. 硬质合金（Cemented Carbide）

硬质合金是将钨钴类 WC、钨钛钴类 WC-TiC、钨钛钽（铌）钴类 WC-TiC-TaC 等硬质碳化物以 Co 为结合剂烧结而成的物质，其主体为 WC-Co 系，适用于铸铁、有色金属和非金属的切削。由于添加 TiC 以及 TaC 等复合碳化物系的硬质合金在铁系金属的切削之中显示出极好的性能，因此，得到了很大程度的普及。

按照 ISO 标准，主要以硬质合金的硬度、抗弯强度等指标为依据，硬质合金刀片材料大致分为 K、P、M 三大类。

（1）K 类　国标 YG 类，成分为 WC+Co，适于加工短切屑的黑色金属、有色金属及非金属材料。主要成分为碳化钨和质量分数为 3%～10%的钴，有时还含有少量的碳化钽等添加剂。

（2）P 类　国标 YT 类，成分为 WC+TiC，适于加工长切屑的黑色金属。主要成分为碳化钛、碳化钨和钴(或镍)，有时加入碳化钽等添加剂。

（3）M 类　国标 YW 类，成分为 WC+TiC+TaC，适于加工长切屑或短切屑的黑色金属和有色金属。成分和性能介于 K 类和 P 类之间，可用来加工钢和铸铁，被称为万能型硬质合金。

以上为一般切削刀具所用硬质合金的大致分类。除此之外，还有超微粒子硬质合金，可以认为从属于 K 类。但因其烧结性能上要求结合剂 Co 的含量较高，故高温性能较差，大多只用于钻、铰等低速切削刀具。

在国际标准(ISO)中，通常又分别在 K、P、M 三种代号之后附加 01、05、10、20、30、40、50 等数字，进行更进一步细分。一般来讲，数字越小者，硬度越高，但韧性越低；数字越大则韧性越高，但硬度越低。表 2-2 大致显示了硬质合金刀具的成分及其物理性质。按照 ISO 标准的分类，将世界各主要国家的硬质合金牌号分列于表 2-3。

涂层硬质合金刀片是在韧性较好的工具表面涂上一层耐磨损、耐溶着、耐反应的物质，使刀具在切削中同时具有硬而又不易破损的性能，英文称为 Coated Tool。

表 2-2　硬质合金刀具材料的成分及其物理性质

ISO 分类		成分(质量分数)(%)			密度/(g/cm^3)	硬度 HV30 10MPa	抗弯强度/MPa	抗压强度/MPa	弹性模量/GPa	热膨胀系数/($\times10^{-6}$/℃)	热导率/[W/(m·K)]
		WC	TiC+TaC	Co							
P 类	P10	63	28	9	10.7	1600	1300	4600	530	6.5	29.3
	P20	76	14	10	11.9	1500	1500	4800	540	6	33.49
	P30	82	8	10	13.1	1450	1750	5000	560	5.5	58.62
	P40	75	12	13	12.7	1400	1950	4900	560	5.5	58.62
	P50	68	15	17	12.5	1300	2200	4000	520	—	—
M 类	M10	84	10	6	13.1	1700	1350	5000	580	5.5	50.24
	M20	82	10	8	13.4	1550	1600	5000	570	5.5	62.8
	M30	81	10	9	14.4	1450	1800	4800	—	—	—
	M40	79	6	15	13.6	1300	2100	4400	540	—	—
K 类	K01	92	4	4	15.0	1800	1200	—	—	—	—
	K10	92	2	6	14.8	1650	1500	5700	630	5	79.55
	K20	92	2	6	14.8	1550	1700	5000	620	5	79.55
	K30	89	2	9	14.4	1400	1900	4700	580	—	71.18
	K40	88	—	12	14.3	1300	2100	4500	570	5.5	58.82

注：表内数据系平均值，不同厂家生产的硬质合金这些数据可能相差很大。

表 2-3 世界各主要国家的硬质合金牌号

ISO		国标 YB	株洲 基本型	山特维克 基本型	肯纳	东芝	三菱	黛杰工业	山高工具
P	01	YT30		S1P	K165	TX05	NX33	SRN	S1F
	10	YT15	YC10	S10	K5H K45	TX10D TX10S	STi10T	SR10 SRT	S10M
	20	YT14	YC20. 1	SMA	K29 K45	TX20 TX25	STi20	SRT，SR20 DX30	S25M
	30	YT5	YC30 YC30S	SM30 SMA	K21 KM	TX30 UX30		SR30，DX30 DX25	S35M
	40		YC40	S6，R4 SMA	K420 K420	TX40		SR30，DX35	S60M
M	10	YW1	YM10	R1P	K68 K313	TU10		UMN UN10	S10M
	20	YW2	YM20	H13A	K313 K420，K40	TU20 UX25	UTi20T	DX25 UM20，DTU	H15 S25M
	30		YM30	H10F	K420 K2S	UX30	UTi20T	DX3 DTU UMS	HX S35M
	40			R4		TU40		UM40	S60M
K	01	YG3		H1P		TH03	HTi05T	KG03	
	10	YG6X	YD10. 1 YD10. 2	H10A H1P	K68，K6 K313	TH10 G1F	HTi10	KG10，KT9CR1	H15 890
	20	YG6	YD20	H13A	K1	G2F KS20	HTi20T	KT9，CR1 KG20	883 HX
	30	YG8			K1	G3		KG30，LF12	

涂层的方法分为两大类：一类为物理涂层(PVD)；另一类为化学涂层(CVD)。一般来说，物理涂层是在550℃以下将金属和气体离子化后喷涂在工具表面；而化学涂层则是将各种化合物通过化学反应沉积在工具上形成表面皮膜，反应温度一般为1000~1100℃。

最近，低温化学涂层也被实用化，温度一般控制在800℃左右。

常见的涂层材料有TiC、TiN、TiCN、Al_2O_3、TiAlO等。由于这些涂层材料都具有耐磨损(硬度高)、耐化学反应(化学稳定性好)等性能，所以就硬质合金的分类来看，既具备K类的功能，也能满足P类和M类的加工要求。也就是说，尽管涂层硬质合金刀具基体是P、M、K中的某一种类，但涂层之后其所能覆盖的种类相当广泛，既可以属于K类，也可以属于P类和M类。故在实际加工中对涂层刀具的选取不应拘泥于P、M、K等划分，而是应该根据实际加工对象、条件以及各种涂层刀具的性能进行选取。

从使用的角度来看，希望涂层的厚度越厚越好。但涂层太厚，则易引起剥离而使涂层工具丧失本来的性能。故一般用于连续高速切削的涂层厚度为5~15μm，多选为化学涂层(CVD)。而在冲击较强的切削中，特别要求涂膜的附着强度并且涂层对工具的韧性不会产生太大的影响时，涂层的厚度大多控制在2~3μm，且多为物理涂层(PVD)。

涂层刀具的使用范围相当广，非金属、铝合金以及铸铁、钢以及高强度钢、高硬度钢和耐热合金、钛合金等难加工材料的切削中均可使用，且普遍较硬质合金的性能要好。

目前，最先进的涂层技术也称ZX技术，是利用纳米技术和薄膜涂层技术，使每层膜厚为1nm的TiN和AlN超薄膜交互重叠约2000层而成的。已经实现实用化。这是继TiC、TiN、TiCN后的第四代涂层。它的特点：是远比以往的涂层更硬，接近CBN的硬度；寿命是一般涂层的3倍；大幅度提高耐磨损性，产品应用更加广泛，是具有发展前途的刀具材料。

3. 陶瓷(Ceramics)

陶瓷是一种含有金属氧化物或氮化物的无机非金属材料。陶瓷刀具材料基本上由两大类组成，一类为纯氧化铝类(白色陶瓷)，另一类为TiC添加类(黑色陶瓷)。另外，还有在Al_2O_3中添加SiCW(晶须)、ZrO_2(青色陶瓷)来增加韧性的，以及以Si_3N_4为主体的陶瓷刀具材料。

陶瓷材料具有高硬度、高温强度好(约2000℃下不会融熔)的特性，化学的稳定性也很好，但韧性很低。对此，由于热等静压技术的普及对改善结晶的均匀细密性、提高陶瓷的各向性能均衡乃至提高韧性起到了很大的作用，作为切削工具用的陶瓷抗弯强度已经提高到900MPa以上。

一般来说，陶瓷刀具相对硬质合金和高速钢来说，其材料仍是极脆材料，因此多用于高速连续切削中，如铸铁的高速加工。另外，陶瓷的热导率相对于硬质合金来说非常低，是现有刀具材料中最低的一种，故在切削加工中切削热极易被积蓄，且对于热冲击的变化较难承受。因此，加工中陶瓷刀具很容易因热裂纹产生崩刃等损伤，且切削温度较高。陶瓷刀具因其材质的化学稳定性好、硬度高，在耐热合金等难加工材料的加工中有广泛的应用。

金属切削加工所用刀具的研究开发总是在不断地追求硬度，自然会遇到韧性问题。金属陶瓷就是为解决陶瓷刀具的脆性大而出现的，其成分以TiC(陶瓷)为基体，Ni、Mo(金属)为结合剂，故取名为金属陶瓷。

金属陶瓷刀具最大的优点是与被加工材料的亲和性极低，故不易产生粘刀和积屑瘤现象，使加工表面非常光洁平整，非常适用于精加工。但由于其韧性差太大，使用范围受到限制。现在，通过添加 WC、TaC、TiN、TaN 等异种碳化物，使其抗弯强度达到硬质合金的水平，因而得到广泛的运用。日本黛杰(DIJET)公司推出通用性更为优良的 CX 系列金属陶瓷，以适应各种切削状态的加工要求。

4. 立方氮化硼(CBN)

立方氮化硼是靠超高压、高温技术人工合成的新型刀具材料，其结构与金刚石相似，硬度略逊于金刚石，但热稳定性远高于金刚石，并且与铁族元素亲和力小，不易产生积屑瘤。

CBN 粒子硬度高达 4500HV，热导率高，在大气中加热至 1300℃仍保持性能稳定，且与铁的反应性很低，是迄今为止能够加工铁系金属的最硬的一种刀具材料。它的出现使无法进行正常切削加工的淬火钢、耐热钢的高速切削成为可能。

淬火硬度为 60~65HRC、70HRC 的烧结钢等高硬度材料均可采用 CBN 刀具来进行切削。因此，在很多原来只能采用磨削加工的 CBN 刀具进行切削，加工效率得到极大的提高。

切削加工普通灰铸铁时，线速度在 300m/min 以下的一般采用涂层硬度合金刀具，300~500m/min 的采用陶瓷刀具，500m/min 以上的用 CBN 刀具。而且最近的研究表明，用 CBN 切削普灰铸铁，当速度超过 800m/min 时，刀具寿命随着切削速度的增加反而更长。这是因为在切削过程中，刃口表面会形成 Si_3N_4、Al_2O_3 等保护膜，替代切削刃的磨损。因此，可以说 CBN 是超高速加工首选刀具材料。

5. 聚晶金刚石(PCD)

聚晶金钢石刀具是用人造金刚石颗粒通过添加 Co、硬质合金、NiCr、Si-SiC 以及陶瓷结合剂，在高温(1200℃以上)、高压下烧结成形的。金刚石刀具与铁系金属有极强的亲和力，切削中刀具中的碳元素极易发生扩散而导致磨损。但它与其他材料的亲和力很低，切削中不易产生粘刀现象，切削刃口可以磨得非常锋利，所以适用于高效地加工有色金属和非金属材料，能得到高精度、高光亮的加工面。特别是 PCD 没有金刚石的性能异向性，故其在高精加工领域中得到普及。金刚石在大气中温度超过 600℃时将发生碳化而失去其本来面目，故金刚石刀具不宜用于可能会产生高温的切削中。

上述五大类刀具材料，从总体上分析，在材料的硬度、耐磨性方面，金刚石最高，递次降低到高速钢。而关于材料的韧性则是高速钢最高，金刚石最低。图 2-6 中显示了现在使用的各种刀具材料按照硬度和韧性排列的大致位置。涂层刀具材料具有较好的实用性能，它的开发也是将来能使硬度和韧性并存的手段之一。在数控机床中，应用最广泛的是硬质合金。因为这类材料从经济性、适应性、多样性、工艺性等方面，目前综合效果都优于陶瓷、立方氮化硼、聚晶金刚石。

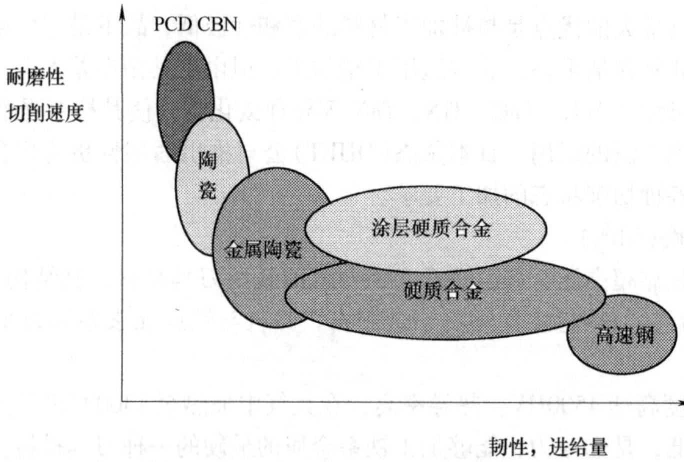

图 2-6 刀具材料的硬度及韧性的关系

三、数控刀具的失效形式

在切削过程中，刀具磨损到一定限度，切削刃崩刃或破损，切削刃卷刃(塑变)时，刀具丧失其切削能力或无法保障加工质量，则称为刀具失效。刀具破损的主要形式、产生原因和防止破损的方法如下：

(1) 崩刃 崩刃将损坏刀具和工件，如图 2-7 所示。

主要原因是刃口的过度磨损和较高的应力，也可能是刀具材料过硬、切削刃强度不够及进给量太大造成。应选择韧性好的合金材料，加工时减小进给量和切削深度，另外可选用高强度或刀尖圆角较大的刀片。

(2) 后面磨损 由机械应力引起的出现在后面上的摩擦磨损，如图 2-8 所示。

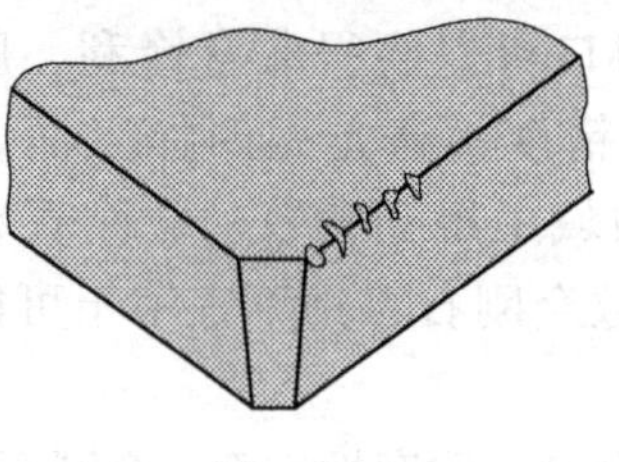

图 2-7 崩刃

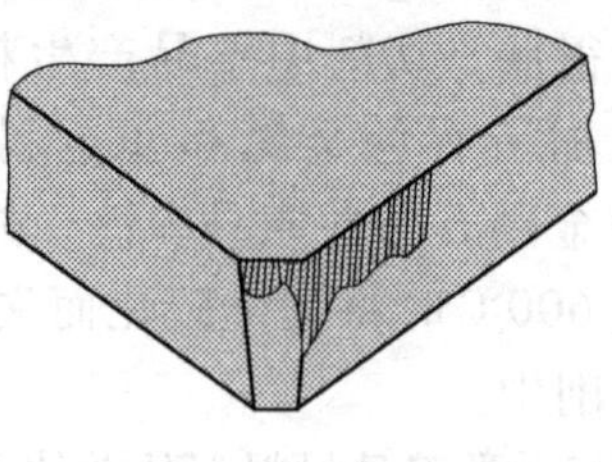

图 2-8 后面磨损

由于刀具材料过软，刀具的后角偏小，加工过程中切削速度太高，进给量太大，造成后面磨损过量，使得加工表面尺寸精度降低，摩擦力增大。应该选择耐磨性高的刀具材料，同时降低切削速度，提高进给量，增大刀具后角。这样才能避免或减少后面磨损现象的发生。

(3) 塑性变形 切削刃在高温或高应力作用下产生的变形，如图 2-9 所示。

切削速度、进给速度太高，工件材料中有硬质点，刀具材料太软和切削刃温度很高等现象是产生塑性变形的主要原因。它影响切屑的形成质量，有时也可导致崩刃。可以采取降低切削速度和进给速度，选择耐磨性好和热导率高的刀具材料等方法来减少塑性变形的产生。

（4）前面磨损(月牙洼磨损)　在前面上由摩擦和扩散导致的磨损，如图 2-10 所示。

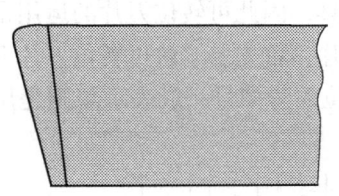

图 2-9　塑性变形

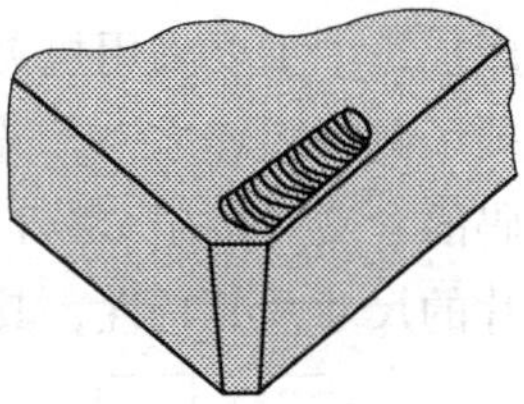

图 2-10　刀具前面磨损

前面磨损主要由切屑和工件材料的接触及其对发热区域的扩散引起。另外，刀具材料过软，加工过程中切削速度太高，进给量太大，也是前面磨损产生的原因。前面磨损会使刀具产生变形，干扰排屑，降低切削刃强度。主要采用降低切削速度和进给速度，同时选择涂层硬质合金材料，可以减少刀具前面的磨损。

（5）积屑瘤　工件材料在刀具上的粘附，如图 2-11 所示。

积屑瘤降低加工表面质量并会使切削刃形状改变，最终导致崩刃。采取的方法有提高切削速度，选择涂层硬质合金或金属陶瓷等亲和力小的刀具材料，并使用切削液。

（6）热裂纹　由于断续切削时温度变化产生的垂直于切削刃的裂纹，如图 2-12 所示。

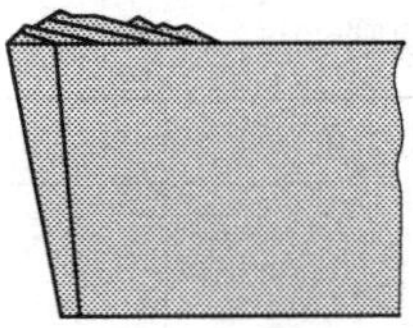

图 2-11　积屑瘤

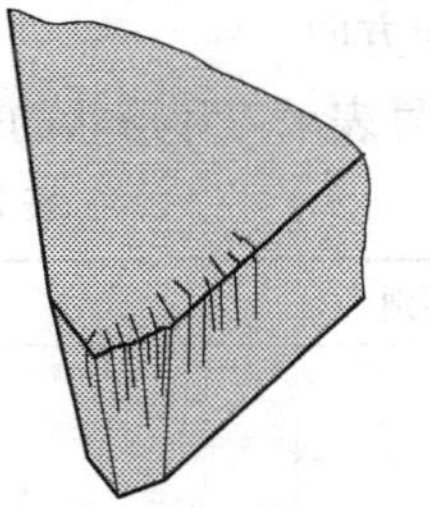

图 2-12　热裂纹

热裂纹可降低工件表面质量并导致刃口剥落。应选择韧性好的合金材料，同时减小进给量和切削深度，并在进行干式冷却或湿式切削时必须有充足的切削液。

在加工过程中，有时还会出现如下破损形式：

（1）刃口剥落　切削刃上出现一些很小的缺口，而非均匀的磨损。这主要是由于断续切削、切屑排出不流畅造成的。应该在开始加工时降低进给速度，选择韧性好的刀具材料和切削刃强度高的刀片，从而避免刃口剥落现象的产生。

（2）边界磨损　主切削刃上的边界磨损常见于工件的接触面处。主要原因是工件表面硬化、锯齿状切屑造成的摩擦，影响切屑的流向并导致崩刃。应降低切削速度和进给速度，同时选择耐磨刀具材料并增大前角，使切削刃锋利。

第三节　可转位刀片

一、可转位刀片代码

数控机床加工中主要采用机夹式可转位刀片的刀具，因此可转位刀片的运用是数控机床操作者必须了解的内容之一。选用机夹式可转位刀片，首先要了解可转位刀片型号表示规则、各代码的含义。按照 GB/T 2076—2007，可转位刀片型号一般表示规则是用 9 个代号来表示刀片的尺寸及其特性，其排列如下：

1	2	3	4	5	6	7	8	9

其中，每一代号都代表刀片某种参数或特性，现分别叙述如下：

1：刀片形状。

2：刀片法后角。

3：允许偏差等级。

4：夹固形式及有无断屑槽。

5：刀片长度。

6：刀片厚度。

7：刀尖角形状。

8：切削刃截面形状。

9：切削方向。

第一代号表示刀片形状的表示规则，见表 2-4。

表 2-4　可转位车刀刀片形状的表示规则

刀片形状类别	代号	形状说明	刀尖角	示意图
Ⅰ. 等边等角	H	正六边形	120°	
	O	正八边形	135°	
	P	正五边形	108°	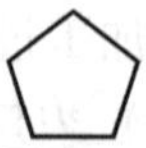
	S	正方形	90°	
	T	正三角形	60°	

（续）

刀片形状类别	代号	形状说明	刀尖角	示意图
Ⅱ. 等边不等角	C	菱形	80°①	
	D		55°①	
	E		75°①	
	M		86°①	
	V		35°①	
	W	等边不等角的六边形	80°①	
Ⅲ. 等角不等边	L	矩形	90°	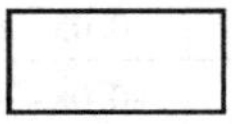
Ⅳ. 不等边不等角	A	平行四边形	85°①	
	B		82°①	
	K		55°①	
	F	不等边不等角六边形	82°①	
Ⅴ. 圆形	R	圆形	—	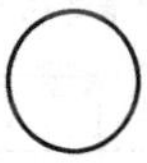

① 是指较小的角度。

第二代号代表刀片法后角的表示规则，见表2-5。

表2-5　刀片法后角表示规则

	代号	A	B	C	D	E	F	G	N	P	O
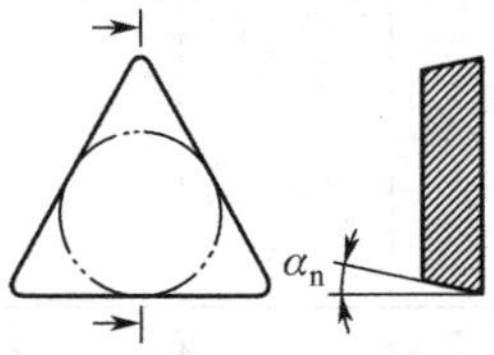	α	3°	5°	7°	15°	20°	25°	30°	0°	11°	其他需专门说明的法后角

第三代号代表刀片主要尺寸允许偏差等级，表示规则见表2-6。其中 d 为刀片内切圆直径，s 为刀片厚度，m 为刀尖位置尺寸，具体含义可参考GB/T 2076—2007《切削刀具用可转位刀片型号表示规则》。

表 2-6 允许偏差等级的表示规则

偏差等级代号	允许偏差/mm			允许偏差/in		
	d	m	s	d	m	s
A[①]	±0.025	±0.005	±0.025	±0.001	±0.0002	±0.001
F[①]	±0.013	±0.005	±0.025	±0.0005	±0.0002	±0.001
C[①]	±0.025	±0.013	±0.025	±0.001	±0.0005	±0.001
H	±0.013	±0.013	±0.025	±0.0005	±0.0005	±0.001
E	±0.025	±0.025	±0.025	±0.001	±0.001	±0.001
G	±0.025	±0.025	±0.025	±0.001	±0.001	±0.001
J[①]	±0.05~±0.15[②]	±0.005	±0.025	±0.002~±0.006[②]	±0.0002	±0.001
K[①]	±0.05~±0.15[②]	±0.013	±0.025	±0.002~±0.006[②]	±0.0005	±0.001
L[①]	±0.05~±0.15[②]	±0.025	±0.025	±0.002~±0.006[②]	±0.001	±0.001
M	±0.05~±0.15[②]	±0.08~±0.2[②]	±0.13	±0.002~±0.006[②]	±0.003~±0.008[②]	±0.005
N	±0.05~±0.15[②]	±0.08~±0.2[②]	±0.025	±0.002~±0.006[②]	±0.003~±0.008[②]	±0.001
U	±0.08~±0.25[②]	±0.13~±0.38[②]	±0.13	±0.003~±0.01[②]	±0.005~±0.015[②]	±0.005

[①] 通常用于具有修光刃的可转位刀片。
[②] 允许偏差取决于刀片尺寸的大小(见表 2-7、表 2-8),每种刀片的尺寸允许偏差应按其相应的尺寸标准表示。

形状为 H、O、P、S、T、C、E、M、W、F 和 R 的刀片,其 d 尺寸的 J、K、L、M、N 和 U 级允许偏差;刀尖角大于等于 60°的形状为 H、O、P、S、T、C、E、M、W 和 F 的刀片,其 m 尺寸的 M、N 和 U 级允许偏差均应符合表 2-7 的规定。

表 2-7 允许偏差表(1)

内切圆基本尺寸 d		d 值允许偏差				m 值允许偏差			
		J、K、L、M、N 级		U 级		M、N 级		U 级	
mm	in	mm	in	mm	in	mm	in	mm	in
4.76	3/16	±0.05	±0.002	±0.08	±0.003	±0.08	±0.003	±0.13	±0.005
5.56	7/32								
6[①]	—								
6.35	1/4								
7.94	5/16								
8[①]	—								
9.525	3/8								
10[①]	—								
12[①]	—	±0.08	±0.003	±0.13	±0.005	±0.13	±0.005	±0.2	±0.008
12.7	1/2								
15.875	5/8	±0.1	±0.004	±0.18	±0.007	±0.15	±0.006	±0.27	±0.011
16[①]	—								
19.05	3/4								
20[①]	—

（续）

内切圆基本尺寸 *d*		*d* 值允许偏差				*m* 值允许偏差			
		J、K、L、M、N 级		U 级		M、N 级		U 级	
mm	in	mm	in	mm	in	mm	in	mm	in
25①	—	±0.13	±0.005	±0.25	±0.01	±0.18	±0.007	±0.38	±0.015
25.4	1								
31.75	1¼	±0.15	±0.006	±0.25	±0.01	±0.2	±0.008	±0.38	±0.15
32①	—								
刀片形状	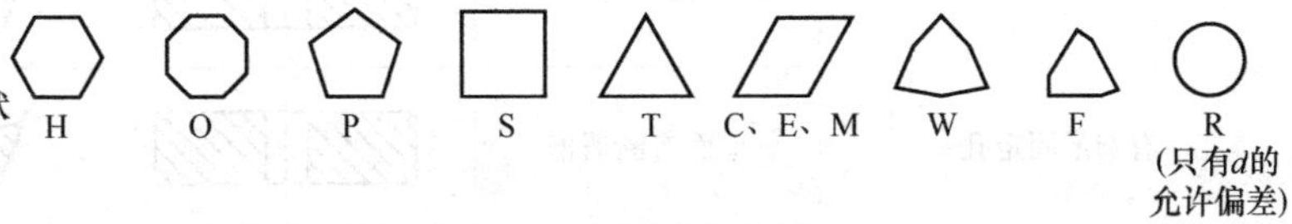								

① 只适用于圆形刀片。

角尖角为 55°（D 形）、35°（V 形）的菱形刀片，其 *m* 尺寸的 M、N 级允许偏差应符合表 2-8 的规定。

表 2-8　允许偏差表（2）

内切圆基本尺寸 *d*		*d* 值允许偏差		*m* 值允许偏差		刀片形状
mm	in	mm	in	mm	in	
5.56	7/32	±0.05	±0.002	±0.11	±0.004	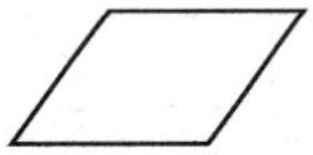 D
6.35	1/4					
7.94	5/16					
9.525	3/8					
12.7	1/2	±0.08	±0.003	±0.15	±0.006	
15.875	5/8	±0.1	±0.004	±0.18	±0.007	
19.05	3/4					
6.35	1/4	±0.05	±0.002	±0.16	±0.006	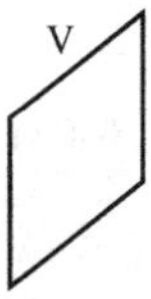 V
7.94	5/16					
9.525	3/8					
12.7	1/2	±0.08	±0.003	±0.2	±0.008	
15.875	5/8	±0.1	±0.004	±0.27	±0.011	
19.05	3/4					

第四代号代表夹固形式及有无断屑槽的表示规则，见表 2-9。

表 2-9 夹固形式及有无断屑槽的表示规则

代号	固定方式	断屑槽①	示意图
N	无固定孔	无断屑槽	
R	无固定孔	单面有断屑槽	
F		双面有断屑槽	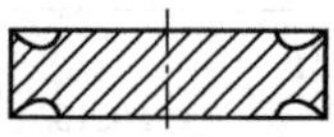
A	有圆形固定孔	无断屑槽	
M		单面有断屑槽	
G		双面有断屑槽	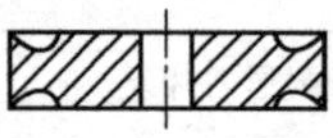
W	单面有 40°~60°固定沉孔	无断屑槽	
T		单面有断屑槽	
Q	双面有 40°~60°固定沉孔	无断屑槽	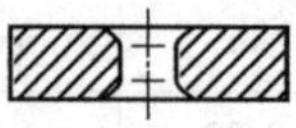
U		双面有断屑槽	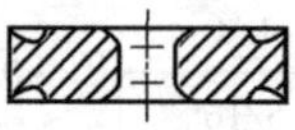
B	单面有 70°~90°固定沉孔	无断屑槽	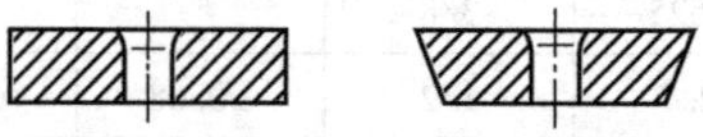
H		单面有断屑槽	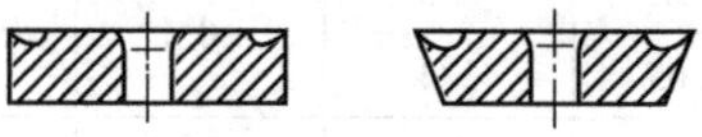
C	双面有 70°~90°固定沉孔	无断屑槽	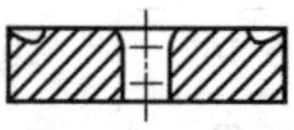
J		双面有断屑槽	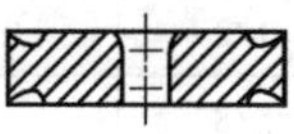
X②	其他固定方式和断屑槽形式，需附图形或加以说明		—

① 断屑槽的说明见 GB/T 12204。

② 不等边刀片通常在 4 号位用 X 表示，刀片宽度的测定(垂直于主切削刃或垂直于较长的边)以及刀片结构的特征需要予以说明。如果刀片形状没有列入 1 号位的表示范围，则此处不能用代号 X 表示。

第五代号代表刀片长度的表示规则，见表2-10。

表 2-10　刀片长度的表示规则

刀片形状类别	数字代号
Ⅰ-Ⅱ等边形刀片	——在采用米制单位时，用舍去小数部分的刀片切削刃长度值表示。如果舍去小数部分后，只剩下一位数字，则必须在数字前加“0” 如：切削刃长度15.5mm，表示代号为：15 切削刃长度9.525mm，表示代号为：09 ——在采用英制单位时，用刀片内切圆的数值作为表示代号。数值取按1/8英寸为单位测量得到的分数的分子 a）当取用数字是整数时，用一位数字表示 如：内切圆直径(1/2)in表示代号为4(1/2=4/8) b）当取用数字不是整数时，用两位数字表示 如：内切圆直径(5/16)in表示代号为2.5(5/16=2.5/8)
Ⅲ-Ⅳ不等边形刀片	通常用主切削刃或较长的边的尺寸值作为表示代号。刀片其他尺寸可以用符号X在4号位表示，并需附示意图或加以说明 ——在采用米制单位时，用舍去小数部分后的长度值表示 如：主要长度尺寸19.5mm表示代号为：19 ——在采用英制单位时，用按(1/4)in为单位测量得到的分数的分子表示 如：主要长度尺寸(3/4)in表示代号为：3
Ⅴ圆形刀片	——在采用米制单位时，用舍去小数部分后的数值表示 如：刀片尺寸15.875mm表示代号为：15 对米制圆形尺寸，结合代号⑦中的特殊代号，上述规则同样适用 ——在采用英制单位时，表示方法与等边形刀片相同(见Ⅰ-Ⅱ类)

第六代号代表刀片厚度的表示规则，见表2-11。在采用米制单位时，用舍去小数值部分的刀片厚度值表示，若舍去后只剩下一位数字，则必须在数字前加“0”。当刀片厚度整数值相同，而小数值不同，则将小数部分大的刀片代号用“T”代替“0”，以示区别。

第七代号代表刀尖形状的表示规则，见表2-12。

表 2-11　刀片厚度的表示规则

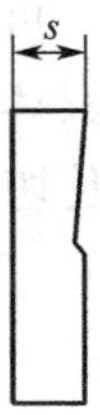

01	S=1.59
T1	S=1.98
02	S=2.38
03	S=3.18
T3	S=3.97
04	S=4.76
05	S=5.56
06	S=6.35
07	S=7.94
09	S=9.52

表 2-12　刀尖形状的表示规则

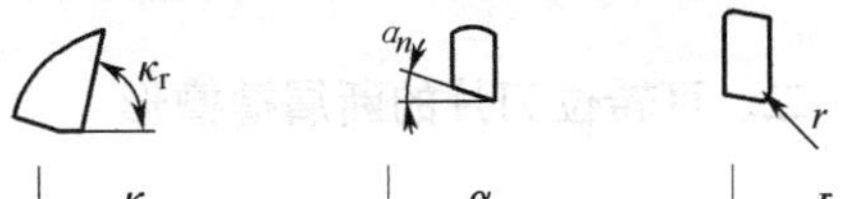

	κ_r		α_n		r
A	45°	A	3°	MO*	
D	60°	B	5°	02	0.2
E	75°	C	7°	04	0.4
F	85°	D	15°	08	0.8
P	90°	E	20°	12	1.6
Z	其他角度	F	25°		
		G	30°		
		N	0°		
		P	11°		
		Z	其他角度		

* 圆刀片

第八代号表示切削刃截面形状的表示规则，见表2-13。

表2-13 切削刃截面形状的表示规则

代号	刀片切削刃截面形状	示意图
F	尖锐切削刃	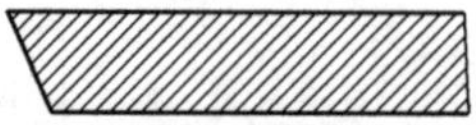
E	倒圆切削刃	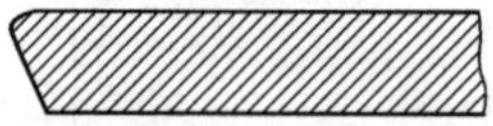
T	倒棱切削刃	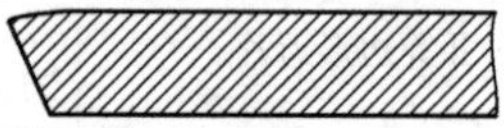
S	既倒棱又倒圆切削刃	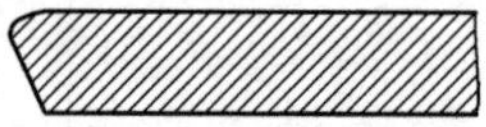
Q	双倒棱切削刃	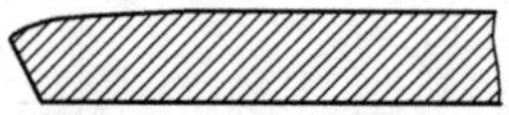
P	既双倒棱又倒圆切削刃	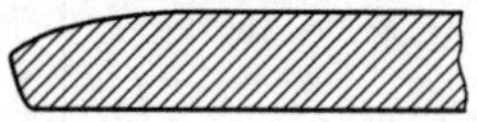

第九代号代表刀片切削方向的表示规则，见表2-14。

表2-14 刀片切削方向的表示规则

代号	切削方向	示意图
R	右切	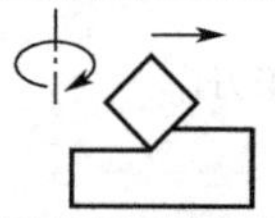
L	左切	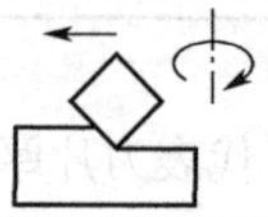
N	左右切	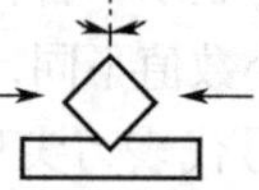

二、可转位刀片的断屑槽槽形

为满足切削能断屑、排屑流畅，加工表面质量好，切削刃耐磨等综合性要求，可转位刀片制成各种断屑槽槽形。目前，各刀具制造公司都有自己的断屑槽槽形，选择具体断屑槽代号可参考各公司刀具样本。例如，日本三菱公司根据加工材料的不同性质及切削范围，提供适合车削加工的断屑槽槽形。

三、可转位刀片的夹紧方式

可转位刀片的刀具由刀片、定位元件、夹紧元件和刀体组成，为了使刀具能达到良好的切削性能，对刀片的夹紧方式有如下基本要求：

1）夹紧可靠，不允许刀片松动或移动。

2）定位准确，确保定位精度和重复精度。

3）排屑流畅，有足够的排屑空间。

4）结构简单，操作方便，制造成本低，转位动作快，缩短换刀时间。

常见的可转位刀片的夹紧方式有杠杆式、楔块上压式、楔块式、螺栓上压式等多种方式，如图 2-13 所示。各种夹紧方式适合不同的加工范围，加工时应选择最合适的夹紧方式。按照其适应性，可将这些夹紧方式分为 1 至 3 个等级，其中 3 级表示最合适的选择，见表 2-15。

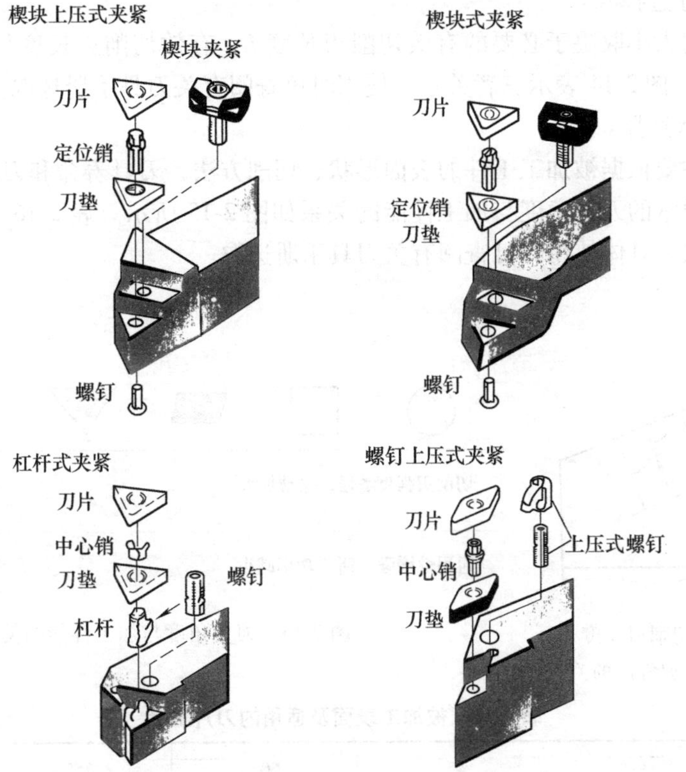

图 2-13　夹紧方式

表 2-15　各种夹紧方式最合适的加工范围

加工范围 \ 夹紧方式	杠杆式	楔块上压式	楔块夹紧式	螺栓上压式
可靠夹紧/紧固	3	3	3	3
仿形加工/易接近性	2	3	3	3
重复性	3	2	2	3
仿形加工/轻负荷加工	2	3	3	3
断续加工工序	3	2	3	3
外圆加工	3	1	3	3
内圆加工	3	3	3	3

四、可转位刀片的选择

根据被加工零件的材料、表面粗糙度值要求和加工余量等条件来选择刀片的类型。这里主要介绍车削加工中刀片的选择方法，其他切削加工的刀片选择也可参考。

1. 刀片材料选择

车刀刀片的材料主要有高速钢、硬质合金、涂层硬质合金、陶瓷、立方氮化硼和金刚石等。其中应用最多的是硬质合金和涂层硬质合金。选择刀片材料，主要依据被加工零件的材料、被加工表面的精度要求、切削载荷的大小以及切削过程中有无冲击和振动等。

2. 刀片尺寸选择

刀片尺寸的大小取决于必要的有效切削刃长度 L，有效切削刃长度与背吃刀量 a_p 和主偏角 κ_r 有关，图 2-14 表示三者关系。使用时可查阅有关刀具手册选取。

3. 刀片形状选择

刀片形状主要依据被加工工件的表面形状、切削方法、刀具寿命和刀片的转位次数等因素来选择。通常的刀尖角度与加工性能的关系如图 2-15 所示。表 2-16 为被加工表面及适用的刀片形状。具体使用时可查阅有关刀具手册选取。

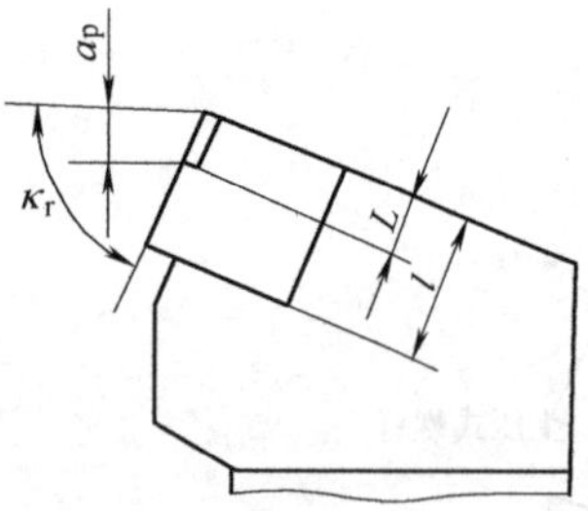

图 2-14 有效切削刃长度 L 与背吃刀量 a_p、主偏角 κ_r 的关系

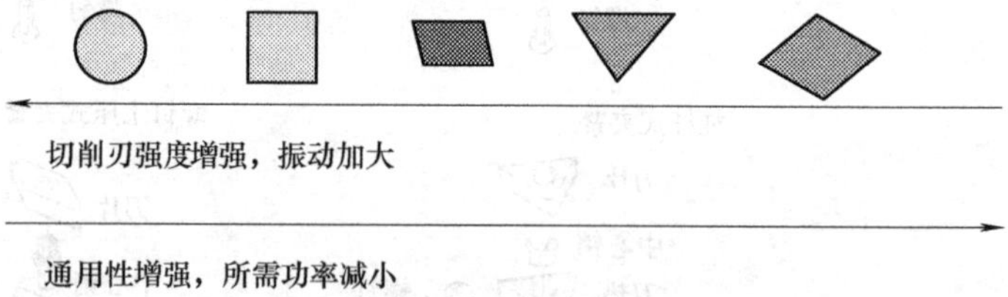

图 2-15 刀尖角度与加工性能的关系

表 2-16 被加工表面及适用的刀片形状

车削外圆表面	主偏角	45°	45°	60°	75°	95°
	刀片形状及加工示意图	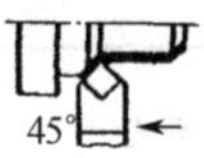	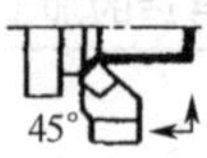	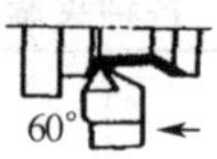	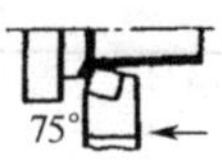	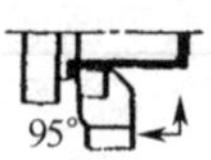
	推荐选用刀片	SCMA SPMR SCMM SNMM-8 SPUN SNMM-9	SCMA SPMR SCMM SNMG SPUN SPGR	TCMA TNMM-8 TCMM TPUN	SCMM SPUM SCMA SPMR SNMA	CCMA CCMM CNMM-7

（续）

车削端面	主偏角	75°	90°	90°	95°	
	刀片形状及加工示意图	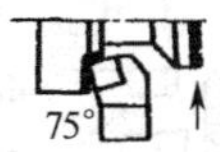	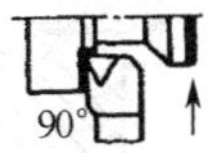	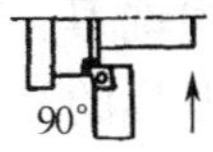	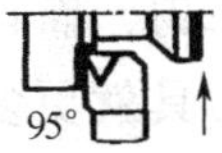	
	推荐选用刀片	SCMA SPMR SCMM SPUR SPUN CNMC	TNUN TNMA TCMA TPUM TCMM TPMR	CCMA	TPUN TPMR	
车削成形面	主偏角	15°	45°	60°	90°	
	刀片形状及加工示意图	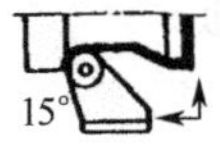	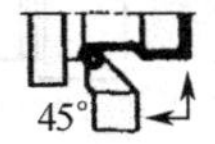	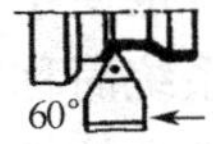	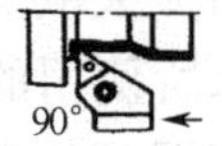	
	推荐选用刀片	RCMM	RNNG	TNMM-8	TNMG	

4. 刀片的刀尖圆角半径选择

刀尖圆角半径的大小直接影响刀尖的强度及被加工零件的表面粗糙度值。刀尖圆角半径大，被加工工件的表面粗糙度值增大，切削力增大且易产生振动，切削处理性能变坏，但切削刃强度增加，刀具前、后刀面磨损减少。通常在背吃刀量较小的精加工、细长轴加工、机床刚度较差情况下，采用刀尖圆角较小的刀片；而在需要切削刃强度高、工件直径大的粗加工中，选用刀尖圆角大些的刀片。国家标准 GB/T 2077—1987 规定刀尖圆角半径的尺寸系列为 0.2mm、0.4mm、0.8mm、1.2mm、1.6mm、2.0mm、2.4mm、3.2mm。图 2-16a、b分别表示刀尖圆角半径与表面粗糙度、刀具寿命的关系。刀尖圆角半径一般适宜选取进给量的 2~3 倍。

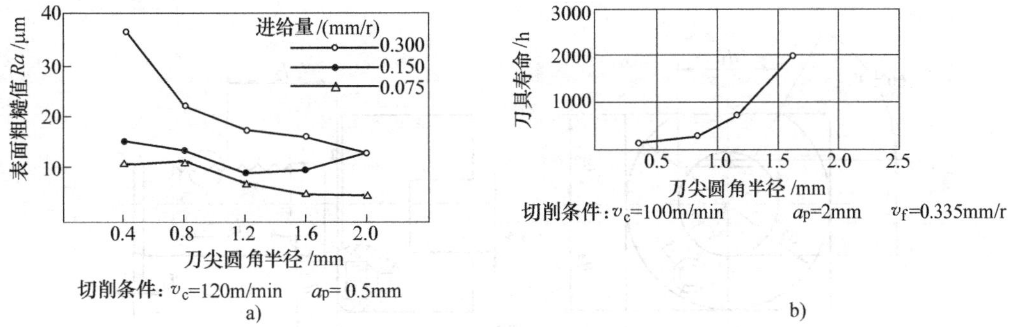

图 2-16　刀尖圆角半径与表面粗糙度、刀具寿命的关系

第四节　工具系统

一、工具系统概述

由于在数控机床上要加工多种工件，并完成工件上多道工序的加工，因此需要使用的

刀具品种、规格和数量就较多。例如，图 2-17 所示为在车削中心上加工某工件时的情况，可看到不仅需要很多种车刀，而且还要用铣刀。若加工不同工件，所需刀具就更多。而刀具的品种、规格繁多将造成很大困难。为了减少刀具的品种规格，发展柔性制造系统和加工中心使用的工具系统。工具系统一般为模块化组合结构，在一个通用的刀柄上可以装多种不同的刀具，使数控加工中的刀具品种规格大大减少，同时也便于刀具的管理。在数控机床所使用的工具系统简称数控工具系统。按使用范围可分为车削类数控工具系统和镗铣类数控工具系统；按系统的结构特点可分为整体式工具系统和模块式工具系统。其中，模块式工具系统又可根据其模块连接结构的不同分为各种不同模块式工具系统。

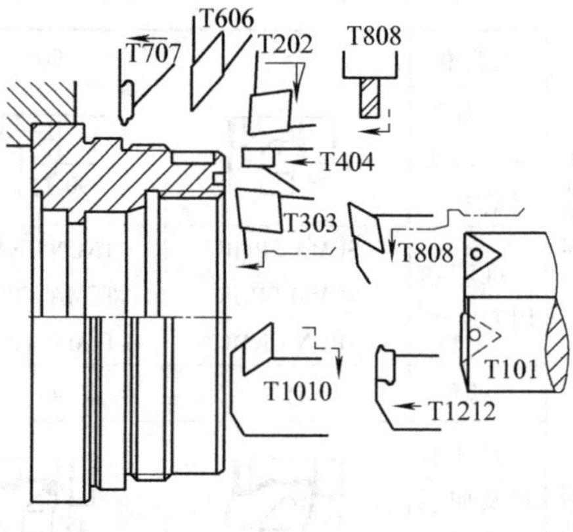

图 2-17 车削中心上加工工件时需要的刀具

二、车削类工具系统

随着车削中心的产生和各种全功能数控车床数量的增加，人们对数控车床和车削中心所使用的刀具提出了更高的要求，形成了一个具有特色的车削类工具系统。目前的车削类工具系统，具有换刀速度快、刀具的重复定位精度高、连接刚度高等特点，提高了机床的加工能力和加工效率。例如，被广泛采用的一种整体式车削工具系统是 CZG 车削工具系统。数控车床与车削工具系统的连接接口普遍采用德国标准 DIN69880，其结构如图 2-18 所示。目前，还有其他公司的工具系统的接口，如美国肯纳公司的 KM 工具系统接口、瑞典山特维克公司的 BTS 工具系统的接口等。

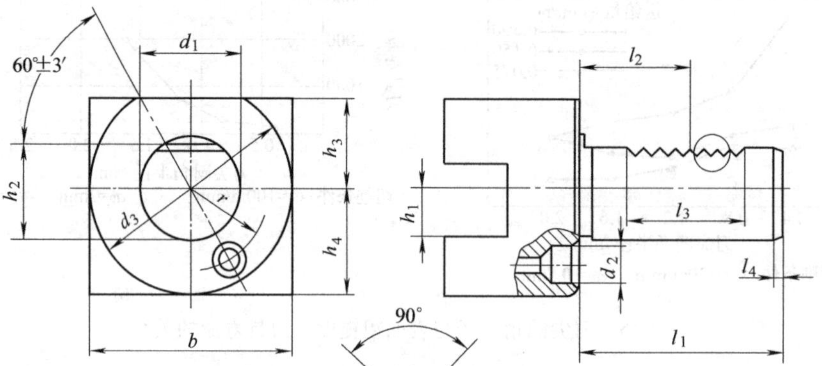

图 2-18 德国标准 DIN69880 接口结构

图 2-19 所示为车削中心用的模块化快换刀具结构，它由刀具头部、连接部分和刀体组成。刀体内装有拉紧机构，通过拉杆来拉紧刀具头部(图 2-19a)，在拉紧过程中能使拉

紧孔产生微小弹性变形而获得很高的精度和刚度，径向精度达 2μm，轴向精度达 5μm。在背吃刀量达到 10mm 时，刀具径向和轴向变形均小于 5μm，自动换刀时间仅为 5s。这种刀体可装车、钻、镗、丝锥、检测头等多种工具，如图 2-19b 所示。

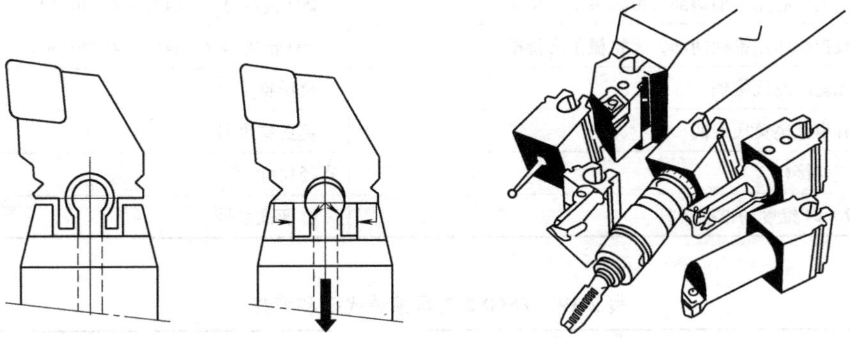

a)　　b)

图 2-19　车削中心用的模块化快换刀具结构

通过上例可看到在通用刀柄上可以快速、可靠、精确地更换不同刀具头，并还可以换上工件尺寸的测量装置。

三、镗铣类工具系统

在生产中广泛应用镗铣中心来加工各种不同的工件，所以刀具装夹部分的结构、尺寸也是各种各样的。把通用性较强的装夹工具系列化、标准化，就发展出了不同结构的镗铣类工具系统。它一般分为整体式结构和模块式结构两大类，型号具体规格可查阅相关手册。

1. 镗铣类整体式工具系统

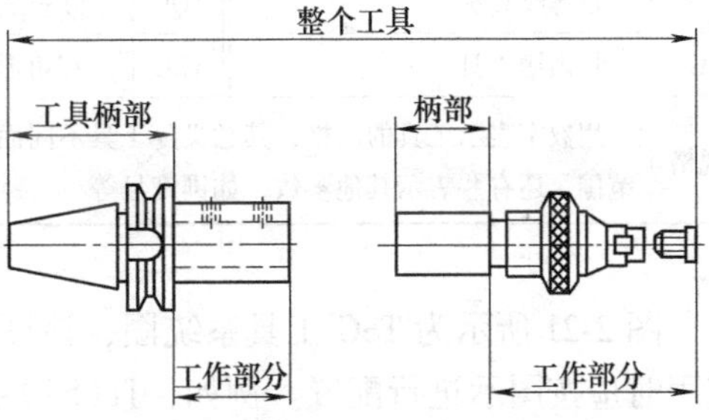

图 2-20　镗铣类整体式工具系统组成

图 2-20 所示为镗铣类整体式工具系统，即 TSG 整体式工具系统组成。它是把工具柄部和装夹刀具的工作部分做成一体，要求不同工作部分都具有同样结构的刀柄，以便与机床的主轴相连。它主要应用于数控镗铣床、加工中心及柔性制造系统等，具有可靠性强、使用方便、结构简单、调换迅速及刀柄的种类较多的特点。

TSG82 工具系统中型号由汉语拼音和数字组成，用“-”分成前、后两段，其表示方法见表 2-17。表 2-18 表示 TSG82 工具系统各种柄部的型号和尺寸代号。表 2-19 表示 TSG82 工具系统代码和意义。

表 2-17　TSG82 工具系统组成

例：JT45-KH30-80				
前段（汉语拼音和数字）		-	后段（汉语拼音和数字）	
JT	45	-	KH	30~80
柄部形式	柄部尺寸		工具用途、种类、结构形式	工具规格

表 2-18 TSG82 工具系统柄部的型号和尺寸代号

柄部形式		柄部尺寸
代号	意义	意义
JT	加工中心用锥柄柄部，带机械手夹持槽	ISO 锥度号 7∶24(50,45,40,30)
ST	数控机床用锥柄柄部，无机械手夹持槽	ISO 锥度号 7∶24(50,45,40,30)
MTW	无扁尾莫氏锥柄	莫氏锥度号
MT	有扁锥尾莫氏锥柄	莫氏锥度号
ZB	直柄接杆	直径尺寸
KH	7∶24 锥度的锥柄接杆	锥柄锥度号

表 2-19 TSG82 工具系统代码和意义

代码	意义	代码	意义	代码	意义
J	装接长杆用刀柄	KJ	用于装扩、铰刀	TF	浮动镗刀
Q	弹簧夹头	BS	倍速夹头	TK	可调镗刀
KH	7∶24 锥度快换夹头	H	倒锪端面刀	X	用于装铣削刀具
Z(J)	用于装钻夹头(贾氏锥度加 J)	T	镗孔刀具	XS	装三面刃铣刀用
MW	装无扁尾莫氏锥柄刀具	TZ	直角镗刀	XM	面铣刀
M	带有扁尾莫氏锥柄刀具	TQW	倾斜式微调镗刀	XDZ	装直角面铣刀用
G	攻螺纹夹头	TQC	倾斜式粗镗刀	XD	装面铣刀用
C	切内槽工具	TZC	直角形粗镗刀		
规格	用数字表示工具的规格，其意义随工具不同而变化。有些数字表示工具轮廓尺寸 D-L，有些数字表示应用范围，还有些表示其他参数，如锥度号等				

图 2-21 所示为 TSG 工具系统图，该图表明了 TSG 工具系统中各种工具的组合形式，使用时应按图示进行配置。例如，JT(ST)-J 接长杆刀柄或 JT(ST)-Q 弹簧夹头刀柄与接长杆有七种不同组合，其主要用途见表 2-20。各种长杆刀柄和接长杆尺寸可参见相关手册。

表 2-20 接长杆刀柄或弹簧夹头刀柄与接长杆各种组合形式主要用途

组合形式		主要用途
刀柄代号及名称	接长杆代号及名称	
JT(ST)-J 接长杆刀柄或 JT(ST)-Q 弹簧夹头刀柄	ZB-Z 直柄装钻夹头接长杆	配莫氏短锥柄或贾氏锥柄的钻夹头
	ZB-M 带有扁尾莫氏锥孔接长杆	装夹带有扁尾莫氏锥柄的接杆或刀具
	ZB-XM 套式面铣刀接长杆	装夹套式面铣刀
	ZB-MW 无扁尾莫氏锥孔接长杆	装夹粗齿短柄立铣刀
	ZB-XS 三面刃铣刀接长杆	装夹三面刃铣刀
	ZB-KJ 扩孔钻、铰刀接长杆	装夹扩孔钻、铰刀
	ZB-TZ 小直角镗刀接长杆	装夹镗刀块

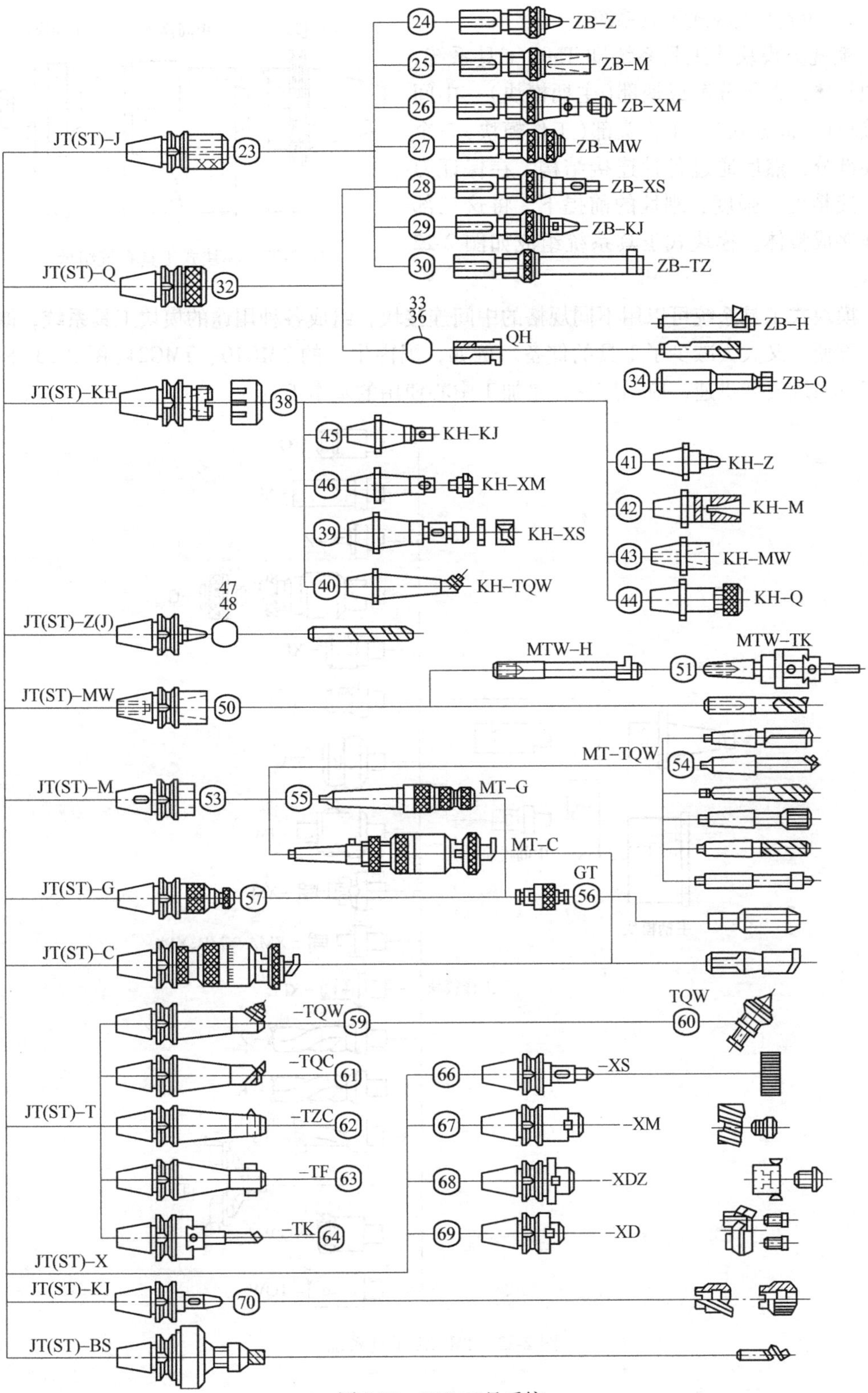

图 2-21 TSG 工具系统

2. 镗铣类模块式工具系统

镗铣类模块式工具系统即 TMG 工具系统，是把整体式刀具分解成柄部(主柄模块)、中间连接块(中间模块)、工作头部(工作模块)三个主要部分，然后通过各种连接结构，在保证刀杆连接精度、强度、刚性的前提下，将这三部分连接成整体。模块式工具系统组成如图 2-22 所示。

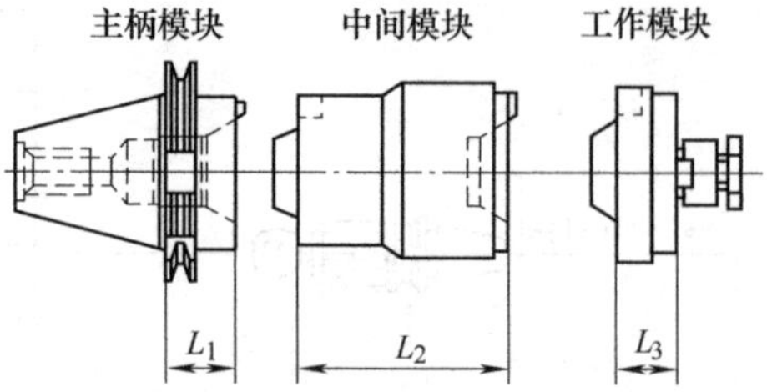

图 2-22 模块式工具系统组成

模块式工具系统可以用不同规格的中间连接块，组成各种用途的模块工具系统，既灵活、方便，又大大减少了工具的储备。例如，国内生产的 TMG10、TMG21(图 2-23)模块式工具系统发展迅速，应用广泛，是加工中心使用的基本工具。

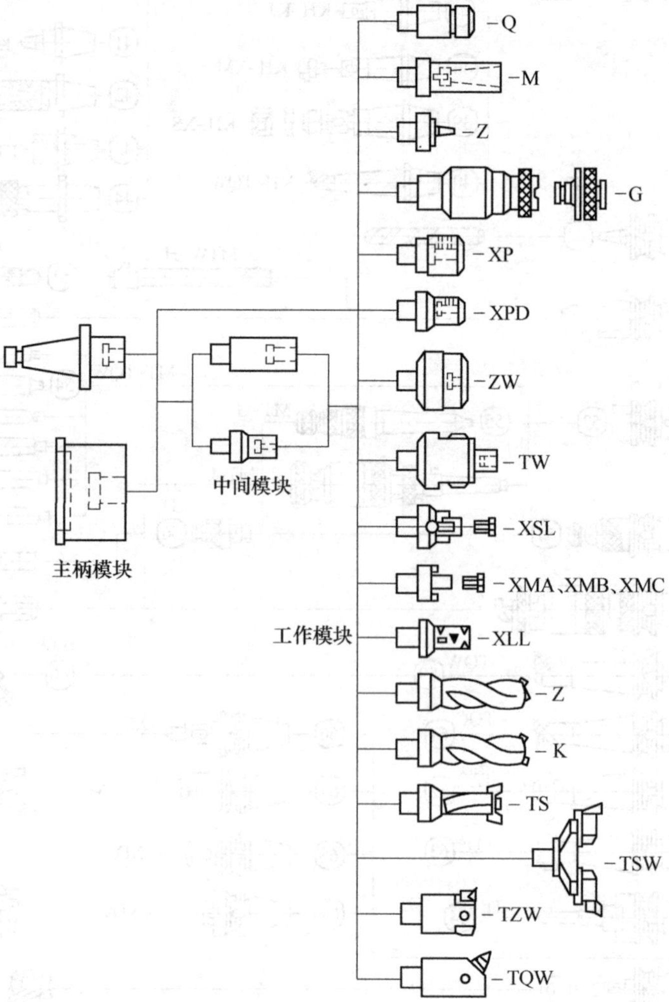

图 2-23 TMG21 工具系统

为了区别各种不同结构的模块式工具系统，通常在 TMG 后加两位数字分别表示模块连接的定心方式和锁紧方式。表 2-21 列出了模块式工具系统定心方式和锁紧方式的代号和意义。

表 2-21 模块式工具系统定心方式和锁紧方式代号和意义

十位数		个位数	
代号	定心方式	代号	锁紧方式
1	短圆锥定心	0	中心螺钉拉紧
2	单圆柱面定心	1	径向销钉锁紧
3	双键定心	2	径向楔块锁紧
4	端齿啮合定心	3	径向双头螺柱锁紧
5	双圆柱面定心	4	径向单侧销钉锁紧
		5	径向两螺钉垂直方向锁紧
		6	螺纹联接锁紧

工具模块型号由主柄模块型号、中间模块型号和工作模块型号组成。每个模块通常由6~7位字母、数字及符号构成，通常用 A、B、C 分别表示主柄模块、中间模块和工作模块。

四、数控机床的刀柄

加工中心上使用的刀具由刃具部分和连接刀柄两部分组成。刃具部分包括钻头、铣刀、铰刀等。加工中心有自动换刀装置，连接刀柄时要满足机床主轴自动松开和拉紧定位、准确安装各种切削刃具、适应机械手的夹持和搬运、储存和识别刀库中各种刀具的要求。加工中心刀柄已系列化、标准化，执行 GB/T 10944. 1—2013《自动换刀 7 : 24 圆锥工具柄第 1 部分:A、AD、AF、U、UD 和 UF 型柄的尺寸和标记》、GB/T 10944. 2—2013《自动换刀 7 : 24 圆锥工具柄部第 2 部分:J、JD 和 JF 型柄的尺寸和标记》。锥柄的结构参数如图 2-24 所示。固定在刀柄尾部且与主轴内拉紧机构相适应的拉钉也标准化，具体尺寸可参考 GB/T 10944. 3—2013《自动换刀 7 : 24 圆锥工具柄 第 3 部分:AC、AD、AF、UC、UD、UF、JD 和 JF 型拉钉》GB/T 10944. 5—2013)《自动换刀 7 : 24 圆锥工具柄 第 5 部分:拉钉的技术条件》。A 型用于不带钢球的拉紧装置，结构参数如图 2-25 所示；B 型用于带钢球的拉紧装置，结构参数如图 2-26。柄部及拉钉的具体尺寸可查阅上述标准。刀柄的选择直接影响机床性能的发挥。一些用户由于缺少刀柄，不能开动机床，有时选择刀柄数量过多又影响投资。选用加工中心刀柄时的注意事项：

1. 根据机床上典型零件的加工工艺来选择刀柄

加工中心上使用的钻、扩、铰、镗孔及铣削、攻螺纹等各种用途的刀柄，其规格达百种之多。具体到某一台或几台机床上，用户只能根据要在这台机床上加工的典型零件加工工艺来选取。这样选择的结果既能满足加工需要，也不致造成积压，是最经济、最有效的方法。

2. 刀柄配置数量

刀柄配置数量与机床所要加工的零件品种、规格及数量有关，也与零件复杂程度、机床的负荷有关，一般是所需刀柄的2~3倍。这是因为机床工作的同时，还有一定数量的刀柄正在预调或刀具修磨。只有当机床负荷不足时，才取2倍或不足2倍。加工中心刀库只用来装载正在加工工件所需的刀柄。零件的复杂程度与刀库容量有关系，所以配置数量也大约为刀库容量的2~3倍，才能满足通常自动加工要求。

3. 刀柄的柄部形式是否正确

为了便于换刀，镗铣类数控机床及加工中心的主轴孔多选定为不自锁的7∶24锥度，但是刀柄与机床相配的柄部(除锥角以外的部分)并没有完全统一，尽管已经有了相应国际标准，可在有些国家并未得到贯彻，如有的柄部在7∶24锥度的小端带有圆柱头而另一些则没有。对于自动换刀用工具柄部，要切实弄清楚选用的机床应配用符合哪个标准的工具柄部。要求选择的刀柄与机床主轴孔的规格(是30号、40号、45号)相一致。刀柄抓拿部位要能适应机械手的形态位置要求，拉钉的形状、尺寸要与主轴的拉紧机构相匹配。

4. 尽量选用加工效率较高的刀柄和刀具

例如粗镗孔时选用双刃镗刀刀柄代替单刃粗镗刀刀柄，可以提高加工效率，减少振动；选用强力弹簧夹头不但可以夹持直柄刀具，而且可以通过接杆夹持带孔刀具。

5. 选用模块式刀柄和复合刀柄时要综合考虑

采用模块式刀柄必须配一个柄部、一个接杆和一个镗刀头部。当刀库容量大，更换刀具频繁时，可考虑使用模块式刀柄。若长期反复使用，不需要反复拼装，则可使用普通刀柄。对于加工一批要反复生产的典型零件时，为了减少加工时间和换刀次数，就可以考虑采用专门设计的复合刀柄。尽管复合刀柄价格贵，但采用一把复合刀柄后，可大大节省工时；而且一般数控机床的主电动机功率较大，机床刚度较好，能够承受较大切削力，采用多刀多刃强力切削，可以充分发挥机床的性能，提高生产率，缩短生产周期。在设计专用的复合刀柄时，应尽量采用标准化的刀具模块，这样能有效地减少设计与加工的工作量。

在选用特殊刀柄时，如把增速头刀柄用于小孔加工，则转速比主轴转速增高几倍；多轴加工动力头刀柄可同时加工小孔；万能铣头刀柄可改变刀具与主轴轴线夹角，扩大工艺范围；内冷却刀柄切削液通过刀柄，经过刃具内通孔，直接在切削刃区冲击，可得到很好的冷却效果，适用于深孔加工；高速磨头刀柄适于在加工中心磨削淬火加工面或抛光模具面等。总之，特殊刀柄的选用必须考虑对机床主轴端面安装位置的要求，并考虑是否能实现。

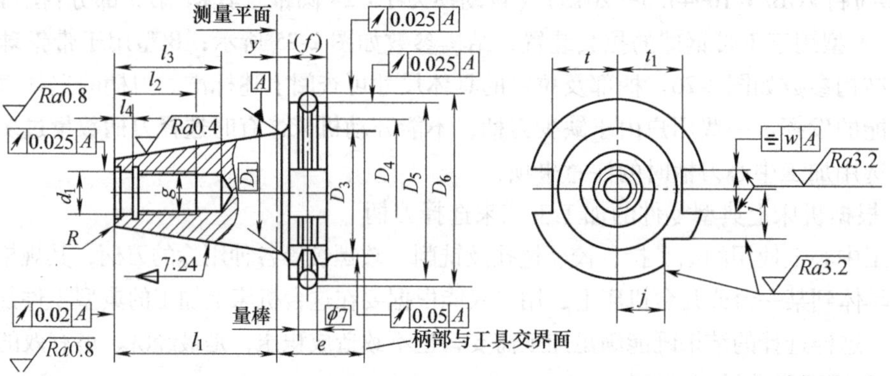

图2-24 自动换刀机床用7∶24圆锥工具柄结构

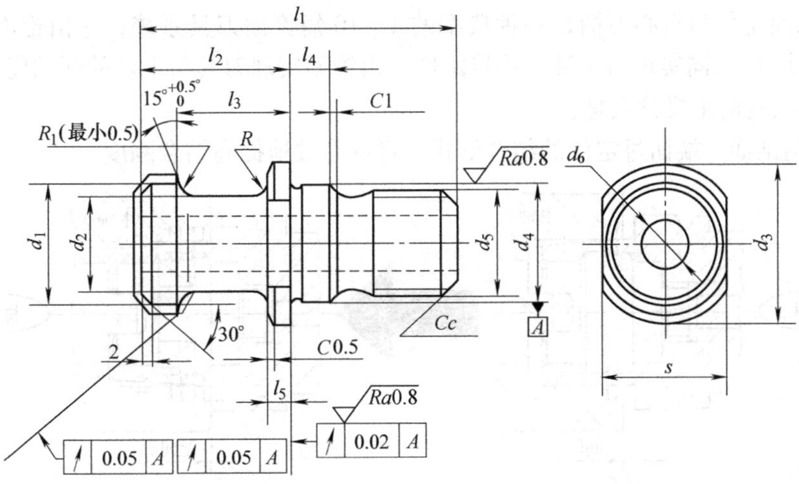

图 2-25 自动换刀机床 7∶24 圆锥工具柄用 A 型拉钉结构

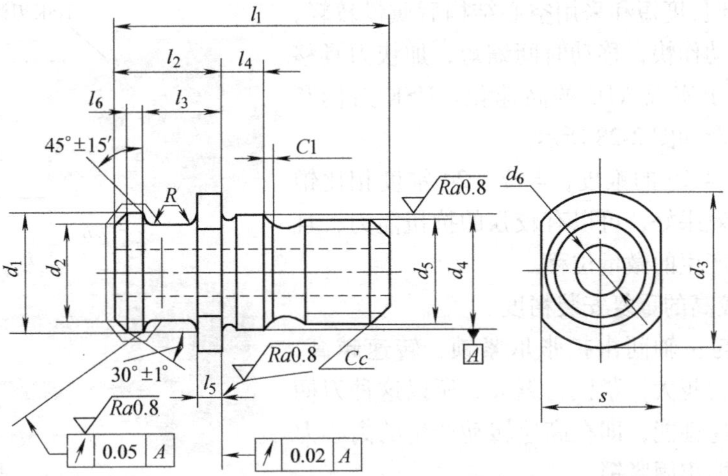

图 2-26 自动换刀机床 7∶24 圆锥工具柄用 B 型拉钉结构

五、高速切削用刀柄和高速夹头

高速切削用的刀具，无论从加工精度，还是操作安全方面考虑，对它的装夹技术都有很高的要求，弹簧夹头、螺钉等传统的刀具装夹方式已经不能满足高速加工的需要。刀柄和刀具夹头是高速刀具技术的重要部分。高速加工机床上所采用的 HSK 刀柄是一种新型的高速锥型刀柄，由德国阿亨工业大学机床研究所研究开发。它改进常规刀柄 7∶24 锥度的缺陷，接口采用锥面和端面两面同时定位的方式，完全消除了轴向定位误差。刀柄为空心，有利于换刀轻型化和高速化，是高速加工中心普遍采用的刀柄。另外，世界著名公司如德国雄克(SCHUNK)生产的适应于高速切削的刀具夹头有夹紧精度高、传递转矩大、结构对称性好、外形尺寸小的三棱变形静压夹头、热装夹头及高精度弹簧夹头等。

1. HSK 刀柄

HSK 双面定位型空心刀柄是一种典型的 1∶10 短锥面刀具系统，它由锥面(径向)和法兰端面(轴向)共同实现与主轴的连接刚性，由锥面实现刀具与主轴的同轴度，如图2-27 所示。这种结构的主要特点是：

1）采用锥面、端面过定位的结合形式，可以有效地提高结合刚度。

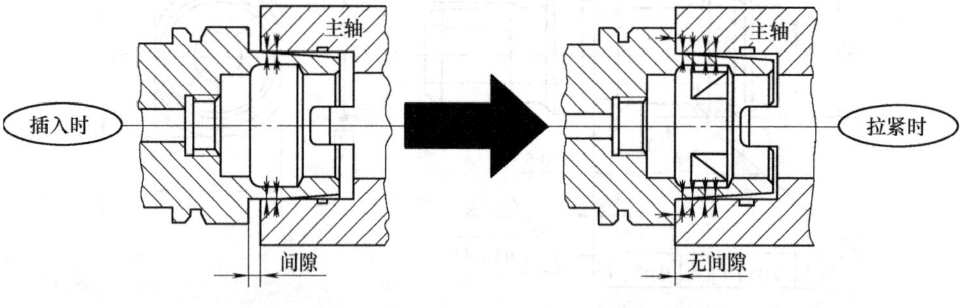

图 2-27 HSK 刀柄与主轴连接结构与工作原理

2）因锥部长度短和采用空心结构后质量较轻，所以自动换刀动作快，移动时间缩短，加快刀具移动速度，有利于实现 ATC 的高速化。HSK 刀柄和普通刀柄的外形如图 2-28 所示。

3）采用 1∶10 的锥度，与 7∶24 锥度相比锥部较短，楔形效果好，可以有较强的抗扭能力，且能抑制因振动产生的微量位移。

4）具有较高的重复安装精度。

5）刀柄与主轴间由扩张爪紧锁，转速越高，扩张爪的离心力越大，紧锁力越大，所以这种刀柄具有良好的高速性能，即在高速转动产生的离心力作用下，刀柄能牢固紧锁。

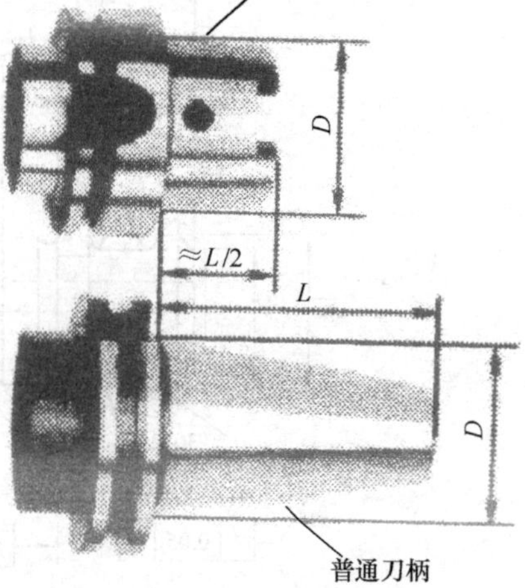

图 2-28 HSK 刀柄和普通刀柄的比较

按照 DIN 标准规定，HSK 刀柄可分为如下六种形式，如图 2-29 所示。其中，d_1 为法兰直径，d_2 为锥面基准直径。A、B 型为自动换刀刀柄，用于加工中心及车削中心；C、D 型为手动换刀刀柄，用于没有 ATC 装置的机床；E、F 型为无键联接的对称结构，靠摩擦力传递转矩，适用于超高速的刀柄，用于高速加工中心和木工机床。

2. 三棱变形静压夹头

三棱变形静压夹头是利用夹头本身的变形力来夹紧刀具的，其定位精度可控制在 3μm 以内。图 2-30 所示为三棱变形静压夹头工作原理，该夹头的内孔在自由状态下为三棱形，三棱的内切圆直径小于要装夹的刀柄直径，如图 2-30a 所示；利用一个液压加力装置，对夹头施加外力，使夹头内孔变为圆孔，孔径略大于刀柄直径，如图 2-30b 所示；此时插入刀柄，(图 2-30c)，然后去掉所加的外力，内孔重新收缩成三棱形，对刀柄实行三点夹紧(图 2-30d)。这种夹头结构紧凑，对称性好，精度高，与热装夹头相比刀具装卸简单，且适用于不同线膨胀系数的硬质合金刀柄和高速钢刀柄，目前，正逐渐应用于高速加工中。

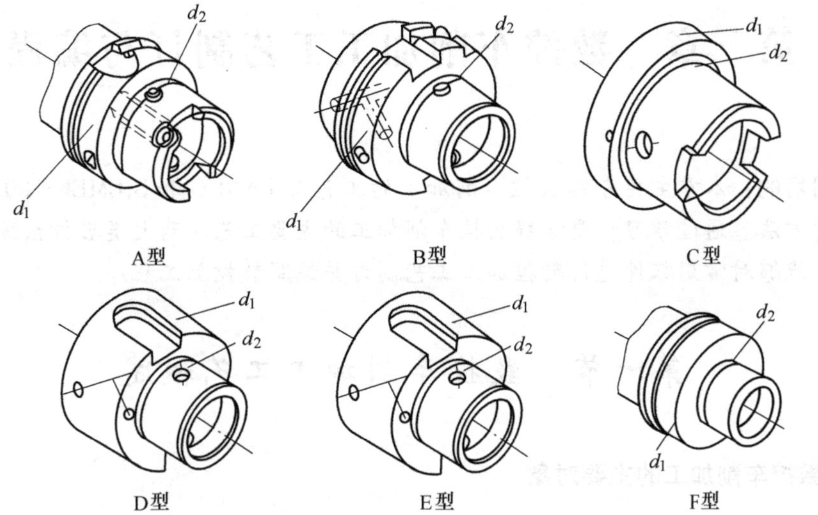

图 2-29 HSK 刀柄六种形式

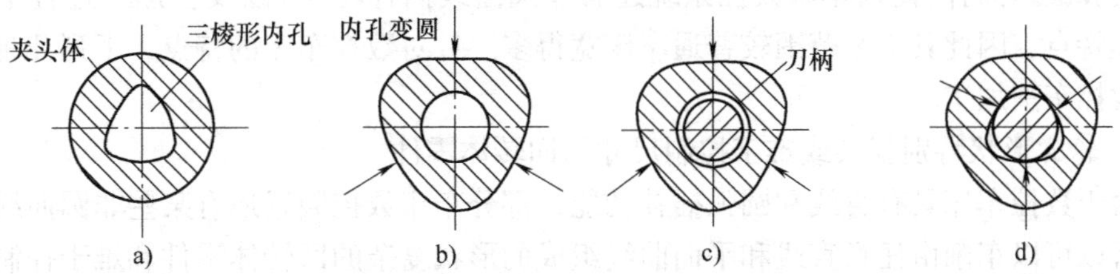

图 2-30 三棱变形静压夹头工作原理

a）原始状态 b）施加外力 c）插入刀柄 d）去除外力

思考练习题

2-1 数控机床刀具按结构分类可分为哪几类？各有何特点？

2-2 数控刀具具备哪些特点？

2-3 数控刀具的材料有哪些？分别按硬度和韧性分析其性能。

2-4 分析刀具破损的主要形式、产生原因及解决破损的方法。

2-5 说明可转位刀片米制型号 TNMG、SPMR、CCMW 所代表的含义。

2-6 刀片夹紧方式基本要求是什么？常见可转位刀片的夹紧方式有几种？

2-7 可转位刀片的选择原则是什么？

2-8 数控机床刀具系统的分类有哪些？镗铣类工具系统的特点是什么？

2-9 TSG 整体式工具系统组成及表示方法是什么？

2-10 镗铣类模块式工具系统 TMG 工具系统组成是什么？

2-11 在选择加工中心刀柄时应注意什么？

2-12 HSK 刀柄的种类和特点有哪些？

2-13 三棱变形静压夹头工作原理和特点是什么？

第三章　数控车削加工工艺制订与编程

学习目的：本章主要介绍数控车削加工的工艺及 FANUC 和 SIEMENS 802S 数控系统的编程方法。通过学习，要掌握数控车削加工的主要工艺和两大类数控系统的主要编程方法，能够对常用零件进行数控加工工艺制订并编写数控加工程序。

第一节　数控车削加工工艺概述

一、数控车削加工的主要对象

数控车削是数控加工中用得最多的加工方法之一。由于数控车床具有加工精度高、能做直线和圆弧插补(高档车床数控系统还有非圆曲线插补功能)以及在加工过程中能自动变速等特点，因此其工艺范围较普通车床宽得多。针对数控车床的特点，下列几种零件最适合数控车削加工。

1. 轮廓形状特别复杂或难于控制尺寸的回转体零件

由于数控车床具有直线和圆弧插补功能，部分车床数控装置还有某些非圆曲线插补功能，所以可以车削由任意直线和平面曲线组成的形状复杂的回转体零件和难于控制尺寸的零件，如具有封闭内成形面的壳体零件。如图 3-1 所示的壳体零件封闭内腔的成形面，“口小肚大”，在普通车床上是无法加工的，而在数控车床上则很容易加工出来。

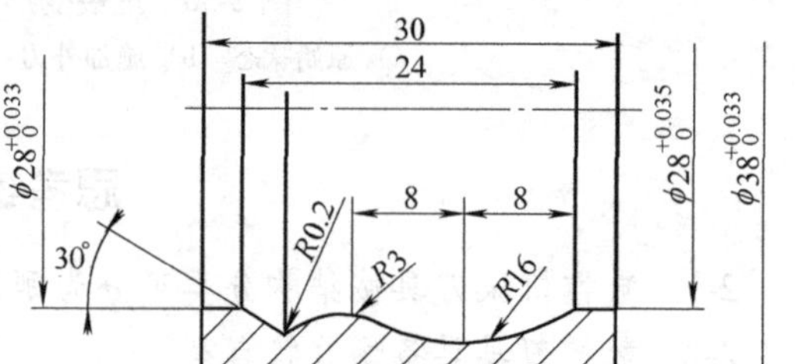

图 3-1　成形内腔壳体零件示例

组成零件轮廓的曲线可以是数学方程式描述的曲线，也可以是列表曲线。对于由直线或圆弧组成的轮廓，直接利用机床的直线或圆弧插补功能；对于由非圆曲线组成的轮廓，可以利用非圆曲线插补功能。若所选机床没有非圆曲线插补功能，则应先用直线或圆弧去逼近，然后再用直线或圆弧插补功能进行插补切削。

2. 精度要求高的回转体零件

零件的精度要求主要指尺寸、形状、位置和表面粗糙度等要求。利用数控车床可以加工精度要求高的零件，如尺寸精度高达 0.001mm 或更小的零件，圆柱度要求高的圆柱体零件，素线直线度、圆度和倾斜度均要求高的圆锥体零件，线轮廓度要求高的零件(其轮廓形状精度可超过用数控线切割加工的样板精度)。在特种精密数控车床上，还可加工出几何轮廓精度极高达 0.0001mm、表面粗糙度数值极小(达 $Ra0.02\mu m$)的超精零件(如复印机中的回转鼓及激光打印机上的多面反射体等），以及通过恒线速度切削功能，加工表面精度要求高的各种变径表面类零件等。

3. 带特殊螺纹的回转体零件

普通车床所能车削的螺纹相当有限，它只能车等导程的直面、锥面米制或寸制螺纹，而且一台车床只能限定加工若干种导程的螺纹。数控车床不但能车削任何等导程的直面、锥面和端面螺纹，而且能车削增导程、减导程及要求等导程与变导程之间平滑过渡的螺纹，还可以车削高精度的模数螺旋零件（如圆柱、圆弧蜗杆）和端面（盘形）螺旋零件等。数控车床可以配备精密螺纹切削功能，再加上一般采用硬质合金成形刀具以及可以使用较高的转速，所以车削出来的螺纹精度高、表面粗糙度值小。

二、数控车削加工工艺的基本特点

工艺规程是工人在加工时的指导性文件。由于普通车床受控于操作工人，因此在普通车床上用的工艺规程实际上只是一个工艺过程卡，车床的切削用量、进给路线、工序的工步等往往都是由操作工人自行选定的。数控车床的加工程序是数控车床的指令性文件。数控车床受控于程序指令，加工的全过程都是按程序指令自动进行的。因此，数控车床加工程序与普通车床工艺规程有较大的差别，前者涉及的内容较广。数控车床加工程序不仅包括零件的工艺过程，而且包括切削用量、进给路线、刀具尺寸以及车床的运动过程。因此，要求编程人员对数控车床的性能、特点、运动方式、刀具系统、切削规范以及工件的装夹方法都要非常熟悉。数控加工工艺方案的好坏不仅影响数控车床效率的发挥，而且直接影响零件的加工质量。

三、数控车削加工工艺的主要内容

数控车削加工工艺主要包括如下内容：

1）选择适合在数控车床上加工的零件，确定工序内容。

2）分析零件图样，明确加工内容及技术要求。

3）确定零件的加工方案，制订数控加工工艺路线，如划分工序、安排加工顺序、处理与非数控加工工序的衔接等。

4）设计加工工序，如选取零件的定位基准、确定装夹方案、划分工步、选择刀具和确定切削用量等。

5）数控加工程序的调整，如选择对刀点和换刀点，确定刀具补偿及加工路线等。

第二节 数控车刀的类型及选用

一、常用车刀的刀位点

常用车刀的刀位点如图 3-2 所示，其中图 3-2a～d 所示分别是 90°偏刀、螺纹车刀、切断刀圆弧车刀的刀位点。

二、车刀的类型

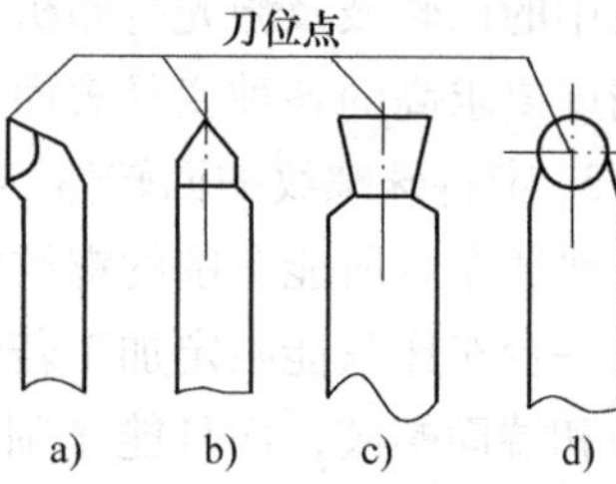

图 3-2 车刀的刀位点

数控车削用的车刀一般分为三类，即尖形车刀、圆弧形车刀和成形车刀。

1. 尖形车刀

以直线形切削刃为特征的车刀一般称为尖形车刀。尖形车刀的刀尖(同时也为其刀位点)由直线形的主、副切削刃构成，如 90° 内、外圆车刀，左、右端面车刀，切槽(断)车刀及刀尖倒棱很小的各种外圆和内孔车刀。

用尖形车刀加工零件时，其零件的轮廓形状主要由一个独立的刀尖或一条直线形主切削刃位移后得到。

2. 圆弧形车刀(图 3-3)

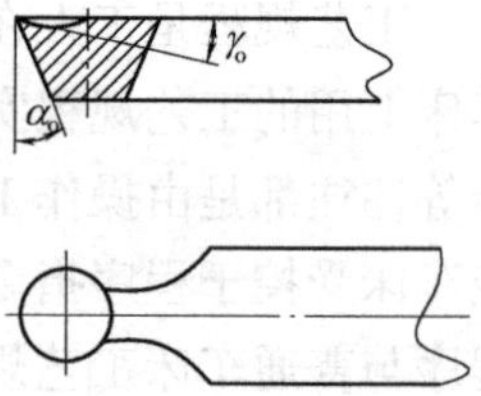

图 3-3 圆弧形车刀

圆弧形车刀的特征是：主切削刃形状为一圆度误差或线轮廓度误差很小的圆弧。该圆弧刃上每一点都是圆弧形车刀的刀尖。因此，圆弧形车刀的刀位点不在圆弧上，而在该圆弧的圆心上，编程时要进行刀具半径补偿。

圆弧形车刀具有宽刃切削(修光)性质，能使精车余量相当均匀而改善切削性能，还能一刀车出跨多个象限的圆弧面。

例如，当图 3-4 所示零件的曲面精度要求不高时，可以选择用尖形车刀进行加工；当曲面形状精度和表面粗糙度值均有要求时，选择尖形车刀加工就不合适了，因为车刀主切削刃的实际背吃刀量在圆弧轮廓段总是不均匀的，如图 3-5 所示。当车刀主切削刃靠近其圆弧终点时，该位置上的背吃刀量(a_{p1})将大大超过其圆弧起点位置上的背吃刀量(a_p)，致使切削阻力增大，可能产生较大的线轮廓度误差，并且其表面粗糙度值会增大。

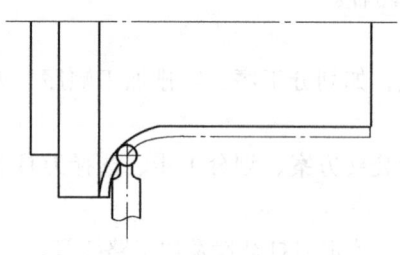

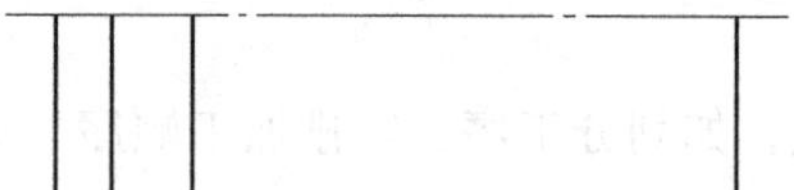
图 3-4 曲面车削示例

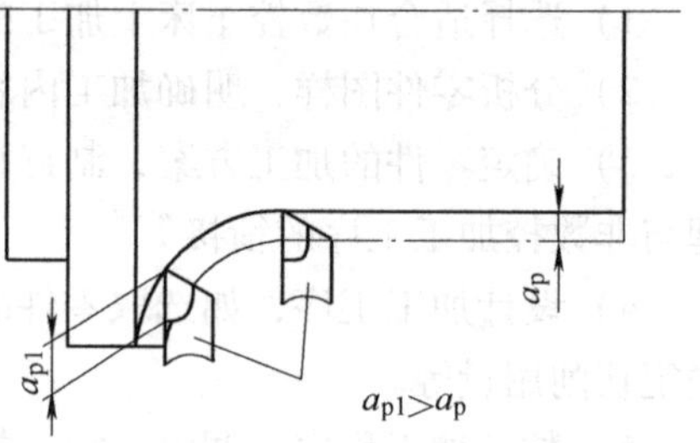

图 3-5 背吃刀量不均匀性示例

圆弧形车刀可以用于车削内、外圆表面，特别适宜于车削精度要求较高的凹曲面或大外圆弧面。

3. 成形车刀

成形车刀俗称样板车刀，其加工零件的轮廓形状完全由车刀切削刃的形状和尺寸决定。在数控车削加工中，常见的成形车刀有小半径圆弧车刀、非矩形切槽车刀和螺纹车刀等。在数控加工中，应尽量少用或不用成形车刀，当确有必要选用时，则应在工艺准备的文件或加工程序单上进行详细说明。

三、常用车刀的几何参数

刀具切削部分的几何参数对零件的表面质量及切削性能影响极大，应根据零件的形状、刀具的安装位置以及加工方法等，正确选择刀具的几何形状及有关参数。

(1) 尖形车刀的几何参数　尖形车刀的几何参数主要指车刀的几何角度。选择方法与使用普通车削时基本相同，但应结合数控加工的特点，如进给路线及加工干涉等进行全面考虑。

例如，在加工图 3-6 所示的零件时，要使其左右两个 45°锥面由一把车刀加工出来，则车刀的主偏角应取 50°~55°，副偏角取 50°~52°，这样既保证了刀头有足够的强度，又利于主、副切削刃车削圆锥面时不致发生加工干涉。

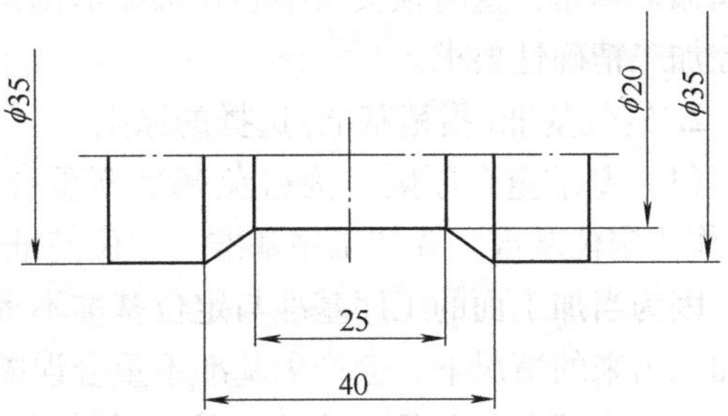

图 3-6　示例件

选择尖形车刀不发生干涉的几何角度，可用作图或计算的方法，如副偏角大于作图或计算所得不发生干涉的极限角度值 6°~8°即可。当确定几何角度困难或无法确定(如尖形车刀加工接近于半个凹圆弧的轮廓等)时，则应考虑选择其他类型车刀，再确定其几何角度。

(2) 圆弧形车刀的主要几何参数　圆弧形车刀的主要几何参数除了前角及后角外，还有车刀圆弧切削刃的形状及半径。

选择车刀圆弧半径的大小时，应考虑两点：第一，车刀切削刃的圆弧半径应当小于或等于零件凹形轮廓上的最小曲率半径，以免发生加工干涉；第二，该半径不宜选择太小，否则既难于制造，还会因刀头强度太弱或刀体散热能力差，使车刀容易受到损坏。

四、机夹式可转位车刀的选用

机夹式可转位的选用，读者可参考第二章相关内容。

第三节　数控车削加工的工件装夹及对刀

一、工件的装夹

(一) 工件采用通用夹具装夹

1. 工件定位要求

由于数控车削编程和对刀的特点，工件径向定位要保证工件坐标系 Z 轴与机床主轴轴线同轴，同时要保证加工表面径向的工序基准(或设计基准)与机床主轴回转中心线的位置满足工序(或设计)要求。若工序要求加工表面的轴线与工序基准表面的轴线同轴，这时工件坐标系 Z 轴即为工序基准表面的轴线，可采用自定心卡盘以工序基准为定位基准自动定心装夹或采用两顶尖(工序基准为工件两中心孔)定位装夹；若工序要求加工表面轴线与工序基准表面轴线有偏心，则采用偏心卡盘、偏心顶尖或专用夹具装夹，偏心卡盘、偏心顶尖或专用夹具的中心(为定位基准)到主轴回转中心线的距离要满足加工表面中心线与工序基准(与定位基准重合)的偏心距离要求，这时工件坐标系 Z 轴只能为加工表面的轴线。

工件轴向定位后要保证加工表面轴向的工序基准(或设计基准)与工件坐标系 X 轴的位置要求。批量加工时，若采用自定心卡盘装夹，工件轴向定位基准可选工件的左端面或左侧其他台阶面；若采用两顶尖装夹，为保证定位准确，工件两中心孔倒角可加工成准确的圆弧形倒角，这时顶尖与中心孔圆弧形倒角接触为一条环线，轴向定位非常准确，适合数控加工精确性要求。

2. 定位基准(指精基准)选择的原则

(1) 基准重合原则　为避免基准不重合误差，方便编程，应选用工序基准(设计基准)作为定位基准，并使工序基准、定位基准、编程原点三者统一，这是最优先考虑的方案。因为当加工面的工序基准与定位基准不重合，且加工面与工序基准不在一次安装中同时加工出来的情况下，会产生基准不重合误差。

(2) 基准统一原则　在多工序或多次安装中，选用相同的定位基准，这对数控加工中保证零件的位置精度非常重要。

(3) 便于装夹原则　所选择的定位基准应能保证定位准确、可靠，定位、夹紧机构简单，敞开性好，操作方便，能加工尽可能多的内容。

(4) 便于对刀原则　批量加工时，在工件坐标系已确定的情况下，采用不同的定位基准为对刀基准建立工件坐标系，会使对刀不方便，如果选择基准不当，有时甚至无法对刀，这时就要分析此种定位方案是否能满足对刀操作的要求，否则须重新设定工件坐标系。

3. 常用装夹方式

(1) 在自定心卡盘上装夹　自定心卡盘的三个卡爪是同步运动的，能自动定心，一般不需找正。自定心卡盘装夹工件方便、省时，自动定心好，但夹紧力较小，所以适用于装夹外形规则的中、小型工件。自定心卡盘可装成正爪或反爪两种形式。反爪用来装夹直径较大的工件。用自定心卡盘装夹精加工过的表面时，工件被夹部位表面应包一层铜皮，以免夹伤工件。

数控车床多采用自定心卡盘夹持工件，轴类工件还可使用尾座顶尖支持工件。数控车床主轴转速较高，为便于工件夹紧，多采用液压高速动力卡盘。这种卡盘在生产厂已通过了严格平衡检验，具有高转速(极限转速可达 8000r/min 以上)、高夹紧力(最大推拉力为 2000~8000N)、高精度、调爪方便、通孔、使用寿命长等优点。通过调整液压缸的压力，可以改变动力卡盘的夹紧力，以满足夹持各种薄壁和易变形工件的特殊需要。此外，还可以使用软爪夹持工件，软爪弧面由操作者随机配制，可获得理想的夹持精度。为减少细长轴加工时的受力变形，提高加工精度，以及在加工带孔轴类工件内孔时，可采用液压自动定心中心架，其定心精度可达 0.03mm。

(2) 在两顶尖之间装夹　对于长度尺寸较大或加工工序较多的轴类工件，为保证每次装夹时的装夹精度，可用两顶尖装夹。两顶尖装夹工件方便，不需找正，装夹精度高，但必须先在工件的两端面钻出中心孔。该装夹方式适用于多工序加工或精加工。

用两顶尖装夹工件时须注意如下事项：

1）前、后顶尖的连线应与车床主轴轴线同轴，否则车出的工件会产生锥度误差。

2）尾座套筒在不影响车刀切削的前提下，应尽量伸出得短些，以增加刚性，减少振动。

3）中心孔应形状正确，表面粗糙度值小。轴向精确定位时，中心孔倒角可加工成准确的圆弧形倒角，并以该圆弧形倒角与顶尖锥面的切线为轴向定位基准。

4）两顶尖与中心孔的配合应松紧合适。

（3）用卡盘和顶尖装夹　用两顶尖装夹工件虽然精度高，但刚性较差。因此，车削质量较大的工件时要一端用卡盘夹住，另一端用后顶尖支承。为了防止工件由于切削力的作用而产生轴向位移，必须在卡盘内装一限位支承，或利用工件的台阶面限位（图3-7）。这种方法比较安全，能承受较大的轴向切削力，安装刚性好，轴向定位准确，所以应用比较广泛。

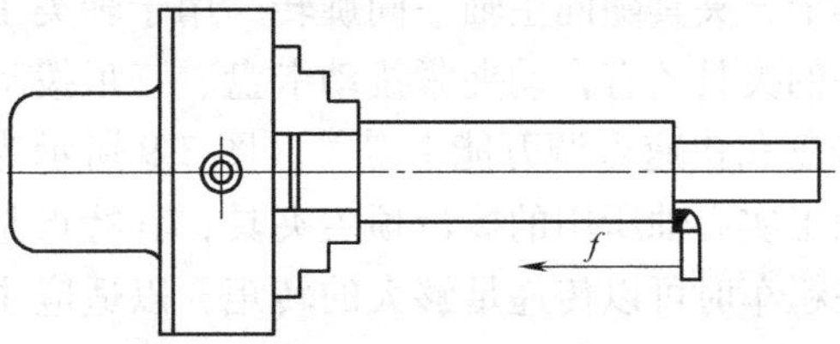

图3-7　用工件的台阶面限位

（4）用双自定心卡盘装夹　对于精度要求高、变形要求小的细长轴类零件，可以采用双主轴驱动式数控车床加工，机床两主轴轴线同轴、转动同步，零件两端同时分别由自定心卡盘装夹并带动旋转，这样可以减小切削加工时切削力矩引起的工件扭转变形。一汽大众公司采用数控车床加工生产捷达轿车发动机曲轴就是采用此种装夹方式。

（二）工件采用找正方式装夹

1. 找正要求

找正装夹时，必须将工件的加工表面回转轴线（同时也是工件坐标系 Z 轴）找正到与车床主轴回转中心重合。

2. 找正方法

与普通车床上找正工件相同，一般为打表找正。通过调整卡爪，使工件坐标系 Z 轴与车床主轴的回转中心重合，如图3-8所示。

单件生产中工件偏心安装时常采用找正装夹。用自定心卡盘装夹较长的工件时，工件离卡盘夹持部位较远处的回转中心不一定与车床主轴回转中心重合，这时必须找正。当自定心卡盘使用时间较长，已失去应有精度，而工件的加工精度要求又较高时，也需要找正。

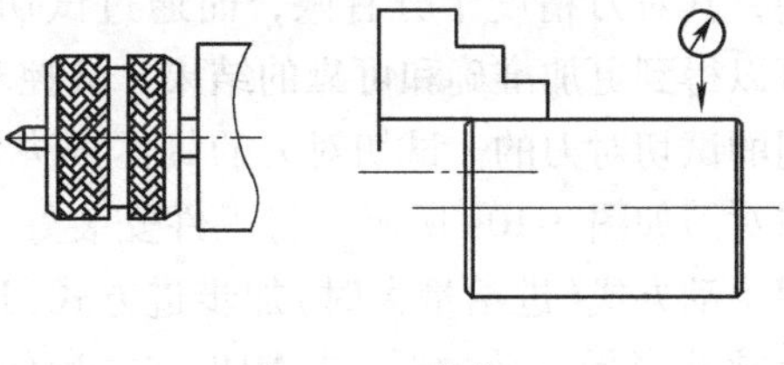
图3-8　工件找正

3. 装夹方式

一般采用单动卡盘装夹。单动卡盘的四个卡爪是各自独立运动的，可以通过调整四个卡爪来调整工件夹持部位在主轴上的位置，使工件加工表面的回转中心与车床主轴的回转中心重合。但单动卡盘找正比较费时，只能用于单件小批生产。单动卡盘夹紧力较大，所以适用于大型或形状不规则的工件。单动卡盘也可装成正爪或反爪两种形式。

（三）采用其他类型的数控车床夹具装夹

为了充分发挥数控车床的高速度、高精度和自动化的效能，必须有相应的数控夹具与之配合。数控车削加工除了使用自定心卡盘、单动卡盘，顶尖，大批量生产中使用便于自动控制的液压、电动及气动卡盘、顶尖装夹外，还可用其他类型的夹具装夹工件，主要有两大类，即用于轴类工件的夹具和用于盘类工件的夹具。

1. 用于轴类工件的夹具

数控车床加工一些特殊形状的轴类工件(如异形杠杆)时，坯件可装夹在专用车床夹具上，夹具随同主轴一同旋转。用于轴类工件的夹具还有自动夹紧拨动卡盘、三爪拨动卡盘和快速可调万能卡盘等。图 3-9 所示为加工实心轴所用的拨齿顶尖夹具，其特点是在粗车时可以传递足够大的转矩，以适应主轴高速旋转车削要求。

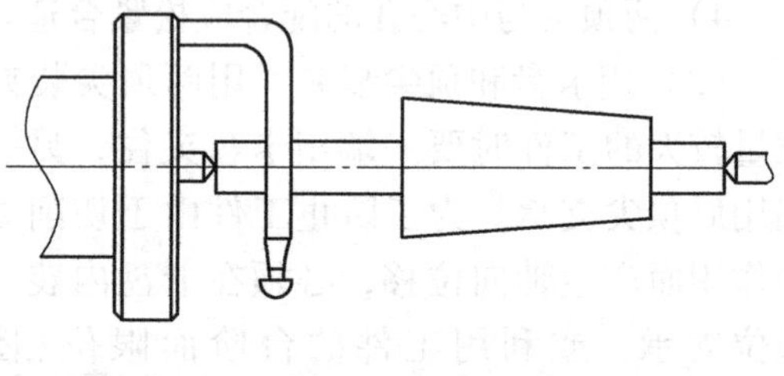

图 3-9　实心轴加工所用的拨齿顶尖夹具

2. 用于盘类工件的夹具

这类夹具适用在无尾座的卡盘式数控车床上，主要有可调卡爪式卡盘和快速可调卡盘。

二、数控车削加工的对刀

在执行加工程序前，调整每把刀的刀位点，使其尽量重合于某一理想基准点，这一过程称为对刀。理想基准点可以设在基准刀的刀尖上，也可以设在对刀仪的定位中心(如光学对刀镜内的十字刻线交点)上。

对刀一般分为手动对刀和自动对刀两大类。目前，绝大多数的数控机床(特别是车床)采用手动对刀，其基本方法有光学对刀法、ATC 对刀法和试切对刀法。前两种手动对刀方法，均可能受到手动和目测等多种误差的影响，其对刀精度十分有限，而通过试切对刀，可以得到更加准确和可靠的结果。数控车床常用的试切对刀的。试切对刀的具体方法是：轴向对刀如图 3-10a 所示，将工件安装好后，先用手动方式(进给量大时)加步进方式(进给量为脉冲当量的倍数时)或 MDI 方式操作机床，用已装好的刀具将工件端面车一刀，然后保持刀具在 Z 向尺寸不变，沿 X 向退刀。当取工件右端面 O 为工件原点时，对刀输入为 $Z0$；当取工件左端面 O'为工件原点时，停止主轴转动，需要测量从内端面到加工面的长度尺寸 δ，此时对刀输入为 $Z\delta$。径向对刀如图 3-10b 所示，用同样的方法，再将工件外圆表面车一刀，然后保持刀具在 X 向尺寸不变，从 Z 向退刀，停止主轴转动，再量出工件车削后的直径值 ϕr，根据 δ 和 ϕr 值，即可确定刀具在工件坐标系中的位置。其他各刀都需进行以上操作，以确定每把刀具在工件坐标系中的位置。

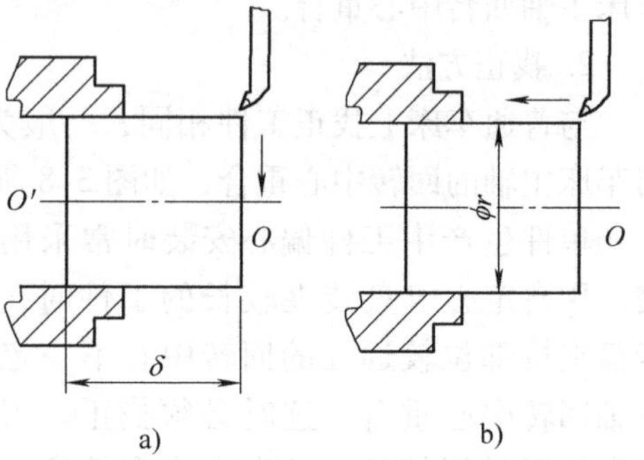

图 3-10　数控车床的对刀

第四节　数控车削加工工艺的制订

一、数控车削零件的工艺分析

制订零件数控车削加工工艺，首先要对零件进行工艺分析，有关内容已在第一章讲述，此处不再赘述。

二、数控车床的选用

随着数控车床制造技术的不断发展，形成了产品繁多、规格不一的局面，按主轴配置形式可分为卧式数控车床和立式数控车床两大类，按刀架数量分为单刀架数控车床与双刀架数控车床两种，按数控系统和机械结构的档次分为经济型数控车床、全功能数控车床和车削中心。一定要根据零件的要求来选择数控车床。对于普通的小零件，用经济型车床就足够了；对于大型的零件，卧式车床无法加工的，就要用立式数控车床；对于精度要求高的零件，就用全功能数控车床；或者对于精度要求高又要用到 C 轴功能的，就必须用车削中心，如图 3-11 所示。

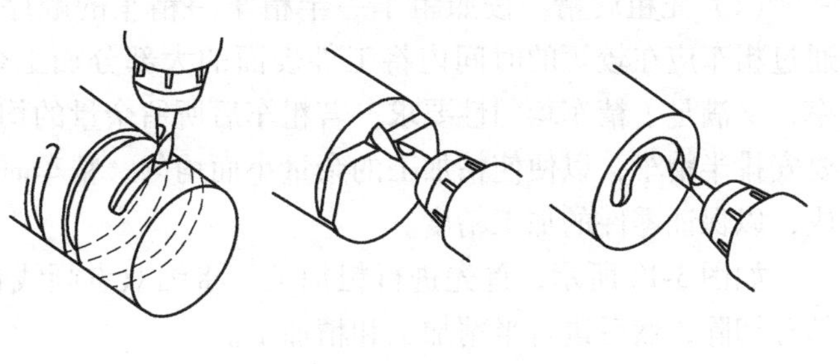

图 3-11　车削中心加工零件示意图

三、数控加工工艺路线的确定

数控加工的工艺路线设计仅是几道数控加工工序工艺过程的概括，而不是从毛坯到成品的整个工艺过程。在划分工序时，一定要根据零件的结构与工艺性、所用机床的功能、零件数控加工内容的多少、装夹方式、次数及本单位生产的条件等具体情况来确定。零件的加工采用工序集中的原则还是采用工序分散的原则，也要根据实际需要和生产条件来确定。在数控加工工艺路线设计中。主要应注意工序划分和加工顺序安排问题，以及数控加工工序与普通工序的衔接问题。

1. 工序的划分

数控加工工序设计的主要任务是：拟订本工序的具体加工内容、切削用量、定位夹紧方式及刀具运动轨迹，选择刀具、夹具和量具等工艺装备，为编制加工程序做好充分准备。根据数控加工的特点，数控加工工序的划分一般可按下列方法进行：

（1）根据装夹定位划分工序　按零件结构特点将加工部位分成若干部分，每次安排（即每道工序）加工其中一部分或几部分，每一部分可用典型刀具加工。例如可将一个零件分成加工外形、内形和平面部分。加工外形时，以内形中的孔定位夹紧；加工内形时，以外形定位夹紧。

（2）按所用刀具划分工序　为了减少换刀次数、减少空行程时间，可以按所用刀具划分工序。在一次装夹中，用一把刀加工完该刀应加工的所有部位，然后再换第二把刀加工。自动换刀的数控机床中大多都采用这种方法。手动换刀的数控机床中更应注意这个问题。

（3）以加工部位划分工序　对于加工内容很多的零件，可按其结构特点将加工部位分成几个部分，如内形、外形、曲面或平面等。

（4）以粗、精加工划分工序　对于易发生加工变形的零件，由于粗加工后可能发生较大的变形而需要进行校形，故一般来说，凡要进行粗、精加工的部位都要将其工序分开。

2. 加工顺序的安排

安排加工顺序应根据零件的结构和毛坯状况，以及定位安装与夹紧的需要来考虑，重点是保证定位夹紧时工件的刚性，以保证加工精度。在数控车床上，安排零件车削加工顺序一般应遵循下列原则。

（1）先粗后精　按照粗车→半精车→精车的顺序进行，逐步提高零件的加工精度。通过粗车应在较短的时间内将工件表面的大部分加工余量切掉，这样既提高了金属切除率，又满足了精车均匀性要求。若粗车后所留余量的均匀性满足不了精加工的要求时，则要安排半精车，以便使精加工的余量小而均匀。精车时，刀具沿着零件的轮廓一次进给完成，以保证零件的加工精度。

如图 3-12 所示，首先进行粗加工，将细双点画线包围部分切除，然后进行半精加工和精加工。

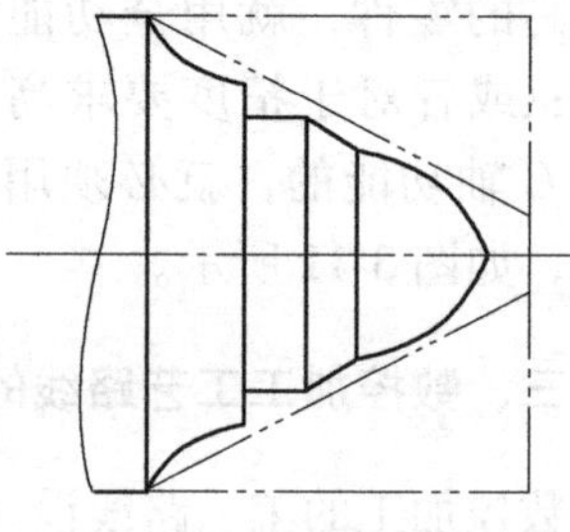

图 3-12　先粗后精示例

（2）先近后远　这里所说的远与近，是按加工部位相对于换刀点的距离大小而言的。通常在粗加工时，离换刀点近的部位先加工，离换刀点远的部位后加工，以便缩短刀具移动距离，减少空行程时间，并且有利于保持坯件或半成品件的刚性，改善其切削条件。例如，当加工图3-13所示的零件时，如果按照 ϕ38mm→ϕ36mm→ϕ34mm 的顺序安排车削，不仅会增加刀具返回换刀点所需的空行程时间，而且还可能使台阶的外直角处产生毛刺。对这类直径相差不大的台阶轴，当第一刀的背吃刀量未超限时，宜按 ϕ34mm→ϕ36mm→ϕ38mm 的顺序加工。

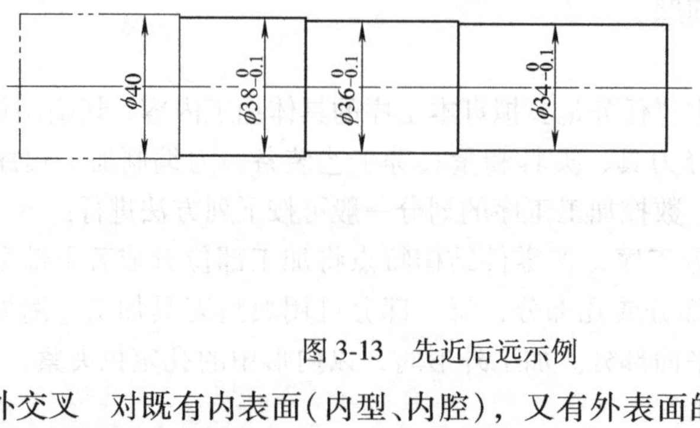

图 3-13　先近后远示例

（3）内外交叉　对既有内表面（内型、内腔），又有外表面的零件，安排加工顺序时，应先粗加工内、外表面，然后精加工内、外表面。

加工内、外表面时，通常先加工内型和内腔，然后加工外表面，原因是控制内表面的尺寸和形状较困难，刀具刚性相应较差，刀尖(刃)的寿命易受切削热的影响而降低，以及在加工中清除切屑较困难等。

(4) 刀具集中 刀具集中即用一把刀加工完相应各部位，再换另一把刀加工相应的其他部位，以减少空行程和换刀时间。

(5) 基面先行 用作精基准的表面应优先加工出来，原因是作为定位基准的表面越精确，装夹误差就越小。例如，加工轴类零件时，总是先加工中心孔，再以中心孔为精基准加工外圆表面和端面。

3. 确定合理的进给路线

进给路线是指刀具从换刀点开始运动起，直至返回该点并结束加工程序所经过的路径，包括切削加工的路径及刀具引入、切出等非切削空行程。

(1) 刀具引入、切出 在数控车床上进行加工时，尤其是精车时，要安排好刀具的引入、切出路线，尽量使刀具沿轮廓的切线方向引入、切出，以免因切削力突然变化而造成弹性变形，致使光滑连接轮廓上产生表面划伤、形状突变或滞留刀痕等疵病。如图 3-14 所示，精车轮廓时，刀具沿 $A \to B \to C \to D \to E$ 的路线进给。

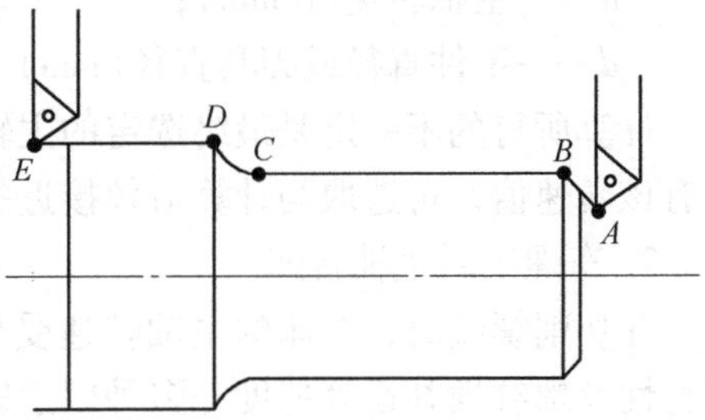

图 3-14 刀具引入、切出示例

(2) 确定最短的空行程路线 确定最短的空行程路线，除了依靠大量的实践经验外，还应善于分析，必要时可辅以一些简单计算。

在手工编制较复杂轮廓的加工程序时，编程者(特别是初学者)有时将每一刀加工完后的刀具通过执行“回参考点”指令，使其返回到换刀点位置，然后再执行后续程序。这样会增加进给路线的距离，从而大大降低生产率。因此，在不换刀的前提下，执行退刀动作时，不使用“回参考点”指令。安排进给路线时，应尽量缩短前一刀终点与后一刀起点间的距离，方可满足空行程路线为最短的要求。

(3) 确定最短的切削进给路线 切削进给路线短，可有效地提高生产率，降低刀具的损耗。在安排粗加工或半精加工的切削进给路线时，应同时兼顾到零件的刚性及加工的工艺性等要求，不要顾此失彼。

4. 数控加工工序与普通工序的衔接

由于数控加工工序常常穿插于零件加工的整个工艺过程中间，因此，在工艺路线设计时要使之与整个工艺过程协调吻合，如果协调、衔接得不好就容易产生矛盾。最好的方法是建立相互状态要求(如是否留加工余量、留多少，定位面与定位孔的精度要求及几何公差要求，对工序的技术要求，对毛坯的热处理状态要求等)。这样可以使各工序之间能相互满足加工要求，且质量目标及技术要求明确，交接验收有依据。

数控工艺路线设计是后续工序设计的基础，其设计的合理与否直接影响零件的加工质量与生产率，所以应认真分析零件图和毛坯图，结合数控加工的特点，灵活运用普通加工工艺的一般原则，合理地设计数控加工工艺路线。

四、切削用量的确定

数控编程时，编程人员必须确定每道工序的切削用量，并以指令的形式将其写入程序中。切削用量包括主轴转速、背吃刀量及进给速度等。对于不同的加工方法，需要选用不同的切削用量。切削用量的选择原则是：保证零件加工精度和表面粗糙度值，充分发挥刀具的切削性能，保证合理的刀具寿命并充分发挥机床的性能，最大限度提高生产率，降低成本。

（一）主轴转速的确定

1. 光车时主轴转速

主轴转速应根据允许的切削速度和工件（或刀具）直径来选择。其计算公式为

$$n=\frac{1000v}{\pi d}$$

式中 v——切削速度（m/min），由刀具的寿命决定；

n——主轴转速（r/min）；

d——工件直径或刀具直径（mm）。

计算所得的不一定是最终选定的主轴转速 n，应根据机床说明书选取，如果说明书中没有该转速值，可选取与计算值较接近的转速值。

2. 车螺纹时主轴转速

在切削螺纹时，车床的主轴转速受到螺纹的螺距（或导程）大小、驱动电动机的升降频特性及螺纹插补运算速度等多种因素影响，故对于不同的数控系统，推荐不同的主轴转速选择范围。对于大多数普通型数控车床，推荐车螺纹时的主轴转速计算公式为

$$n\leqslant\frac{1200}{P}-K$$

式中 P——工件螺纹的螺距或导程（mm）；

K——保险系数，一般取为 80；

n——主轴转速（r/min）。

（二）进给速度的确定

进给速度是数控机床切削用量中的重要参数，主要根据零件的加工精度和表面粗糙度要求以及刀具、工件的材料性质选取。最大进给速度受机床刚度和进给系统的性能限制。

确定进给速度的原则是：

1）当工件的质量要求能够得到保证时，为提高生产率，可选择较高的进给速度。一般在 100~200mm/min 范围内选取。

2）在切断、加工深孔或用高速钢刀具加工时，宜选择较低的进给速度，一般在 20~50mm/min 范围内选取。

3）当加工精度要求较高与表面粗糙度值要求较小时，进给速度应选小些，一般在 20~50mm/min 范围内选取。

4）刀具空行程时，特别是远距离回零时，进给速度为该机床数控系统设定的最高进给速度。

（三）背吃刀量的确定

背吃刀量取决于机床、工件和刀具的刚度，在刚度允许的条件下，应尽可能使背吃刀量等于工件的加工余量，这样可以减少进给次数，提高生产率。为了保证加工表面质量，可留少许精加工余量，一般为0.2~0.5mm。

切削用量(a_p、f、v_c)选择是否合理，对于能否充分发挥机床潜力与刀具的切削性能，实现优质、高产、低成本和安全操作具有很重要的作用。车削用量的具体选择原则如下：

1）粗车时，首先考虑选择一个尽可能大的背吃刀量 a_p，其次选择一个较大的进给量 f，最后确定一个合适的切削速度 v_c。增大背吃刀量 a_p 可使进给次数减少，增大进给量 f，有利于断屑。因此，根据以上原则选择粗车切削用量，对于提高生产率、减少刀具消耗、降低加工成本是有利的。

2）精车时，加工精度要求较高，表面粗糙度值要求较小，加工余量不大且均匀，因此选择较小(但不太小)的背吃刀量 a_p 和进给量 f，并选用切削性能高的刀具材料和合理的几何参数，以尽可能提高切削速度 v_c。

3）在安排粗、精车削用量时，应注意机床说明书给定的允许切削用量范围。对于主轴采用交流变频调速的数控车床，由于主轴在低转速时转矩降低，尤其应注意此时的切削用量选择。表3-1为数控车削用量推荐表，供编程时参考。

表3-1　数控车削用量推荐表

工件材料	工件条件	背吃刀量 /mm	切削速度 /(mm/min)	进给量 /(mm/r)	刀具材料
碳素钢 σ_b>600MPa	粗加工	5~7	60~80	0.2~0.4	YT类
	半精加工	2~3	80~120	0.2~0.4	
	粗加工	0.2~0.3	120~150	0.1~0.2	
	钻中心孔		500~800r/min		W18Cr4V
	钻孔		<30	0.1~0.2	
	切断(宽度<5mm)		70~110	0.1~0.2	YT类
铸铁200HBW以下	粗加工		50~70	0.2~0.4	YG类
	精加工		70~100	0.1~0.2	
	切断(宽度<5mm)		50~70	0.1~0.2	

总之，切削用量的具体数值应根据机床性能、相关的手册并结合实际经验用模拟方法确定；同时，使主轴转速、背吃刀量及进给速度三者能相互适应，以形成最佳切削用量。

第五节　数控车削的程序编制

一、数控车削编程特点

1）目前数控车床大都使用准备功能指令G50完成工件坐标系设定。

2）在程序段中，根据图样尺寸，坐标值可以用绝对值编程或增量值编程，也可以用二者混合编程。使用坐标地址 X、Z 时为绝对值编程方式，使用坐标地址 U、W 时为增量值编程方式。

3）采用绝对值编程时，X 的编程值用工件直径表示。用增量值编程时，U 的编程值应是 *X* 轴方向增量值的二倍，并要标上方向符号。

4）为提高径向尺寸精度，*X* 轴方向的脉冲当量常取 *Z* 轴的一半。例如，经济型数控车床中，*Z* 轴的脉冲当量为 0.01mm/p，*X* 轴的脉冲当量取 0.005mm/p。

二、FANUC 数控系统的程序编制

不同的数控系统，其编程指令有所不同，这里以 FANUC 0*i* 系统为例介绍数控车床的基本编程指令。

1. 进给功能(F 功能)设定指令 G98，G99。

F 功能用于指定进给速度，它有每分钟进给和每转进给两种指令模式。

（1）每分钟进给指令 G98

指令格式：G98__ F__；

G98 指令在 F 后面直接指定刀具每分钟的进给量，如图 3-15 所示。G98 为模态指令，在程序中指定后，直到 G99 被指定前一直有效。

（2）每转进给指令 G99

指令格式：G99__ F__；

G99 指令在 F 后面直接指定主轴转一转刀具的进给量，如图 3-16 所示。G99 也为模态指令，在程序中指定后，直到 G98 被指定前一直有效。

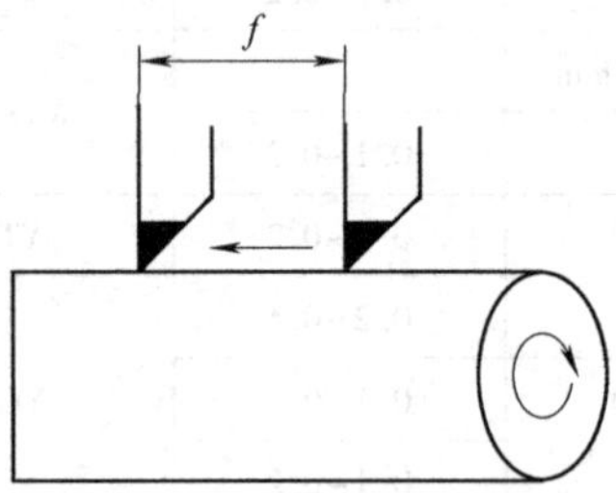

图 3-15 G98 进给量(单位:mm/min)

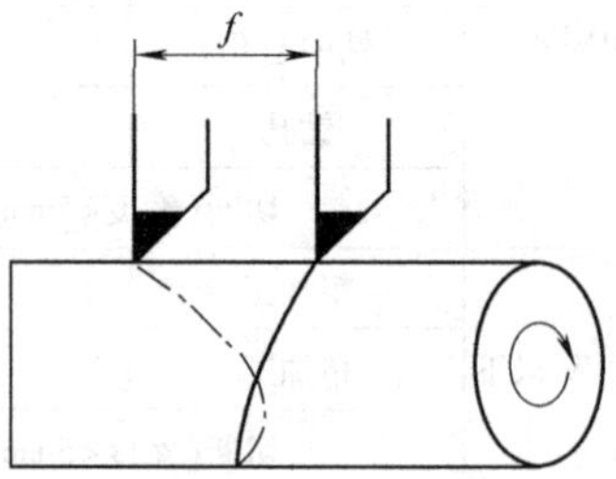

图 3-16 G99 进给量(单位:mm/r)

2. 主轴转速功能(S 功能)设定指令 G50、G96、G97

主轴转速功能有恒线速控制和恒转速控制两种指令方式，并可限制主轴最高转速。

（1）主轴最高转速限制指令

指令格式：G50 S__；

G50 指令可防止因主轴转速过高、离心力太大，产生危险及影响机床寿命。

（2）主轴速度以恒线速度设定指令(单位:m/min)

指令格式：G96 S__；

G96 指令用于车削端面或工件直径变化较大的场合。采用此功能，可保证当工件直径

变化时，主轴的线速度不变，从而保证切削速度不变，提高了加工质量。

（3）主轴速度以恒转速设定指令（单位：r/min）

指令格式：G97 S__；

G97 指令用于车削螺纹或工件直径变化较小的场合。采用此功能，可设定主轴转速并取消恒线速度控制。

3. 工件坐标系设定指令 G50

编程时，首先应该确定工件坐标系的原点并用 G50 指令设定工件坐标系。车削加工中工件坐标系原点一般设置在工件右端面或左端面与主轴轴线的交点上。

指令格式：G50　X__　Z__；

其中，X、Z 值分别为刀尖起始点相对于工件坐标系原点的 X 向和 Z 向坐标，注意 X 应为直径值。如图 3-17 所示，假设刀尖的起始点距离工件原点的 X 向尺寸和 Z 向尺寸分别为 200mm（直径值）和 150mm，工件坐标系的设定指令为：

G50　X200.0　Z150.0；

执行以上程序段后，系统内部即对 X、Z 进行记忆，并且在显示器上显示，在系统内建立了一个工件坐标系。

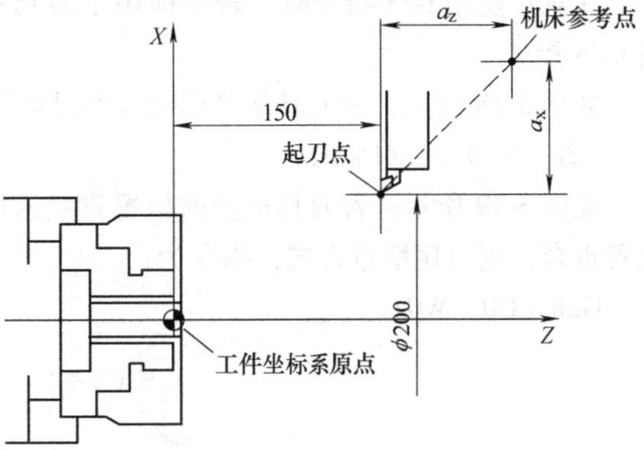

图 3-17　工件坐标系设定

显然，当改变刀具的当前位置时，所设定的工件坐标系的原点位置也不同。因此，在执行该程序段前，必须先进行对刀，通过调整机床，将刀尖放在程序所要求的起刀点位置（200.0，150.0）上。对具有刀具补偿功能的数控机床，其对刀误差还可以通过刀具偏移来补偿，所以调整机床时的要求并不严格。

4. 回参考点指令

（1）返回参考点检查指令 G27　数控机床通常是长时间连续工作，为了提高加工的可靠性及保证零件的加工精度，可用 G27 指令来检查工件坐标系原点的正确性。

指令格式：G27 X(U)____　Z(W)__；

其中，X、Z 值指机床参考点在工件坐标系的绝对值坐标，U、W 表示机床参考点相对刀具目前所在位置的增量坐标。

该指令的用法如下：当执行加工完成一循环，在程序结束前，执行 G27 指令，则刀具以快速定位（G00）移动方式自动返回机床参考点。如果刀具到达参考点位置，则操作面板上的参考点返回指示灯会亮。若工件坐标系原点位置在某一轴向有误差，则该轴对应的指示灯不亮，且系统将自动停止执行程序，发出报警提示。

注意：

1）使用 G27 指令时，若先前用了刀具补偿，必须将刀具补偿取消后，才可使用 G27 指令。

2）使用 G27 指令前，机床必须已经回过一次参考点（手动返回或者自动返回过）。

3）G27 指令执行后，数控系统会继续执行下面的程序；若需机床停止，应在 G27 程序段后加 M00 或 M01 等辅助指令。

（2）自动返回参考点指令 G28　G28 指令的功能是使刀具从当前位置以快速定位(G00)移动方式，经过中间点回到参考点。指定中间点的目的是使刀具沿着一条安全路径回到参考点。

指令格式：G28 X(U)__ Z(W)__;

其中，X、Z 是刀具经过的中间点的绝对值坐标，U、W 为刀具经过的中间点相对起点的增量坐标。

注意：使用 G28 指令时，若先前用了刀具补偿，也必须将刀具补偿取消后，才可使用 G28 指令。

如图 3-18 所示，若刀具从当前位置经过中间点(30,15)返回参考点，则可用指令：

G28　X30.0　Z15.0;

如图 3-19 所示，若刀具从当前位置直接返回参考点，这时相当于中间点与刀具当前位置重合，则可用增量方式，指令为：

G28　U0　W0;

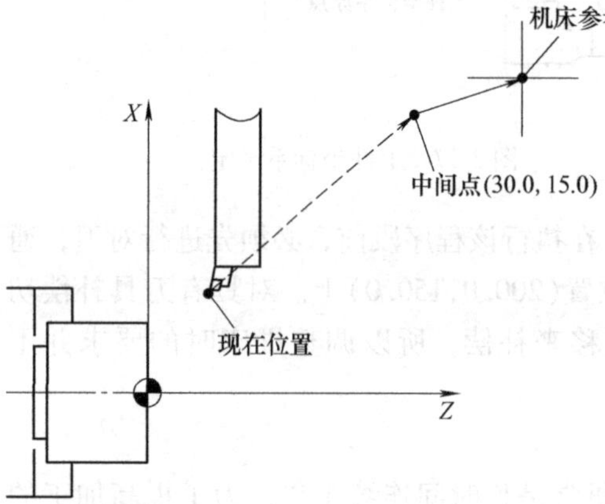

图 3-18　刀具经过中间点返回参考点

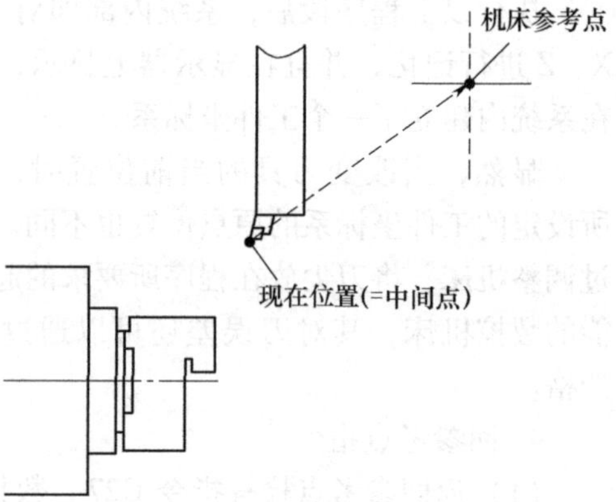

图 3-19　刀具直接返回参考点

（3）从参考点返回指令 G29　此指令的功能是使刀具由机床参考点经过中间点到达目标点。

指令格式：G29 X__ Z__;

其中，X、Z 后面的数值是刀具的目标点坐标。

这里经过的其中间点就是 G28 指令所指定的中间点，故刀具可经过这一安全路径到达欲切削加工的目标点位置。所以用 G29 指令之前，必须先用 G28 指令，否则 G29 不知道中间点位置而发生错误。

5. 基本移动 G 指令 G00、G01、G02、G03

（1）快速点位运动指令 G00

功能：使刀具以点位控制方式，从刀具所在点快速移动到目标点。

指令格式：G00 X(U)__ Z(W)__；

说明：

1）G00 指令只用作快速定位，不能加工，并且运动速度不能用程序指令设定，而是由生产厂家预先调定或由一引导程序确定。若在快速点定位程序段前用 F 指令设定了进给速度，该值对 G00 程序段无效。

2）G00 是模态指令，假如前面程序段已定了 G00，后面程序段就可不再重复设定定义 G00，只写出坐标值即可。

3）快速点定位指令 G00 的执行过程是刀具由程序起始点开始加速移动，至最大速度后保持快速移动，最后减速到达终点，实现快速点定位，这样可以提高数控机床的定位精度。

4）常见 G00 指令执行运动轨迹如图 3-20 所示，从 *A* 到 *B* 有 4 种方式：直线 *AB*、直角线 *ACB*、直角线 *ADB* 和折线 *AEB*。折线的起始角是固定的(22.5°或 45°)，它决定于各坐标轴的脉冲当量。

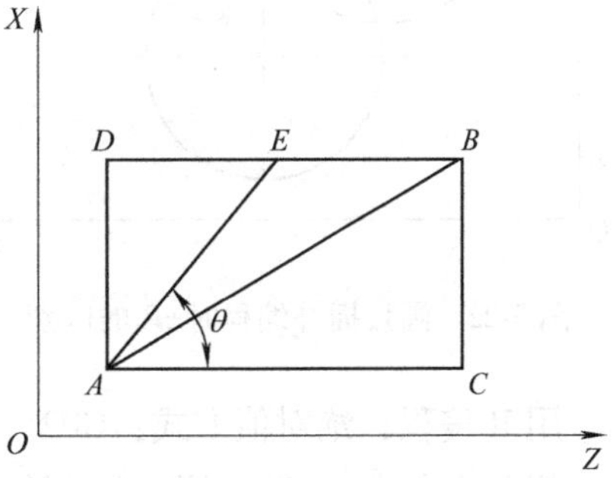

图 3-20　数控车床 G00 轨迹

（2）直线插补指令 G01　使刀具以给定的进给速度从当前点出发，直线移动到目标点。

指令格式：G01 X(U) Z(W) F__；

说明：直线插补也称直线切削，它的特点是刀具以直线插补运算联动方式由某坐标点移动到一目标坐标点，移动速度由进给功能指令 F 设定。机床执行 G01 指令时，在该程序段中必须有 F 指令。G01 指令和 F 指令都是模态指令。

（3）圆弧插补指令 G02、G03

功能：执行圆弧插补指令，刀具在指定平面内按给定的进给速度做圆弧插补运动，切削出圆弧曲线。数控车床是两坐标的机床，只有 *X* 轴和 *Z* 轴，在判断逆、顺时，应按右手定则将 *Y* 轴也加以考虑。从 *Y* 轴的正向向 *Y* 轴的负方向看去，判断 *XZ* 平面内所加工圆弧曲线的方向。顺时针圆弧插补用 G02 指令，逆时针圆弧插补用 G03 指令。图 3-21 所示为数控车床上圆弧的顺逆方向判断。加工圆弧时，经常采用如下两种编程方法。

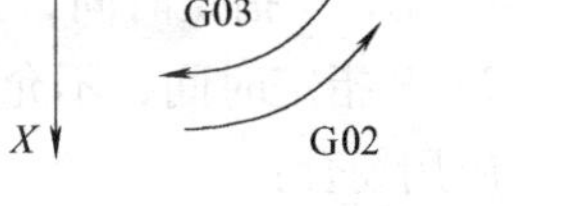

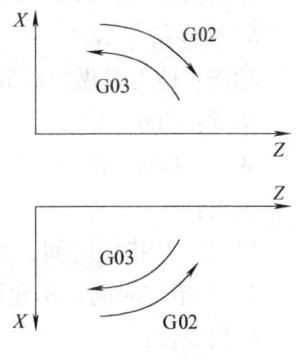

图 3-21　圆弧的顺、逆方向

1）用圆弧终点坐标和半径 R 编写圆弧加工。

指令格式：G02(G03)　X(U)__　Z(W)__　R__　F__；

说明：用圆弧半径和终点坐标加工圆弧时，由于在同一半径的情况下，从圆弧的起点 *A* 到终点 *B* 有两个圆弧的可能性，为区分两者，规定圆心角小于或等于 180°时，用“+R”表示，如图 3-22 中的圆弧 1。圆心角大于 180°而小于 360°用“-R”表示，如图 3-22 中的圆弧 2。

2）用分矢量 I、K 和圆弧终点坐标编写圆弧加工程序。

指令格式：G02(G03)　X(U)__ Z(W)__ I__ K__ F__；

说明：I、K 分别是圆心相对于圆弧起点的增量坐标，有正值和负值之分。I 为半径值编程。

编程实例 1： 图 3-23 所示为有一段圆弧（*R*25mm）的轴类零件。现按图中圆弧轨迹，用绝对值方式和相对值方式编程。

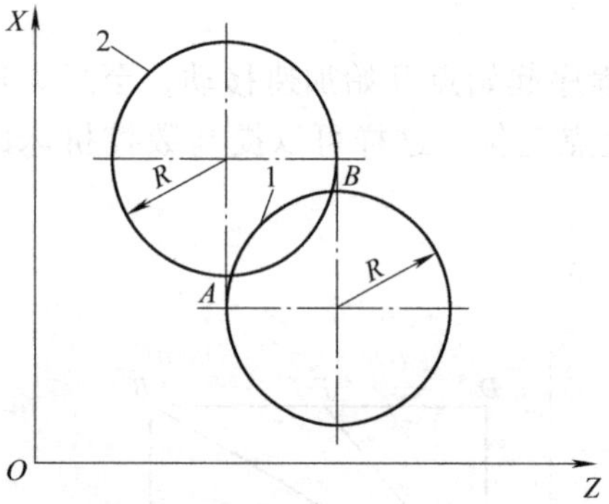

图 3-22 圆弧插补编程时±R 的区别

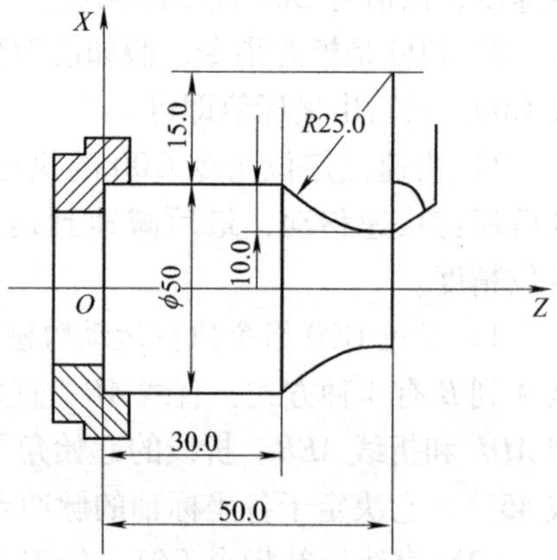

图 3-23 圆弧加工时的编程方法

用 R 编程，绝对值方式：G02 X50.0 Z30.0 R25.0 F120；

相对值方式：G02 U20.0 W−20.0 R25.0 F120；

用 I、K 编程，绝对值方式：G02 X50.0 Z30.0 I25 K0 F120；

相对值方式：G02 U20.0 W−20.0 I25 K0 F120；

6. 暂停指令 G04

功能：使刀具做短时间的停顿。

格式：G04 X(U)_；

或者 G04 P_；

说明：

1）X、U 指定时间，允许有小数点，单位为 s。

2）P 指定时间，不允许有小数点，单位为 ms。

应用场合：

1）车削沟槽或钻孔时，为使槽底或孔底得到准确的尺寸精度及光滑的加工表面，在加工到槽底或孔底时，应暂停适当时间。

2）使用 G96 车削工件轮廓后，改成 G97 车削螺纹，可暂停适当时间，使主轴转速稳定后再执行车螺纹，以保证螺距加工精度要求。

例如，若要暂停 1s，可写成如下指令格式：

G04 X1.0；

或 G04 U1.0；

或 G04 P1000；

编程实例 2 加工图 3-23 所示图形。要求：①车端面；②精车各面；③切断。设精车余量为 0.5mm，刀宽为 4mm。

建立如图所示坐标系，程序编制如下：

程　序	说　明
O5551；	程序名
N001　T0101；	调用 1 号外圆车刀
N002　G98　M03　S500；	设定每分钟进给，主轴正转，转速为 500r/min
N003　G00　X100　Z100；	刀具快速定位
N004　G00　X36　Z50；	快速定位，准备车端面
N005　G01　X0　F50；	车端面至中心点
N006　Z51；	*Z* 向退刀
N007　G00　X30；	*X* 向退刀
N008　G01　Z50；	*Z* 向移动至圆弧起点
N009　G02　X50　Z30　R25　F30；	精车 ϕ25mm 圆弧
N010　G01　Z20　F50；	精车 ϕ50mm 外圆
N011　G00　X100； N012　Z100；	自动回换刀点
N013　T0303　M08；	换切断车刀，切削液开
N014　M03　S400；	主轴正转，转速为 400r/min
N015　G00　X70　Z16；	快速进刀，准备切断
N016　G01　X1　F40；	切断工件
N017　G01　X58　F120； N018　G00　X100；	退出工件
N019　Z100　M09；	回刀具起点，切削液关
N020　M05；	主轴停转
N021　M30；	程序结束

7. 刀具半径补偿指令 G41、G42、G40

目前的数控车床都具备刀具半径自动补偿功能。编程时，只需按工件的实际轮廓尺寸编程即可，不必考虑刀具刀尖圆弧半径的大小。加工时由数控系统将刀尖圆弧半径加以补偿，便可加工出所要求的工件来。

（1）刀尖圆弧半径的概念　任何一把刀具，不论制造或刃磨得如何锋利，在其刀尖部分都存在一个刀尖圆弧，它的半径值是个难于准确测量的值。编程时，若以假想刀尖位置为切削点，则编程很简单。但任何刀具都存在刀尖圆弧，当车削外圆柱面或端面时，刀尖圆弧的大小并不起作用，但当车倒角、锥面、圆弧或曲面时，就会影响零件的加工精度。图 3-24 所示为以假想刀尖位置编程时的过切削及欠切削现象。

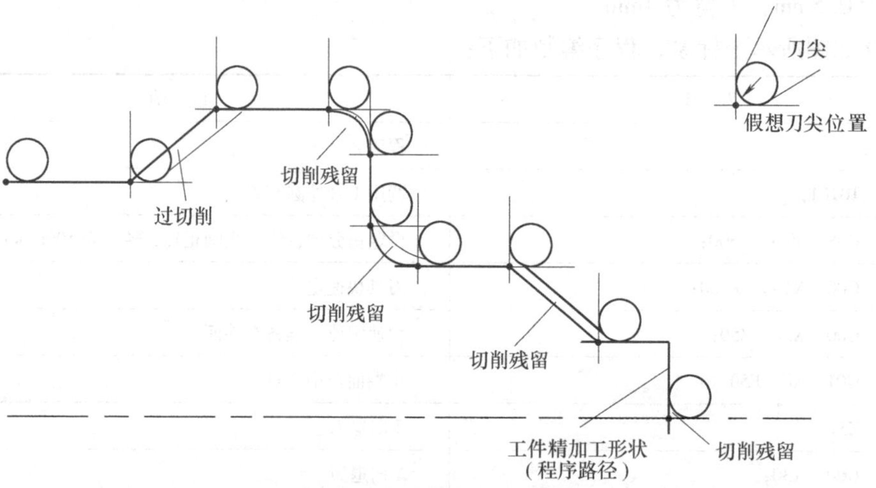

图 3-24 过切削及欠切削现象

编程时若以刀尖圆弧中心编程，可避免过切削和欠切削现象，但计算刀位点比较麻烦，并且如果刀尖圆弧半径值发生变化，还需改动程序。

数控系统的刀具半径补偿功能正是为解决这个问题所设定的。它允许编程者以假想刀尖位置编程，然后给出刀尖圆弧半径，由系统自动计算补偿值，生成刀具路径，完成对工件的合理加工。

（2）刀尖圆弧半径补偿指令

G40：取消刀尖圆弧半径补偿，即按程序路径进给。

G41：刀具左补偿，指逆着插补平面的法线方向看插补平面，沿着刀具前进方向，刀具在工件的左方。

G42：刀具右补偿，指逆着插补平面的法线方向看插补平面，沿着刀具前进方向，刀具在工件的右方。

使用刀尖圆弧半径补偿指令时应注意下列几点：

1）G41 或 G42 指令必须和 G00 或 G01 指令一起使用，且当切削完成轮廓后即用 G40 指令取消补偿。

2）工件有锥度、圆弧时，必须在精车锥度或圆弧前一程序段建立半径补偿，一般在切入工件时的程序段建立半径补偿。

3）必须在刀具补偿参数设定页面的刀尖半径处(图 3-25 中的 RADIUS 项)填入该把刀具的刀尖圆弧半径值，则数控装置会自动计算应该移动的补偿量，作为刀尖圆弧半径补偿的依据。

4）必须在刀具补偿参数设定页面的假想刀尖方向处(图 3-25 中的 TIP 项)填入该把刀具的假想刀尖号码，以作为刀尖圆弧半径补偿的依据。

5）假想刀尖方向是指假想刀尖点与刀尖圆弧中心点的相对位置关系，用 0~9 共 10 个号码来表示，如图 3-26 所示。0 与 9 的假想刀尖点与刀尖圆弧中心点重叠。

6）指令刀尖圆弧半径补偿 G41 或 G42 后，刀具路径必须是单向递增或单向递减，即指令 G42 后刀具路径如向 Z 轴负方向切削，就不允许往 Z 轴正方向移动，故必须在往 Z

轴正方向移动前，用 G40 取消刀尖圆弧半径补偿。

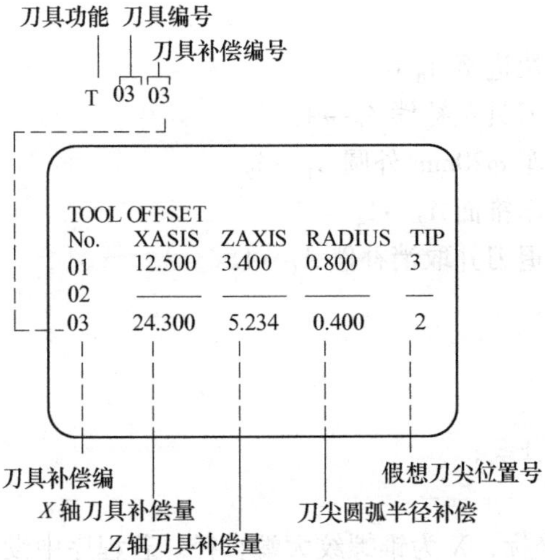

图 3-25　刀具补偿设定画面

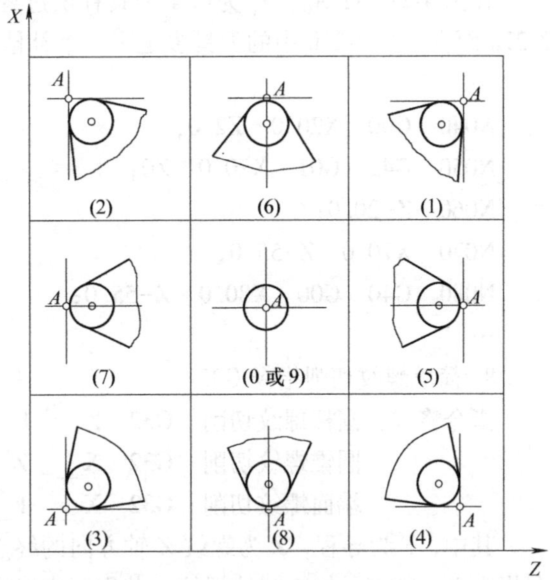

图 3-26　刀尖圆弧位置

A—假想刀尖　0~9—刀尖号

7）建立刀尖圆弧半径补偿后，在 Z 轴的切削移动量必须大于其刀尖圆弧半径值(如果刀尖圆弧半径为 0.6mm，则 Z 轴移动量必须大于 0.6mm)；在 X 轴的切削移动量必须大于 2 倍刀尖圆弧半径值(如果刀尖圆弧半径为 0.6mm，则 X 轴移动量必须大于 1.2mm)，这是因为 X 轴用直径值表示的缘故。

编程实例 3　如图 3-27a 所示，未采用刀具半径补偿指令时，刀具以假想刀尖轨迹运动，圆锥面产生误差 δ。如图 3-27b 所示；采用刀具圆弧半径补偿指令后，系统自动计算

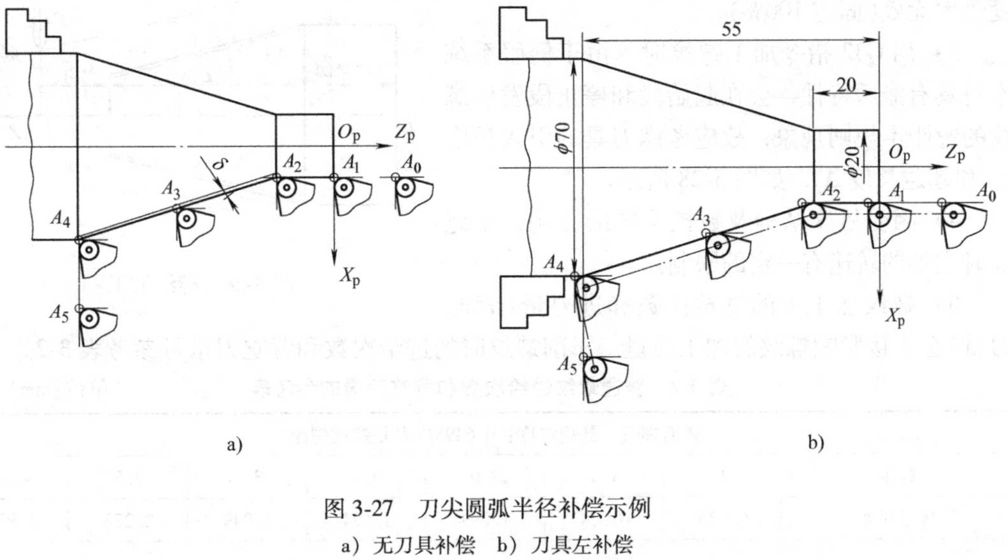

图 3-27　刀尖圆弧半径补偿示例

a）无刀具补偿　b）刀具左补偿

刀心轨迹，刀具按刀尖圆弧中心轨迹运动，无表面形状误差。

在图 3-27 中，A_0、A_1 为产生刀具补偿过程，A_4、A_5 为取消刀具补偿过程，相对于图 3-27a 而言，图 3-27b 中的刀具多走了一个补偿值。其加工程序为：

```
…
N040  G00  X20.0  Z2.0;                快进至A0点
N050  G42  G01  X20.0  Z0;             刀具左补偿A0→A1
N060  Z-20.0;                          车φ20mm外圆A1→A2
N070  X70.0  Z-55.0;                   车锥面A2→A4
N080  G40  G00  X80.0  Z-55.0;         退刀并取消补偿A4→A5
…
```

8. 简单螺纹切削指令 G32

指令格式：圆柱螺纹切削　G32　Z__　F__；

　　　　　圆锥螺纹切削　G32　X__　Z__　F__；

　　　　　端面螺纹切削　G32　X__　F__；

其中，F 为导程，Z 为螺纹 Z 轴方向的终点坐标，X 为锥螺纹大端直径。若程序中没有指定 X，则表示加工圆柱螺纹；若程序中指定了 X、Z，则表示加工圆锥螺纹。

G32 指令可以加工圆柱螺纹和圆锥螺纹。它和 G01 的根本区别是：它能使刀具在直线移动的同时主轴旋转按一定的关系保持同步，即主轴转一转，刀具移动一个导程；而 G01 指令不能保证刀具和主轴旋转之间的同步关系。因此，用 G01 指令加工螺纹时会产生螺距混乱的现象。

注意：

1）切削螺纹时，一定要保证主轴转速不变，故不能用 G96 指令，而要用 G97 指令。

2）在车螺纹期间，进给速度倍率、主轴速度倍率无效(固定 100%)。

3）用 G32 指令加工螺纹时，由于伺服系统本身具有滞后特性，会在起始段和停止段发生螺纹的螺距不规则现象，故应考虑刀具的引入长度 Δ_1 和超越长度 Δ_2，如图 3-28 所示。

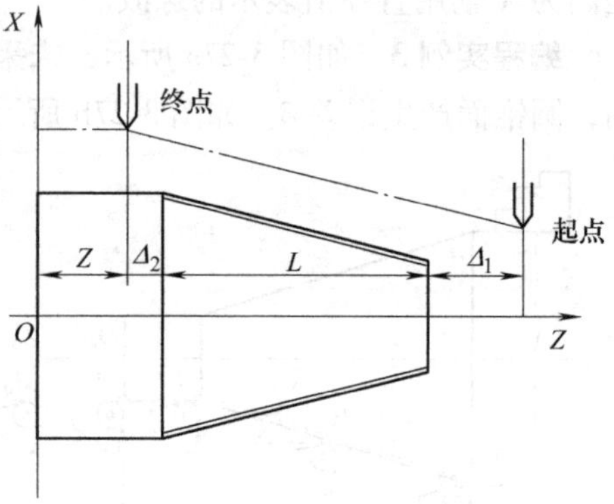

图 3-28　螺纹加工

4）因受机床结构及数控系统的影响，车螺纹时主轴的转速有一定的限制。

5）螺纹加工中的进给次数和进刀量(背吃刀量)会直接影响螺纹的加工质量。车削螺纹时的进给次数和背吃刀量可参考表 3-2。

表 3-2　普通螺纹进给次数和背吃刀量的参考表　　（单位：mm）

普通螺纹　牙型深度：0.6495*P*(*P* 是螺纹螺距)							
螺距	1	1.5	2.0	2.5	3.0	3.5	4.0
牙型深度	0.649	0.974	1.299	1.624	1.949	2.273	2.598

（续）

普通螺纹 牙型深度：0.6495*P*(*P*是螺纹螺距)								
进给次数和背吃刀量	1次	0.7	0.8	0.9	1.0	1.2	1.5	1.5
	2次	0.4	0.6	0.6	0.7	0.7	0.7	0.8
	3次	0.2	0.4	0.6	0.6	0.6	0.6	0.6
	4次		0.16	0.4	0.4	0.4	0.6	0.6
	5次			0.1	0.4	0.4	0.4	0.4
	6次				0.15	0.4	0.4	0.4
	7次					0.2	0.2	0.4
	8次						0.15	0.3
	9次							0.2

注：表中背吃刀量为直径值，进给次数和背吃刀量根据工件材料及刀具的不同可酌情增减。

9. 车削加工循环指令

当零件外径、内径或端面上的加工余量较大时，如果用前面介绍的一般车削编程方法进行车削，数控程序将很长，且过于烦琐，为此可以采用车削加工循环来简化编程，缩短程序的长度，并使程序更为清晰可读。车削加工循环指令分为单一固定循环指令和复合固定循环指令，下面分别进行介绍。

（1）单一固定循环指令 G90、G92、G94

1）外径/内径粗车固定循环指令 G90。该指令用于在零件的外圆柱面(圆锥面)或内孔面(内锥面)上毛坯余量较大或直接从棒料车削零件时进行精车前的粗车，以去除大部分毛坯余量。

① 圆柱面粗车固定循环。指令格式：

G90 X(U)__ Z(W)__ F__;

X(U)、Z(W)表示车削循环中车削进给路径的终点坐标，车削循环过程如图 3-29a 所示。循环过程中只有车削零件一段路径为进给运动，其余路径为快速运动。

② 圆锥面粗车固定循环指令。指令格式：

G90 X(U)__ Z(W)__ R__ F__;

X(U)、 Z(W)为车削循环中车削进给路径的终点坐标，R 为圆锥面起点半径减去终点半径的差值，有正负号。车削循环过程与圆柱面车削过程类似，如图 3-29b 所示。

G90 指令及指令中各参数均为模态值，每指定一次，车削循环一次。指令中的参数，包括坐标值，在指定另一个 G 指令(G04 指令除外)前保持不变。用 G90 进行粗车时，每次车削一层余量，再次循环时只需按车削深度依次改变 X 的坐标值，则循环过程依次重复执行。

编程实例 4 圆柱面粗车如图 3-29a 所示，零件右端外径为 ϕ20mm，相邻段零件的外径为 ϕ32mm，直径相差很大，加工余量较大，在精车前必须将大部分余量去除。为此，可使用 G90 粗车固定循环指令编写粗车程序，每次背吃刀量沿 *X* 方向为 1mm，留 0.2mm 余量用于精车，则粗车程序如下：

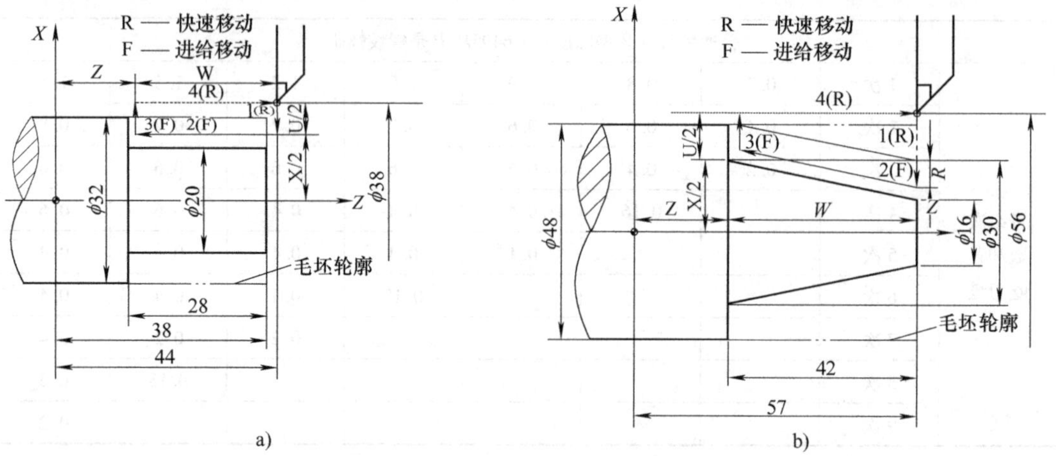

图 3-29 G90 外圆粗车固定循环

a）G90 圆柱面粗车固定循环 b）G90 圆锥面粗车固定循环

…

N30 G90 X31.0 Z10.5 F0.4；	粗车开始程序段，第 1 次背吃刀量 0.5mm，进给 0.4mm/r；
N32 X29.0；	第 2 次粗车，背吃刀量 1mm，其余参数不变
N34 X27.0；	第 3 次粗车，背吃刀量 1mm
N36 X25.0；	第 4 次粗车，背吃刀量 1mm
N38 X23.0；	第 5 次粗车，背吃刀量 1mm
N40 X20.4；	最后一次粗车，背吃刀量 1.3mm，留精车余量 0.2mm

编程实例 5 圆锥面粗车如图 3-29b 所示，零件圆锥面小端外径为 ϕ16mm，大端外径为 ϕ30mm，棒料外径为 ϕ48mm，按锥面粗车符号确定规则，$R=(16/2-30/2)\text{mm}=-7\text{mm}$，沿 X 方向背吃刀量 1mm，留 0.2mm 用于精车。粗车程序如下：

…

N30 G90 X47.0 Z14.5 R-7.0 F0.4；	定义粗车开始程序段，第 1 次背吃刀量 0.5mm，进给率 0.4mm/r
N32 X45.0；	第 2 次粗车，背吃刀量 1mm，其余参数不变
N34 X43.0；	第 3 次粗车，背吃刀量 1mm
N36 X41.0；	第 4 次粗车，背吃刀量 1mm
N38 X39.0；	第 5 次粗车，背吃刀量 1mm
N40 X37.0；	第 6 次粗车，背吃刀量 1mm
N42 X35. 0；	第 7 次粗车，背吃刀量 1mm
N44 X33. 0；	第 8 次粗车，背吃刀量 1mm
N44 X30. 4；	第 9 次粗车，背吃刀量 1.3mm，留精车余量 0.2mm

2）螺纹切削循环指令 G92。该指令适用于对圆柱螺纹和圆锥螺纹进行循环切削，每指定一次，螺纹切削自动进行一次循环，其用法和轨迹与 G90 直线车削循环类似，如图 3-30 所示。

① 圆柱螺纹切削。指令格式：

G92　X(U)__　Z(W)__　F__;

其中，X(U)、 Z(W)为车削循环中车削进给路径的终点坐标，F 为螺纹螺距，如图 3-30a 所示。

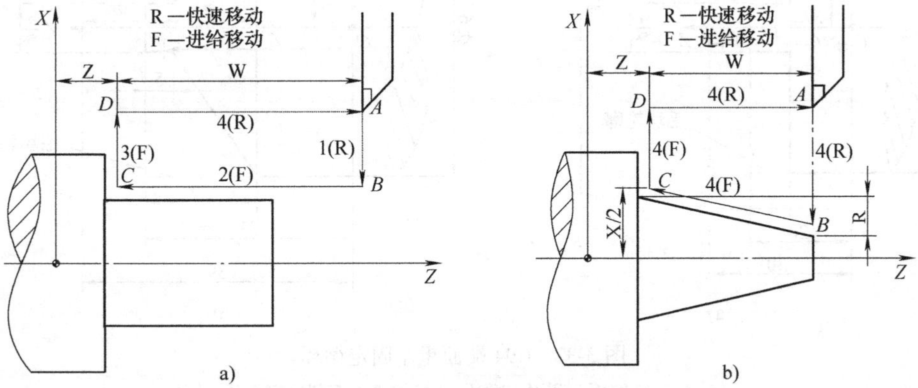

图 3-30　G92 螺纹切削循环

a）G92 圆柱螺纹切削示意图　b）G92 圆锥螺纹切削示意图

② 锥螺纹切削。切削路径图 3-30b 所示。指令格式：

G92　X(U)__　Z(W)__　R__　F__;

指令格式中各字母含义同前。

编程实例 6　如图 3-31 所示，用 G92 指令编程。程序如下：

…

G00	X40	Z5;		刀具定位到循环起点
G92	X29.1	Z-42	F2;	第 1 次车螺纹
	X28.5;			第 2 次车螺纹
	X27.9;			第 3 次车螺纹
	X27.5;			第 4 次车螺纹
	X27.4;			最后一次车螺纹
G00	X150	Z150;		刀具回换刀点

…

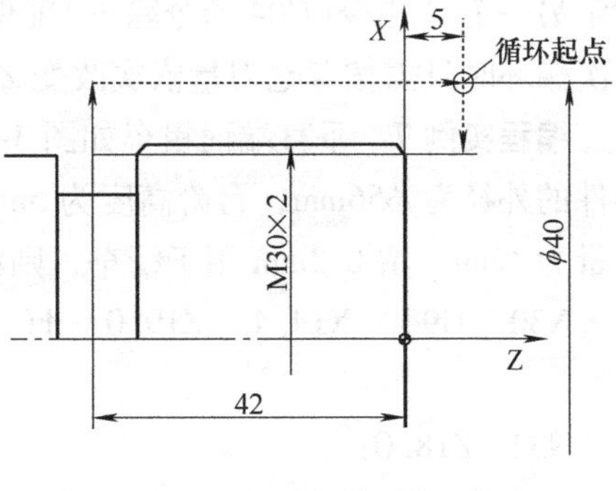

图 3-31　G92 循环切削示意图

3）端面粗车固定循环指令 G94。该指令用于在零件的垂直端面或锥形端面上毛坯余量较大或直接从棒料车削零件时进行精车前的粗车，以去除大部分毛坯余量。

① 垂直端面粗车固定循环。指令格式：

G94　X(U)__　Z(W)__　F__;

其中，X(U)、 Z(W)为车削循环中车削进给路径的终点坐标。车削循环过程如图 3-32a 所示，循环过程中只有车削零件一段路径为进给运动，其余路径为快速运动。

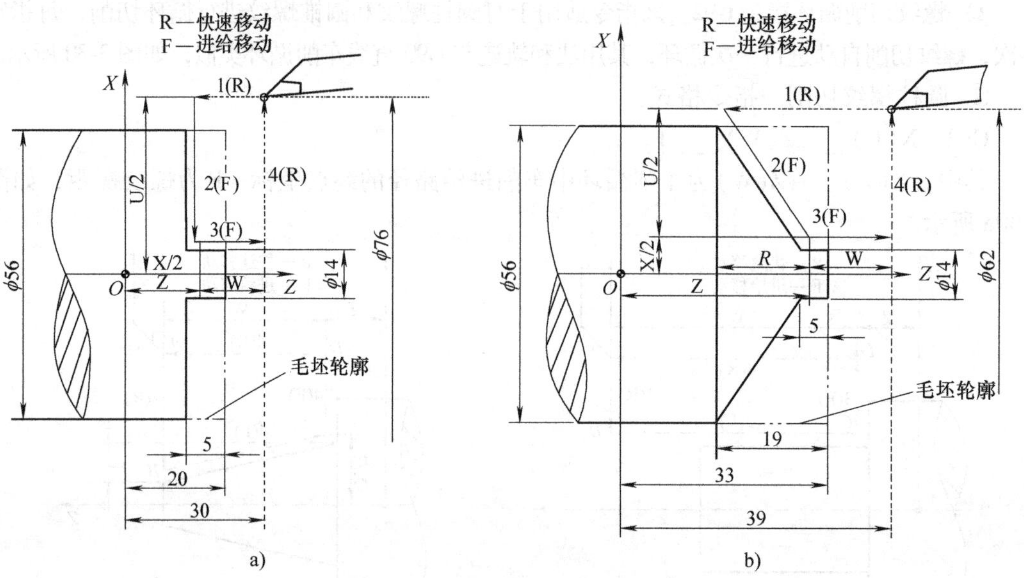

图 3-32　G94 端面粗车固定循环

a）垂直端面车削固定循环　b）锥端面车削固定循环

② 锥形端面粗车固定循环。指令格式：

G94　X(U)_　Z(W)_　R_　F_；

X(U)、Z(W)为车削循环中车削进给路径的终点坐标，R 为锥形端面起点 Z 坐标减去终点 Z 坐标的差值，有正负号。

锥面车削循环过程与垂直端面车削过程类似，其用法与 G90 和 G92 类似。其指令及指令中各参数也为模态值，每指定一次，车削循环一次，指令中的参数，包括坐标值，在指定另一个 G 指令(G04 指令除外)前保持不变。用 G94 进行粗车时，每次车削一层余量，再次循环时只需按背吃刀量依次改变 Z 的坐标值，则循环过程也依次重复执行。

编程实例 7　垂直端面粗车如图 3-32a 所示，零件右端小端面外径为 ϕ14mm，相邻段零件的外径为 ϕ56mm，台阶高度为 5mm，用 G94 车削循环指令编写粗车程序，每次背吃刀量为 1mm，留 0.2mm 用于精车，则粗车削程序如下：

N30　G94　X14.4　Z19.0　F0.4；	粗车开始程序段，背吃刀量 1mm，进给率 0.4mm/r；
N32　Z18.0；	第 2 次粗车，背吃刀量 1mm，其余参数不变
N34　Z17.0；	第 3 次粗车，背吃刀量 1mm
N36　Z16.0；	第 4 次粗车，背吃刀量 1mm
N38　Z15.2；	最后一次粗车，背吃刀量 0.8mm，留精车余量 0.2mm

编程实例 8　锥形端面粗车如图 3-32b 所示，零件锥形端面小端外径为 ϕ14mm，锥形端面大端的外径为 ϕ56mm，台阶高度为 5mm，用 G94 车削循环指令编写粗车程序，每次背吃刀量沿 Z 向为 1mm，留 0.2mm 余量用于精车，则粗车程序可编写如下：

…

N30　G94　X14.4　Z32.0　R14　F0.4；	粗车开始程序段，背吃刀量 1mm，进给率 0.4mm/r；
N32　Z31.0；	第 2 次粗车，背吃刀量 1mm，其余参数不变
N34　Z30.0；	第 3 次粗车，背吃刀量 1mm
N36　Z29.0；	第 4 次粗车，背吃刀量 1mm
N38　Z28.1；	最后一次粗车，背吃刀量 0.9mm，留精车余量 0.2mm

…

（2）复合固定循环指令　复合固定循环指令通过定义零件加工的刀具轨迹来进行零件的粗车和精车，用户只需按照指令格式设定粗车时每次的背吃刀量、精车余量、进给量等参数，则 CNC 控制器即可自动计算出粗车的刀具路径，自动进行粗加工，因此可大大的简化编程。复合固定循环指令有外圆/内孔粗车循环指令 G71、端面车削循环指令 G72、多次成形车削循环指令 G73、精车循环指令 G70 和螺纹循环指令 G76。

1）外圆/内孔粗车复合循环 G71 指令。该指令适用于用圆柱棒料粗车阶梯轴的外圆或内孔需切除较多余量时的情况。

指令格式：

G71　U(Δd)　R(e)；

G71　P(ns)　Q(nf)　U(Δu)　W(Δw)　F(f)　S(s)　T(t)；

指令中各项之意义说明如下：

Δd：背吃刀量，是半径值，且为正值；

e：退刀量；

ns：精车开始程序段段号；

nf：精车结束程序段段号；

Δu：X 轴方向精加工余量，是直径值且有正负值之分；

Δw：Z 轴方向精加工余量且为正值；

f：粗车时的进给量；

s：粗车时的主轴速度；

t：粗车时所用的刀具。

G71 指令的刀具循环路径如图 3-33 所示。在使用 G71 指令时 CNC 装置会自动计算出粗车的加工路径，控制刀具完成粗车，且最后会沿着粗车轮廓 $A'B'$ 车削一刀，再退回至循环起点 C 完成粗车循环。

使用 G71 指令应注意以下几点：

① 由循环起点 C 到 A 点只能用 G00 或 G01 指令，且不可有 Z 轴方向移动指令（请参考下例 O0010 程序）。

② 车削的路径必须是单调增大或减小，即不可有内凹的轮廓外形。若使用配置 FANUC 0T 系统的数控车床时，则没有以上限制。

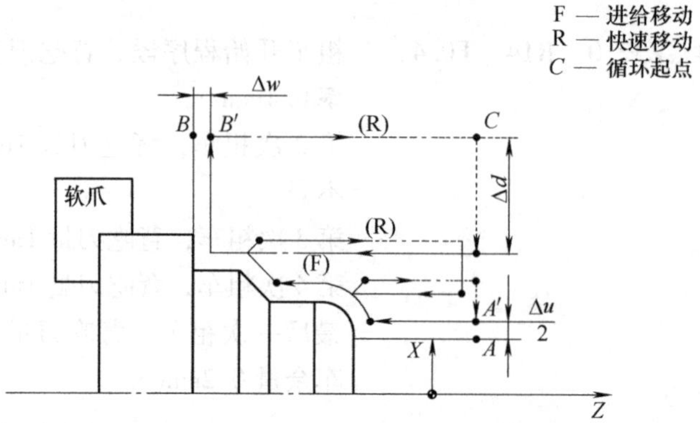

图 3-33　G71 复合循环刀具路径

③ 当使用 G71 指令粗车外圆时，Δ*u* 为正值，如图 3-33 所示，粗车内孔轮廓时，须注意 Δ*u* 为负值，如图 3-34 所示。

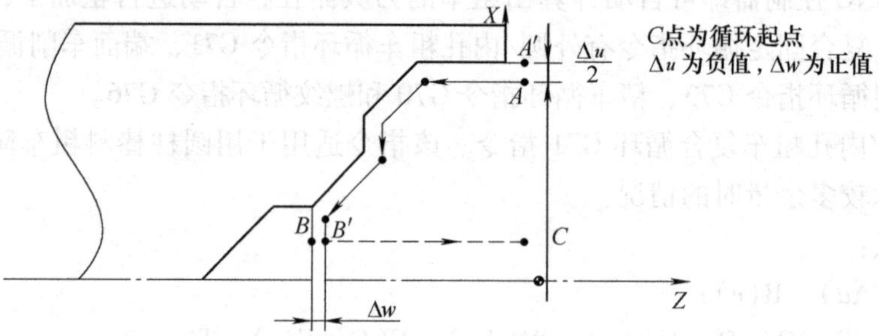

图 3-34　G71 指令车内孔

编程实例 9　以 FANUC 0T 系统的数控车床车削图 3-35 所示的工件。粗车刀为 1 号刀，精车刀为 2 号刀，精车余量 *X* 轴为 0.2mm，*Z* 轴为 0.05mm。粗车的切削速度 150m/min，精车为 180m/min。粗车的进给量为 0.2mm/r，精车为 0.07mm/r。粗车时每次背吃刀量为 3mm。编写程序如下：

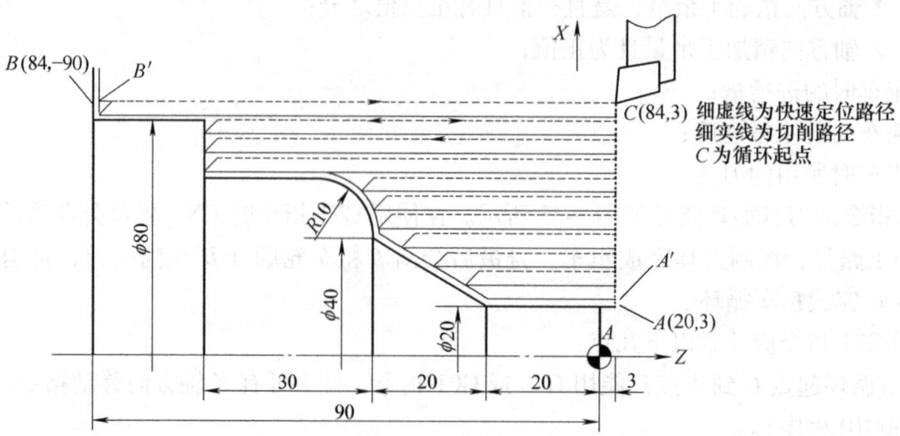

图 3-35　车削工件

O0010;	
G00　X150.0　Z200.0　T0100;	
G50　S3500;	
G96　M03　S150;	粗车时的切削速度 150m/min
T0101;	
G00　X84.0　Z3.0;	快速定位至循环起点 *C*
G71　U3.0　R1.0;	粗车每次背吃刀量 3mm，退刀量 1mm
G71　P10　Q20　U0.2　W0.05　F0.2;	粗车的进给量为 0.2mm/r
N10　G00　X20.0;	由 *C* 快速定位至 *A*，开始精车程序段，不能有 *Z* 轴移动
G01　Z-20.0　F0.07　S180;	设定精车进给量和切削速度
X40.0　W-20.0;	
G03　X60.0　W-10.0　R10.0;	
G01　W-20.0;	
X80.0;	
Z-90.0;	
N20　X84.0;	完成精车程序段
G00　X150.0　Z200.0　T0100;	快速退至安全点准备换 2 号精车刀
T0202;	换 2 号精车刀，建立刀具补偿
X84.0　Z3.0;	快速定位至循环起点 *C*
G70　P10　Q20;	精车循环
G00　X150.0　Z200.0　T0200;	
M05;	
M30;	

程序说明：

① 精车开始程序段必须由循环起点 *C* 到 *A* 点，且没有 *Z* 轴方向移动指令，即使 *Z* 轴为 0 也不允许有。

② “G70　P10　Q20;” 为精车循环指令，其用法和含义见后面。

2）端面粗车复合循环指令 G72。此指令用于当直径方向的切除余量比轴向余量大的时候。

指令格式：

G72　W(Δd)　R(e)

G72　P(ns)　Q(nf)　U(Δu)　W(Δw)　F(f)　S(s)　T(t);

指令中各项的意义与 G71 相同。其刀具循环路径如图 3-36 所示，使用方式同 G71。

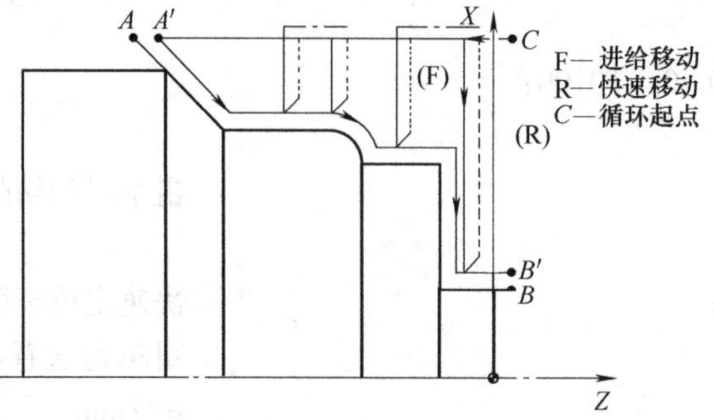

图 3-36 G72 循环指令

编程实例 10 如图 3-37 所示工件，1 号刀为粗车刀，每次背吃刀量为 3mm，进给量为 0.2mm/r，切削速度为 150m/min，2 号刀为精车刀，精车切削速度为 180m/min。粗车的进给量为 0.07mm/r。*X* 轴方向精车余量为 0.2mm，*Z* 轴方向精车余量为 0.05mm。编写程序如下：

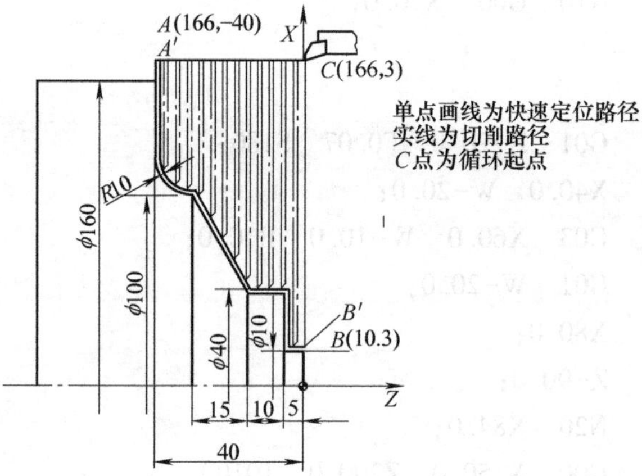

图 3-37 车削工件

```
O0011;
G00  X150.0  Z200.0  T0100;
G50  S3500;
G96  M03  S150;
T0101;
G00  X166.0  Z3.0;                        快速定位至循环起点 C
G72  W3.0  R1.0;                          每次背吃刀量为 3mm，退刀量 1mm
G72  P10  Q20  U0.2  W0.05  F0.2;         粗车的进给量为 0.2mm/r
N10  G00  Z-40.0;                         由 C 快速定位至 A，开始精车程序段，不
                                          能有 X 轴移动
G01  X120.0  F0.07  S180;                 设定精车进给量和切削速度
G03  X100.0  W10.0  R10.0;
G01  X40.0  W15.0;
W10.0;
X10.0;
N20  Z3.0;                                完成精车程序段
G00  X150.0  Z200.0  T0100;               快速退至安全点，准备换 2 号精车刀
T0202                                     换 2 号精车刀，建立刀具补偿
X166.0  Z3.0;                             快速定位至循环起点 C
G70  P10  Q20;                            精车循环
G00  X150.0  Z200.0  T0200;
```

M05;

M30;

3）多次成形粗车循环 G73 指令。该指令用于零件毛坯已基本成形的铸件或锻件的加工。铸件或锻件的形状与零件轮廓相接近，这时若仍使用 G71 或 G72 指令，则会产生许多无效切削而浪费加工时间。

指令格式：

G73　U(Δ*i*)　W(Δ*k*)　R(*d*);

G73　P(*ns*)　Q(*nf*)　U(Δ*u*)　W(Δ*w*)　F(*f*)　S(*s*)　T(*t*);

指令中各项的含义说明如下：

Δ*i*：*X* 方向退刀距离和方向，是半径值。当向+*X* 方向退刀时，为正；反之为负。

Δ*k*：*Z* 方向退刀距离和方向。当向+*Z* 方向退刀时，为正；反之为负。

d：粗切削次数。

其余各项含义与 G71 相同。图 3-38 所示为 G73 的刀具轨迹。Δ*i* 及 Δ*k* 为第一次车削时退离工件轮廓的距离及方向，确定该值时应参考虑毛坯的粗加工余量大小，以使第一次走刀车削时就有合理的背吃刀量，计算方法如下：

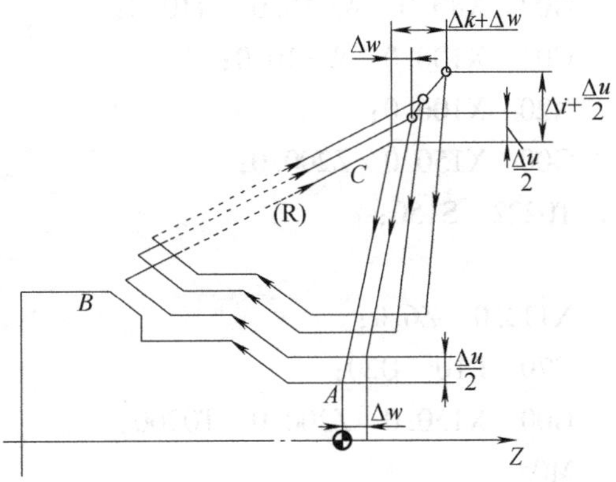

图 3-38　G73 循环指令

Δ*i*(*X* 轴退刀距离) = *X* 轴粗加工余量−每一次背吃刀量

Δ*k*(*Z* 轴退刀距离) = *Z* 轴粗加工余量−每一次背吃刀量

编程实例 11　若 *X* 轴方向粗加工余量为 6mm，分三次进给，每一次背吃刀量 2mm，则

Δ*i* = 6mm−2mm = 4mm，　*d* = 3mm

编程实例 12　如图 3-39 所示的铸件，*X* 轴方向加工余量为 6mm（半径值），*Z* 轴方向加工余量为 6mm，粗加工次数为 3 次。1 号刀为粗车刀，2 号刀为精车刀，刀尖圆弧半径为 0.6mm，*X* 轴方向精车余量为 0.2mm，*Z* 轴方向精车余量为 0.05mm。

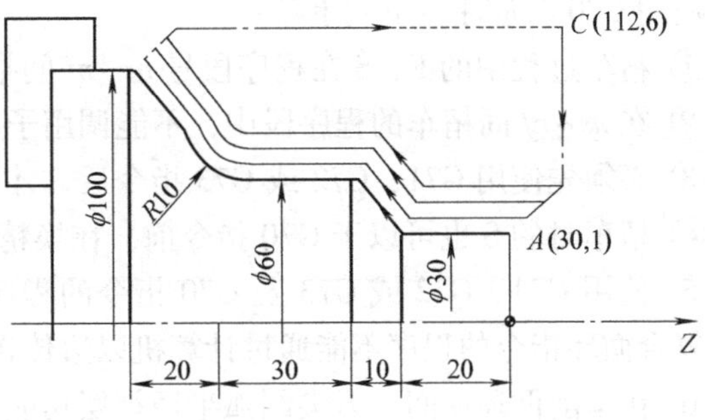

图 3-39　车削铸件

先按前面介绍方法计算 Δ*i*、Δ*k* 可得：Δ*i* = Δ*k* = 4mm。编制加工程序如下：

O0012;

G00　X150.0　Z200.0　T0100;

G96　S120　M03;

T0101;	
G00 X112.0 Z6.0;	快速定位至循环起点 C
G73 U4.0 W4.0 R3.0;	$\Delta i=\Delta k=4$mm，粗切削次数 $d=3$
G73 P10 Q20 U0.2 W0.05 F0.2;	粗车的进给量为0.2mm/r
N10 G00 X30.0 Z1.0;	快速定位至 A 点，开始精车程序段，可有 Z 轴移动
G01 Z-20.0 F0.07;	设置精车进给量
X60.0 W-10.0;	
W-30.0;	
G02 X80.0 W-10.0 R10.0;	
G01 X100.0 W-10.0;	
N20 X106.0;	完成精车程序段
G00 X150.0 Z200.0;	快速退至安全点，准备换2号精车刀
T0202 S150;	换2号精车刀，建立刀具补偿，设置精车切削速度
X112.0 Z6.0;	
G70 P10 Q20;	精车循环
G00 X150.0 Z200.0 T0200;	
M05;	
M30;	

4）精加工循环G70指令。指令格式：

G70 P(*ns*) Q(*nf*)

其中，*ns* 为开始精车程序段号， *nf* 为完成精车程序段号。

使用G70时应注意下列事项：

① 精车过程中的F、S在程序段号 *ns*~*nf* 间指定。

② 在 *ns*~*nf* 间精车的程序段中，不能调用子程序。

③ 必须先使用G71、G72或G73指令后，才可使用G70指令。

④ 精车时的S也可以于G70指令前，在换精车刀时同时指定(如前一个程序)。

⑤ 使用G71、G72或G73及G70指令的程序必须储存于数控系统控制器的内存内，即有复合循环指令的程序不能通过计算机以边传送边加工的方式控制数控机床。

⑥ 在车削循环期间，刀尖圆弧半径补偿功能有效。

5）螺纹车削循环指令G76。该指令用于多次自动循环车螺纹，数控加工程序中只需指定一次，并在指令中定义好有关参数，则能进行自动加工。车削过程中，除第一次车削深度外，其余各次车削深度自动计算，故程序比G92指令还短。

指令格式：

G76 P(m)(r)(α) Q(Δd_{min}) R(d);

G76 X(U)_ Z(W)_ R(i) P(k) Q(Δd) F(i);

指令中各项的意义如下：

m：精车车削次数，必须用两位数表示，范围为 01~99。

r：螺纹末端倒角量，必须用 2 位数表示，范围为 00~99。例如 $r=10$，则倒角量＝10×0.1×导程。

α：刀具角度，有 0°、29°、30°、55°、60°等几种。m、r、α 都必须用两位数表示，同时由 P 指定。例如，P021060 表示精车削两次，末端倒角量为一个螺距长，刀具角度为 60°。

Δd_{min}：最小背吃刀量，是半径值。车削过程中每次背吃刀量为 $\Delta d(\sqrt{n}-\Delta d\sqrt{n-1})$。若自动计算而得的背吃刀量小于 Δd_{min} 时，以 Δd_{min} 为准，此数值不可用小数点方式表示。例如，$\Delta d_{min}=0.02$mm，需写成 Q20。

d：精车余量。

X(U)、Z(W)：螺纹终点坐标。X 即螺纹的小径，Z 即螺纹的长度。

i：车削锥度螺纹时，终点 B 到起点 A 的向量值。若 $i=0$ 或省略，则表示车削圆柱螺纹。

k：X 轴方向之螺纹深度，以半径值表示。注意，FANUC 0T 系统的 k 不可用小数点方式表示。

Δd：第一刀背吃刀量，以半径值表示，该值不能用小数点方式表示，例如，$\Delta d=0.6$mm，需写成 Q600。

l：螺纹的螺距。

G76 的刀具轨迹如图 3-40 所示。

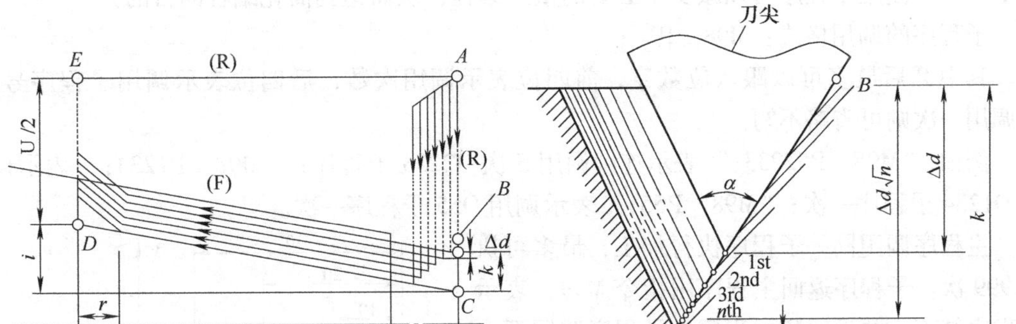

a)　　　　b)

图 3-40　G76 螺纹车削循环

a）切削轨迹　b）参数定义

使用 G70~G76 复合固定循环指令时应注意下列几点：

① 同一程序内 P、Q 所指定的顺序号码必须是唯一的，不可重复使用。

② 由 *ns* 至 *nf* 所指定顺序号中的程序段中，不能使用下列指令：

a. G04 暂停指令。

b. G00、G01、G02、G03 以外的 G 功能。

c. T 功能。

d. M98 及 M99。

编程实例 13 如图 3-41 所示工件的螺纹，已知 T0808 为螺纹刀，$n=1000r/min$。引入长度 Δl 取 8mm。牙型高度 = 0. 6495mm×2 = 1. 299mm，牙底直径 = 30mm−1. 299mm×2 = 27. 402mm。

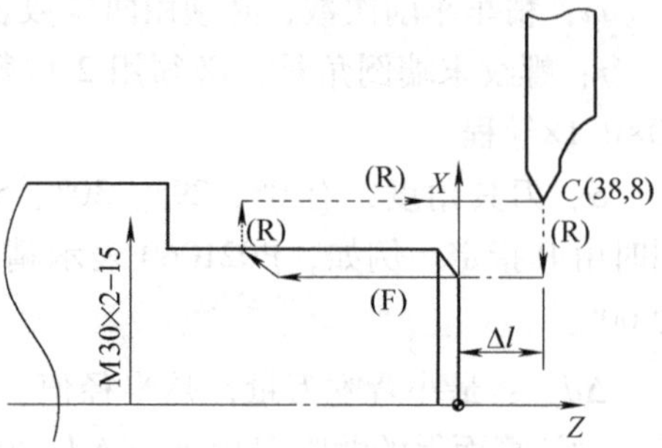

图 3-41 车削螺纹

```
O0013;
G00  X150. 0  Z200. 0  T0800;
G97  M03  S1000;
T0808  M08;
G00  X38. 0  Z8. 0;
G76  P021060  Q20  R0. 02;
G76  X27. 402  Z15. 0  P1. 299  Q500  F2. 0;
G00  X150  0  Z200. 0  T0000  M09;
M05;
M30;
```

10. 子程序

在编制加工程序时，有时会遇到一组程序段在一个程序中多次出现，或者在几个程序都要使用它。这个典型的加工程序可以做成固定程序，并单独加以命名。这组程序段就称为子程序。使用子程序可以减少不必要的重复编程，从而达到简化编程的目的。

子程序的调用格式：M98 P__；

其中 P 后最多可以跟八位数字，前四位表示调用次数，后四位表示调用子程序号。若调用一次则可省略不写。

例如，“M98 P52233;”表示连续调用 5 次 O2233 子程序；“M98 P1234;”表示调用 O1234 子程序一次；“M98 P55;”表示调用 O55 子程序一次。

主程序调用同一子程序执行加工，最多可执行 999 次。子程序返回主程序用指令 M99，表示子程序结束，并返回到主程序。子程序调用下一级子程序，称为子程序嵌套。子程序可以嵌套多少层由具体的数控系统决定，在 FANUC 0T/18T 系统中，最多只能有两层嵌套。

编程实例 14 加工零件如图 3-42 所示，已知毛坯直径为 ϕ32mm，长度为 50mm，1 号刀为外圆车刀，2 号刀为切断车刀，其宽度为 2mm。其加工程序如下：

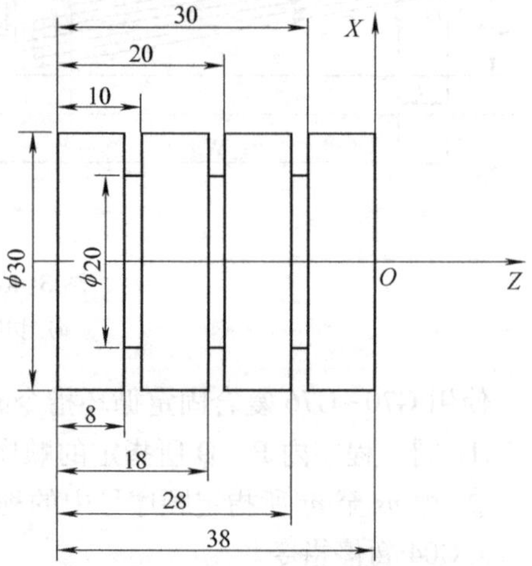

图 3-42 子程序的应用

主程序

```
O0010;
N010  G00  X150. 0  Z100. 0;
```

```
N020  T0101;
N030  G50  S1800;
N040  M03  S500;
N050  M08;
N066  X35.0  Z0;
N070  G98  G01  X0  F100;                      车右端面
N080  G00  Z2.0;
N090  X30.0;
N100  G01  Z-40.0  F100;                       车外圆
N110  G00  X150.0  Z100.0  T0100;
N115  T0202
N120  X32.0  Z0;
N130  M98  P31008;                             车三次槽
N140  G00  W-10;
N150  G01  X2  F60;                            切断
N160  G04  X2.0;                               暂停2s
N170  G00  X150.0  Z100.0  M09;
N180  T0200;
N190  M05;
N200  M30;
子程序
O1008;
N300  G00  W-10.0;
N310  G98  G01  U-12.0  F60;
N320  G04  X1.0;                               暂停1s
N330  G00  U12.0;
N340  M99;
```

说明:

① 子程序必须有一程序号码，且以M99作为子程序的结束指令。

② M99指令也可用于主程序最后程序段，此时程序执行指针会跳回主程序的第一程序段继续执行此程序，所以此程序将一直重复执行，除非按下RESET键才能中断执行。此种方法常用于数控车床开机后的热机程序。

11. 宏程序

前面进过的是ISO代码指令编程。每个代码的功能是固定的，由系统生产厂家开发，使用者只需按规定编程即可。但有时，这些指令满足不了用户的需要，系统提供了用户宏程序功能，用户可以自己扩展数控系统的功能。这实际上是系统对用户的开放。

用户把实现某种功能的一组指令像子程序一样预先存入存储器中，用一个指令代表这个存储的功能，在程序中只要指定该指令就能实现这个功能。把这一组指令称为用户宏程序本体，简称宏程序。把代表指令称为用户宏程序调用指令，简称宏指令。编程员只要记住宏指令而不必记住宏程序。

如果是机床厂家提供的宏指令，则必须提供宏程序纸带或程序单。

用户宏程序与普通程序的区别在于：在用户宏程序本体中，能使用变量，可以给变量赋值，变量间可以运算，程序运行可以跳转。而普通程序中，只能指定常量，常量之间不能运算，程序只能顺序执行，因此功能是固定的，不能变化。有了用户宏程序功能，机床用户自己可以改进数控机床的功能。

FANUC 系统提供两种用户宏功能，即用户宏程序功能 A 和用户宏程序功能 B。这里只介绍 FANUC 0MC 系统常用的用户宏程序功能 B。

（1）变量的表示与引用　宏程序中可以用变量代替数据。用户在允许范围内，可以给变量赋值。使用变量使得用户宏程序比普通子程序更灵活。

可以使用多个变量，每个变量用变量号定义。

1）变量的表示。变量由符号#和数值表示。

例：#*I*(*I*=1,2,3,…)

#5

#109

#1005

也可以用公式代替数据和变量 *I*。格式为#[<公式>]。

例：#[#100]

#[2000+#7]

#[#6/2]

变量#*i* 均可用#[<公式>]代替。但要注意，公式一定要用中括号括起来。

2）变量的引用。地址后接的数据可以用变量代替，如<地址>#*I*，或<地址>-#*i*

它表示变量值或者它的补数代替地址后的命令值。

例：F#33，若#33=1.5，则表示 F1.5。

Z-#18，若#18=20.0，则表示 Z-20.0。

G#130，若#130=3.0，则表示 G3。

使用中应注意：

① 符号“/”“，”“：”和地址“O”和“N”后禁止使用变量，即：“#2”“N#1”和“/#3”不能使用。

② 变量号不能直接用变量代替。若#5 中的 5 用#30 代替，不能写成##30，而应写成#[#30]。

③ 变量值不能超过各地址的最大允许值。例如，#140=120 时，G#140 超过了最大值 99，为不允许。

④ 变量用于地址数据时，该值被圆整成有效位数。X#24，若#24=12.1246，则被圆整到 X12.125。

⑤ 括号内使用的无小数点常数被认为有小数点，小数点位于它的末尾。例如，X[#24+#18*cos[#1]]

Z-[#18+#26]

⑥ 未赋值的变量为<空>。用变量#0 表示<空>，且引用未赋值变量时，地址被忽略。

例：G90　X100　Y#1　；

当#1=<空>时，G90　X100　Y#1 变为 G90　X100，*Y* 轴被忽略。当#1=0 时，“G90　X100　Y#1;”变为“G90　X100　Y0;”。

（2）变量类型　变量的类型和功能见表 3-3。

表 3-3　变量的类型和功能

变量号	变量类型	功　能
#0	空(Null)	该变量的值总为空
#1~#33	局部变量	局部变量是只能在一个用户宏程序中用来表示运算结果等的变量，当机床断电后，局部变量的值被清除，当宏程序被调用时，可对局部变量赋值
#100~#149(#199) #500~#531(#999)	公共变量	公共变量在各宏程序中是可以公用的。#100~#149 在关掉电源后，变量值全部被清除，而#500~#509 即使在先掉电源后，变量值仍被保存。作为可选择的公共变量，#150~#199 和#532~#999 也是允许的
#1000~	系统变量	系统变量是固定用途的变量，它的值决定系统的状态，用于表示接口的输入/输出、刀具补偿、各轴当前位置等。有些系统变量只能被读取

系统变量的主要类型见表 3-4。

表 3-4　系统变量

变量号	类型	用　途
#1000~#1133	接口信号	可以在可编程序控制器(PMC)和用户宏程序之间交换的信号
#2001~#2400	刀具补偿量	可以用来读和写刀具补偿量
#3000	报警	当#3000 变量被赋值 0~99 时，NC 停止并产生报警
#3001，#3002	时间信息	能够用来读和写时间信息
#3011，#3012 #3003，#3004	自动操作控制	能改变自动操作控制状态(单步，连续控制)
#3005	设置变量	该变量可作读和写的操作，把二进制值转换成十进制表示，可控制镜像开/关，米制输入/英制输入，绝对值编程/增量值编程等
#4001~#4022	模态信息	用来读取指定的直到当前程序段有效的模态指令(G、*B*、*D*、F、H、M、S、T 代码等)
#5001~#5104	位置信息	能够读取位置信息(包括各轴程序段终点位置、各轴当前位置，刀具偏置值等)

（3）用户宏程序调用指令(用户宏指令)　用户宏指令是调用用户宏程序本体的指令。调用方式有如下二种：

1）非模态调用(单一调用)指令 G65。

指令格式：G65　P(程序号)　L(重复次数)　<自变量赋值>;

在书写时，G65 必须写在<自变量赋值>之前，L 最多可用 9999 次。

若要向用户宏程序本体传递数据时，由自变量赋值来指定，其值可以有符号和小数点，而与地址无关。自变量赋值有两种类型。

① 自变量赋值Ⅰ。用字母后加数值进行赋值，除了G、L、N、O和P之外，其余所有字母(即剩余21个字母)地址都可以给自变量赋值。赋值不必按字母顺序进行，但使用I、J、K时，必须按顺序指定。不赋值的地址可以省略。地址与变量的对应关系见表3-5。

② 自变量赋值Ⅱ。除A、B、C外，还用10组I、J、K对自变量进行赋值，同组的I、J、K必须按顺序赋值，不赋值的地址可以省略。地址与变量的对应关系见表3-5。

表3-5 地址与变量的对应关系

自变量赋值Ⅰ	自变量赋值Ⅱ	变量	自变量赋值Ⅰ	自变量赋值Ⅱ	变量
A	A	#1	R	K_5	#18
B	B	#2	S	I_6	#19
C	C	#3	T	J_6	#20
I	I_1	#4	U	K_6	#21
J	J_1	#5	V	I_7	#22
K	K_1	#6	W	J_7	#23
D	I_2	#7	X	K_7	#24
E	J_2	#8	Y	I_8	#25
F	K_2	#9	Z	J_8	#26
—	I_3	#10		K_8	#27
H	J_3	#11		I_9	#28
—	K_3	#12		J_9	#29
M	I_4	#13		K_9	#30
—	J_4	#14		I_{10}	#31
—	K_4	#15		J_{10}	#32
—	I_5	#16		K_{10}	#33
Q	J_5	#17			

注：表中I、J、K的下标，只在表中表示组号，实际指令时不注下标。

注意：

① 自变量赋值Ⅰ和Ⅱ可以共存，此时后者有效。

例：G65 A1.0 B2.0 I-3.0 I4.0 D5.0 P1000;

```
         |     |     |      |     |
        #1    #2    #4     #7    #7
```

可以看出，I4.0和D5.0都对#7赋值，此时，后面的D5.0有效，所以#7=5.0。

② I、J、K的顺序不得颠倒，不赋值的可以省略。

例：G65 J5.0 I4.0 P1000;

```
         |    |
        #5   #7
```

2）模态调用与取消指令G66、G67。

指令格式：G66 P(程序号) L(重复次数) <自变量赋值>;

在书写时，G66必须写在<自变量赋值>之前。L最多可用9999次。

自变量赋值与非模态调用相同。G67 为取消宏程序模态调用方式。G66 和 G67 应成对使用。自变量中可以使用小数点和符号。

模态调用的应用：在宏程序调用方式下，每执行一次移动指令，就调用一次前面所指定的宏程序，如在钻孔循环中就是如此。

（4）变量的运算指令与控制指令

1）运算指令。运算指令的通用表达式为：

#i=<表达式>

运算指令右边的<表达式>是常数、变量、函数和运算符的组合。常数可以代替<表达式>中的变量。<表达式>中不带小数点的常数可以认为在其末尾带一小数点。

① 变量的定义和置换。

#i=#j

② 加法运算。

#i=#j+#k　和

#i=#j-#k　差

#i=#jOR#k　或

#i=#jXOR#k　异或

③ 乘法运算。

#i=#j * #k　乘

#i=#j/#k　除

#i=#jAND#k　与

④ 函数。

#i=SIN[#j]　正弦(度)

#i=COS[#j]　余弦(度)

#i=TAN[#j]　正切(度)

#i=ATAN[#j]　反正切(度)

#i=SQRT[#j]　平方根

#i=ABS[#j]　绝对值

#i=BIN[#j]　十—二进制转换

#i=BCD[#j]　二—十进制转换

#i=ROUND[#j]　四舍五入圆整

#i=FIX[#j]　舍去小数部分

#i=FUP[#j]　小数部分进位到整数

ROUND 函数的用法如下：

a. 在运算指令或在 IF 或 WHILE 条件表达式中，若使用 ROUND 函数，对有小数点的数据进行四舍五入。

例：#1=ROUND[1.2345]，则结果#1=1.0。

b. 地址指令中使用 ROUND 函数时，按地址的最小设定单位四舍五入。

例：G01　X[ROUND[#1]]；

如果#1=1.4567，而 X 的最小设定单位是 0.001mm 时，则该程序段变为：

G01　X1.457；

c. 在地址指令中使用 ROUND 函数，主要用于下面的情况：

例：以#1 和#2 做增量运动，然后返回到起始点。

#1=1.2345；

#2=2.3456；

G91　G01　X#1　F100；　*X* 轴移动 1.235mm

X#2；*X* 轴移动 2.346mm，总共移动了 3.581mm

X-[#1+#2]因#1+#2=3.5801，*X* 轴移动了-3.580mm

显然返回不到起始点，因此将上式改为：

X-[ROUND[#1]+ROUND[#2]]；

这样就使 *X* 轴返回到起始点。

如果在指令时，#1 和#2 都是按最小设定单位圆整，则无上述情况。

⑤ 混合运算。上述运算和函数可以混合运算。其优先顺序是先函数，再乘除和逻辑，最后加减、逻辑或和逻辑异或运算。这其中还可用“[　]”改变顺序。

2）控制指令。使用控制指令可控制程序的走向。

① 分支语句。

a. 无条件转移。指令格式：

GOTO *n*；

无条件地跳转到顺序号为 *n* 的程序段中。顺序号必须位于程序段的最前面。顺序号也可用变量或[<表达式>]来代替，范围为 1~9999。

b. 条件转移　指令格式：

IF[<条件表达式>]　GOTO *n*；

若<条件表达式>成立，则跳转到顺序号为 *n* 的程序段中；若<条件表达式>不成立，则执行下个程序段。

<条件表达式>有如下几种：

#*j* EQ #*k*	#*j* 等于#*k*
#*j* NE #*k*	#*j* 不等于#*k*
#*j* GT #*k*	#*j* 大于#*k*
#*j* LT #*k*	#*j* 小于#*k*
#*j* GE #*k*	#*j* 大于或等于#*k*
#*j* LE #*k*	#*j* 小于或等于#*k*

#*j* 和#*k* 也能用<表达式>来代替，也可用变量或<表达式>来代替 *n*。

下面的程序可以得到从 1 到 10 的和：

```
O3000;
#1=0;                        保存和的变量赋初始值
#2=1;                        保存加数的变量赋初始值
N1  IF[#2 GT 10]GOTO  2;     当加数大于 10 时转入 N2 执行
```

```
#1=#1+#2;              计算两数的和
#2=#2+1;               加数加 1
GOTO  1;               转入 N1 执行
N2  M30;               程序结束
```

② 循环语句。指令格式：

WHILE[<条件表达式>] DO*m*；（*m*=1,2,3）

…

END*m*；

若满足<条件表达式>的条件时，则重复执行从 DO*m* 到 END*m* 之间的程序段；若不满足条件时，则执行 END*m* 之后的程序段。

WHILE[<条件表达式>]也可省略，此时，程序将从 DO*m* 到 END*m* 无条件地不断重复执行，除非用别的条件语句使其跳出循环。

注意：

a. DO*m* 和 END*m* 必须成对使用，并且 DO*m* 一定要在 END*m* 之前指定。用识别号 *m* 来识别。

例：

```
…
END1;
…                  错，END1 在 DO1 之前
DO1;
…
```

b. 同一识别号可以使用多次，但 DO*m* 与 END*m* 必须成对使用。

例：

```
…
DO 2;
…
END 2;
…
DO 2;
…
END 2;
```

c. DO 的范围不能交叉。

例：

```
…
┌DO1;
│…
┤DO2;
│…
└
```

```
┌END1;
│…
└END2;
…
```

d. DO 可以嵌套三层。

例：

```
…
┌DO1;
│…
│┌DO2;
││…
││┌DO3;
│││…
││└END3;
││…
│└END2;
│…
└END1;
```

e. 从 DOm~ENDm 内部可以转移到外部，但不得从外部向内部转移。

例：

```
…
DO1;
…
GOTO 9000;
…                      可以转出到 N9000
END1;
…
N9000;
…
GOTO N8000;      此句错，不可以转入到 N8000
…
DO1;
…
N8000;
…
END1;
```

f. DOm~ENDm 内部可以调用宏程序或子程序。

例：

```
…
DO1;
…
G65…
…
G66…
…
G67…
…
END1;
…
DO2;
M98…
…
END2;
```

编程实例 15 上面 O3000 程序也可用 WHILE 语句。程序如下：

```
O3000;
#1=0;
#2=1;
WHILE[#2 LE 10]  DO1;
#1=#1+#2;
#2=#2+1;
END1;
M30;
```

编程实例 16 应用螺栓孔循环指令

在以(*X*,*Y*)为中心，半径为 100mm 的圆周上，加工 12 个等分孔，加工第一个孔的起始角为 *A*，如图 3-43 所示。

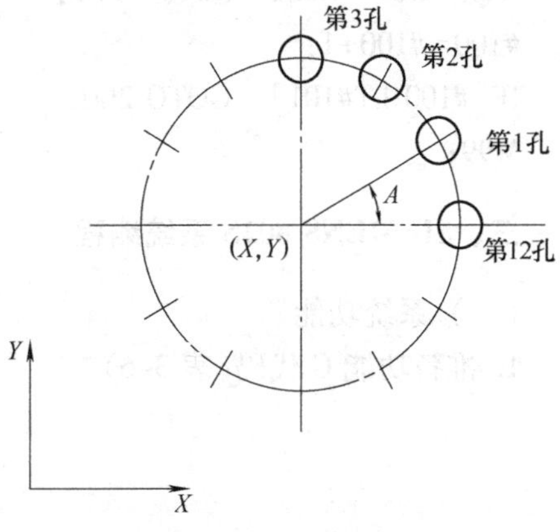

图 3-43 螺栓孔

调用宏程序指令格式如下：

G65 P×××× X*x* Y*y* Z*z* R*r* F*f* I*i* A*a* H*h*;

各字母意义解释如下：

P：宏程序本体；

x 圆周中心的 *X* 坐标(#24)；

y：圆周中心的 *Y* 坐标(#25)；

z：孔深(#26)；

r：钻孔循环 *R* 点坐标(#18)；

f：切削进给速度(#9)；

i：圆周半径(#4)；

a：第一个孔加工起始角(#1)；

h：加工的孔数(#11)。*h*>0 时是逆时针方向加工；*h*<0 时是顺时针方向加工。

以下变量用于用户宏程序的运算。

#100：表示加工第 *i* 个孔的计数(*i*)；

#101：孔数的终值；

#102：第 *i* 孔的角度值；

#103：第 *i* 孔的 *X* 坐标值；

#104：第 *i* 孔的 *Y* 坐标值。

主程序如下：

```
O0010;
G90  G92  X0  Y0  Z100;
M03  S800;
G65  P9010  X100.0  Y-200.0  R10.0  Z-20  I100.0  A30.0  H12;
G00  X0  Y0  Z100.0;
M05;
M02;
```

宏程序本体如下：

```
O9010;
N100  #100=0;                              初值 i=0
#101=ABS[#11];
N200  #102=#1+[#100*360.0/#11];
#103=#24+#4*COS [#102];                    孔位坐标 X
#104=#25+#4*SIN[#102];                     孔位坐标 Y
G90  G00  X#103  Y#104;                    定位到第 i 个孔
G99  G81  Z#26  R#18  F#9;
#100=#100+1;
IF[#100 LT#101]  GOTO 200;
M99;
```

三、SIEMENS 802S 系统编程

（一）系统功能

1. 准备功能 G 代码(表 3-6)

表 3-6　SIEMENS 802S 系统常见准备功能 G 代码

代码	含义	说明
G00	快速移动	运动指令 模态有效
G01	直线插补	
G02	顺时针圆弧插补	
G03	逆时针圆弧插补	
G04	暂停	非模态指令
G05	中间点圆弧插补	模态有效
G17	*XY* 平面	
G18	*ZX* 平面	
G19	*YZ* 平面	
G33	恒螺距螺纹切削	
G331	不带补偿夹具切削内螺纹	特殊运行 程序段方式有效
G332	不带补偿夹具切削内螺纹——退刀	
G63	带补偿夹具切削内螺纹	
G74	回参考点	
G75	回固定点	
G158	可编程的偏置	写存储器 程序段方式有效
G258	可编程的旋转	
G259	附加可编程旋转	
G25	主轴转速下限	
G26	主轴转速上限	
* G40	刀尖圆弧半径补偿方式的取消	刀尖圆弧半径补偿 模态有效
G41	调用刀尖圆弧半径补偿，刀具在轮廓左侧移动	
G42	调用刀尖圆弧半径补偿，刀具在轮廓右侧移动	
* G500	取消可设定零点偏置	可设定零点偏置， 模态有效
G54	第一可设定零点偏置	
G55	第二可设定零点偏置	
G56	第三可设定零点偏置	
G57	第四可设定零点偏置	
C53	按程序段方式，取消可设定零点偏	取消可设定零点偏置， 程序段方式有效
G70	英制尺寸	英制/米制尺寸 模态有效
* G71	米制尺寸	
* G90	绝对尺寸	绝对尺寸/增量尺寸， 模态有效
G91	增量尺寸	
G94	进给速度 F，单位 mm/min	进给/主轴， 模态有效
* G95	进给速度 F，单位 mm/r	
G96	主轴恒线度控制	
* G97	取消恒定切削速度	
* G450	圆弧过渡	刀尖圆弧半径补偿时拐角 特性，模态有效
G451	等距线的交点	

注：带 * 的 G 代码为数控系统通电后的状态。

2. 辅助功能指令

SIEMENS 802S 系统的辅助功能指令和 FANUC 系统相同。

3. 主轴转速功能

主轴恒线速度控制指令为 G96，并用 LIMS 来限制主轴最高转速(FANUC 系统用 G50 指令)。例如，"G96 S120 LIMS：1500;" 表示主轴转速限制在 1500r/min 以内。

取消恒线速度控制指令为 G97。系统执行 G97 指令后，S 后面的数值表示主轴每分钟的转数。例如："G97 S600;" 表示主轴转速为 600r/min。

4. 刀具功能

SIEMENS 802S 系统中表示刀具号和刀补号的形式如 "T1 D1" 表示采用 1 号刀具和 1 号刀补(FANUC 系统用 T0101 表示)。

(二) 基本编程指令

1. 绝对/增量尺寸编程指令(G90/G91)

SIEMENS 系统中用增量(相对)尺寸编程时，不是用 U、W 而是用 G91 指令指定。G91 指令编入程序之后，后面的所有坐标值均是以前一位置为基准的增量尺寸，直到被 G90 指令取代。系统默认状态为 G90。

2. 快速定位指令(G00)(与 FANUC 系统相同)

3. 直线插补指令(G01)(与 FANUC 系统相同)

4. 加工平面的选择(G17~G19)(与 FANUC 系统相同)

5. 圆弧插补指令(G02/G03/G05)

SIEMENS 802S 系统的圆弧插补编程有下列四种格式：

(1) G02/G03 X_ Z_ I_ K_ F_; (用终点和圆心坐标编程)

(2) G02/G03 X_ Z_ CR=_ F_; (用终点和半径编程)

(3) G02/G03 I_ K_ AR=_ F_; (用圆心和张角编程)

(4) G02/G03 X_ Z_ AR=_ F_; (用终点和张角编程)

说明：

1) G02 是顺时针圆弧插补指令，G03 是逆时针圆弧插补指令。

2) 用绝对尺寸编程时，X、Z 为圆弧终点坐标；用增量尺寸编程时，X、Z 为圆弧终点相对起点的增量尺寸。

3) 不论是用绝对尺寸编程还是用增量尺寸编程，I、K 始终是圆心在 *X*、*Z* 轴方向上相对圆弧起始点的增量尺寸。当 I、K 为零时可以省略。

4) CR 是圆弧半径。当圆弧所对的圆心角为 0°~180°时，CR 取正值；当圆心角为180°~360°时，CR 取负值。

5) AR 为圆弧张角。

编程实例 17 用四种圆弧插补指令编制图 3-44 所示圆弧的加工程序，*A* 为圆弧的起点，

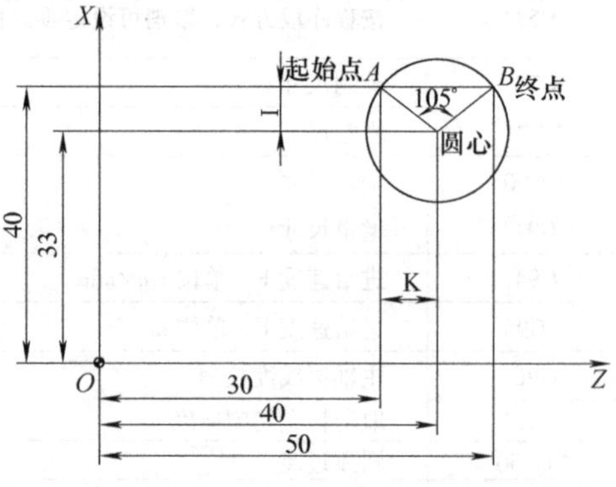

图 3-44 用圆弧插补指令编程

B 为圆弧的终点，半径为 *R*12.207mm。

格式①：

N5 G90 G00 X40 Z30; 进刀至圆弧的起始点 *A*

N10 G02 X40 Z50 I-7 K10 F100; 用终点和圆心坐标编程

格式②：

N5 G90 G00 X40 Z30; 进刀至圆弧的起始点 *A*

N10 G02 X40 Z50 CR=12.207 F100; 用终点和半径编程

格式③：

N5 G90 G00 X40 Z30; 进刀至圆弧的起始点 *A*

N10 G02 I-7 K10 AR=105 F100; 用圆心和张角编程

格式④：

N5 G90 G00 X40 Z30; 进刀至圆弧的起始点 *A*

N10 G02 X40 Z50 AR=105 F100; 用终点和张角编程

另外，通过中间点可进行圆弧插补，指令为 G05。

如果不知道圆弧的圆心、半径或张角，但已知圆弧轮廓上三个点的坐标，则可以使用 G05 功能。通过起始点和终点之间的中间点位置确定圆弧的方向，并且 G05 一直有效，直到被 G 功能组中其他的指令(G00,G01,G02,…)取代为止。

说明：可设定的位置数据输入 G90 或 G91 指令对终点和中间点有效。

编程实例 18 编制图 3-45 所示的加工程序

N5 G90 Z30 X40; 圆弧起点

N10 G05 Z50 X40 KZ=40 IX=45;

6. 主轴定位(SPOS)

功能：把主轴定位到一个确定的转角位置，然后通过位置控制功能保持在这一位置。前提条件是主轴必须设计成可以进行位置控制运行。

定位运行速度在机床数据中规定。

从主轴旋转状态(顺时针旋转/逆时针旋转)进行定位时定位运行方向保持不变；从静止状态进行定位时，定位运行按最短位移进行，方向从起始点位置到终点位置。

例外的情况是：主轴首次运行，也就是说测量系统还没有进行同步，此种情况下在机床数据中规定定位运行方向。

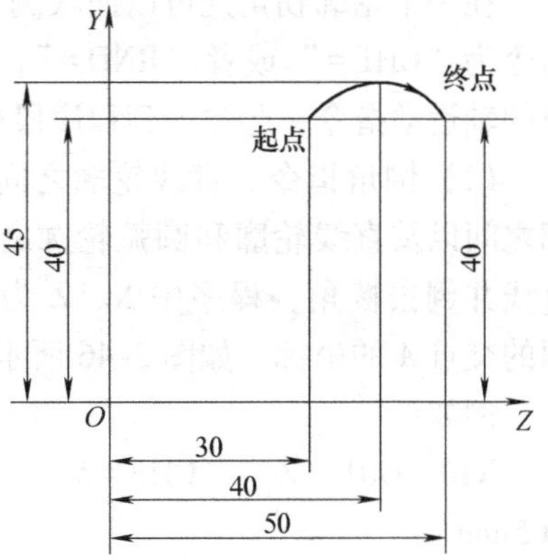

图 3-45 已知终点和中间点的圆弧插补

主轴定位运行可以与同一程序段中的坐标轴运行同时发生。当两种运行都结束以后，此程序段才结束。

格式：SPOS=__ 绝对位置：0°~360°

编程实例 19 N10 SPOS=14.3; 主轴位置 14.3°

…

N80 G00 X89 Z300 SPOS=25.6；主轴定位与坐标轴运行同时进行。所有运行都结束以后，程序段才结束

N81 X200 Z300 N80； 当主轴位置到达以后，才开始执行N81程序段

7. 恒螺距螺纹车削指令 G33

用G33指令可以加工各种类型的恒螺距螺纹、圆柱螺纹、圆锥螺纹、内螺纹/外螺纹、单线螺纹/多线螺纹等，但前提条件是主轴上有位移测量系统。

（1）圆柱螺纹加工 其指令格式为：

G33 Z__ K__ SF=__；

（2）端面螺纹加工 其指令格式为：

G33 X__ I__ SF=__；

（3）圆锥螺纹加工 其指令格式为：

G33 Z__ X__ I__； 锥角大于45°

G33 Z__ X__ K__； 锥角小于45°

其中：Z、X为螺纹终点坐标；K、I分别为螺纹起始点偏移量，单线螺纹可不设，加工多线螺纹时要设置起始点偏移量；SF为螺距。加工完一条螺纹后，再加工第二条螺纹时，要求车刀的起始偏移量与加工第一条螺纹的起始点偏移量偏移（转）一定的角度。当然也可以使车刀的起始点偏移一个螺距。

说明：在螺纹加工期间，主轴修调开关必须保持不变，进给修调开关无效。

8. 倒角、倒圆角指令

在一个轮廓拐角处可以插入倒角或倒圆，指令为“CHF=”或者“RND=”，与加工拐角的轴运动指令一起写入到程序段中。

（1）倒角指令 直线轮廓之间、圆弧轮廓之间以及直线轮廓和圆弧轮廓之间切入一直线并倒去棱角，程序中X、Z为两直线轮廓的交点A的坐标，如图3-46所示。

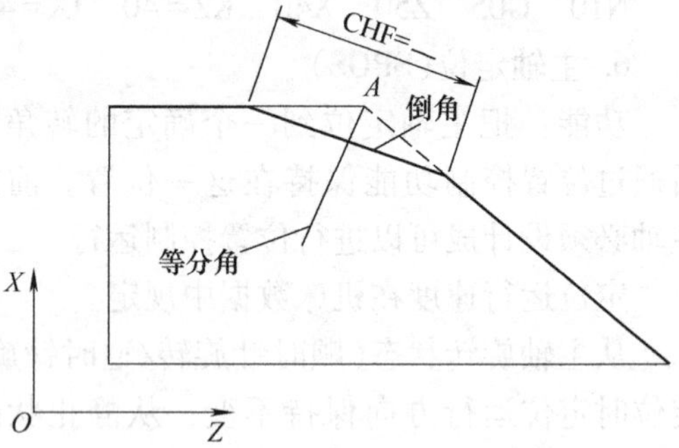

图3-46 两段直线之间倒角举例

例如：

N10 G01 Z__ CHF=5； 倒角5mm

N20 X__ Z__；

（2）倒圆角指令 直线轮廓之间、圆弧轮廓之间以及直线轮廓和圆弧轮廓之间切入一圆弧，圆弧与轮廓进行切线过渡。

编程实例20 直线与直线之间倒圆角，如图3-47a所示，程序如下：

N10 G01 Z__ RND=8； 倒圆半径8mm

N20 G01 X__ Z__；

直线与圆弧之间倒圆角，如图3-47b所示，程序如下：

N50　G01　Z__　RND=7.3；　　　　倒圆半径 7.3mm

N60　G03　X__　Z__R__；

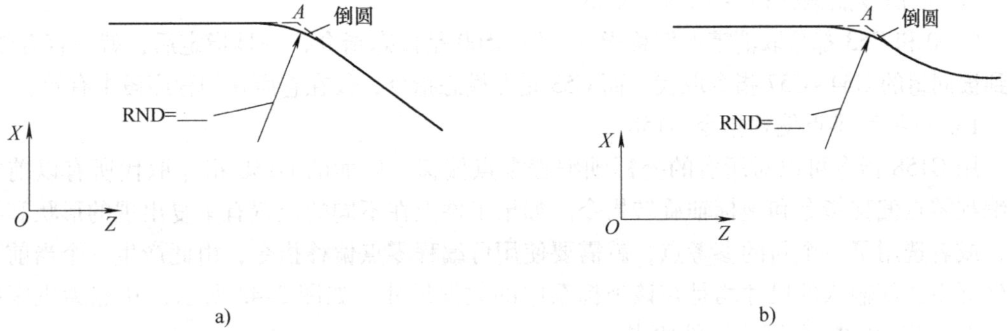

图 3-47　倒圆角举例

a）直线与直线之间倒圆角　b）直线与圆弧之间倒圆角

注意：程序中 X、Z 为图示轮廓线切线的交点 A 的坐标，如果其中一个程序段轮廓长度不够，则在倒圆或倒角时会自动削减编程值。如果几个连续编程的程序段中有不含坐标轴移动指令的程序段，则不可以进行倒角/倒圆。

9. 暂停指令 G04

指令格式：G04　F__；或者 G04　S__；

在两个程序段之间插入一个 G04 程序段，可以使加工暂停 G04 程序段所指定的时间。

G04 程序段(含地址 F 或 S)只对自身程序段有效，并暂停所给定的时间，在此之前编程的进给速度 F 和主轴转速 S 保持存储状态。

在 G04 程序段中，用 F 指令暂停进给；在 G04 程序段中用 S 指令暂停主轴转数，只有在主轴受控的情况下才有效。例如：

N5　S300　M03；　　　　主轴正转，转速 300r/min

N10　G01　Z50　F200；　　　　以 200mm/min 的速度进给

N15　G04　F2.5；　　　　暂停进给 2.5s

N20　G00　X100　Z100；

N25　G04　S30；　　　　主轴暂停 30r，相当于在 S=300r/min 和转速修调 100%时暂停 0.1min

N30　G01　X80；　　　　进给速度和主轴转速继续有效

10. 米制和英制输入指令 G71、G70

G70 和 G71 是两个互相取代的 G 指令，机床出厂时一般设定为 G71 状态，机床的各项参数均以米制单位设定。

11. 可设置零点偏移指令 G54～G57

SIEMENS 802S 车床系统中允许编程人员使用 4 个特殊的工件坐标系，操作者在安装工件后，测量出工件原点相对机床原点的偏移量，并通过操作面板，输入到工件坐标偏移存储器中。其后系统在执行程序时，可在程序中用 G54～G57 指令来选择它们。G54～G57

指令设置的工件原点在机床坐标系中的位置是不变的，在系统断电后也不破坏，再次开机后仍然有效(与刀具的当前位置无关)。

12. 取消零点偏移指令 G500、G53

G500 和 G53 都是取消零点偏移指令，但 G500 是模态指令，一旦指定后，就一直有效，直到被同组的 G54~G57 指令取代。而 G53 是非模态指令，仅在它所在的程序段中有效。

13. 可编程零点偏移指令 G158

用 G158 指令可以对所有的坐标轴编程零点偏移，后面的 G158 指令取代所有以前的可编程零点偏移指令和坐标轴旋转指令。如果工件上在不同的位置有重复出现的形状和结构，或者选用了一个新的参考点，就需要使用可编程零点偏移指令，由此产生一个当前工件坐标系，新输入的尺寸均是在该坐标系中的数据尺寸。如图 3-48 所示，*M* 点为机床原点，W_1、W_2 和 W_3 分别为工件原点。

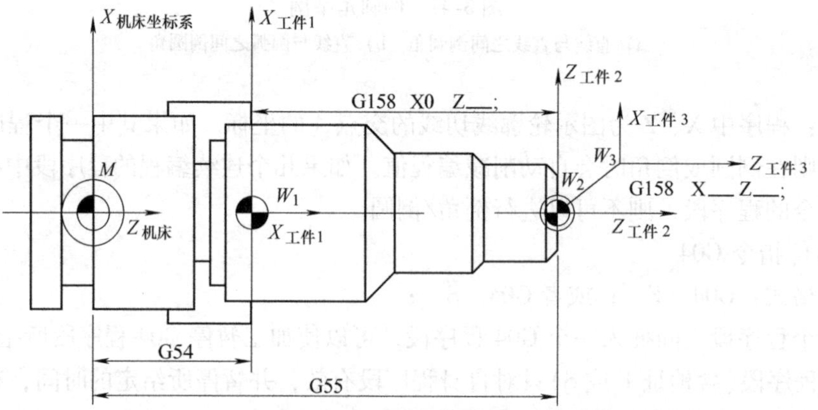

图 3-48 零点偏移指令 G158 举例

应用举例一

N10 G54;	调用第一可设置零点偏移指令，把 *M* 点偏移至 W_1 点
N20 G158 X0 Z_;	调用可编程零点偏移指令，再把 W_1 点偏移至 W_2 点，则建立了以 W_2 为工件原点的工件坐标系
…	
N30 G00 X_ Z_;	加工工件
…	
N90 G500;	取消可编程零点偏移指令

应用举例二

N10 G55;	调用第二可设置零点偏移指令，把 *M* 点偏移至 W_2 点，建立以 W_2 为工件原点的工件坐标系
…	
N20 G00 X_ Z_;	加工工件
…	
N60 G158 X_ Z;	调用可编程零点偏移指令，再把 W_2 点偏移至 W_3 点，建立以 W_3 点为工件原点的当前工件坐标系

…

N70 G00 X__ Z__; 以 W_3 点为工件原点的当前工件坐标系加工工件

…

N100 G500 G00; 取消零点偏移指令

或 N100 G53; 可设定、可编程零点偏移指令一起取消，恢复机床坐标系

14. 子程序

原则上讲主程序和子程序之间并没有区别。

用子程序可编写经常重复进行的加工，如某一确定的轮廓形状。子程序位于主程序中适当的地方，在需要时进行调用、运行。其结构与主程序的结构一样，在子程序中，也是在最后一个程序段中用 M02 结束程序运行。子程序结束后返回主程序，只不过它除了用 M02 表示结束外还可以用 RET 来表示程序结束，且 RET 要占用一个独立程序段。另外，用 RET 指令结束子程序，返回主程序时不会中断 G64 连续路径运行方式；用 M02 指令则会中断 G64 运行方式，并进入停止状态。

为了方便地选择某一子程序，必须给子程序取一个程序名。程序名可以自由选取，但必须符合以下规定：

1）开始两个符号必须是字母。

2）其他符号为字母、数字或下划线。

3）最多 8 个字符。

4）没有分隔符。

其方法与主程序中程序名的选取方法一样，如“LRAHMEN 7”。

另外，在子程序中还可以使用地址字 L，其后的值可以有 7 位(只能为整数)。

注意：地址字 L 之后的每个零均有意义，不可省略。例如，L128 并非 L0128 或 L00128，这表示三个不同的子程序。

在一个程序(主程序或子程序)中，可以直接用程序名调用子程序。子程序调用要求占用一个独立的程序段。

例如如下程序：

N10 L785; 调用子程序 L785

N20 LRAHMEN7; 调用子程序 LRAHMEN7

如果要求多次连续地执行某一子程序，则编程时必须在所调用子程序的程序名后地址 P 下写入调用次数，最大次数可以为 9999(P1~P9999)。

例如“N10 L785 P3;”表示调用子程序 L785，运行 3 次。

子程序不仅可以从主程序中调用，也可以从其他子程序中调用，这时称子程序嵌套。子程序嵌套深度可以是三层，也就是四级程序界面(包括主程序界面)。

注意：

1）在使用加工循环进行加工时，要注意加工循环程序也同样属于四级程序界面中的一级。

2）在子程序中可以改变模态有效的 G 功能，如 G90 到 G91 的转换。

15. 毛坯切削(轮廓)循环指令 LCYC95

LCYC95 指令可沿坐标轴平行方向加工由子程序编程的轮廓循环，通过变量名调用子程序，可以进行纵向和横向加工，也可以进行内外轮廓的加工。

在 LCYC95 指令中，可以选择不同的切削工艺方式，即粗加工、精加工或者综合加工。只要刀具不会发生碰撞，就可以在任意位置调用此循环指令。这是一种非常实用的循环指令，可以大大简化编程工作量，并且在循环过程中没有空切削。注意在调用此循环指令之前，必须在所调用的程序中已经激活刀具补偿参数。LCYC95 轮廓循环参数见表 3-7。

表 3-7 LCYC95 轮廓循环参数

参数	含义及数字范围	参数	含义及数字范围
R105	加工方式：数值 1~12	R110	粗加工时的退刀量
R106	精加工余量，无符号	R111	粗加工进给速度
R108	背吃刀量	R112	精加工进给速度
R109	粗加工切入角		

R105 为加工方式参数。纵向加工时，进给方向总是沿着 *Z* 轴方向进行；横向加工时，进给方向则沿着 *X* 轴方向进行。切削加工方式见表 3-8。

表 3-8 切削加工方式

数　值	纵向/横向	外部/内部	粗加工/精加工/综合加工
1	纵向	外部	粗加工
2	横向	外部	粗加工
3	纵向	内部	粗加工
4	横向	内部	粗加工
5	纵向	外部	精加工
6	横向	外部	精加工
7	纵向	内部	精加工
8	横向	内部	精加工
9	纵向	外部	综合加工
10	横向	外部	综合加工
11	纵向	内部	综合加工
12	横向	内部	综合加工

编程实例 21 图 3-49 所示的轮廓加工方式为“纵向、外部综合加工”，粗加工背吃刀量为 1.5mm（单边），精加工余量为 0.3mm（单边），切入角为 7°。*P* 点为循环加工起始点（由系统内部计算），P_0 点为轮廓起始点，P_8 点为轮廓终点。调用 LCYC95 指令编制的加工程序如下：

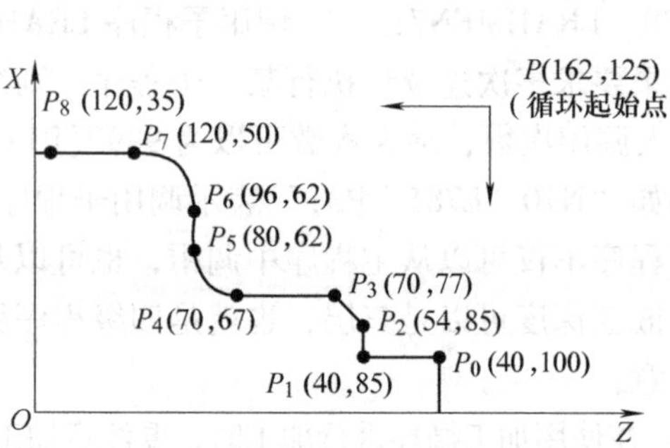

图 3-49 轮廓加工方式举例

N5　G90　G54　G95；	采用G54工件坐标系，用绝对尺寸编程，每转进给量
N10　T1　D1　S500　M03；	确定工艺参数
N15　G00　X180　Z130；	快进
N20　G01　X162　Z125　F0.4；	调用循环之前无碰撞地到达起始点，进给速度为0.4mm/r
_CNAME=“HAND”；	轮廓循环子程序名
R105=9；	纵向，综合加工
R106=0.3；	精加工余量，单边
R108=1.5；	粗加工背吃刀量1.5mm，单边
R109=7；	粗加工切入角7°
R110=2；	粗加工退刀量2mm，单边
R111=0.4；	粗加工进给速度
R112=0.2；	精加工进给速度
N25　LCYC95；	调用轮廓循环
N30　G00　G90　X162；	沿坐标轴分别回起始点
N35　Z125；	
N99　M30；	主程序结束
HAND；	子程序名
N10　G01　X40　Z100；	工作进给至轮廓起始点 P_0
N20　Z85；	工作进给至轮廓起始点 P_1
N30　X54；	工作进给至轮廓起始点 P_2
N40　X70　Z77；	工作进给至轮廓起始点 P_3
N50　Z67；	工作进给至轮廓起始点 P_4
N60　G02　X80　Z62　CR=5；	工作进给至轮廓起始点 P_5
N70　G01　X96　Z62；	工作进给至轮廓起始点 P_6
N80　G03　X120　Z50　CR=12；	工作进给至轮廓起始点 P_7
N90　G01　Z35；	工作进给至轮廓起始点 P_8，加工结束
N95　M02；	子程序结束

综合加工方式的缺点是粗、精车主轴的转速相同。若加工方式为“横向、外部轮廓加工”时，即R105=2，则必须按照从 P_8(120,35)到 P_0(40,100)的方向编程。

16. 螺纹切削循环指令LCYC97

用螺纹切削循环可以按纵向或横向加工圆柱螺纹、圆锥螺纹、外螺纹或内螺纹，并且既能加工单线螺纹又能加工多线螺纹。背吃刀量可自动设定。

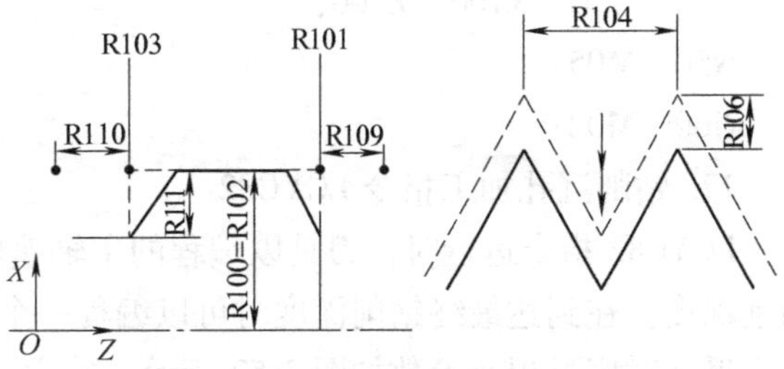

图3-50　螺纹切削循环参数示意图

在螺纹加工期间，进给修调开关和主轴修调开关均无效。LCYC97螺纹切削循环参数如图3-50所示，各参数含义见表 3-9。

表 3-9 LCYC97 轮廓循环参数

参数	含义及数字范围	参数	含义及数字范围
R100	螺纹起始点直径	R109	空刀导入量，无符号
R101	螺纹轴向起始点	R110	空刀退出量，无符号
R102	螺纹终点直径	R111	螺纹深度，无符号
R103	纵螺纹轴向终点	R112	起始点偏移，无符号
R104	螺纹导程值，无符号	R113	粗切削次数，无符号
R105	加工方式：数值 1~2	R114	螺纹线数，无符号
R106	精加工余量，无符号		

编程实例 22 编制图 3-51 所示双线螺纹 M24×Ph3P1.5 的加工程序，$\Delta_1=4\text{mm}$，$\Delta_2=3\text{mm}$，螺纹牙型深度=0.6495P=0.6495×1.5mm=0.97mm。其加工程序如下：

```
N10  G95  F0.3  T1  D1 S600  M03;      确定工艺参数
N20  G00  X100  Z100;                  编程的起始位置
R100=24;                               螺纹起始点直径
R101=0;                                螺纹轴向起始点
R102=22.05;                            螺纹终点直径
R103=-30;                              螺纹轴向终点
R104=3;                                螺纹导程
R105=1;                                螺纹加工类型，外螺纹
R106=0.1;                              螺纹精加工余量
R109=4;                                引入长度Δ1
R110=3;                                超越长度Δ2
R111=0.97;                             螺纹牙型深度
R112=0;                                螺纹起始点偏移
R113=8;                                粗切削次数
R114=2;                                螺纹线数
N30  LCYC97;                           调用螺纹切削循环
N40  G00  X100  Z100;                  循环结束后返回起始点
N50  M05;                              主轴停转
N60  M02;                              程序结束
```

17. 钻削沉孔加工指令 LCYC82

LCYC82 指令运行时，刀具以编程的主轴速度和进给速度钻孔，直至到达给定的最终钻削深度。在到达最终钻削深度时可以编程一个停留时间。退刀时以快速移动速度进行。

循环时序过程及参数如图 3-52 所示，其中：

R101　　退回平面(绝对平面)

R102　　安全距离
R103　　参考平面(绝对平面)
R104　　最后钻削深度(绝对值)
R105　　在此钻削深度停留时间(s)

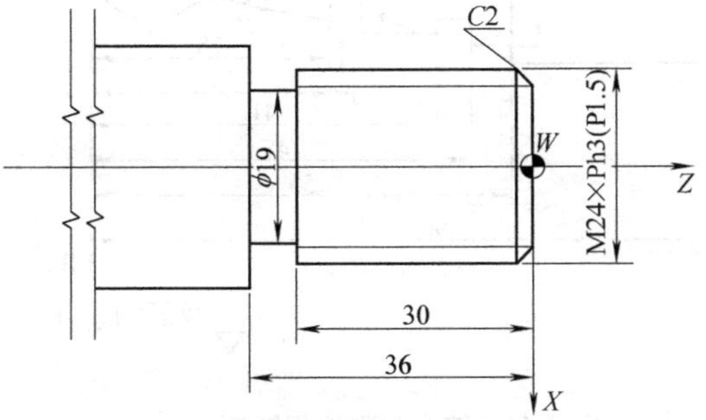

图 3-51　多线螺纹加工零件图

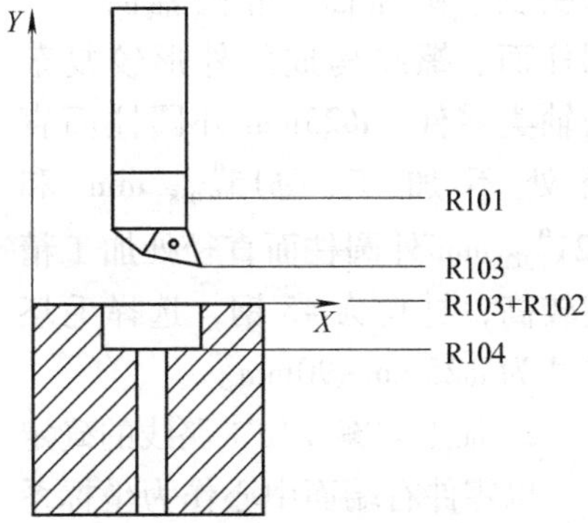

图 3-52　循环时序过程及参数

注意:

1）须在调用程序中规定主轴速度值和方向以及钻削轴进给率。

2）在调用循环之前必须在调用程序中回钻孔位置。

3）在调用循环之前必须选择带补偿值的相应刀具。

编程实例 23　如图 3-53 所示，使用 LCYC82 循环，程序在 *XY* 平面(X24,Y15)位置加工深度为27mm 的孔，在孔底停留时间 2s，钻孔坐标轴方向安全距离为 4mm。循环结束后刀具处于(X24，Y15，Z110)。

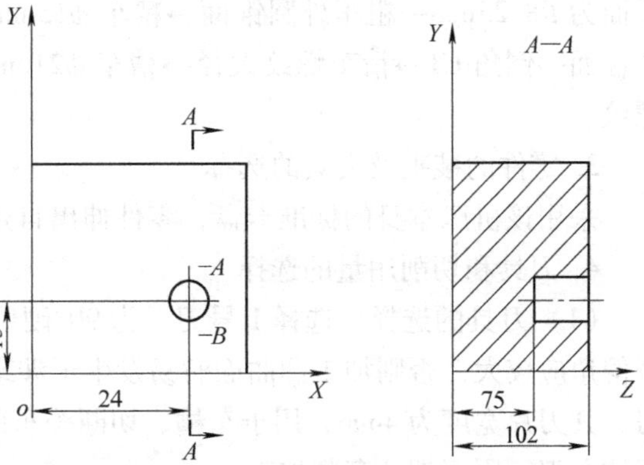

图 3-53　加工示意图

程序如下:

```
N10  G00  G17  G90  F500  T2  D1  S500  M04;    规定一些参数值
N20  X24  Y15;                                  回到钻孔位
N30  R101=110;                                  退回平面
R102=4;                                         安全距离 4mm
R103=102;                                       参考平面 Z=102mm
R104=75;                                        最后钻到深度 Z=75mm
N35  R105=2;                                    在此钻削深度停留时间 2s
N40  LCYC82;                                    调用循环
N50  M02;                                       程序结束
```

四、综合车削编程实例

1. 零件图的分析

如图 3-54 所示，这是一个由球头面、圆弧面、外圆锥面、外圆柱面、螺纹构成的外形较复杂的轴类零件。ϕ25mm 外圆柱面直径处不加工，$\phi 15_{-0.018}^{0}$ mm 和 $\phi 21_{-0.021}^{0}$mm 外圆柱面直径处加工精度较高，材料为 45 钢，选择毛坯尺寸为 ϕ25mm×90mm。

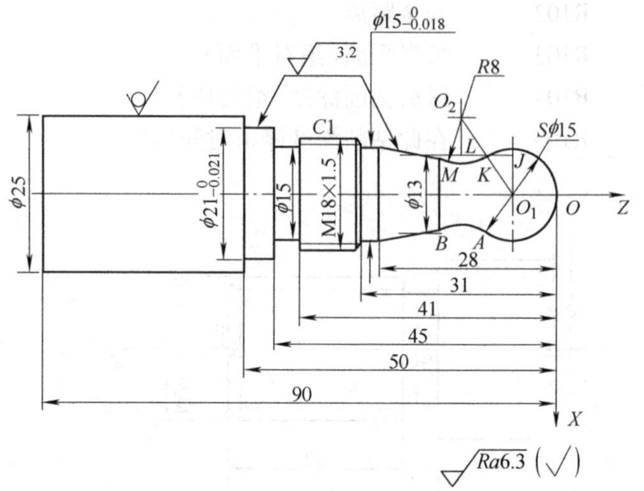

图 3-54　综合车削编程图例

2. 加工方案及加工路线的确定

以零件右端面中心作为坐标系原点，设定工件坐标系。根据零件尺寸精度及技术要求，本例将粗、精加工分开来考虑，确定的加工工艺路线为：车削右端面→粗车外圆柱面为 ϕ21. 5mm、ϕ18. 5mm、ϕ15. 5mm→粗车圆弧面为 ϕ15. 5mm→粗车圆弧面为 R8. 25mm→粗车外圆锥面→精车 ϕ15mm 圆弧面→精车外圆锥面→精车 ϕ15mm 外圆柱面→倒角 C1→精车螺纹大径→精车 ϕ21mm 外圆柱面→车槽→循环车削 M18×1. 5 的螺纹。

3. 零件的装夹及夹具的选择

采用该机床本身的标准卡盘，零件伸出自定心卡盘外 60mm 左右，找正夹紧。

4. 刀具和切削用量的选择

（1）刀具的选择　选择 1 号刀具为 90°硬质合金机夹偏刀，用于粗、精车削加工，其副偏角应较大，否则加工凹曲面时易发生干涉现象。选择 2 号刀具为硬质合金机夹切断车刀，其刀片宽度为 4mm，用于车槽、切断等车削加工。选择 3 号刀具为 60°硬质合金机夹螺纹车刀，用于螺纹车削加工。

（2）切削用量的选择　采用切削用量主要考虑加工精度要求并兼顾提高刀具寿命、机床寿命等因素。确定主轴转速 n = 630r/min，进给速度粗车为 v_f = 0. 2mm/r，精车为 v_f = 0. 1mm/r。

5. 尺寸计算

（1）坐标尺寸的计算

在△O_1JK、△O_2LK 中，$\frac{O_1K}{O_2K}=\frac{O_1J}{O_2L}$，即 $O_2L=\frac{13\times 8}{15}$mm = 6. 93mm

$LK=\sqrt{(O_2K)^2-(O_2L)^2}=\sqrt{8^2-6.93^2}$ mm = 3. 99mm

$JK=\sqrt{(O_1K)^2-(O_1J)^2}=\sqrt{7.5^2-6.5^2}$ mm = 3. 74mm

A 点：X = 13，Z = −(7. 5mm+3. 74mm) = −11. 24mm

B 点：X = 13，Z = −(11. 24mm+2×3. 99mm) = −19. 22mm

AB 弧的圆心：$X=13mm+2\times6.93mm=26.86mm$

$$Z=-(11.24mm+3.99mm)=-15.23mm$$

（2）螺纹尺寸的计算

螺纹牙型深度：$t=0.6495P=0.6495\times1.5mm=0.974mm$

$D_{大}=D_{公称}-0.1P=18mm-0.1\times1.5mm=17.85mm$

$D_{小}=D_{公称}-1.3P=18mm-1.3\times1.5mm=16.05mm$

螺纹加工分为 4 刀：第 1 刀，ϕ17.00mm；第 2 刀，ϕ16.50mm；第 3 刀，ϕ16.20mm；第 4 刀，ϕ16.05mm。

6. 参考程序

采用绝对值和增量值混合编程，绝对值坐标用 X、Z 地址表示，增量值坐标用 U、W 地址表示，且坐标尺寸采用小数点编程。加工程序如下：

N10　G50　X100.0　Z100.0；	工件坐标系的设定
N20　S630　M03　T0101；	主轴正转，n=630r/min，调用 1 号刀，刀具补偿号为 1
N30　G00　X26.0　Z0.0；	快速点定位
N40　G01　X0.0　F0.2；	车削右端面
N50　G00　Z1.0；	快速点定位
N60　X21.5；	
N70　G01　Z-50.0；	粗车外圆柱面为 ϕ21.5mm
N80　X25.0；	车削台阶
N90　G00　Z1.0；	快速点定位
N100　X18.5；	
N110　G01　Z-45.0；	粗车外圆柱面为 ϕ18.5mm
N120　X21.5；	车削台阶
N130　G00　Z1.0；	快速点定位
N140　X15.5；	
N150　G01　Z-31.0；	粗车外圆柱面为 ϕ15.5mm
N160　X18.5；	
N170　G00　Z0.25；	快速点定位
N180　X0.0；	
N190　G03　X13.21　Z-11.36　R7.75；	粗车外圆弧面为 ϕ15.5mm
N200　G02　Z-19.1　R8.25；	粗车外圆弧面为 R8.25mm
N210　G01　X15.5　Z-28.0；	粗车外圆锥面
N220　X16.0；	退刀
N230　G00　Z0.0；	快速点定位
N240　X0.0；	
N250　G03　X13.0　Z-11.24　R7.5；	精车 ϕ15mm 圆弧面
N260　G02　Z-19.22　R8.0；	精车 R8mm 圆弧面

```
N270  G01  X15.0  Z-28.0;            精车外圆锥面
N280  W-3.0;                         精车φ15mm 外圆柱面
N290  X15.85;                        车削台阶
N300  X17.85  W-1.0;                 倒角C1
N310  Z-45.0;                        精车螺纹大径
N320  X21.0;                         车削台阶
N330  Z-50.0;                        精车φ21mm 外圆柱面
N340  X25.0;                         车削台阶
N350  G00  X100.0  Z100.0  T0100;    快速退回刀具起始点，取消1号刀具补偿
N360  T0202;                         调用2号刀，刀具补偿号为2
N370  G00  X22.0  Z-45.0;            快速点定位
N380  G01  X15.0;                    切槽
N390  G04  X1.0;                     暂停1s
N400  X22.0;                         退刀
N410  G00  X100.0  Z100.0  T0200;    快速退回刀具起始点，取消2号刀具补偿
N420  T0303;                         调用3号刀，刀具补偿号为3
N430  G00  X20.0  Z-28.0;            快速点定位
N440  G92  X17.0  Z-42.0  F1.5;      循环车削螺纹
N450  X16.5;
N460  X16.2;
N470  X16.05;
N480  G00  X100.0  Z100.0  T0300;    快速退回刀具起始点，取消2号刀具补偿
N490  M05;                           主轴停止
N500  M30;                           程序结束
```

思考练习题

3-1 在数控车床上加工零件时，其加工工艺内容有哪些？

3-2 车刀的类型如何？又怎样选刀？

3-3 怎样确定数控加工工艺路线？

3-4 画图说明数控车床刀具长度补偿的设定方法。

3-5 试述数控车床的工艺范围、分类及特点。

3-6 怎样选择背吃刀量？

3-7 SIEMENS 802S 系统圆弧插补编程有哪四种指令格式？

3-8 完成图 3-55、图 3-56 所示阶梯轴、轮轴的外圆表面和切断车削加工。阶梯轴、轮轴的材料为 45 钢，毛坯为 ϕ35mm 的棒料。

3-9 编制图 3-57 所示零件的数控加工程序。

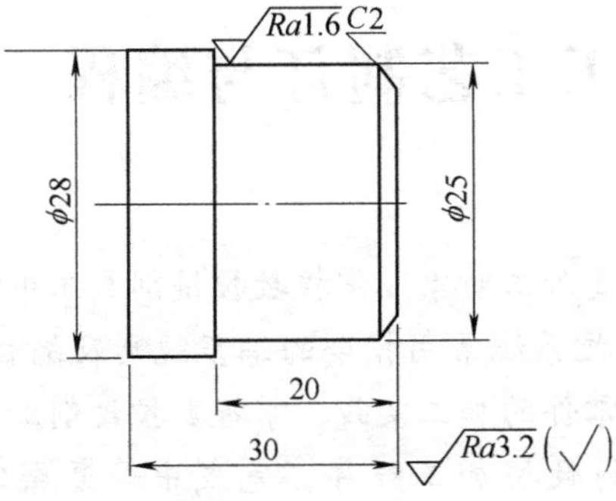

图 3-55　阶梯轴

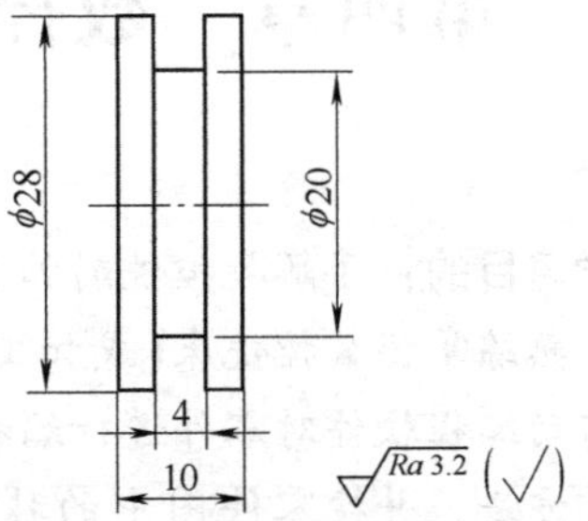

图 3-56　轮轴

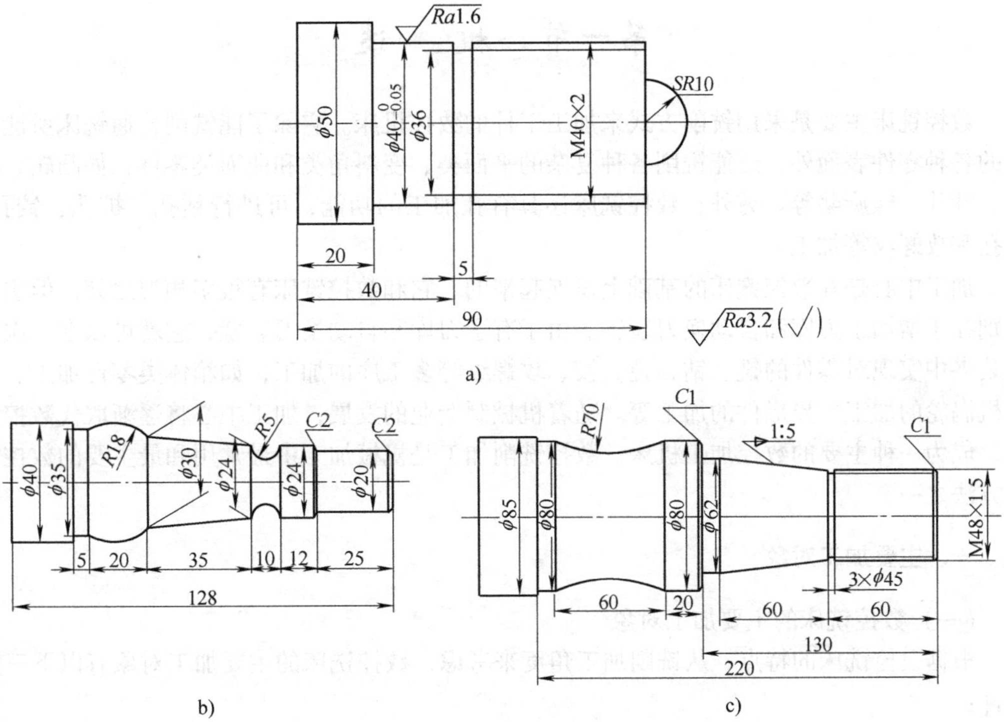

图 3-57　零件图

第四章 数控铣削加工工艺制订与编程

学习目的：了解数控铣削加工的特点及主要加工对象。掌握数控铣削加工中的工艺处理。熟练掌握数控铣床(或加工中心)典型数控系统常用指令的编程规则及编程方法，会用自动编程软件对零件进行编程。通过典型零件的加工实践，掌握数控铣削加工的基本操作方法，并按零件图中的技术要求，编制数控加工程序，完成中等复杂零件的加工。

第一节 概 述

数控铣床主要是采用铣削方式来加工工件的数控机床。它除了能铣削普通铣床所能铣削的各种零件表面外，还能铣削各种复杂的平面类、变斜角类和曲面类零件，如凸轮、模具、叶片、螺旋桨等。另外，数控铣床还具有孔加工的功能，可进行钻孔、扩孔、铰孔、镗孔和攻螺纹等加工。

加工中心是在数控铣床的基础上发展起来的。它和数控铣床有很多相似之处，但主要区别在于增加了刀库和自动换刀装置。由于有了刀库和自动换刀装置，它就可以在一次定位装夹中实现对零件的铣、钻、镗、铰、攻螺纹等多工序的加工，如箱体类零件加工、压缩机涡轮的加工、异形件的加工等。随着机械制造业的发展，加工中心将逐渐取代数控铣床，成为一种主要的数控加工机床。数控铣削加工是机械加工中最常用和最主要的数控加工方法之一。

一、主要加工对象

（一）数控铣床的主要加工对象

根据数控铣床的特点，从铣削加工角度来考虑，数控铣床的主要加工对象有以下三类零件：

1. 平面类零件

加工面与水平面的夹角为定角的零件是平面类零件，如图 4-1 所示。平面类零件的特点是加工面为平面，或展开后为平面。例如图 4-1 中的曲线轮廓面 M 和正圆台面 N，展开

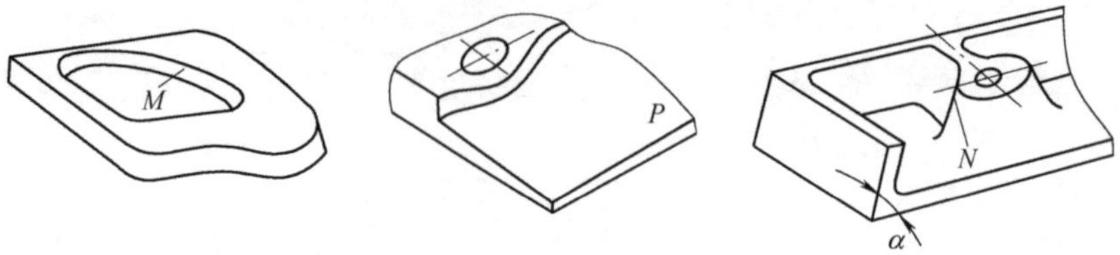

a) b) c)

图 4-1 平面类零件

后均为平面，P 为斜面。平面类零件的数控铣削加工相对比较简单，一般只需用三坐标数控铣床的两坐标联动就可以把它们加工出来。目前，在数控铣床上加工的绝大多数零件属于平面类零件。

2. 变斜角类零件

变斜角类零件是指由直线依某种规律移动所产生的曲面类零件，即加工面与水平面的夹角呈连续变化的零件。这类零件的特点是加工面不能展开为平面，而且在加工中，加工面与铣刀圆周接触的瞬间为一条直线。图 4-2 所示为飞机上的一种变斜角梁缘条，其加工面就是一种变斜角面，当变斜角面从截面 1 至截面 2 变化时，其与水平面间的夹角从 3°10′均匀变化到 2°32′，从截面 2 到截面 3 时，再均匀变化到 1°20′，最后到截面 4，斜角又均匀变化到 0°。变斜角类零件一般采用四坐标或五坐标数控铣床摆角加工；也可采用三坐标数控铣床，通过两轴半联动，用鼓形铣刀分层近似加工，但精度稍差。这类零件多为飞机上的零件，如飞机上的整体梁、框、缘条与肋等。此外，检验夹具与装配型架等也属于变斜角类零件。

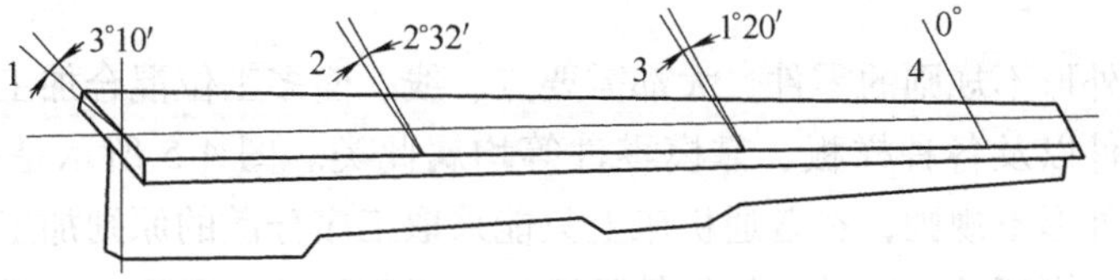

图 4-2　变斜角类零件

3. 曲面类零件

加工面为空间曲面的零件称为曲面类零件。曲面类零件的特点是加工面不能展开为平面，而且在加工中，加工面与铣刀始终为点接触。曲面类零件的加工一般可用球头铣刀采用两轴半联动或三轴联动的数控铣床加工。当曲面较复杂、通道较狭窄、会伤及毗邻表面，以及需刀具摆动时，要采用四轴或五轴联动的数控铣床加工，如模具类零件、叶片类零件、螺旋桨类零件等。图 4-3 所示为整体叶轮零件，它的叶面呈螺旋扭曲状，是一个典型的三维空间曲面。

图 4-3　整体叶轮零件

（二）加工中心的主要加工对象

加工中心适宜加工形状复杂、工序多、精度要求较高、需用多种类型的普通机床和众多的工艺装备且需多次装夹和调整才能完成加工的零件。加工中心的主要加工对象有以下几类：

1. 箱体类零件

箱体类零件一般是指具有孔系和平面，内部有一定型腔，在长、宽、高方向有一定比例的零件，如汽车的发动机缸体、变速箱体，机床的主轴箱，齿轮泵壳体等。图 4-4 所示为某汽车发动机曲轴箱零件。

箱体类零件一般都需要进行多工位孔系及平面加工，加工精度要求较高，特别是形状精度和位置精度要求较严格，通常要经过铣、钻、扩、镗、铰、锪、攻螺纹等工序(或工步)，需要的刀具较多。此类零件在普通机床上加工难度大，工装套数多，费用高，加工周期长，需多次装夹、找正，手工测量次数多，换刀次数多，难以保证零件的加工精度。而在加工中心上加工，一次装夹可完成普通机床60%~95%的工序内容，零件各项精度一致性好，质量稳定，同时可节省费用，缩短生产周期。

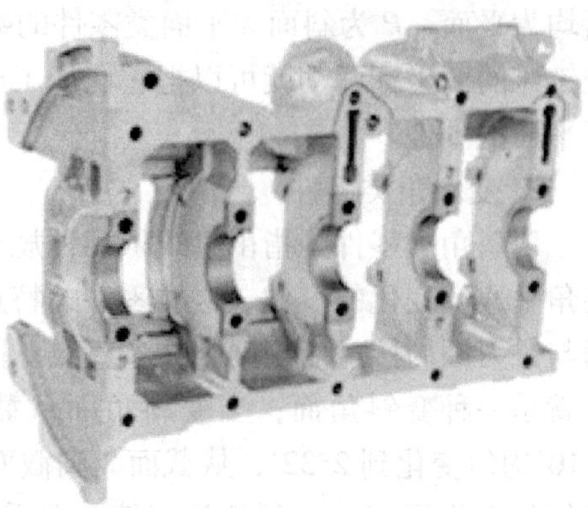

图4-4 汽车发动机曲轴箱体零件

2. 结构形状复杂的零件

结构形状复杂的零件其主要表面是由复杂曲线、复杂曲面组成的。用加工中心加工与用数控铣床加工基本是一样的，所不同的是加工中心刀具可以自动更换，工艺范围更宽。

3. 异形件

异形件是指外形不规则的零件，大都需要点、线、面多工位混合加工，如一些支架类零件、拨叉类零件以及各种样板、靠模零件等均属此类。图4-5所示是一种异形支架零件。异形件由于外形不规则，在普通机床上只能采取工序分散的原则加工，这样一来需要用的工装就较多，周期长；另外，异形件的刚性一般都较差，夹压变形难以控制，加工精度也难以保证，甚至某些零件有的加工部位用普通机床无法加工。用加工中心加工时，利用加工中心多工位点、线、面混合加工的特点，通过采取合理的工艺措施，一次或二次装夹，即能完成多道工序或全部的工序内容。加工异形件时，形状越复杂，精度要求越高，使用加工中心越能显示其优越性。

4. 板、盘、套、轴、壳体类零件

带有键槽、径向孔或端面有分布的孔系及曲面的盘、套或轴类零件，如带法兰的轴套，带键槽或方头的轴类零件，具有较多孔加工的板类零件和各种壳体类零件等，这类零件端面上有平面、曲面和孔系，而径向也常分布一些径向孔、键槽等，适合在加工中心上加工。图4-6所示是一种具有较多孔加工的壳体类零件。

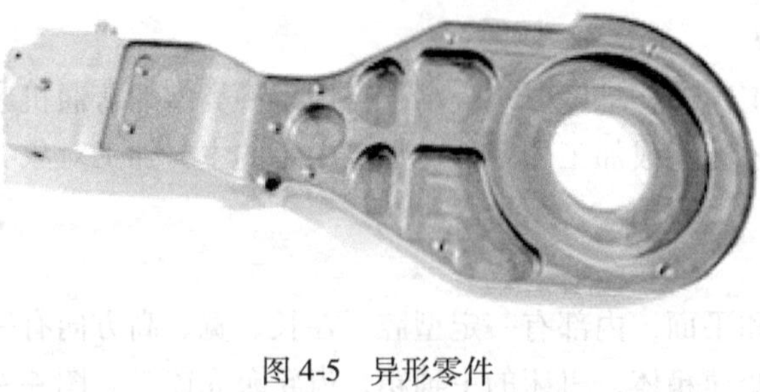

图4-5 异形零件

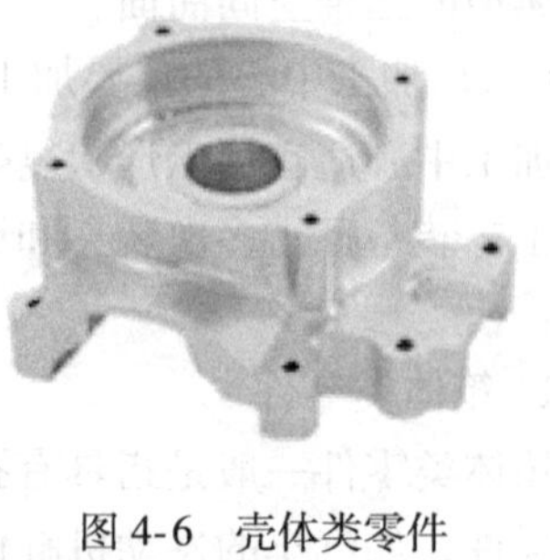

图4-6 壳体类零件

加工部位集中在单一端面上的板、盘、套、壳体类零件宜选择立式加工中心，加工部位不在同一方向表面上的零件适合在卧式加工中心上加工。

二、工件的安装和夹具的选用

（一）工件的安装

1. 定位基准选择概述

同普通机床一样，在数控铣床、加工中心上加工时，零件的装夹仍遵守六点定位原则。另外，选择定位基准时，应尽量减少装夹次数，一次装夹要尽可能完成较多表面的加工；定位基准应尽量与设计基准重合，以减少定位误差对尺寸精度的影响；定位基准要能保证多次装夹后零件各加工表面之间相互位置精度，避免因定位基准的转换引起的定位误差；定位基准的选择应有利于提高工件的装夹刚性，以减小切削变形；定位基准应能保证工件定位准确、迅速，装卸方便，夹压可靠；要全面考虑零件各工位的加工情况，保证其加工精度。

2. 定位基准的选择方法

1）应尽量选择零件上的设计基准作为定位基准。当零件的加工面与其设计基准不能在一次安装中同时加工出来时，应选择设计基准作为定位基准，这样不仅可以避免因基准不重合而引起的定位误差，保证零件的加工精度，而且可以简化程序编制。同时，还要考虑采用该设计基准定位后，应尽可能一次装夹就完成零件全部关键部位的加工。另外，当某一设计基准不利于作定位基准时，要通过尺寸链的计算，保证零件的加工精度。因此，在制订零件的加工方案时，首先要按基准重合原则来选择最佳的精基准来安排零件的加工路线。例如图 4-7 所示的某机床变速机构中的拨叉，选择在卧式加工中心上加工的表面有

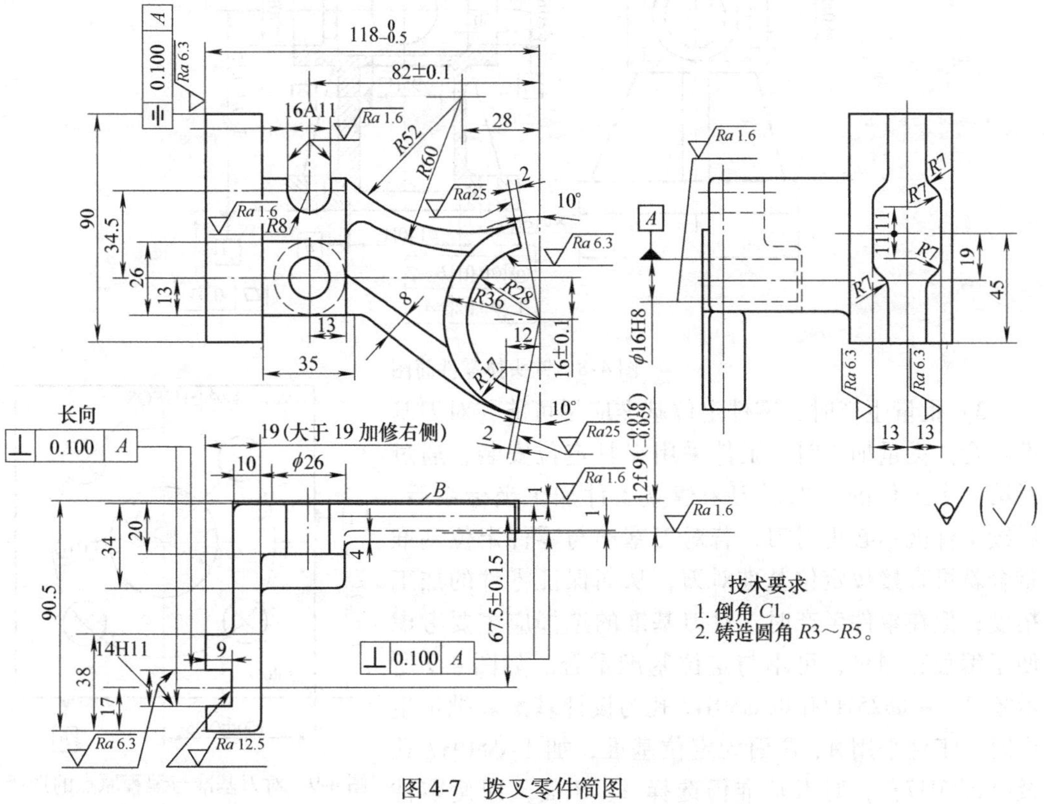

图 4-7　拨叉零件简图

ϕ16H8 孔、16A11 槽、14H11 槽及八处 R7mm 圆弧。其中，八处 R7mm 圆弧位置精度要求较低。为能在一次安装中加工出上述表面，并保证 16A11 槽对 ϕ16H8 孔的对称度要求和 14H11 槽对 ϕ16H8 孔的垂直度要求，可用 R28mm 圆弧中心线及 B 面作主要定位基准。因为 R28mm 圆弧中心线是 ϕ16H8 孔及 16A11 槽的设计基准，符合基准重合原则，尽管 B 面不是 14H11 槽的设计基准（14H11 槽的设计基准是尺寸 12 的对称中心面），但它能限制三个自由度，并且定位稳定，基准不重合误差只有 0.0215mm，比设计尺寸（67.5±0.15mm）的公差小得多，加工中心完全能保证其精度。因此，在前道工序中要先加工好 R28mm 圆弧（加工至 ϕ56H7）和 B 面。

2）必须多次安装时应遵从基准统一原则。如图 4-8 所示的铣头体零件，选择在卧式加工中心上加工的表面有 ϕ80H7、ϕ80K6、ϕ90K6、ϕ95H7、ϕ140H7 孔及 D-G 孔两端面，为完成上述孔和面的加工必须经两次装夹。第一次装夹加工 ϕ80H7、ϕ80K6、ϕ90K6 及 D-G 孔两端面；第二次装夹加工 ϕ95H7、ϕ140H7 孔。为保证孔与孔之间、孔与面之间的相互位置精度，应选用同一定位基准。为此，在前面工序中加工出 A 面及两个定位用的工艺孔 2×ϕ16H6，这样，两次装夹都以 A 面和 2×ϕ16H6 孔定位，无因定位基准转换而引起的定位误差。

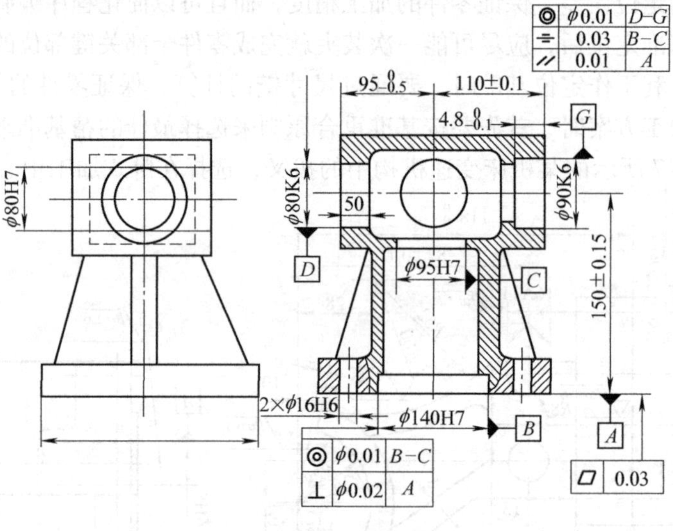

图 4-8 铣头体零件简图

3）批量生产时，零件定位基准应尽可能与对刀基准重合。批量加工时，工件采用夹具定位安装，通过对第一个工件的一次对刀来建立工件加工坐标系后，后续工件就不必再对刀，若对刀基准与零件定位基准重合就可直接按定位基准对刀，从而保证零件的加工精度；但在单件生产时，对刀基准的选择应主要考虑便于编程和测量，可不与定位基准重合。如图 4-9 所示零件，4×ϕ25H7孔以 ϕ80H7 孔为设计基准。批量生产时，工件采用 A、B 面为定位基准，加工 ϕ80H7 孔及4×ϕ25H7孔，对刀基准仍选择 A、B 面，即使零件

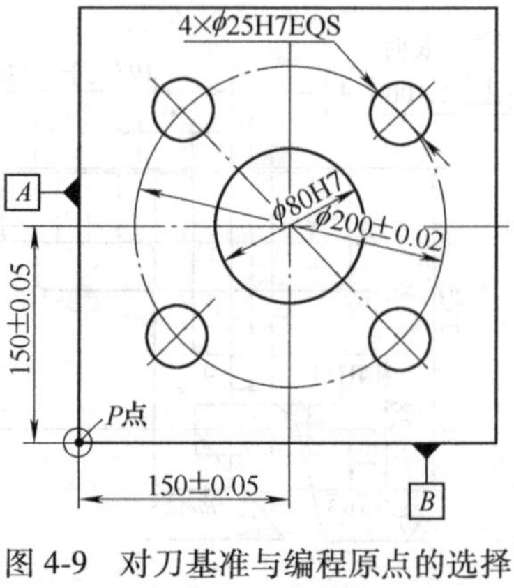

图 4-9 对刀基准与编程原点的选择

定位基准与对刀基准重合，因为若以 ϕ80H7 孔中心对刀，再次安装工件时，ϕ80H7 孔中心的位置是变动的，会产生基准不重合误差，不易保证零件的加工精度，但编程原点应选在 ϕ80H7 孔中心上，这样可使编程计算简单，并可减少不必要的尺寸链计算误差；单件生产时，工件仍采用 *A*、*B* 面为定位基准，而以 ϕ80H7 孔中心为对刀基准建立工件加工坐标系，编程原点仍选在 ϕ80H7 孔中心上，定位基准与对刀基准和编程原点不重合，但这样的加工方案同样能保证零件的各项加工精度。

4）定位基准的选择要保证完成尽可能多的加工内容。为此，需考虑便于零件各个表面都能被加工的定位方式。如图 4-10 所示的某铣床变速器箱体零件，在卧式加工中心上一次定位装夹就可完成一些端面及所有孔系的加工，为保证零件各表面的加工精度，选用组合夹具，以箱体上的 *M*、*S* 和 *N* 面定位（分别限制工件的 3、2、1 个自由度），*M* 面向下放置在夹具水平定位面上，*S* 面靠在竖直定位面上，*N* 面靠在 *X* 向定位面上，因此，在前道工序中要先加工好 *M*、*S* 和 *N* 面。另外，对某些非回转类工件，还常采用一面两孔的定位方案，以便用刀具对其他表面进行加工。若工件上没有合适的定位基准，可增设工艺孔进行定位。若它们对零件的装配或使用有影响，则可在完成定位加工后去掉。

5）当零件的定位基准与设计基准不能重合且加工面与其设计基准又不能在一次安装内同时加工时，应认真分析装配图样，确定该零件设计基准的设计功能，通过尺寸链的计算，严格规定定位基准与设计基准间的公差范围，确保零件的加工精度。单件小批生产时，对于带有自动测量功能的数控机床，每个零件在加工前可由程序自动控制，用测头检测设计基准，系统自动计算并修正工件加工坐标系，从而确保零件各加工部位与设计基准间的几何关系。此时，原定位基准已不起作用，设计基准已转化为测量基准，用于直接确定工件的位置。

6）当所选定位基准无法同时完成包括设计基准在内的全部表面的加工时，所选定位基准应尽可能保证一次装夹完成零件全部关键精度部位的加工。

（二）夹具的选用

1. 对夹具的基本要求

确定零件的装夹方案时，要根据已选定的加工表面和定位基准确定工件的定位夹紧方式，并选择合适的夹具。数控铣床夹具设计原理与普通铣床是相同的，一般只要求其有简单的定位、夹紧机构，且定位准确、迅速，装卸方便，夹压可靠。前面我们已讨论了定位基准的选择方法，在这里只是针对数控加工的特点，对夹具提出一些基本要求。

1）夹紧机构或其他元件不得影响进给，加工部位要敞开。为保证工件在本工序中所有需要完成的待加工面充分暴露在外，夹具要做得尽可能开敞，因此要求夹持工件后夹具上一些组成件（如定位块、压块和螺栓等）不能与刀具运动轨迹发生干涉。夹紧机构与加工面之间应保持一定的安全距离，同时要求夹紧机构能低则低，以防止夹具与数控机床主轴套筒或刀套、刃具在加工过程中发生碰撞。图 4-11 所示零件，用立铣刀铣削零件的六边形，若用压板机构压住工件的 *A* 面，则压板易与铣刀发生干涉；若夹压 *B* 面，就不影响刀具进给。对一些箱体零件的加工，可利用其内部空间来安排夹紧机构，将其加工表面敞开。如图 4-12 所示零件，当在卧式加工中心上对工件的四周进行加工时，若很难安排夹具的定位和夹紧装置，则可以通过减少加工表面来留出定位夹紧元件的空间。

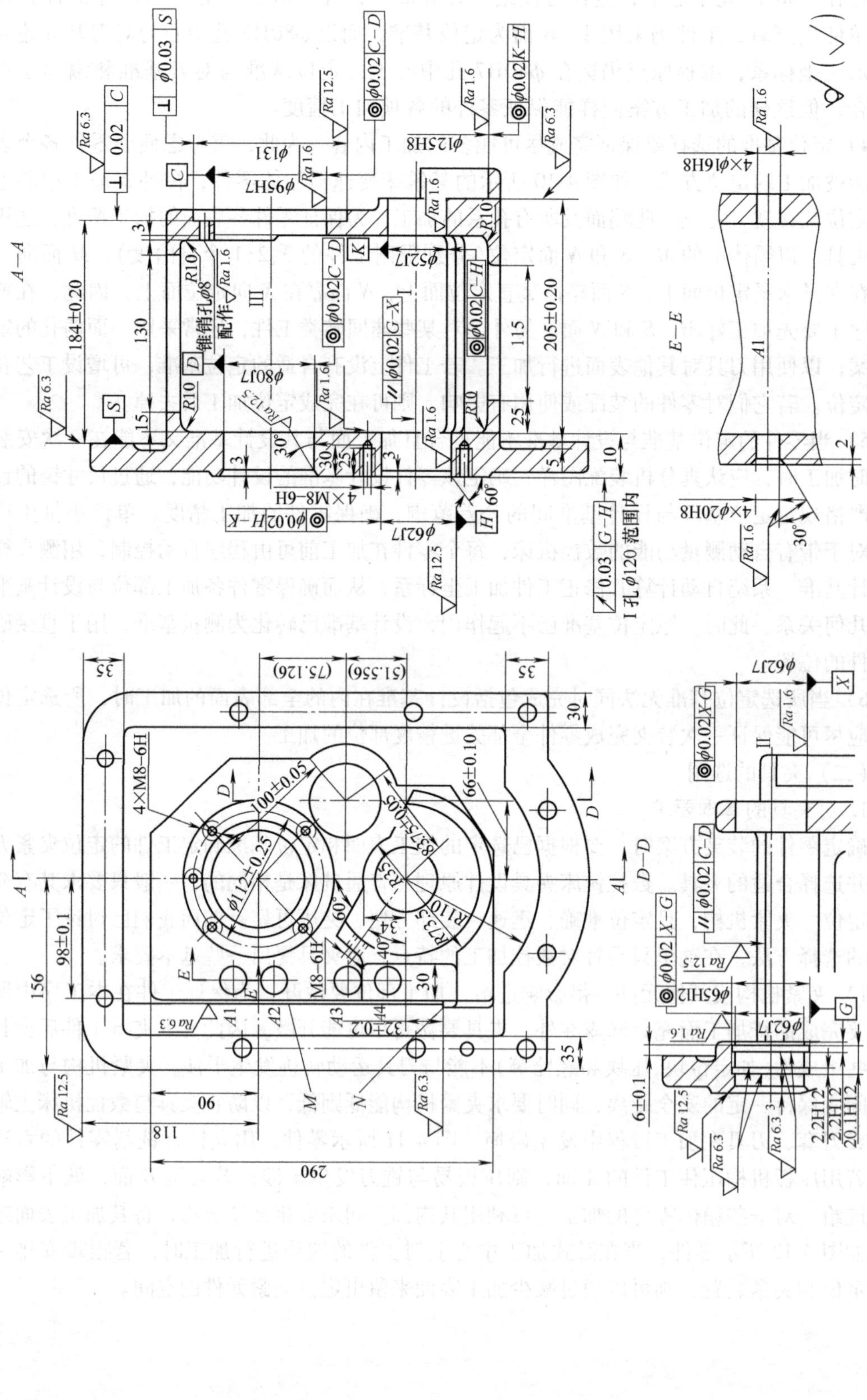

图 4-10 铣床变速器箱体零件

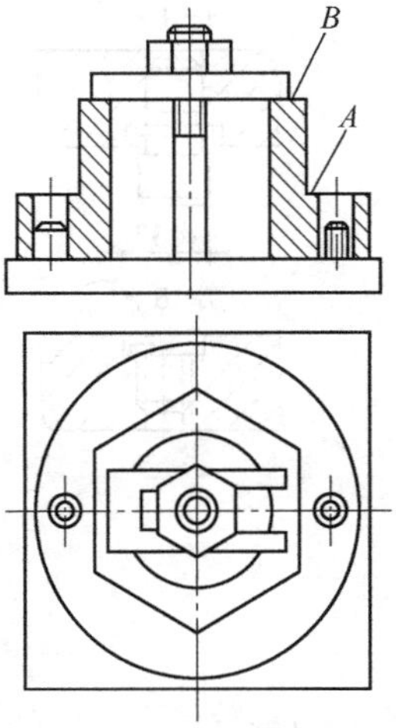

图 4-11　不影响进给的装夹示例

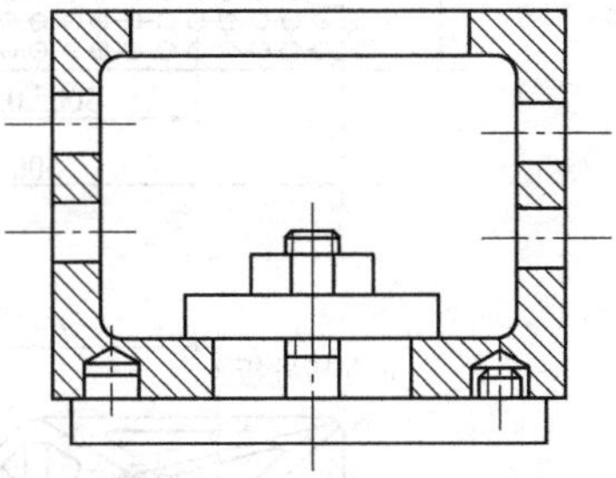

图 4-12　敞开加工表面的装夹示例

2）必须慎重选择夹具的支撑点、定位点和夹紧点，以保证最小的夹紧变形，提高零件的装夹刚性和稳定性。如粗加工时，切削力大，需要夹紧力大，但又不能把零件夹压变形，否则，松开夹具后零件会发生变形。因此，夹紧力作用点应尽量靠近零件主要支撑点，或在支撑点所组成的三角形内，避免将夹紧力加在零件无支撑的区域，并靠近切削部位及刚性好的地方，尽量不要在被加工孔的上方。如采用这些措施后仍不能控制零件变形，只能将粗、精加工工序分开，或粗、精加工使用不同的夹紧力，即在粗加工后编个任选停止指令，操作者松开压板，使工件消除变形后重新夹紧，再继续进行精加工。另外，在加工过程中尽量不要变换夹紧点，当一定要在加工过程中变换夹紧点时，要特别注意不能因变换夹紧点而破坏夹具或工件定位精度。即使采用刚度较高的机床进行加工，如果加工的工件及其夹具没有足够的刚性，也会出现自激振动或尺寸偏差，影响加工精度。

3）夹具装卸工件应方便、迅速，尽量缩短辅助时间。由于数控机床效率高，装夹工件的辅助时间对加工效率影响较大，所以要求配套夹具在使用中也要装卸快而方便。

4）夹具结构应力求简单。由于零件在数控机床上加工大都采用工序集中原则，加工的部位较多，同时批量较小，零件更换周期短，夹具的标准化、通用化和自动化对加工效率的提高及加工费用的降低有很大影响。

5）对小型零件或工序不长的零件，可以考虑在工作台上同时装夹几件进行加工，以提高加工效率。例如在加工中心工作台上安装一块与工作台大小一样的平板，如图 4-13a 所示，该平板既可作为大工件的基础板，也可作为多个小工件的公共基础板。又如在卧式加工中心分度工作台上安装一块图 4-13b 所示的四周都可装夹一件或多件工件的立方基础板，可依次加工装夹在各面上的工件。当一面在加工位置进行加工的同时，另三面都可装卸工件，因此能显著减少换刀次数和停机时间。

6）减小夹具在机床上的使用误差。夹具上定位元件定位面的任何磨损以及任何污秽都会引起加工误差，因此操作者在装夹工件时一定要将定位面擦干净。

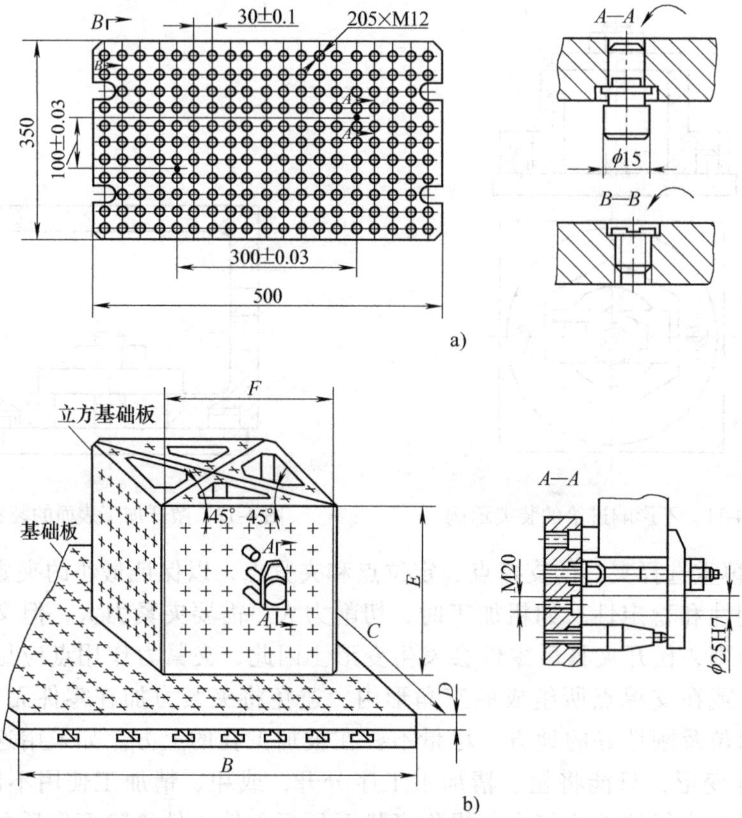

图 4-13 新型数控夹具元件

7）夹具应便于与机床工作台面的定位连接，保证机床台面上的定位槽、孔的长期定位精度，并尽可能减少更换夹具所需的时间。数控铣床工作台面上一般都有基准 T 形槽、定位孔，转台中心有定位圆，台面侧有基准挡板等定位元件。由于一般情况下数控机床的加工批量不大，需要经更换夹具，可先在机床上设置与夹具配合的定位元件。例如在数控铣床上用槽定向的夹具，若经常更换夹具，易磨损机床台面上的定位槽，而且在槽中装卸定位件十分费力，也会占用较长的停机时间，为此定位元件常常不固定在夹具体上，而是固定在机床的工作台上。当夹具在机床上安装时，夹具体上由引导棱边的淬火套导向，来保证夹具与机床工作台面的定位精度。又如在数控铣床上用孔定向的夹具，可先在机床上设置与夹具配合的定位元件，并在夹具体上精确设计定位孔，以便与机床床面定位孔对准来保证编程原点的位置。夹具固定方式一般用 T 形槽螺钉或工作台面上的紧固螺孔，用螺栓或压板压紧。夹具上用于紧固的孔和槽的位置必须与工作台上的 T 形槽和孔的位置相对应。

8）为保持零件安装方位与机床坐标系及编程坐标系方向的一致性，夹具应能保证在机床上实现定向安装，还要求能使零件定位面与机床之间保持一定的坐标联系。

2. 常用夹具种类

数控加工中常使用的夹具有通用夹具、组合夹具、专用夹具、可调整夹具、多工位夹具、成组夹具、拼装夹具和数控夹具，以节省夹具费用和准备夹具的时间，必要时也可使用专用夹具。

（1）通用夹具　通用夹具一般为可在一定范围内装夹工件的机床附件或通用装夹工具，如各种机用平口钳、分度台(头)、花盘和自定心卡盘等。在多轴联动的数控铣床上常用数控回转工作台(座)装夹工件，一次装夹工件后，可实现四轴或五轴联动加工。图4-14a所示为单轴数控回转工作台，图4-14b所示为在单轴数控回转工作台上实现的单转单摆五轴联动加工(又称“大五轴”加工)；图4-15a所示为两轴数控回转工作台，图4-15b所示为在两轴数控回转工作台上实现的双转台五轴联动加工(又称“小五轴”加工)。

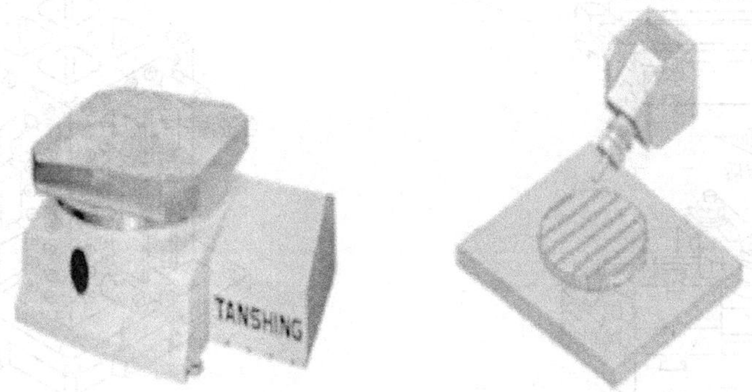

a)　　b)

图4-14　单轴数控回转工作台及其上的工件加工

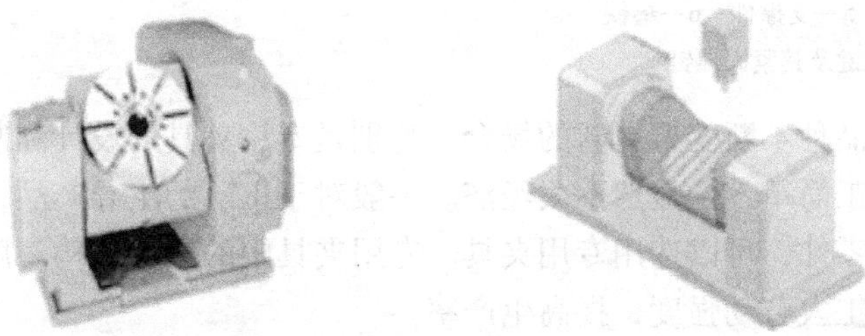

a)　　b)

图4-15　两轴数控回转工作台及其上的工件加工

（2）组合夹具　组合夹具由一套结构已经标准化，尺寸已经规格化的通用元件、组合元件构成，可以按工件的加工需要组成各种功用的夹具。组合夹具有槽系组合夹具和孔系组合夹具。图4-16所示为一槽系组合夹具，图4-17所示为一孔系组合夹具。

组合夹具是一种标准化、系列化、通用化程度很高的工艺装备，具有可组合性、可调性、模拟性、柔性、应急性和经济性，使用寿命长，能适应产品加工中的周期短、成本低等要求。

（3）专用夹具　专用夹具是特别为某一项或类似的几项加工专门设计制造的夹具，具有结构合理、刚性强、装夹稳定可靠、操作方便、安装精度高及装夹迅速等优点。选用这种夹具，一批工件加工后尺寸比较稳定，互换性也较好，可大大提高生产率。但是，专

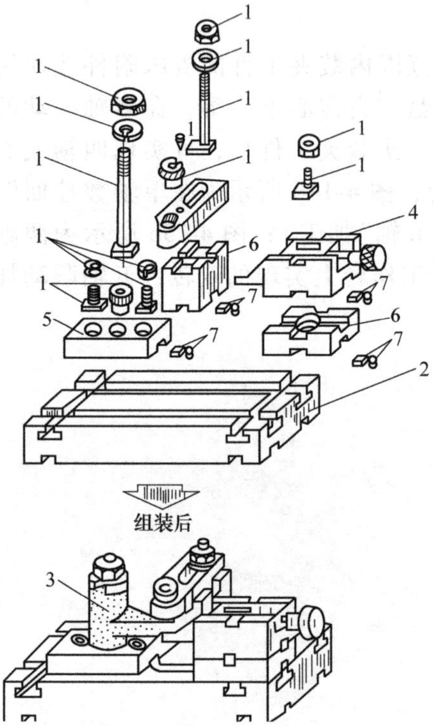

图 4-16　槽系组合夹具
1—紧固件　2—基础板　3—工件　4—活动型铁合件　5—支撑件　6—垫铁　7—定位键及其紧固螺钉

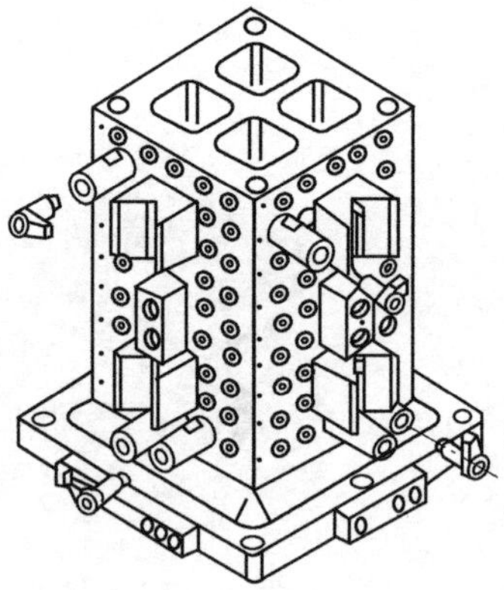

图 4-17　孔系组合夹具

用夹具不适应产品品种不断变型更新的场合，特别是专用夹具的设计和制造周期长，花费的劳动量较大，加工简单零件显然不太经济。一般对于工厂的主导产品，批量较大、精度要求较高的关键性零件，可以选用专用夹具。专用夹具中的夹紧机构一般采用气动或液压夹紧机构，能减轻工人劳动强度，提高生产率。

（4）可调整夹具　它是组合夹具和专用夹具的结合。可调整夹具能够有效地克服以上两种夹具的不足，通过调整或更换可调夹具上的个别零部件，就能适应多种形状相似工件的装夹，既能满足零件加工精度要求，又具有一定范围内的柔性。可调整夹具与组合夹具主要不同之处是它具有一系列整体刚性好的夹具体，在夹具体上设置了具有定位、夹紧等多功能的 T 形槽及台阶式光孔、螺孔，配制有多种夹压、定位元件。可调整夹具具有刚性好，调整方便、迅速，易于保证零件的加工精度等特点。

（5）成组夹具　成组夹具是随成组加工工艺的发展而出现的。使用成组夹具的基础是对零件的分类。通过工艺分析，把形状相似、尺寸相近的各种零件进行分组编制成组工艺，然后把定位、夹紧和加工方法相同的或相似的零件集中起来，统筹考虑夹具的设计方案。对结构外形相似的零件，采用成组夹具，具有经济、装夹精度高等特点。

（6）拼装夹具与数控夹具　拼装夹具也是在成组工艺的基础上发展而来的，它是用标准化、系列化的夹具零部件拼装而成的夹具。它与组合夹具相比，具有体积小、精度高、刚度大和工作效率高的特点，非常适于用作数控加工夹具。数控夹具的特点是夹具本身的调整可以由程序控制。

(7) 多工位夹具　可以同时装夹多个工件，减少换刀次数，也便于一面加工，一面装卸工件，有利于缩短辅助时间，提高生产率，较适宜于中批量生产。

3. 夹具选用的原则

夹具的选择要根据零件精度等级、结构特点、产品批量及机床精度等情况综合考虑。

1) 单件生产或产品研制时，应广泛采用通用夹具、组合夹具和可调整夹具，只有在通用夹具、组合夹具和可调整夹具无法解决工件装夹时才考虑采用其他夹具。

2) 小批量或成批生产时可考虑采用简单专用夹具。

3) 在生产批量较大时可考虑采用多工位夹具和气动、液压等专用夹具。

4) 采用成组工艺时应使用成组夹具。

4. 零件在机床工作台上装夹的最佳位置

在卧式数控铣床上加工零件时，一般要进行多工位加工，这时要确定零件(包括夹具)在机床工作台上的最佳位置。确定该位置时要考虑机床的行程及加工中可能出现的各种干涉情况，优化匹配各部位的刀具长度。如果考虑不周，可能会造成机床超程或干涉。若在加工过程中更换刀具，还会影响零件的加工精度或浪费工时。

在数控铣床上加工零件时，刀具一般都是悬臂式的，在加工过程中一般不设置钻模板、钻套、镗模、支架等。因此，在进行多位零件的加工时，应综合计算各加工表面到机床主轴端面的距离，以选择最佳的刀辅具长度，提高工艺系统的刚性，从而保证零件的加工精度。

在卧式数控铣床上，当某一工位的加工部位距工作台回转中心的 Z 向距离为 L_{zi}(工作台移动式机床，向主轴移动 L_{zi} 为正、背离主轴移动 L_{zi} 为负)，机床主轴端面到工作台回转中心的最小距离为 Z_{min}，最大距离为 Z_{max}，加工该部位的刀辅具长度(主轴端面与刀具端部之间的距离，即刀具长度补偿)为 H_i，则确定刀辅具长度时，应满足式(4-1)、式(4-2)

$$H_i>Z_{min}-L_{zi} \tag{4-1}$$

$$H_i<Z_{max}-L_{zi} \tag{4-2}$$

满足式(4-1)可以避免机床负向超程，满足式(4-2)可以避免机床正向超程。

在满足上述两式的情况下，多工位加工时工件应尽量居工作台中间部位，而单工位加工(如图 4-18 所示，件 1 加工 A 面上的孔)或相邻两工位加工时(如图 4-18 所示，件 2 上的 B、C 面加工)，可将零件靠工作台一侧或一角安置，以减小刀具长度，提高系统刚性。此外，还应能方便准确地测量各工位工件坐标系原点的位置。

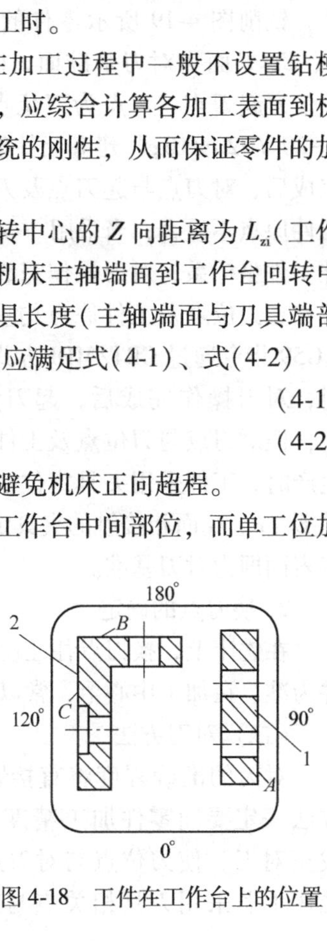

图 4-18　工件在工作台上的位置

三、数控铣削加工中的对刀、换刀

(一) 对刀点与换刀点的确定

数控加工中的对刀与普通机床的对刀有所不同，普通机床的对刀只是找正刀具与加工面间的位置关系，而数控加工中的对刀本质是建立工件坐标系，确定工件坐标系在机床坐标系中的位置，使刀具运动的轨迹有一个参考依据。

1. 对刀点与对刀基准的确定

一般来说，数控铣削加工的对刀点可选在工件坐标系原点上，这样有利于保证对刀精度，减少对刀误差。也可以将对刀点设在夹具定位元件上，这样可直接以定位元件为对刀基准对刀，有利于批量加工时工件坐标系位置的准确。对刀点与工件原点可以重合，也可以不重合。下面仅以立式数控铣床加工为例介绍对刀基准与对刀点的确定方法。

对刀基准是对刀时为确定对刀点的位置所依据的基准，该基准可以是点、线或面，它可设在工件上、夹具上或机床上。对刀点是工件在机床上定位装夹后，设置在工件坐标系中，用于确定工件坐标系与机床坐标系空间位置关系的参考点。

图 4-19 所示为某工件在立式数控铣床上定位装夹后各点之间的关系图。从图中可以看出，*M* 点为机床原点，*R* 点为机床参考点，*C* 点为刀具相关点，当执行返回机床参考点操作后，刀具相关点 *C* 与机床参考点 *R* 重合，建立了以 *M* 点为机床原点的机床坐标系。单件生产，铣削图 4-19 所示零件的上轮廓面时，选 *D*、*E*、*F* 面为对刀基准面，*W* 点为工件原点，*A* 点为起刀点，*B* 点为刀位点。当采用“G92 X-20 Y-20 Z10;”建立工件坐标系，对刀操作完成后，对刀点与起刀点及刀位点重合，但与工件原点不重合；当采用“G92 X0 Y0 Z0”建立工件坐标系，对刀操作完成后，对刀点与起刀点、刀位点及工件原点均重合。当采用 G54～G59 指令通过 CRT/MDI 方式建立工件坐标系时，对刀操作完成后，起刀点可在任何位置上，但对刀点与刀位点及工件原点重合。批量生产时，工件采用夹具定位装夹时，可选与工件 *E*、*F*、*G* 面相接触的夹具定位元件表面为基准进行对刀操作，此时，定位元件上的这些表面即为对刀基准。

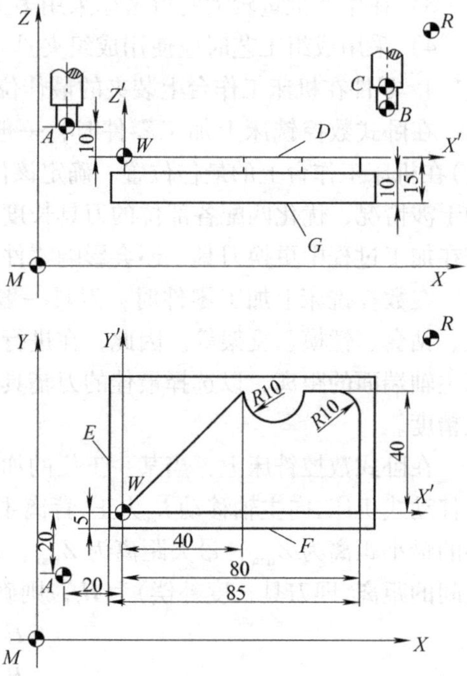

图 4-19 立式数控铣床各点之间的关系

2. 换刀点的确定

在铣床上，换刀点往往设在工件的外部，以能顺利换刀、不碰撞工件及机床上其他部件为准。在加工中心上，常以机床参考点为换刀点，换刀点往往是固定的点。

（二）对刀方法

对刀的准确程度将直接影响零件的加工精度，因此，对刀操作一定要仔细，对刀方法一定要同零件加工精度要求相适应。当零件加工精度要求高时，可采用千分表找正对刀，使刀位点与对刀点一致(一致性好，即对刀精度高)，但效率较低。在数控铣床上若采用刀具相关点与工件加工原点重合的对刀方式来建立工件坐标系，可用机外测刀仪分别测出所有刀具刀位点与刀具相关点的位置偏差值，如长度、直径等，这样就不必对每把刀具都做对刀操作；也可将所有刀具刀位点相对刀具相关点的位置偏差值在都在机上测量出来。数控铣床上若采用基准刀具刀位点与工件原点重合的对刀方式来建立工件坐标系，可先从零件加工所用到的众多刀具中选取一把作为基准刀具，进行对刀操作，再用机外测刀仪分别测出其他各个刀具刀位点与基准刀具刀位点的位置偏差值，如长度、直径等，这样也不必对每把刀具都做对刀操作；也可将其他各个刀具刀位点相对基准刀具刀位点的位置偏差值在机上测量出来。如果零件的加工仅需一把刀具，则只要对该刀具进行对刀操作即可。有关多把刀具偏差设定，将在刀具补偿内容中说明。下面介绍几种具体的对刀方法：

1. *X*、*Y* 方向的对刀

(1) 工件原点在圆柱孔(或圆柱面)的中心线上对刀时，对刀基准为圆柱孔（或圆柱面)，对刀点在圆柱孔（或圆柱面）的中心线上，该对刀点也常常是工件坐标系原点。

1) 采用杠杆百分表(或千分表)对刀，如图 4-20 所示，操作步骤为：

① 用磁性表座将杠杆百分表吸在机床主轴端面上，用手动操作方式或 MDI 方式使主轴低速旋转。

② 手动操作使旋转的测头依 *X*、*Y*、*Z* 的顺序逐渐靠近孔壁(或圆柱面)。

③ 移动 Z 轴，使测头压住被测表面，指针转动约 0.1mm。

④ 逐步降低手摇脉冲发生器 *X*、*Y* 移动量，使测头旋转一周时，其指针的跳动量在允许的对刀误差内(如 0.02mm)，此时可认为主轴的旋转中心与被测孔中心重合。

⑤ 记下此时机床坐标系中的 *X*、*Y* 坐标值。

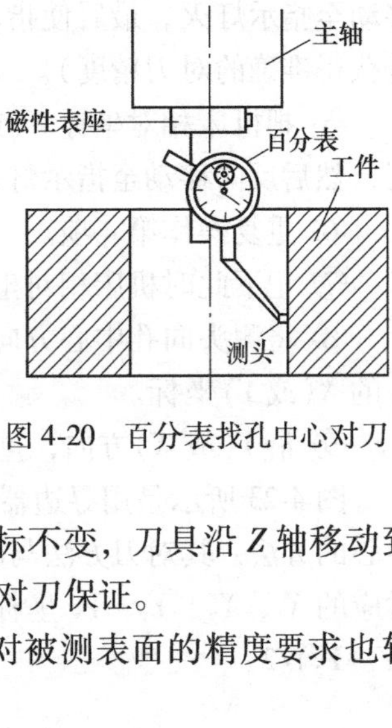

图 4-20 百分表找孔中心对刀

此 *X*、*Y* 坐标值即为用 G54 指令建立工件坐标系时孔中心的 *X*、*Y* 坐标值。若用 G92 建立工件坐标系，保持 *X*、*Y* 坐标不变，刀具沿 *Z* 轴移动到某一位置，则指令形式为“G92 X0 Y0 Zγ;” γ 值由 *Z* 向对刀保证。

这种对刀方法比较麻烦，效率较低，但对刀精度较高，对被测表面的精度要求也较高，最好是经过精加工的表面，仅粗加工后的表面不宜采用。

2) 采用寻边器对刀。常用的寻边器有光电式寻边器、数字式三维寻边器和偏心式寻边器。寻边器的测头有金属测头和红外测头。图 4-21 所示为光电式红外测头寻边器，图 4-22 所示为数字式三维寻边器。

圆柱孔光电式寻边器对刀操作过程如下：

① 取出光电式寻边器，将其装在主轴上并依 *X*、*Y*、*Z* 的顺序手动操作，将寻边器测头靠近被测孔，使其大致位于被测孔的中心上方。

② 将测头下降至球心超过被测孔上表面的位置。

③ 沿 *X*(或 *Y*)方向缓慢移动测头直到测头接触到孔壁，指示灯亮，然后反向移动至指示灯灭。

图 4-21 光电式红外测头寻边器

图 4-22 数字式三维寻边器

④ 逐级降低移动量(0.1mm→0.01mm→0.001mm)，移动测头直至指示灯亮，再反向移动至指示灯灭，最后使指示灯稳定发亮(进一步即点亮，退一步则熄灭，此项操作的目的是获得准确的对刀精度)。

⑤ 把机床相对坐标 X(或 Y)置零，用最大移动量将测头向另一边孔壁移动，指示灯亮，然后反向移动至指示灯灭。

⑥ 重复操作第④项。

⑦ 记下此时机床相对坐标的 X(或 Y)值。

⑧ 将测头向孔中心方向移动到前一步骤记下 X(或 Y)坐标的一半处，即得被测孔中心的 X(或 Y)坐标。

⑨ 沿 Y(或 X)方向，重复以上操作，可得被测孔中心的 Y(或 X)坐标。

图 4-23 所示是用寻边器对四边形外表面和外圆柱表面进行对刀操作，寻找工件对称中心的方法，其对刀方法与圆柱孔相同。将寻边器先后定位到工件正对的两侧表面，记下对应的 X_1、X_2、Y_1、Y_2 坐标值，则对称中心在机床坐标系中的坐标应是：$(X_1+X_2)/2$，$(Y_1+Y_2)/2$。

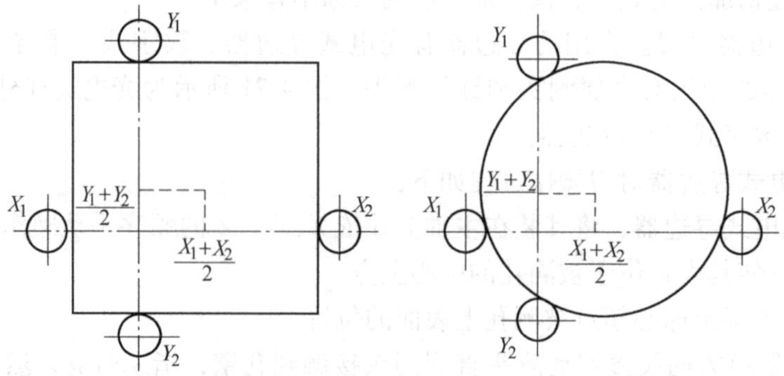

图 4-23 寻边器寻找对称中心对刀

这种对刀方法操作简便、直观，对刀精度高，应用广泛，但被测表面应有较高的精度。

（2）工件原点为两相互垂直直线的交点 采用该方法对刀时，对刀基准面为两相互垂直的表面，对刀点常为两相互垂直表面的交点，该对刀点也常常是工件坐标系原点。

1）采用碰刀(或试切)方式对刀。如果对刀精度要求不高，为方便操作，可以采用加工时所使用的刀具直接进行碰刀(或试切)对刀，如图 4-24 所示。

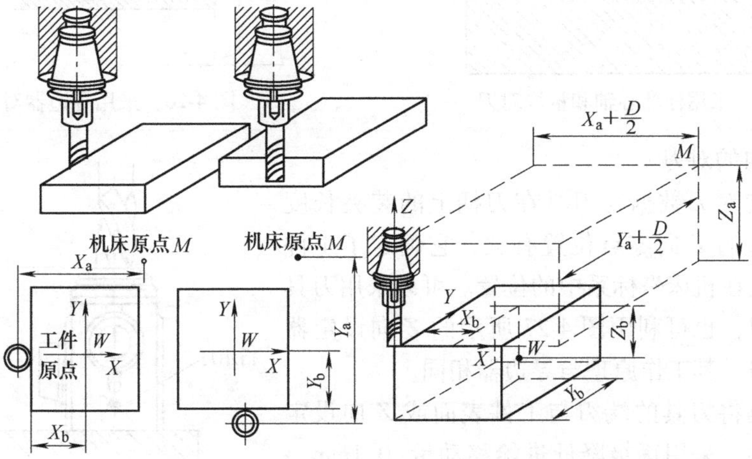

图 4-24 试刀对刀操作时的坐标位置关系

其操作步骤为：

① 将所用铣刀装到主轴上并使主轴中速旋转。

② 按 X、Y 轴移动方向键，使刀具移到工件左(或右)、前(或后)侧空位的上方，再让刀具下行。

③ 手动移动铣刀沿 X 方向靠近工件左(或右)被测边，直到铣刀周刃轻微接触到工件表面，即听到切削刃与工件的摩擦声但没有切屑(碰刀方式)，记下此时刀具在机床坐标系中的 X 坐标 X_a，然后按 X 轴移动方向键使刀具离开工件左(或右)侧面，并将刀具回升到远离工件的位置。

④ 用同样的方法，手动移动铣刀沿 Y 方向靠近工件前(或后)侧被测边，直到铣刀周刃轻微接触到工件表面，即听到切削刃与工件的摩擦声但没有切屑(碰刀方式)，记下此时刀具在机床坐标系中的 Y 坐标 Y_a，然后按 Y 轴移动方向键使刀具离开工件前(或后)侧面，并将刀具回升到远离工件的位置。

如果已知刀具的直径为 D，则工件左侧与前侧基准边线交点处的坐标应为($X_a+D/2$, $Y_a+D/2$)。若工件原点就在其左角点处，则工件原点坐标为($X_a+D/2, Y_a+D/2$)；若工件原点在如图所示的 W 点处，则工件原点坐标为($X_a+D/2+|b|_X, Y_a+D/2+|b|_Y$)。

这种方法比较简单，但会在工件表面留下痕迹，且对刀精度不够高。为避免损伤工件表面，可以在刀具和工件之间加入塞尺进行对刀，这时应将塞尺的厚度减去。以此类推，还可以采用标准心轴和量块来对刀，如图 4-25 所示。

2）采用寻边器对刀。如图 4-26 所示，其操作步骤与采用刀具对刀相似，只是将刀具换成了寻边器。这种方法简便，对刀精度较高。

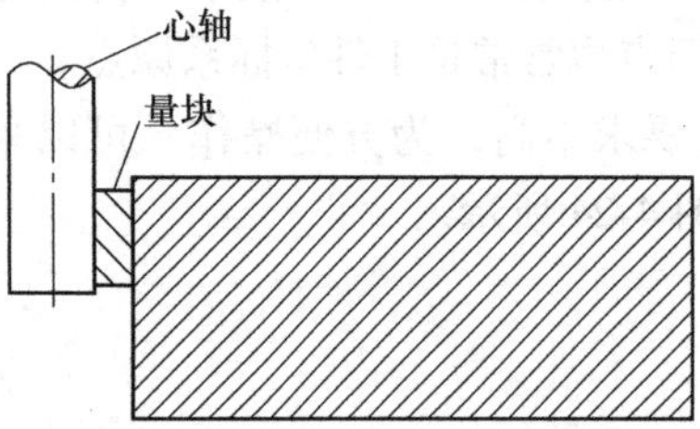

图 4-25　采用标准心轴和量块对刀

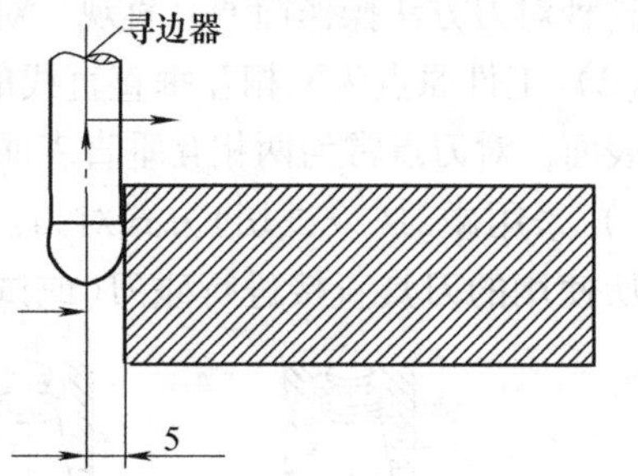

图 4-26　采用寻边器对刀

2. *Z* 方向的对刀

刀具 *Z* 向对刀数据与刀具在刀柄上的装夹长度及工件坐标系的 *Z* 向零点位置有关，它确定了工件坐标系的原点在机床坐标系中的位置。可以采用刀具直接碰刀对刀，也可利用图 4-27 所示的 *Z* 向设定器进行精确对刀，其工作原理与寻边器相同。

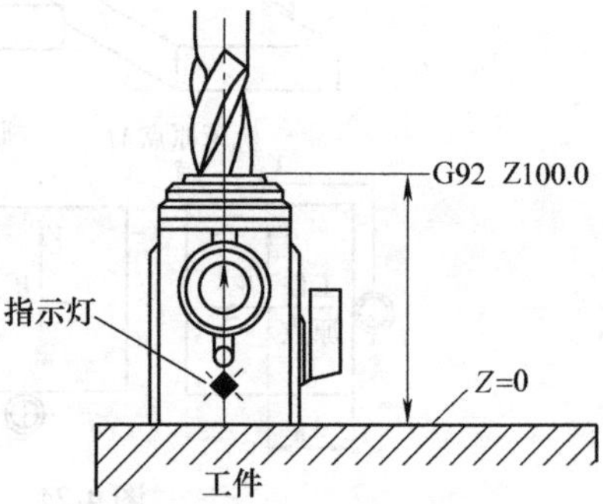

图 4-27　*Z* 向设定器

对刀时也将刀具的端刃与工件表面或 *Z* 向设定器的测头接触，采用逐级降低进给移动量（0.1mm→0.01mm→0.001mm），移动测头直至指示灯红灯亮，利用机床坐标的显示来确定对刀值。当使用 Z 向设定器对刀时，要将 *Z* 向设定器的高度考虑进去。*Z* 向设定器上表面测头到底面高度一般为精确的 50mm 或 100mm。

另外，由于加工中心刀具较多，每把刀具到机床 Z 坐标零点的距离都不相同（采用基准刀具对刀时可将这些距离的差值设置为刀具的长度补偿值），因此需要在机床上或专用对刀仪上测量每把刀具的长度（即刀具预调），并记录在刀具明细表中，供机床操作人员使用。

Z 向对刀一般有两种方法。

（1）机上对刀　可将每把刀具的刀位点与工件表面相接触，依次确定每把刀具与工件在机床坐标系中的相互位置关系，也可采用 *Z* 向设定器依次确定每把刀具与工件在机床坐标系中的相互位置关系，其操作步骤如下：

1）依次将刀具装在主轴上，利用 *Z* 向设定器确定每把刀具到工件加工坐标系 *Z* 向零点的距离，该值为刀具与 *Z* 向设定器接触时机床坐标系下的 *Z* 值（是负值）减去 *Z* 向设定器的高度值，如图 4-28 所示的 *A*、*B*、*C*，并记录下来。

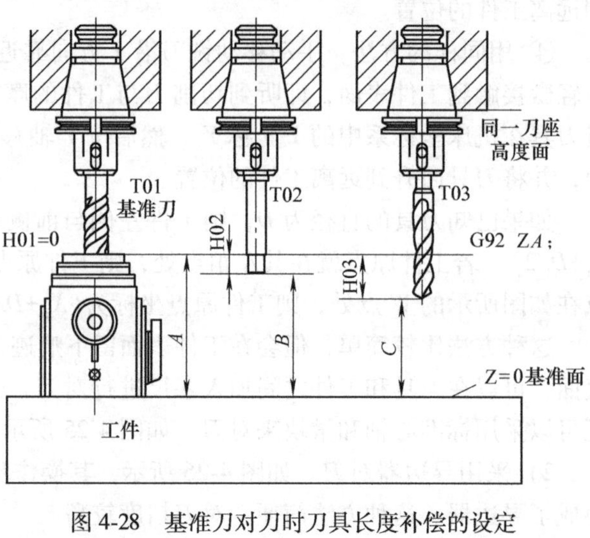

图 4-28　基准刀对刀时刀具长度补偿的设定

2）选定其中的一把刀具，作为基准刀具，如图4-28中的T01，将其对刀值作为工件加工坐标系的Z值(G54的Z坐标值或“G92　ZA;”)，此时T01的长度补偿值H01=0。

3)确定其他刀具的长度补偿值，采用G43指令建立刀具长度补偿时，T02刀具的长度补偿值H02=$A-B$，T03刀具的长度补偿值H03=$A-C$；采用G44指令建立刀具长度补偿时，T02刀具的长度补偿值H02=$B-A$，T03刀具的长度补偿值H03=$C-A$。

这种方法对刀效率和精度较高，投资少，但若基准刀具磨损会影响零件的加工精度。另外，这种方法对刀工艺文件编写不便，对生产组织有一定影响。

(2）机外刀具预调和机上对刀　机外对刀仪示意图如图4-29所示。机外对刀仪用来测量刀具的长度、直径和刀具形状、角度。当刀具损坏需要更换新刀具时，用机外对刀仪可以测出新刀具的主要参数值，掌握新刀具与原刀具的偏差，然后通过修改刀补值确保其正常加工。此外，机外对刀仪还可测量刀具切削刃的角度和形状等参数，有利于提高加工质量。

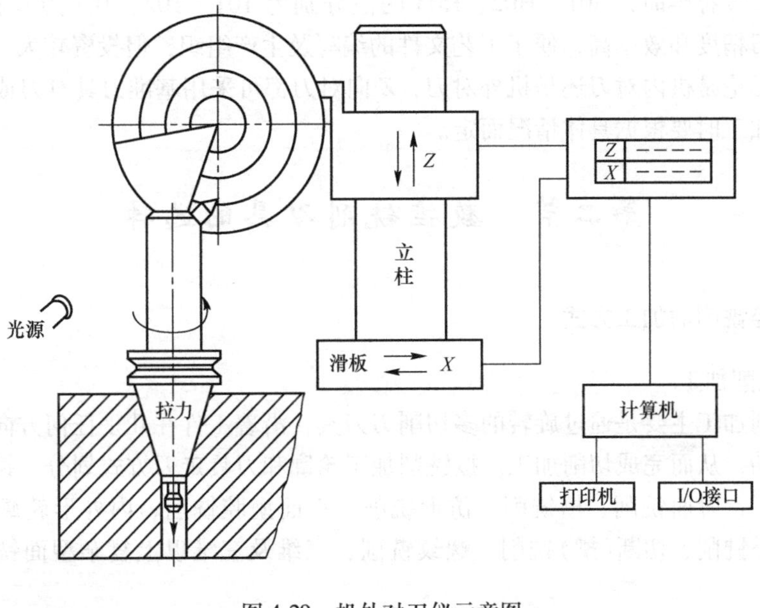

图4-29　机外对刀仪示意图

1）机外对刀仪的组成。

① 刀柄定位机构。机外对刀仪的刀柄定位机构与标准刀柄相对应，它是测量的基准，所以要有很高的精度，与机床的定位基准要求一样，以保证测量与使用的一致性。

② 测头与测量机构。测头有接触式和非接触式两种。接触式测头直接接触切削刃的主要测量点(最高点和最大外径点)；非接触式测头主要用光学的方法，把刀尖投影到光屏上进行测量。测量机构提供切削刃切削点处的Z轴和X轴(半径)尺寸值，即刀具的轴向尺寸和径向尺寸。测量的读数方式有机械式(如游标刻线尺)，也有数显或光学的。

③ 测量数据处理装置　有这部分装置的可以把刀具的测量值自动打印出来，或与上一级管理计算机联网，进行柔性加工，实现自动修正和补偿。

2）使用对刀仪应注意的问题。

① 使用前要用标准对刀心轴进行校准。每台对刀仪都随机带有一件标准的对刀心轴。

要妥善保护使其不锈蚀和受外力变形。每次使用前要对其 Z 轴和 X 轴尺寸进行校准和标定。

② 静态测量的刀具尺寸和实际加工出的尺寸之间有一差值。影响这一差值的因素很多，主要有：刀具和机床的精度和刚度；加工工件的材料和状况；冷却状况和冷却介质的性质；使用对刀仪的技巧熟练程度等。由于以上原因，静态测量的刀具尺寸应大于加工后孔的实际尺寸，因此对刀时要考虑一个修正量，这要由操作者的经验来预选，一般要偏大 0.01~0.05mm。

3）对刀操作方法。先在机床外利用刀具预调仪精确测量每把刀具的轴向尺寸，确定每把刀具的长度补偿值，然后在机床上以主轴轴线与主轴前端面的交点进行 Z 向对刀(即采用刀具相关点进行 Z 向对刀)，确定工件加工坐标系 Z 坐标值。采用 G43 指令建立刀具长度补偿时，H01、H02、H03 的值分别为 T01、T02、T03 刀具长度的正值；采用 G44 指令建立刀具长度补偿时，H01、H02、H03 的值分别为 T01、T02、T03 刀具长度的负值。这种方法对刀精度和效率高，便于工艺文件的编写及生产组织，但投资较大。

总之，无论是机内对刀还是机外对刀，Z 向对刀都可采用基准刀具对刀或采用刀具相关点对刀，加工时要根据具体情况而定。

第二节　数控铣削刀具的选择

一、数控铣削的加工方式

（一）铣削加工

数控铣削加工主要是通过旋转的多切削刃刀具，沿着工件在几乎任何方向上执行可编程的进给运动，从而完成切削加工。按铣削加工轮廓和刀具走刀方式划分，铣削加工主要有平面铣削、台阶面铣削、槽铣削、仿形铣削、平面型腔铣削、内外形轮廓铣削、插铣削、螺旋插补铣削、切断(槽)铣削、螺纹铣削、三维及三维以上复杂型面铣削等，如图 4-30 所示。

（二）孔加工

数控铣床可采用钻头、扩孔钻、铰刀、锪孔刀、镗刀、丝锥等定尺寸刀具进行孔加工，也可采用铣刀铣孔(圆弧插补方式)、铣螺纹孔(螺旋插补方式)等加工方式进行孔加工。

二、铣削刀具的种类与选择

（一）面铣刀的选择

1. 面铣刀的工艺特点

面铣刀的圆周表面和端面上都有切削刃，主要以端面上的切削刃加工为主。面铣刀的直径较大，一般为，$\phi40\sim\phi500$mm，螺旋角较小，多制成套式结构，通过内孔和端面与刀柄连接。小尺寸面铣刀也可以是整体带刀柄形式。刀体材料一般为 40Cr。

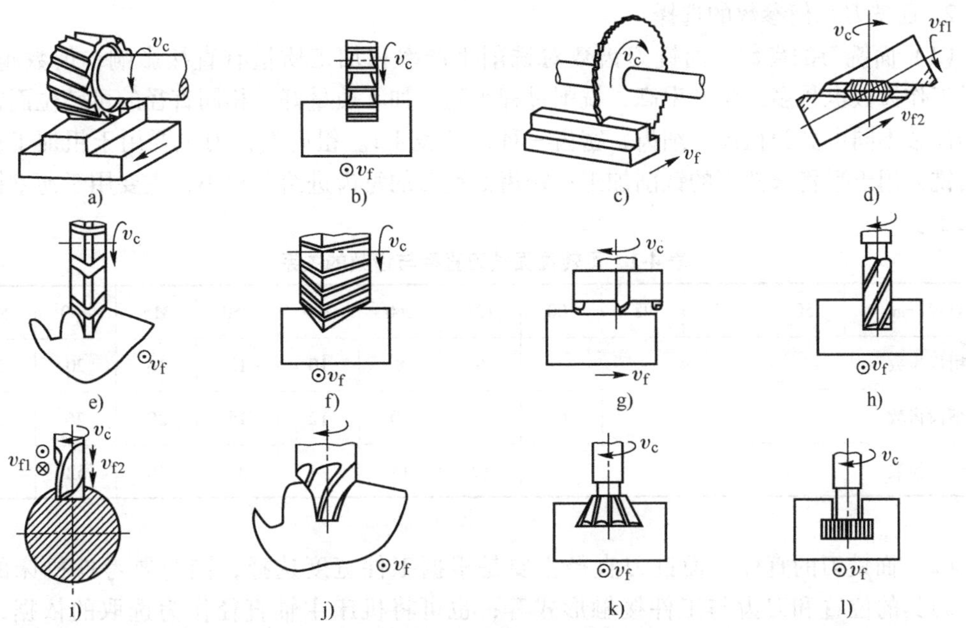

图 4-30　铣削加工方式

a）圆柱铣刀铣平面　b）三面刃铣刀铣直槽　c）锯片铣刀切断　d）成形铣刀铣螺旋槽　e）模数铣刀铣齿轮　f）角度铣刀铣角度　g）面铣刀铣平面　h）立铣刀铣直槽　i）键槽铣刀铣键槽　j）指形齿轮铣刀铣齿轮　k）燕尾铣刀铣燕尾槽　l）T 形槽铣刀铣 T 形槽

面铣刀的刀齿材料为高速钢或硬质合金。硬质合金面铣刀与高速钢面铣刀相比，铣削速度较高、加工效率高、加工表面质量也较好，并可加工带有硬皮和淬硬层的工件，故得到广泛应用。硬质合金面铣刀按刀片和刀齿安装方式的不同，可分为整体焊接式、机夹焊接式和可转位式三种。由于整体焊接式和机夹焊接式面铣刀难于保证焊接质量，刀具寿命低，重磨较费时。因此，数控加工中广泛使用可转位式面铣刀，实现刀片快速更换，刀片形状有四边形、三角形或圆形等。图 4-31a 所示为可转位式面铣刀，图 4-31b 所示为可转位式面铣刀刀柄。目前先进的可转位式数控面铣刀的刀体趋向于用轻质高强度铝、镁合金制造，切削刃采用大前角、负刃倾角，可转位刀片(多种几何形状)带有三维断屑槽形，便于排屑。面铣刀主要用于加工台阶面和平面，尤其适合加工大面积平面，生产率较高，如图 4-32 所示。

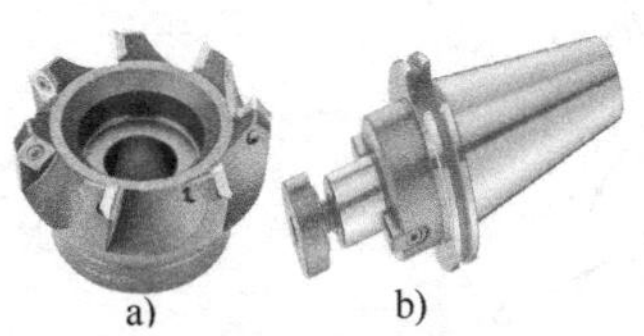

图 4-31　可转位式面铣刀及其刀柄

a）可转位式面铣刀　b）可转位式面铣刀刀柄

图 4-32　面铣刀铣削大平面

2. 面铣刀几何参数的选择

（1）面铣刀的齿数　面铣刀齿数对铣削生产率和加工质量有直接影响，齿数越多，同时工作齿数也越多，生产率高，铣削过程平稳，加工质量好。相同直径的可转位面铣刀根据齿数不同可分为粗齿、细齿、密齿三种，见表 4-1。粗齿面铣刀主要用于粗加工；细齿面铣刀用于平稳条件下的铣削加工；密齿面铣刀的每齿进给量较小，主要用于薄壁铸铁的加工。

表 4-1　可转位面铣刀直径与齿数的关系

直径/mm	50	63	98	100	125	160	200	250	315	400	500
粗齿齿数	4				6	8	10	12	16	20	26
细齿齿数				6	8	10	12	16	20	26	34
密齿齿数					12	18	24	32	40	52	64

（2）面铣刀的直径　面铣刀直径主要是根据工件宽度选择，同时要考虑机床的功率、刀具的位置和刀齿与工件接触形式等；也可将机床主轴直径作为选取的依据，面铣刀直径可按 $D=1.5d$（d 为主轴直径）选取。一般来说，面铣刀的直径应比切宽大20%~50%。

当连续切削时，粗铣刀直径要小些，以减小切削扭矩；精铣刀直径要大一些，避免在精加工面上留下接刀痕迹，提高加工质量和效率。加工余量大且加工表面又不均匀时，刀具直径要选得小一些，否则，粗加工时会因接刀刀痕过深而影响加工质量。

（3）面铣刀的几何角度　铣刀的几何角度有前角、后角、主偏角、副偏角、刃倾角等。铣刀的几何角度中最主要的是主偏角和前角，其中主偏角对径向切削力和切削深度影响很大。径向切削力的大小直接影响切削功率和刀具的抗振性。铣刀的主偏角越小，其径向切削力越小，抗振性也越好，但切削深度也随之减小。

面铣刀几何角度的标注如图 4-33 所示。面铣刀几何角度的选择要根据工件材料、刀具材料及加工性质的不同来确定。由于铣削时有冲击，故前角数值一般比车刀略小，尤其是硬质合金面铣刀，前角要更小些。铣削强度和硬度高的材料可选用负前角。前角 γ_o 的

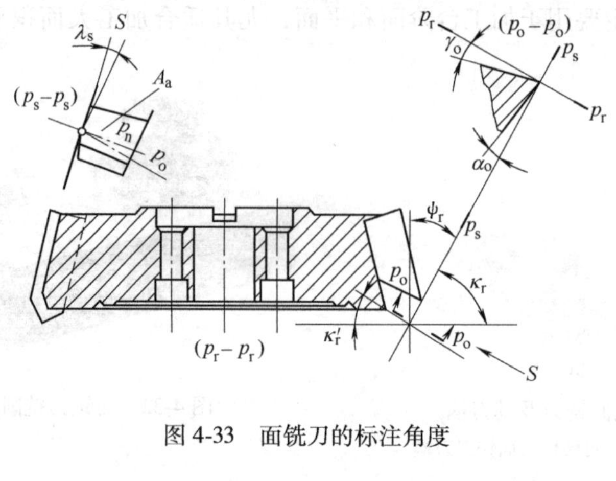

图 4-33　面铣刀的标注角度

具体数值可参考表4-2。面铣刀的磨损主要发生在后面上，因此适当加大后角，可减少铣刀磨损。常取后角 $\alpha_o=5°\sim12°$。工件材料软取大值，工件材料硬取小值；粗齿铣刀取小值，细齿铣刀取大值。铣削时冲击力大，为了保护刀尖，硬质合金面铣刀的刃倾角常取 $\lambda_s=-5°\sim-15°$，只有在铣削强度低的材料时，取 $\lambda_s=5°$。

表4-2　面铣刀的前角

工件材料		钢	铸铁	黄铜、青铜	铝合金
刀具材料	高速钢	10°~20°	5°~15°	10°	25°~30°
	硬质合金	-15°~15°	-5°~5°	4°~6°	15°

面铣刀主偏角 κ_r 常在45°~90°范围内选取，其大小对切削力的影响如图4-34所示。90°主偏角的面铣刀适用于薄壁零件、装夹较差的零件或要求准确90°凸肩成形的场合。铣削带凸肩的平面时，凸肩的高度受到刀具长度的限制，铣削时切削力等于径向切削力，进给抗力大，易振动，因而要求机床具有较大功率和足够的刚性。45°主偏角的面铣刀为一般切削加工首选，铣削时径向切削力大幅度减小，约等于轴向切削力，切削负载分布在较长的切削刃上，具有很好的抗振性，适用于铸铁零件或主轴悬伸较长的加工场合。45°主偏角面铣刀用于加工铸铁件时，工件边缘不易产生崩刃；加工平面时，刀片破损率低，寿命长。为提高切削功率，一般钢材的铣削常用75°面铣刀。

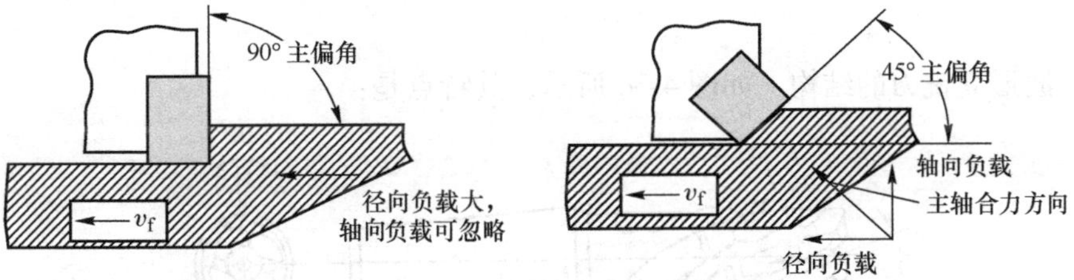

图4-34　主偏角对切削力的影响

（二）立铣刀的选择

1. 立铣刀的工艺特点

立铣刀是数控铣削加工中应用最广的一种铣刀。立铣刀的圆柱表面和端面上都有切削刃，它们可同时进行切削，也可单独进行切削。立铣刀圆柱表面的切削刃为主切削刃；端面上的切削刃为副切削刃，主要用来加工与侧面相垂直的底平面。主切削刃上的齿为螺旋齿，这样可以增加切削平稳性，提高加工精度。立铣刀按端部切削刃的不同可分为过中心刃和不过中心刃两种。过中心刃立铣刀可直接轴向进刀，进行钻入式切削，因而也被称为中心切削立铣刀；不过中心刃的普通立铣刀不能直接进行轴向钻入式加工。

常用立铣刀有整体式和机夹式结构，如图4-35a、b所示。机夹式立铣刀又可分为方肩式和长刃式，其中长刃式立铣刀也称为玉米铣刀。机夹式立铣刀可以配置不同性能的刀片，分别用于加工钢、铸铁或铝合金等材料。直径较小的立铣刀一般可制成带柄(分直柄和锥柄)结构，直径大于 ϕ40mm以上的立铣刀可做成套式结构，立铣刀工作部分常用的材料有硬质合金和高速钢，主要用于加工内外形轮廓面、台阶面、沟槽、平面型腔等。为了能加工较深的沟槽，并保证有足够的备磨量，立铣刀的轴向长度一般较长。为了改善切屑卷曲情况，可增大容屑空间，防止切屑堵塞，刀齿数比较少，容屑槽圆弧半径则较大，一般取 $r=2\sim5$mm。

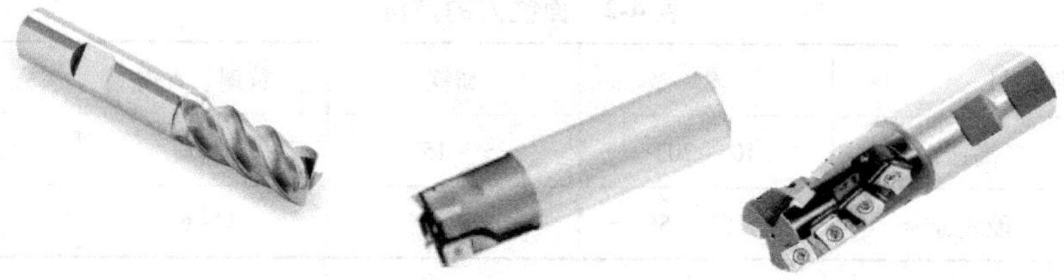

a)　　b)

图 4-35　立铣刀

a）整体式立铣刀　b）机夹式立铣刀

数控加工中除了用普通高速钢立铣刀以外，还广泛使用以下几种先进的结构类型：

（1）硬质合金整体式过中心刃立铣刀　硬质合金整体式过中心刃立铣刀侧刃采用大螺旋角结构，头部过中心的端刃往往呈弧线形、负刃倾角，增加了切削刃长度，提高了切削平稳性、工件表面精度及刀具寿命。

（2）可转位过中心刃立铣刀　各类可转位过中心刃立铣刀由可转位刀片组合而成，侧齿、端齿与过中心刃端齿（均为短切削刃）可满足数控高速、平稳三维空间铣削加工要求。

（3）波形立铣刀的结构　如图 4-36 所示，其特点是：

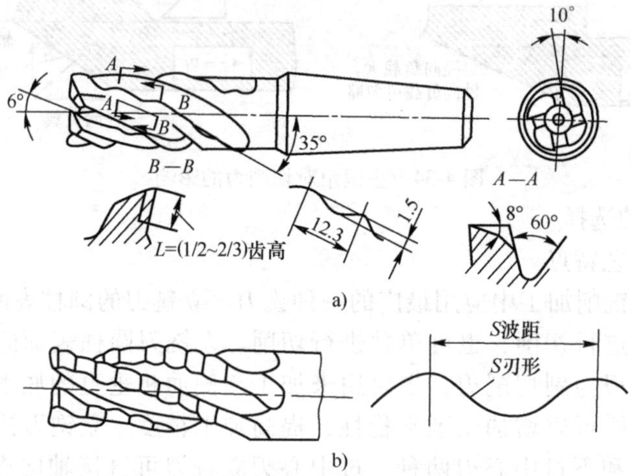

图 4-36　波形立铣刀

1）能将狭长的薄切屑变成厚而短的碎切屑，使排屑变得流畅。

2）比普通立铣刀容易切进工件，在相同进给量的条件下，它的切削厚度比普通立铣刀要大些，并且减小了切削刃在工件表面的滑动现象，从而提高了刀具的寿命。

3）与工件接触的切削刃长度较短，刀具不易产生振动。

4）由于切削刃是波形的，因而使切削刃的长度增大，所以有利于散热。

2. 立铣刀几何参数的选择

（1）立铣刀的齿数与螺旋角　立铣刀的齿数根据直径不同可分为粗齿、中齿和细齿三种，见表 4-3。粗齿立铣刀齿数少、强度高、容屑空间大，适用于粗加工；细齿立铣刀齿数多、工作平稳，适用于精加工。中齿立铣刀介于粗齿立铣刀和细齿立铣刀之间。套式结构立铣刀齿数一般为 10~20 齿。

表 4-3　立铣刀直径与齿数的关系

<table>
<tr><td>直径/mm</td><td>2~8</td><td>9~14</td><td>16~28</td><td>32~50</td><td>56~70</td><td>80</td></tr>
<tr><td>细齿齿数</td><td></td><td>5</td><td>6</td><td>8</td><td>10</td><td>12</td></tr>
<tr><td>中齿齿数</td><td colspan="3">4</td><td>6</td><td>8</td><td>10</td></tr>
<tr><td>粗齿齿数</td><td colspan="3">3</td><td>4</td><td>6</td><td>8</td></tr>
</table>

硬质合金立铣刀主切削刃螺旋角 β 一般有 30°、45°、60°三种，螺旋角对刀具的寿命、加工精度等有较大影响。增大螺旋角可以减少冲击，有利于提高切削的平稳性，从而得到光滑的切削表面。

（2）立铣刀的直径　立铣刀直径的选择主要应考虑工件加工尺寸的要求，并保证刀具所需功率在机床额定功率范围以内。立铣刀直径的选择，一般可按下列经验数据选取：

1）用立铣刀粗铣零件轮廓面时，铣刀直径要大些，以提高效率；但粗铣带有内凹表面的轮廓面时，铣刀直径不能过大，以防给精加工造成困难。一般可按下式计算立铣刀最大直径 D_{max}(图 4-37)

$$D_{max}=\frac{2[\delta\sin(\phi/2)-\delta_1]}{1-\sin(\phi/2)}+D \tag{4-3}$$

式中　D——零件轮廓的最小凹圆角直径(mm)；

δ——圆角邻边夹角等分线上的精加工余量(mm)；

δ_1——精加工余量(mm)；

ϕ——圆角两邻边的最小夹角(°)。

2）用立铣刀精铣带有内凹表面的轮廓面时，如图 4-38 所示，刀具半径 $R_{刀}$ 应小于零件内凹轮廓面处的最小曲率半径 R_{min}，一般取 $R_{刀}=(0.8\sim0.9)R_{min}$。

3）加工肋时，刀具直径 $D=(5\sim10)b$，b 为肋的厚度。

（3）立铣刀切削刃的长度

1）如图 4-38 所示，零件加工面的高度 $H\leqslant(4\sim6)R$，以保证刀具有足够的刚度。一般将 $D/l\geqslant0.4\sim0.5$ 作为检验立铣刀刚性的条件。R 为零件轮廓的内转角圆弧半径，H 为零件加工面的高度，D 为立铣刀直径，l 为立铣刀切削刃长度。

2）对不通孔(深槽)，选取 $l=H+(5\sim10)$mm。

3）加工外形及通槽时，选取 $l=H+r+(5\sim10)$mm，r 为铣刀端刃底圆角半径。

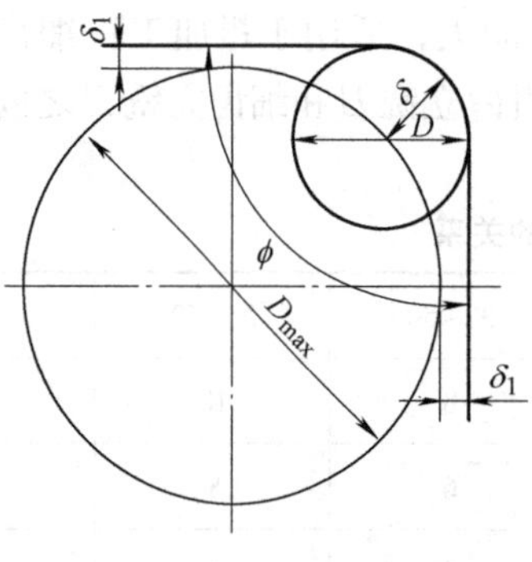

图 4-37 粗加工立铣刀最大直径估算

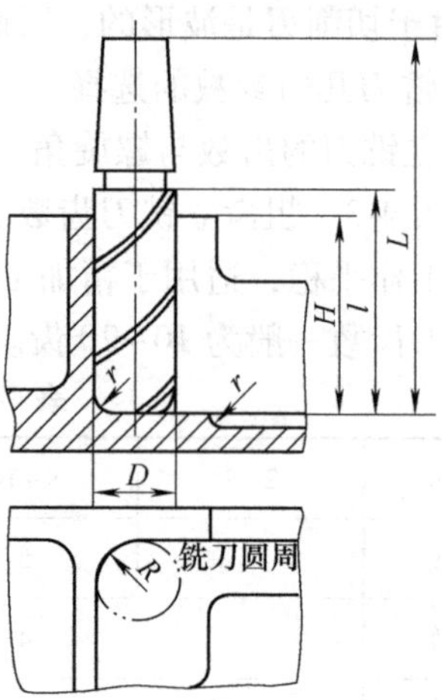

图 4-38 立铣刀的有关尺寸参数

（4）立铣刀的几何角度 立铣刀几何角度（图 4-39）要根据工件材料和铣刀直径选取，立铣刀前、后角都为正值，其具体数值可参考表 4-4。

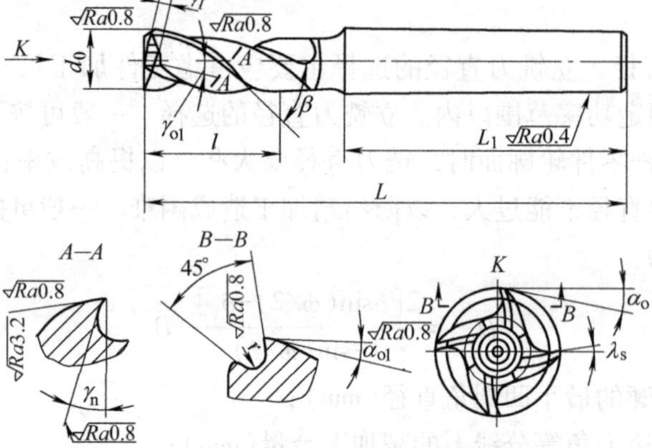

图 4-39 立铣刀几何角度的标注

表 4-4 立铣刀前角、后角的选择

工件材料	前角	铣刀直径	后角
钢	10°~20°	小于 10mm	25°
铸铁	10°~15°	10~20mm	20°
铸铁	10°~15°	大于 20mm	16°

（三）键槽铣刀的选择

键槽铣刀如图 4-40 所示，它有两个刀齿，圆柱面和端面都有切削刃，端面刃延至中心，既像立铣刀，又类似钻头。键槽铣刀圆柱面上螺旋齿螺旋角较小（20°），刀具刚度较高。由于键槽深度一般较小，键槽铣刀对圆周刃长度要求不高，刀具长度和螺旋槽长度较短，可以短距离轴向进给。键槽铣刀使用时可以先利用端面刃沿其轴向钻孔，切至需要深度时，再利用圆周刃沿槽长方向径向进给来加工出槽长。

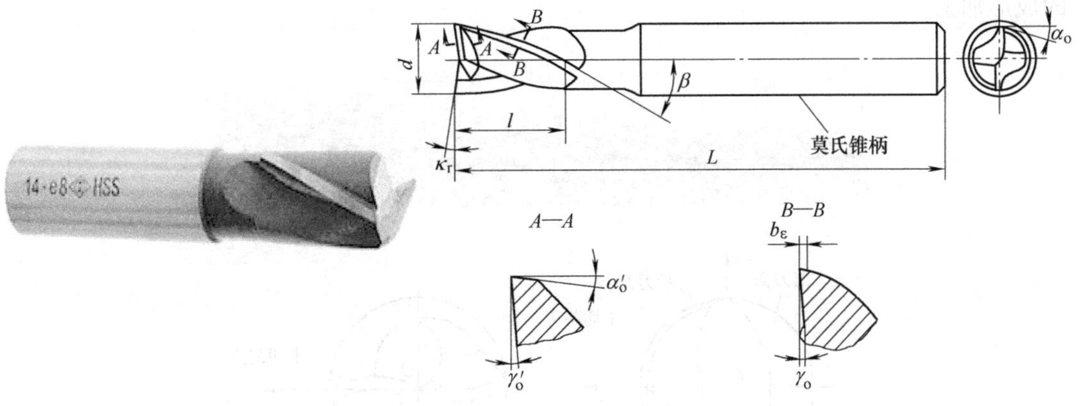

图 4-40　键槽铣刀

按照国家标准规定，直柄键槽铣刀直径 $d=2\sim22$mm，锥柄键槽铣刀直径 $d=14\sim50$mm。键槽铣刀直径的公差有 e8 和 d8 两种。键槽铣刀的圆周切削刃仅在靠近端面的一小段长度内发生磨损，重磨时，只需刃磨端面切削刃，因此重磨后铣刀直径不变。

键槽铣刀不能加工平面，主要用于加工封闭的键槽。键槽铣刀加工的键槽尺寸精度较高，有一定的过盈量，键装配后不易松动。

（四）圆角铣刀

在立铣刀的刀尖，即端面与圆周刃间制造出圆角就成为圆角铣刀，也称 R 立铣刀（或圆角立铣刀），如图 4-41a 所示。刀尖圆角的存在可以改善刀尖强度和散热等性能，有利于提高刀具寿命。这种刀具既可作为成形刀具用于零件表面间过渡内圆角的成形加工（图 4-41b），也可作为一般立铣类刀具对零件曲面进行加工（图 4-41c）。

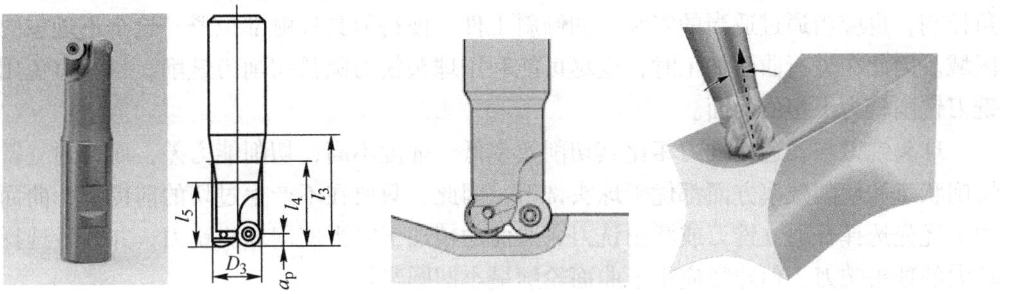

图 4-41　圆角铣刀与圆角铣刀加工

圆角铣刀由于存在一定的圆角，在拟合工件表面曲率变化的能力上比直角立铣刀有优势，而且又比球头铣刀在切削线速度方面有较好的参数，因此，在斜平面、曲面粗加工中应当优先采用。

（五）球头铣刀

如果中心切削圆角铣刀的圆角半径等于铣刀半径，则刀具端面刃成为一半球面，这样的刀具即称为球头铣刀，也称球头立铣刀。球头铣刀属于模具铣刀，如图 4-42 所示。球头铣刀可以沿各种不同方向切入工件，主要用于三维的型腔、凸凹模成形表面以及圆弧面的成形加工。

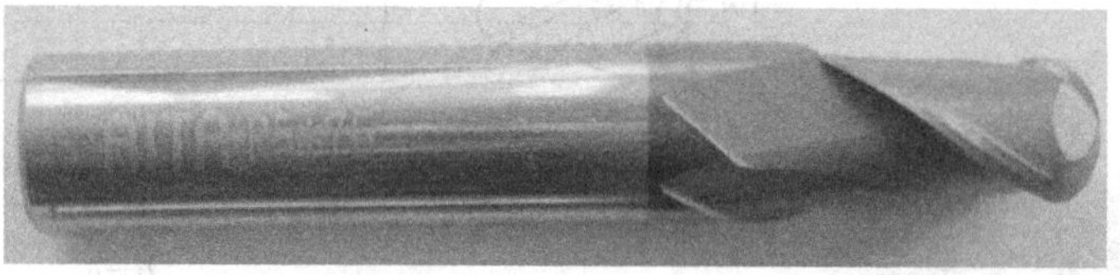

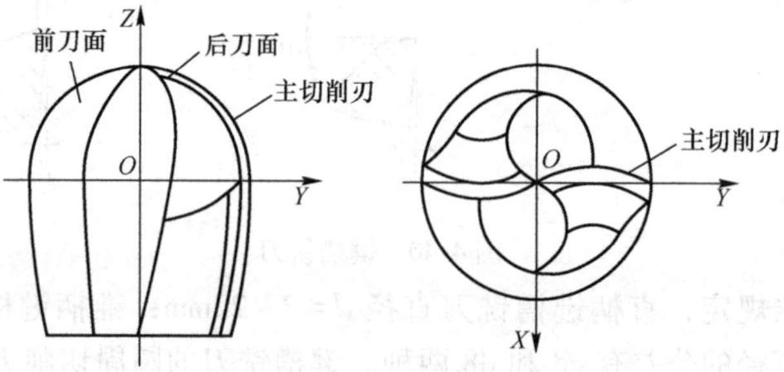

图 4-42 球头铣刀与球头铣刀切削刃形状

由于球头铣刀在切削时切削刃处的切削线速度与切削点的半径有关，越是靠近刀具中心处，切削速度越低，在球头铣刀的顶点处切削线速度为零。因此，在球头铣刀上实际存在一个区域，这个区域的切削条件较差，这个较差的切削区域一般为端部 20°~30°范围。粗加工时切削深度大，这时切削刃与工件材料的接触可能从球头的端部到其圆弧的结束点整个 90°范围内，因此切削刃的一部分必然处于极差的切削条件下工作。而半精加工或精加工时，由于加工余量较小，参加工作的切削刃长度有限，如果加工设备具有五轴联动功能，通过刀具相对工件摆动可以调整刀具位置，避开端部切削区域。如果机床没有回转摆角控制，也应当通过适当的安装，如倾斜工件，使得刀具接触部位避开这个不理想的切削区域。因此在进行曲面加工时，应尽可能利用球头铣刀圆弧切削刃铣削，尽量避免用球头铣刀铣削较为平坦的曲面。

球头铣刀与普通立铣刀相比其切削效率低，强度不高，切削能力差，而普通立铣刀在切削状态和切削效率方面都优于球头铣刀，因此，只要在不产生过切的前提下，曲面的粗加工优先选择普通立铣刀或圆角铣刀，曲面的精加工时再使用球头铣刀，并尽量选择直径较大的球头铣刀，但球径应小于曲面轮廓最小凹圆半径。

球头铣刀最显著的特征是主切削刃的端刃(球刃)为一条“S”形空间曲线(图 4-42)，使得球头铣刀的加工精度高，满足了对复杂空间曲面自动加工的需要。因此，球头铣刀是复杂三维曲面精加工中的重要刀具。

(六) 鼓形铣刀

图 4-43a 所示为一种典型的鼓形铣刀，它的切削刃分布在半径为 R 的圆弧面上，端面无切削刃。鼓形铣刀多用来对飞机结构件等零件中与安装面倾斜的表面进行三坐标加工，如图 4-43b 所示。这种表面最理想的加工方案是多坐标侧铣，但在单件或小批量生产中可用鼓形铣刀加工来取代多坐标加工，加工时控制刀具上下位置，相应改变切削刃的切削部

位，可以在工件上切出从负到正的不同斜角。R 越小，鼓形铣刀所能加工的斜角范围越广，但所获得的表面质量越差。这种刀具的缺点是刃磨困难，切削条件差，而且不适于加工有底的轮廓。

（七）钻铣刀

从刀具受力变形的角度讲，采用轴向进给方式加工可以避免刀具承受径向切削力的作用，减小刀具的弯曲变形，因此在同样条件下可以采用大的切削用量。所谓钻铣加工就是一种采用轴向进给的加工方式，通常也称为插铣。钻铣加工是一种高效率切除加工余量的加方法，常用于粗加工，如图 4-44 所示。

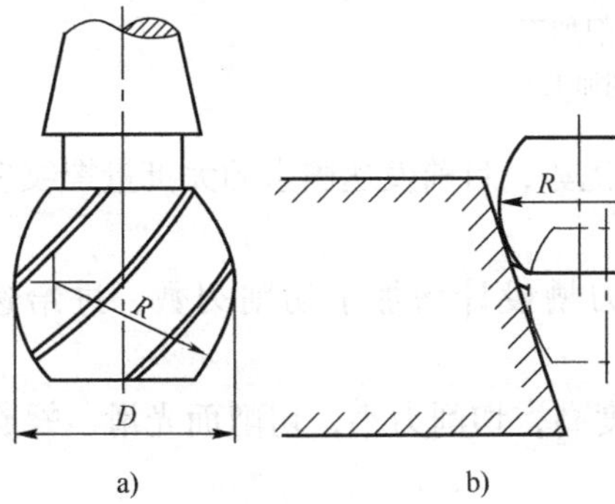

图 4-43　鼓形铣刀及其加工示例
a）鼓形铣刀　b）三坐标鼓形铣刀加工

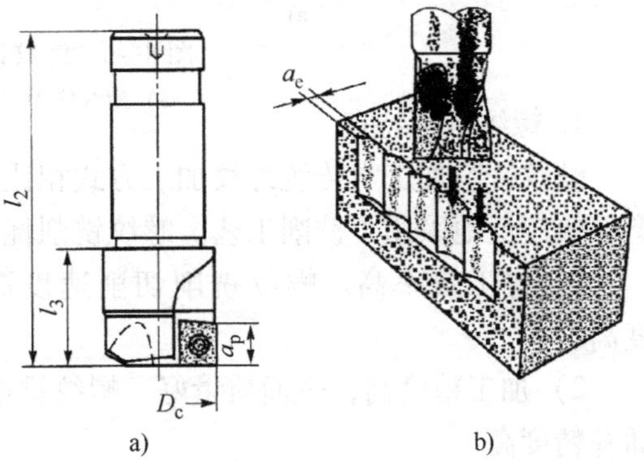

图 4-44　钻铣刀与钻铣加工

钻铣加工由于采用轴向进给，加工时刀具端面刃成为主切削刃，而且必须在整个端面半径上分布有切削刃，使得整个端面范围内具备切削能力。

（八）模具铣刀

模具铣刀由普通立铣刀演变而成，主要用于加工模具型腔、凸凹模成形表面及空间曲面。模具铣刀可分为圆锥形立铣刀（圆锥半角 $\alpha/2$ 为 3°、5°、7°、10°）、圆柱形球头立铣刀和圆锥形球头立铣刀三种，其柄部有直柄、削平型直柄和莫氏锥柄。它的结构特点是球头或端面上布满了切削刃，圆周刃与球头刃圆弧连接，可以做径向和轴向进给，铣刀工作部分用高速钢或硬质合金制造。模具铣刀的直径一般为 $\phi4\sim\phi63$mm，小规格的模具铣刀多制成整体结构，$\phi16$mm 以上直径的可制成焊接或机夹可转位式结构。图 4-45 所示为整体式模具铣刀。

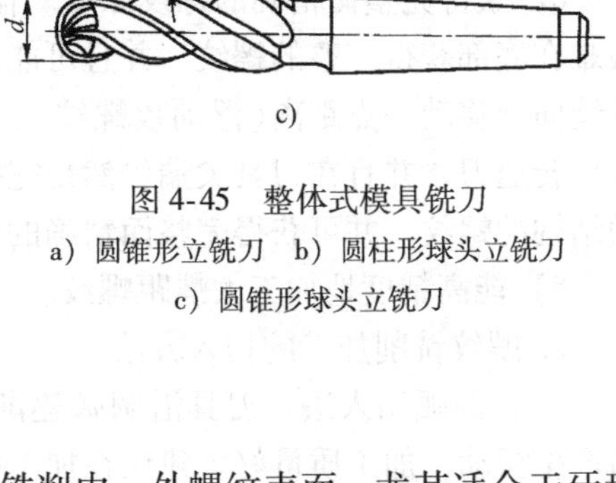

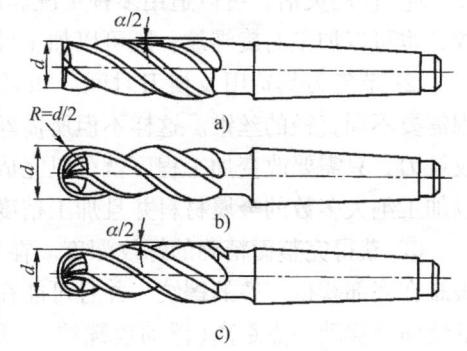

图 4-45　整体式模具铣刀
a）圆锥形立铣刀　b）圆柱形球头立铣刀
c）圆锥形球头立铣刀

（九）螺纹铣刀

螺纹铣刀结构如图 4-46a 所示。螺纹铣刀用于铣削内、外螺纹表面，尤其适合于牙型尺寸较大螺纹的加工。

螺纹铣削加工(4-46b)是在三轴联动数控铣床(或加工中心)上采用螺旋插补方式完成的。其原理是在一个圆周插补过程中，刀具同时轴向移动一个螺距，即用 G02(或 G03)指令圆弧插补运动一圈时，Z 轴同步移动一个螺距。

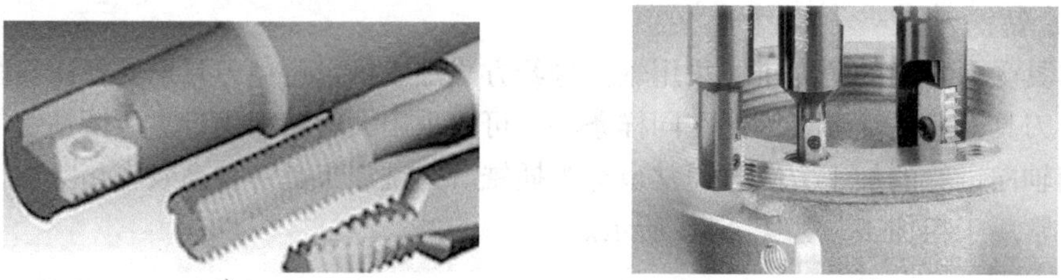

a) b)

图 4-46 螺纹铣刀及其铣削加工

a）螺纹铣刀 b）螺纹铣削加工

1. 螺纹铣削特点

螺纹铣削加工与传统螺纹加工方式相比，有诸多优势，目前发达国家的大批量螺纹生产已较广泛地采用了铣削工艺。螺纹铣削优点如下：

1）加工效率高。螺纹铣削切削速度高，且多刀槽设计增加了切削刃数，进给速度高。

2）加工精度高，表面质量好。螺纹铣削切削速度高，切削力小，切削面光滑，螺旋插补精度高。

3）稳定性好，刀具寿命长，安全可靠。螺纹铣刀是逐渐切入材料，切削力较小不易断刀，即使出现断刀，由于铣刀直径比螺纹孔小很多，可以轻松从零件中取出断裂部分而不会伤及零件。

4）使用范围广，加工成本低。

① 使用灵活，可以适用多种工况。调整插补程序，同一把螺纹铣刀既可加工左旋螺纹，也可以加工右旋螺纹；既可以加工外螺纹，也可以加工内螺纹。

② 节省刀具费用及换刀时间。如果零件上有多个不同直径但是螺距相同的螺纹孔，则需要不同直径的丝锥。这样不但所需丝锥数量多而且换刀时间也多；使用一个螺距的螺纹铣刀，只需要改变加工程序就可以完成所有直径的螺纹加工。另外，同一把螺纹铣刀可以加工绝大多数的金属材料并且加工精度很高，大大减少刀具费用。

③ 获得完整而精确的螺纹深度。在要求加工螺纹接近不通孔底部时，用丝锥攻螺纹很难在底部获得完整的螺纹，并且可能在攻到底部丝锥停下准备反转回退这段时间里刀具继续向前移动一点距离(浮动攻螺纹)，还容易造成丝锥折断。而螺纹铣刀比孔要小，不必反转退刀，并且在刀具尖端仍然是完整的螺纹形状，容易加工不允许有过渡螺纹或退刀槽结构的螺纹，并可获得完整而精确的螺纹深度，且刀具不易折断。

5）能高精度地加工大螺距螺纹。

2. 螺纹铣削加工的切入方法

（1）圆弧切入法 刀具沿圆弧逐渐切入，切入、切出平稳，加工后无切削痕迹，不易产生振动，加工质量好。建议在加工精密螺纹时使用。

（2）径向切入法 刀具沿径向切入，切入、切出处会残留垂直切痕，切痕不会明显影响螺纹质量。在加工硬材料时，当切入接近全牙形时由于刀具与工件接触面积大，有可能产生振动。故为了避免振动，当接近切入全牙时，应使进给量下降到螺纹插补进刀量的1/3。

（3）切向切入法　具有圆弧切入法的优点，仅适合外螺纹加工。

（十）成形铣刀

成形铣刀一般为专用刀具，是为某特定的工件或某项加工内容专门设计制造的，用于加工特定形状面和特殊形状孔、槽等，如各种角度铣刀、燕尾槽铣刀、T形槽铣刀、倒角铣刀(直线、圆弧)等，如图4-47所示。

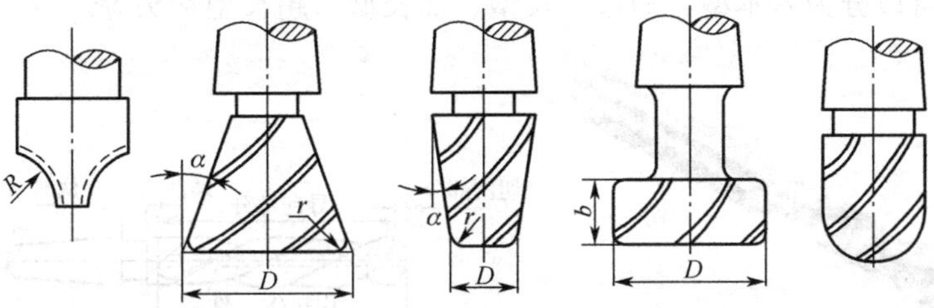

图4-47　成形铣刀

三、铣刀的选用

1）大进给量毛坯表面的强力切削可选用粗齿大螺旋角立铣刀、镶硬质合金玉米铣刀和硬质合金波形刃立铣刀。

2）高速钢立铣刀多用于加工凸台和凹槽，最好不要用于加工毛坯面，因为毛坯面有硬化层和夹砂现象，会加速刀具的磨损。

3）加工大平面时，选择面铣刀；加工余量较小并且要求表面粗糙度较低的大平面时，可选用立方氮化硼(CBN)刀片面铣刀或陶瓷刀片面铣刀。

4）镶硬质合金立铣刀可用于凹槽、窗口面、凸台面和毛坯表面的加工。

5）加工精度要求较高的凹槽时，可选用直径比槽宽小一些的立铣刀，先铣槽的中间部分，然后利用刀具的半径补偿功能铣削槽的两边，直到达到精度要求为止。

6）加工封闭的键槽时，选择键槽铣刀；切槽、切断、内外槽铣削、组合铣削、缺口实验的槽加工、齿轮毛坯粗齿加工等选择锯片铣刀或三面刃铣刀、槽铣刀。

7）曲面类零件加工常采用球头铣刀，但加工曲面较平坦部位时，刀具以球头顶端刃切削，切削条件较差，应采用圆角铣刀。

8）加工空间曲面、模具型腔或凸凹模成形表面等多选用模具铣刀。

9）在单件或小批量生产中，可采用鼓形铣刀取代多坐标联动机床来加工飞机上一些变斜角类零件。

10）加工各种直的或圆弧形的凹槽、斜角面、特殊孔等多选用成形铣刀。

四、孔加工刀具的种类与选择

（一）钻孔刀具及其选择

钻孔一般用于扩孔、铰孔前的粗加工和螺纹的底孔加工等。常用的钻孔刀具有中心钻、麻花钻、可转位浅孔钻、深孔钻等，应根据工件材料、加工尺寸及加工质量要求等合理选用。

1. 麻花钻

在数控铣床上钻孔，麻花钻(图4-48)应用最广泛，尤其是加工ϕ30mm以下的孔。麻花钻钻孔达到的公差等级一般为IT12左右，表面粗糙度值可达Ra12.5μm。

按刀具材料，麻花钻可以分为高速钢钻头和硬质合金钻头，硬质合金钻头还可以分为整体式和焊接式；按柄部结构，麻花钻可以分为直柄钻头和莫氏锥柄钻头(图4-48)；按长度，麻花钻可以分为基本型、短型、长型、加长型、超长型钻头等。

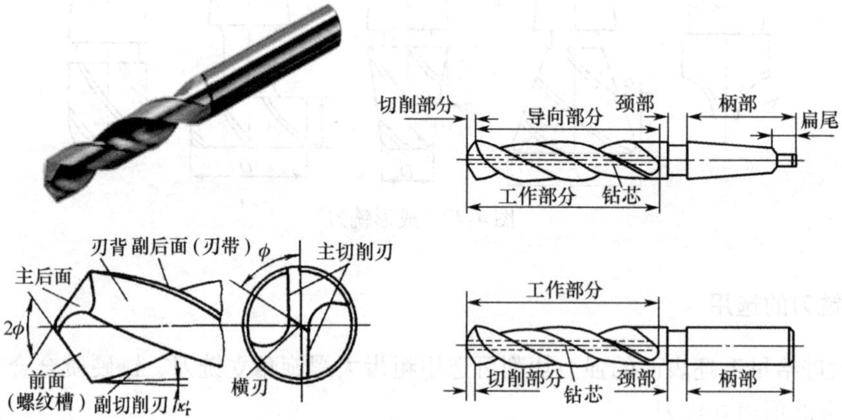

图4-48 麻花钻与麻花钻几何参数标注

在数控铣床上钻孔，因无钻模导向，钻孔深度一般为直径的5倍左右，小于ϕ5mm的深孔不易采用普通麻花钻钻孔。另外，若两切削刃上切削力不对称，则容易引起钻孔偏斜，故要求钻头的两切削刃必须有较高的刃磨精度(两刃长度一致,顶角2ϕ对称于钻头中心线)，标准麻花钻顶角2ϕ为118°，螺旋角β为18°~38°。为保证后续钻孔时对钻头引正，确保孔的位置精度，除提高钻头切削刃的精度外，在钻孔前最好先用中心钻钻一中心孔，或用一刚性较好的短钻头(定心钻)划一窝。划窝一般采用ϕ8mm~ϕ15mm的钻头，以解决在铸铁件毛坯表面钻孔引正问题。

新型麻花钻由传统直线形横刃钻尖改进为螺旋钻尖、抛物面钻尖等(图4-49)，增长了切削刃、提高了钻尖寿命；其钻芯加厚，提高了钻体刚度，减小轴向钻削阻力，提高了横刃寿命。采用不同顶角阶梯钻尖及负倒刃结构、油孔内冷却及大螺旋角结构，提高了分屑、断屑、钻孔性能和孔的加工精度。

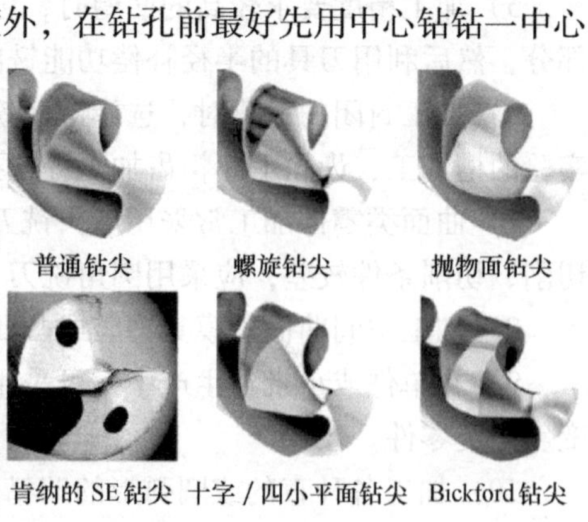

图4-49 麻花钻钻尖

2. 可转位浅孔钻

可转位浅孔钻是一种在切削部分安装硬质合金可转位刀片的钻头，一般用于钻削直径在ϕ20mm~ϕ60mm、孔的深径比$H/D\leqslant 4$的中等浅孔。经可转位浅孔钻加工后工件的表面

粗糙度值可达 $Ra3.2 \sim 6.3\mu m$。其结构是在带排屑槽及内冷却通道钻体的头部装有硬质合金刀片，多采用沉孔刀片，用压孔式夹紧方式夹紧，靠近钻头中心的刀片用韧性较好的材料，靠近钻头外径的刀片选用较为耐磨的材料；其内冷却通道口设在尾部与切削部分之间的过渡区，形成Y型冷却通道(随扭转角在刀身内部形成的交叉冷却通道)。

可转位浅孔钻与麻花钻相比，具有定心性好、切削平稳、切入切出性能好、断屑排屑性能好、刀杆刚度高、刀具寿命长及切削速度高(切削速度可达80~120m/min)的特点。由于可转位浅孔钻切削效率高，加工精度高，最适合于箱体零件的钻孔加工。可转位浅孔钻不仅能钻孔，还可锪孔。

可转位浅孔钻按刀片形状分为四边形、三角形、等边不等角六边形、菱形和圆刀片形等；按刀片槽形分为直槽、螺旋槽和综合槽三种；按结构分为单刀片、多刀片、模块式、分离式四种类型。单刀片可转位浅孔钻适宜加工的孔径为 $\phi12 \sim \phi16$mm 的孔，多刀片可钻位浅控钻适宜加工的孔径为 $\phi16$mm ~ $\phi35$mm 的孔，模块式可转位浅孔钻适宜加工的孔径为 $\phi35$mm ~ $\phi80$mm 的孔；孔径大于 $\phi80$mm 的孔采用刀头与刀体分离式可转位浅孔钻，中间用螺钉联接。

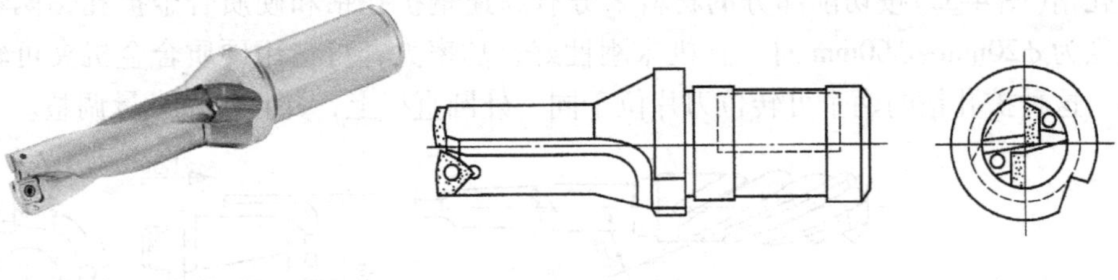

图4-50　可转位浅孔钻

3. 深孔钻

在机械加工中通常把孔深与孔径之比大于5的孔称为深孔。深孔钻削时，由于加工中散热差，排屑困难，钻杆细长而刚性差，易产生弯曲和振动，造成刀具损坏和引起孔的轴线偏斜，影响加工精度和生产率。因此，一般深孔钻都要借助压力冷却系统解决冷却和排屑问题。深孔钻按排屑方式分为外排屑(如深孔麻花钻)和内排屑(如喷吸钻)两类。

深孔麻花钻受容屑空间和通道的影响，不能连续排屑和冷却润滑，必须多次进行排屑与润滑，辅助时间多，加工效率低，是单件生产时常采用的深孔钻工具。

喷吸钻(图4-51)是一种效率高、加工质量好的内排屑深孔钻，适用于加工直径较大、

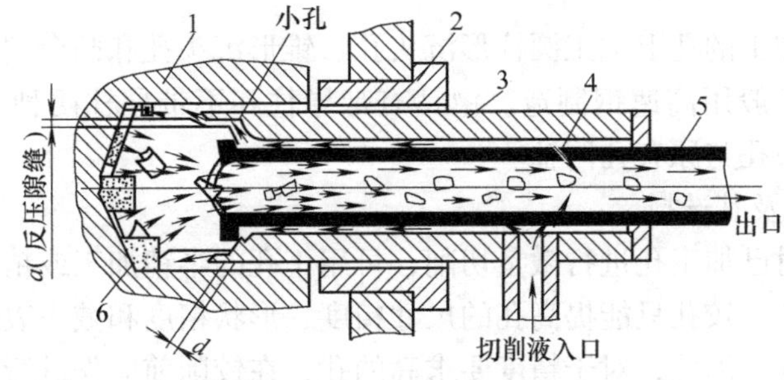

图4-51　喷吸钻工作原理

1—工件　2—钻套　3—外管　4—喷嘴　5—内管　6—钻头

深度直径比不超过100的深孔，其加工的孔的公差等级可达IT7~IT10，表面粗糙度值可达 $Ra0.8\sim3.2\mu m$，孔直线度可达0.1mm/1000mm。喷吸钻有内、外两层钻管(双管)，工作时，带压力的切削液从进液口流入联接套，其中小部分切削液从内管尾端月牙形喷嘴喷入内管。由于月牙槽缝隙很窄，切削液喷入时产生喷射效应，能使内管里形成负压区。另外大部分切削液流入内、外管壁间隙到切削区，汇同切屑被吸入内管，并迅速向后排出，压力切削液流速快，到达切削区时雾状喷出，有利于冷却，经喷口流入内管的切削液流速增大，加强吸的作用，提高了排屑效果。

（二）扩孔刀具及其选择

扩孔多采用扩孔钻，也有用锪钻、立铣刀或镗刀扩孔。扩孔钻可用来扩大孔径，提高孔加工精度，它可用于孔的半精加工或最终加工。经扩孔钻扩孔后孔的公差等级可达IT10~IT11，表面粗糙度值可达 $Ra3.2\sim6.3\mu m$。扩孔钻与麻花钻相似，但齿数较多，一般为3~4个齿。扩孔钻加工余量小，主切削刃较短，无需延伸到中心，无横刃；加之齿数较多，所以导向性好，切削过程平稳。另外，扩孔钻容屑槽浅，刀体的强度和刚性好，可选择较大的切削用量。总之扩孔钻的加工质量和效率均比麻花钻高。

扩孔钻(图4-52)按切削部分的材料来分有高速钢扩孔钻和硬质合金扩孔钻两种。当扩孔直径为 $\phi20mm\sim\phi60mm$ 时，且机床刚性好，功率大，可选用硬质合金机夹可转位式扩孔钻。这种扩孔钻的两个可转位刀片位于同一外圆直径上，并且可做微量调整。

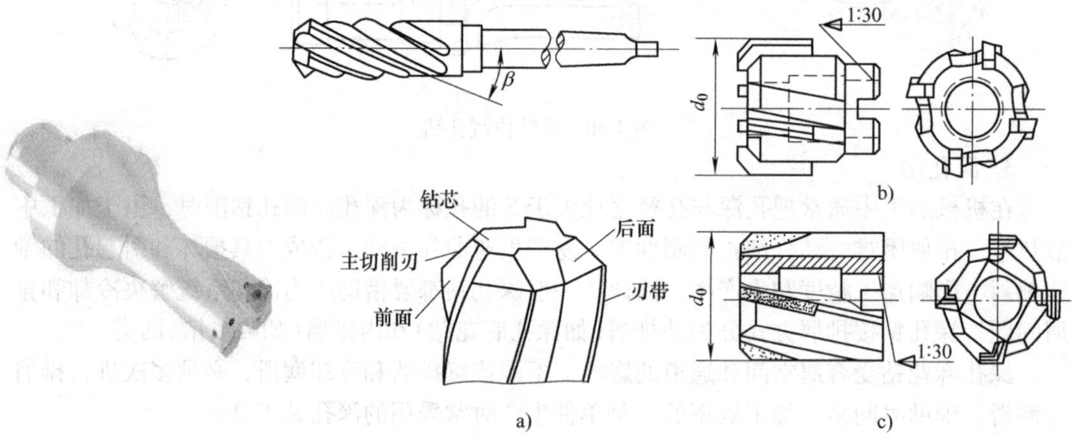

图 4-52 扩孔钻

锪钻是指在已加工的孔上加工圆柱形沉头孔、锥形沉头孔和凸台端面等。锪孔时使用的刀具称为锪钻，一般用高速钢制造。锪钻有带导柱和不带导柱两种，导柱的作用是导向，以保证被锪沉头孔与原有孔同轴。

（三）铰孔刀具及其选择

铰孔是用铰刀对已加工孔进行微量切削，可用于孔的半精加工或精加工，也可用于磨孔或研孔前的预加工。铰孔只能提高孔的尺寸精度、形状精度和减小表面粗糙度值，而不能修正孔的位置精度。因此，对于精度要求高的孔，在铰削前应先进行减少和消除位置误差的预加工，才能保证铰孔质量。数控铣床上使用的铰刀多是机用铰刀。此外，还有可转位硬质合金单刃铰刀和浮动铰刀等。

1. 机用铰刀

标准机用铰刀如图 4-53 所示，由工作部分、颈部和柄部组成。柄部形式有直柄、莫氏锥柄和套式三种。铰刀的工作部分又分为切削和校准两部分，切削部分为锥形，承担主要的切削工作；校准部分包括圆柱和倒锥，圆柱部分主要起铰刀的导向、加工孔的校准和修光作用，倒锥主要起减少铰刀与孔壁的摩擦和防止孔径扩大作用。

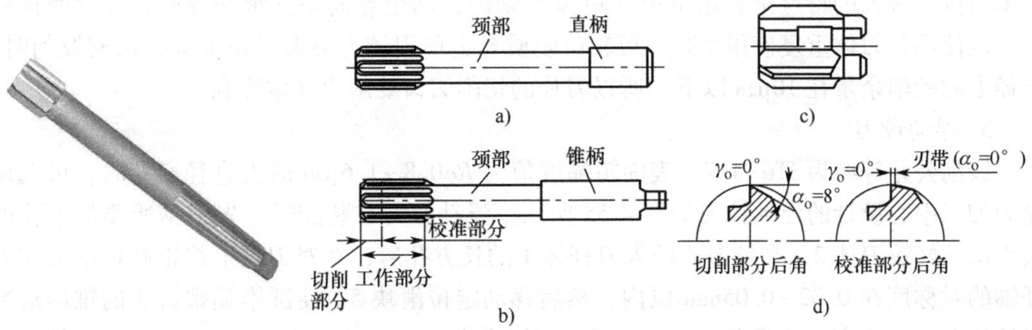

图 4-53　机用铰刀

a）直柄机用铰刀　b）锥柄机用铰刀　c）套式机用铰刀　d）切削标准部分角度

机用铰刀一般有 4~12 齿。铰刀的齿数除了与铰刀直径有关外，主要根据加工精度的要求选择。齿数对加工表面粗糙度的影响并不大。齿数过多，刀具的制造、重磨都比较麻烦，而且会因齿间容屑槽减小，造成切屑堵塞和划伤孔壁以致使铰刀折断的后果；齿数过少，则铰削时的稳定性差，刀齿的切削负载增大，易产生几何形状误差。铰刀齿数可参照表 4-5 选择。加工公差等级为 IT8~IT9、表面粗糙度为 *Ra*0. 8~1. 6μm 的孔时，多选用机用铰刀。

表 4-5　机用铰刀齿数的选择

铰刀直径/mm		1. 5~3	3~4	14~40	>40
齿数	一般加工精度	4	4	6	8
	高加工精度	4	6	8	10~12

2. 可转位硬质合金单刃铰刀

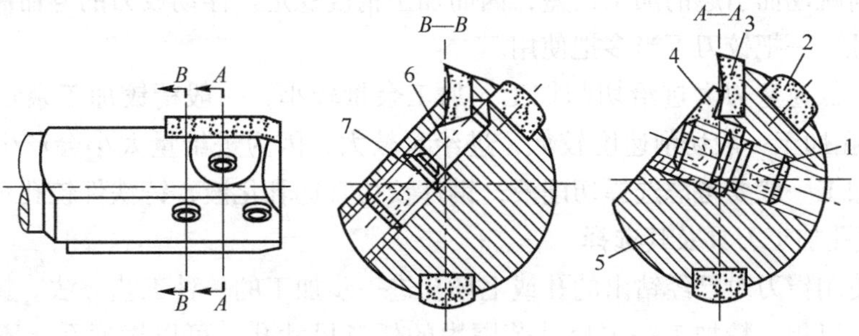

图 4-54　可转位硬质合金单刃铰刀

1、7—螺钉　2—导向块　3—刀片　4—楔套　5—刀体　6—销

可转位硬质合金单刃铰刀其孔的公差等级可达 IT7 ~ IT8、圆度可达 0.003 ~ 0.008mm、圆柱度可达 ϕ0.005mm/100mm，表面粗糙度值可稳定在 *Ra*1.6μm 以下。高速铰削时，切削速度可达 80m/min，其加工孔的表面粗糙度值可达 *Ra*0.4 ~ 0.2μm。可转位硬质合金单刃铰刀的结构如图 4-54 所示，刀片 3 通过楔套 4 用螺钉 1 固定在刀体 5 上，通过螺钉 7、销 6 可调节铰刀尺寸，导向块 2 可采用粘接和铜焊固定。可转位硬质合金单刃铰刀最大的特点是利用单刃（单齿）切削，两个导向块支承和导向，刀片磨损后可转位使用，刀体重复使用率高。可转位硬质合金单刃铰刀刃磨质量要高，精密铰削时，半径上的铰削余量在 10μm 以下，所以刀片的切削刃口要磨得异常锋利。

3. 浮动铰刀

铰削公差等级为 IT6 ~ IT7、表面粗糙度值为 *Ra*0.8 ~ 1.6μm 的大直径通孔时，可选用专为加工中心设计的浮动铰刀如图 4-55 所示。浮动铰刀在装配时，先根据所要加工孔的大小调节好铰刀体 2，在铰刀体插入刀杆体 1 的长方孔后，在对刀仪上找正两切削刃与刀杆轴的对称度在 0.02 ~ 0.05mm 以内，然后移动定位滑块 5，使圆锥端螺钉 3 的锥端对准刀杆体上的定位窝，拧紧螺钉 6 后，调整圆锥端螺钉，使铰刀体有 0.04 ~ 0.08mm 的浮动量(用对刀仪观察)，调整好后，将螺母 4 拧紧。

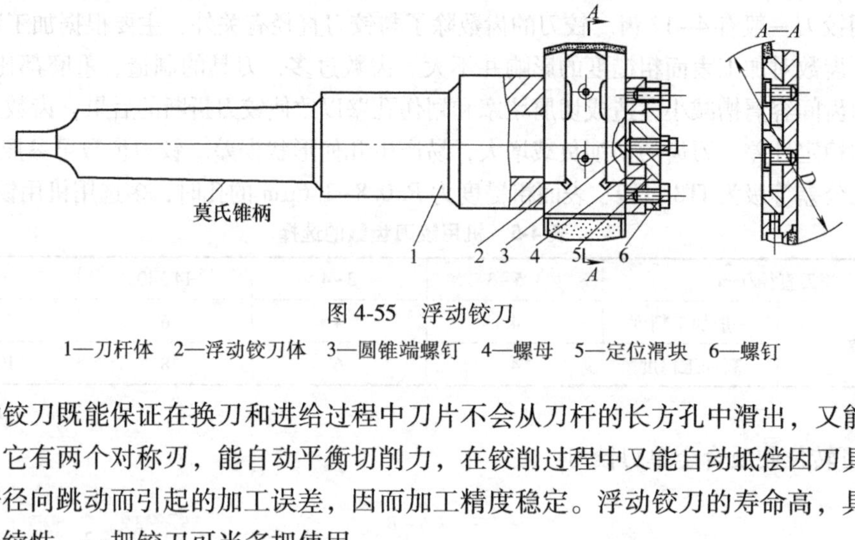

图 4-55 浮动铰刀

1—刀杆体 2—浮动铰刀体 3—圆锥端螺钉 4—螺母 5—定位滑块 6—螺钉

浮动铰刀既能保证在换刀和进给过程中刀片不会从刀杆的长方孔中滑出，又能较准确地定心。它有两个对称刃，能自动平衡切削力，在铰削过程中又能自动抵偿因刀具安装误差或刀杆径向跳动而引起的加工误差，因而加工精度稳定。浮动铰刀的寿命高，具有直径调整的连续性，一把铰刀可当多把使用。

铰孔属于低速宽刃大进给切削加工，加工余量较小，一般精铰加工余量可达 0.05 ~ 0.15mm；铰孔加工一般切削速度较低，进给量较大，因为进给量太小会产生打滑和啃刮现象。铰孔加工一般要考虑选择切削液，钢件铰孔宜选乳化液，铸铁件铰孔可采用煤油。

（四）镗孔加工刀具及其选择

镗孔是使用镗刀对已经钻出的孔或毛坯孔进一步加工的一种工艺方法。镗孔具有很强的通用性，可以粗、精加工一定尺寸范围内的任意尺寸孔，可以镗通孔、不通孔、阶梯孔，还可以镗平行孔系和同轴孔系等。粗镗孔的公差等级一般为 IT11 ~ IT13，表面粗糙度值为 *Ra*12.5 ~ 6.3μm；半精镗的公差等级一般为 IT9 ~ IT10，表面粗糙度值为 *Ra*3.2 ~ 1.6μm；精镗的公差等级可达 IT6，表面粗糙度值为 *Ra*0.4 ~ 0.8μm。镗孔具有修正形状误差和位置误差的能力。在数控铣床上镗孔加工通常是采用悬臂方式，因此要求镗刀有足够的刚性和较好的精度。为适应不同的切削条件，镗刀有多种类型。按镗刀的切削刃数量可分为单刃镗刀和双刃镗刀。

1. 单刃镗刀

单刃镗刀大多制成可调结构。镗削通孔、阶梯孔和不通孔可分别选用图 4-56a、b、c 所示的单刃镗刀。单刃镗刀切削部分的形状类似车刀，用螺钉装夹在镗杆上。调节螺钉 1 用于调整尺寸，紧固螺钉 2 起锁紧作用。单刃镗刀刀杆尺寸受孔径的限制，往往刚性较差，加工容易产生振动，所以在同等切削条件下镗孔的切削用量一般比车削小 20%。单刃镗刀生产率低，但其结构简单，通用性好，粗、精加工都适用，因此应用广泛。在数控机床上需要准停进刀后反镗或镗孔结束准停退刀的情况下必须采用单刃镗刀。

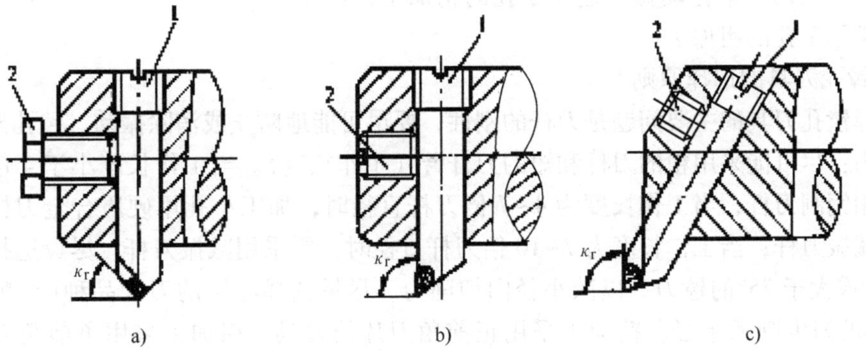

图 4-56　单刃镗刀

a）通孔镗刀　b）阶梯孔镗刀　c）不通孔镗刀

1—调节螺钉　2—紧固螺钉

单刃镗刀刚性差，切削时易引起振动，所以镗刀的主偏角选得较大，以减少径向切削力。镗铸铁孔或精镗时，一般取主偏角 $\kappa_r = 90°$；粗镗钢件孔时，取主偏角 $\kappa_r = 60° \sim 75°$，以提高刀具的寿命。

微调镗刀是一种用于精镗加工的倾斜式单刃镗刀，其径向尺寸可以在一定范围内进行精确调整，一般通过螺纹和细分的精确刻度盘实现，刻度盘每旋转一格，精调 0. 01mm，可实现刀具的快速精确调整。微调镗刀如图 4-57 所示，调整尺寸时，先松开拉紧螺钉 6，

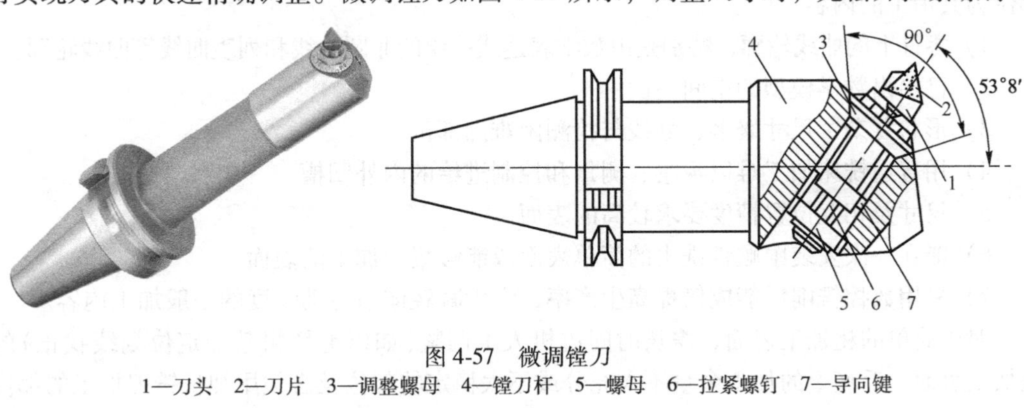

图 4-57　微调镗刀

1—刀头　2—刀片　3—调整螺母　4—镗刀杆　5—螺母　6—拉紧螺钉　7—导向键

然后转动带刻度盘的调整螺母3，等调至所需尺寸，再拧紧拉紧螺钉6，使用时应保证锥面靠近大端接触(即镗杆90°锥孔的角度公差为负值)，且与直孔部分同心。键与键槽配合间隙不能太大，否则微调时就不能达到较高的精度。

2. 双刃镗刀

双刃镗刀(图4-58)的两端有一对称分布切削刃，两个切削刃产生的径向切削力相互平衡，从而消除其对镗杆的影响，增加了系统刚度；同时，双刃共同参与切削，与单刃镗刀相比可以采用大的切削用量，每转进给量可提高一倍左右，且加工中不易产生振动，从而获得高的切削效率。双刃镗刀按刀片在镗杆上浮动与否分为浮动镗刀和定装镗刀(普通双刃镗刀)。浮动镗刀适用于孔的精加工，普通双刃镗刀常用于孔的粗加工。

图4-58 双刃镗刀

3. 镗孔刀具的选择原则

选择镗孔刀具的主要问题是刀杆的刚性，要尽可能地防止或消除振动。镗孔刀具的选择原则为：尽可能采用粗的刀杆和短的刀杆臂（工作长度）。当工作长度小于4倍刀杆直径时可用钢制刀杆；当工作长度为4~7倍刀杆直径时，加工小孔用硬质合金刀杆，加工大孔用减振刀杆；当工作长度为7~10倍刀杆直径时，要采用减振刀杆。尽量选择主偏角接近90°或大于75°的镗刀，以减小径向切削力。尽量选择涂层的刀片品种(切削刃圆弧小)和小的刀尖圆弧半径。精加工采用正前角刀片的刀具，粗加工采用负前角刀片的刀具。镗削深不通孔时采用压缩空气或切削液排屑冷却。粗加工尽量采用普通双刃镗刀，精加工选择微调镗刀。

第三节 数控铣削加工工艺的制订

一、选择并确定数控铣削加工的内容

数控铣床的加工工艺范围比普通铣床的宽，但数控铣床价格较普通铣床高得多，因此，选择数控铣削加工内容时，应从实际需要和经济性两个方面考虑。通常选择下列加工部位为其加工的内容：

1）零件上的曲线轮廓，特别是由数学表达式描绘的非圆曲线和列表曲线等曲线轮廓。

2）已给出数学模型的空间曲面。

3）形状复杂、尺寸繁多、划线与检测困难的部位。

4）用普通铣床加工难以观察、测量和控制进给的内外凹槽。

5）尺寸及相互位置精度要求较高的表面。

6）能在一次安装中顺带铣出的简单表面或能够集中加工的表面。

7）采用数控铣削后能成倍提高生产率，大大减轻体力劳动强度的一般加工内容。

对于简单的粗加工表面、需长时间占机人工调整(如以毛坯粗基准定位划线找正)的粗加工表面、毛坯上的加工余量不太充分或不太稳定的部位及必须用细长铣刀加工的部位

（一般指狭窄深槽或高肋板小转接圆弧部位）等，不宜采用数控铣削加工。

二、数控铣削加工工艺性分析

（一）零件图的工艺分析

1. 零件图的技术要求分析

与常规的零件工艺分析一样，分析零件技术要求时主要考虑：

1）各加工表面的尺寸精度要求。

2）各加工表面的几何形状精度要求。

3）各加工表面之间的相互位置精度要求。

4）各加工表面粗糙度值要求以及其他表面质量要求。

5）热处理要求以及其他要求。

首先，要根据零件在产品中的功能，研究、分析零件与部件或产品的关系，从而认识零件的加工质量对整个产品质量的影响，并确定零件的关键加工部位和精度要求较高的加工表面等。认真分析上述各精度和技术要求是否合理，其次要考虑在数控铣床上加工，能否保证零件的各项精度和技术要求，然后再具体考虑在哪种数控机床上加工最为合理。

2. 检查零件图样上各几何要素、公差和技术要求的标注是否完整、准确

检查零件图样上各几何要素、公差和技术要求的标注是否完整、准确，公差和技术要求的提出是否合理，采用数控铣削加工能否满足其要求。另外，在数控铣床上若加工同一零件使用同一把铣刀、同一个刀具半径补偿值编程加工时，由于零件轮廓各处尺寸公差带不同，就很难同时保证各处尺寸在尺寸公差范围内。这时一般采取的方法是：兼顾各处尺寸公差，在编程计算时，改变轮廓尺寸并移动公差带，改为对称公差。对图 4-59 中括号内的尺寸，其公差带均是做了相应改变后得到的，计算与编程时用括号内尺寸。由于数控加工程序是以准确的坐标点来编制的，因此，各图形几何要素间的相互关系（如相切、相交、垂直、平行和同心等）应明确；各种几何要素的条件要充分，应无引起矛盾的多余尺寸或影响工序安排的封闭尺寸等。又如，在实际工作中常常会遇到图样中缺少尺寸或给出的几何元素的相互关系不够明确，使编程计算无法完成，或者虽然给出了几何元素的相互关系，但同时又给出了引起矛盾的相关尺寸，同样给编程计算带来困难。

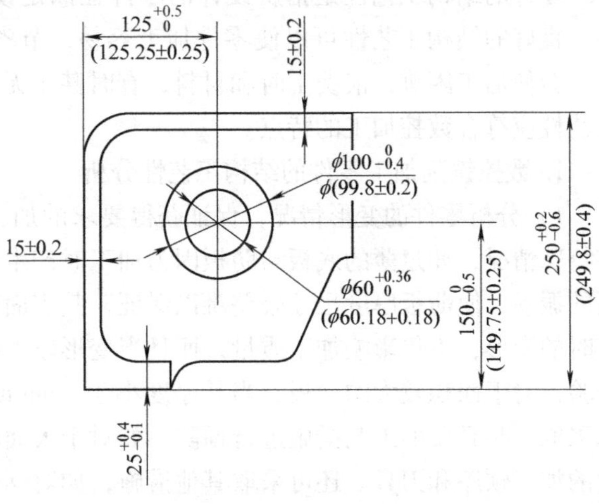

图 4-59　零件尺寸公差带的调整

3. 零件图样上的尺寸标注应满足数控加工的特点

由于设计人员设计图样时主要是从零件的使用和装配性能方面考虑的，标注尺寸时其设计基准可能不统一，即为分散标注。若准备在数控铣床上加工零件，其各个方向上的尺

寸应有一个统一的设计基准，即采用集中引注法，从而简化编程，保证零件的精度要求。例如，图4-60a所示零件图样，*A*、*B*两面均已在前面工序中加工完毕，在加工中心上只进行所有孔的加工。以*A*、*B*两面定位时，由于高度方向没有统一的设计基准，ϕ48H7孔和上方两个ϕ25H7孔与*B*面的尺寸是间接保证的，欲保证32.5±0.1和52.5±0.04尺寸，须在上道工序中对105±0.1尺寸公差进行压缩。若改为图4-60b所示标注尺寸，各孔位置尺寸都以*A*面为基准标注尺寸，且工艺基准与设计基准重合，各孔位置尺寸都容易保证。

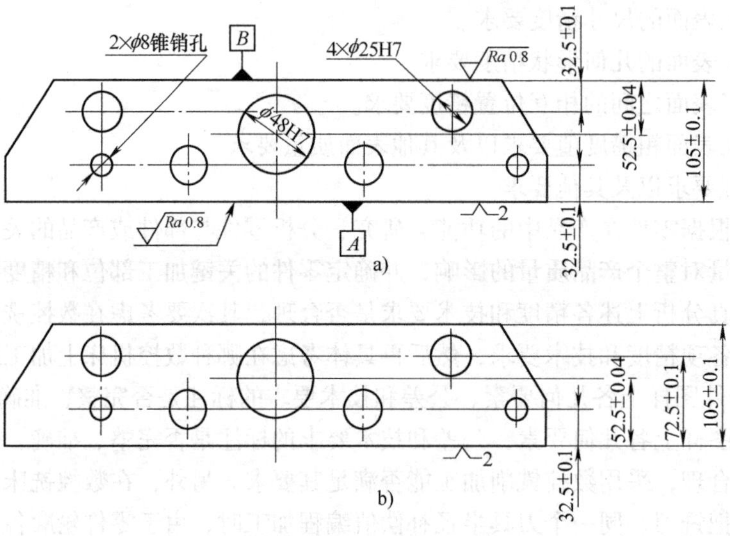

图4-60　统一尺寸标注基准

（二）零件的结构工艺性分析

零件的结构工艺性是指所设计的零件在满足使用要求的前提下制造的可行性和经济性。良好的结构工艺性可以使零件加工容易，节省工时和材料。而较差的零件结构工艺性，会使加工困难，浪费工时和材料，有时甚至无法加工。因此，零件各加工部位的结构工艺性应符合数控加工的特点。

1. 数控铣削加工零件的结构工艺性分析

1）分析零件的变形情况，保证获得要求的加工精度。虽然数控机床精度很高，但存在特殊情况，如过薄的底板与肋板因为加工时产生的拉力及薄板的弹性退让极易产生切削面的振动，使薄板厚度尺寸公差难以保证，其表面粗糙度值也将增大。零件在数控铣削加工时的变形，不仅影响加工质量，而且当变形较大时，加工不能继续进行下去。根据实践经验，对于面积较大的薄板，当其厚度小于3mm时，工艺上就应充分重视这一问题，考虑采取一些必要的工艺措施进行预防。如对于大面积薄壁零件，应改进装夹方式，采用合适的加工顺序和刀具。还可采取其他措施，如对钢件进行调质处理，对铸铝件进行退火处理，对不能用热处理方法解决的，可考虑采用粗、精加工分开，安排矫形工序及对称去除余量等措施来减小或消除变形的影响。

2）尽量统一零件轮廓内圆弧的有关尺寸，这样可以减少刀具规格和换刀次数，使编程方便，提高生产率。

① 零件轮廓内转角圆弧半径*R*不应太小。零件轮廓内转角圆弧半径尺寸常常限制刀

具直径的选择。如图 4-61 所示的零件，其结构工艺性的好坏与被加工轮廓面的高低、内转角圆弧半径的大小等因素有关。若零件被加工轮廓面高度低，内转角圆弧半径大，可以采用较大直径的立铣刀来加工，且加工其底板平面时，进给次数也相应减少，表面加工质量也会好一些，因而工艺性较好；反之，工艺性较差。通常，当 $R<0.2H$ 时，可以判定零件该部位的工艺性不好。

② 零件槽底圆角半径 r 不要过大，且要尽量统一。如图 4-62 所示零件，铣刀端面刃与铣削平面的最大接触直径 $d=D-2r$（D 为铣刀直径），当 D 一定时，r 越大，铣刀端面刃铣削平面的面积越小，加工平面的能力就越差，效率越低，工艺性也越差。当大到一定程度时，甚至必须用球头铣刀加工，这是应该尽量避免的。另外，零件内轮廓各处槽底圆角半径 r 要尽量统一，以减少刀具规格和换刀次数。有关铣削加工零件的结构工艺性分析实例见表 4-6。

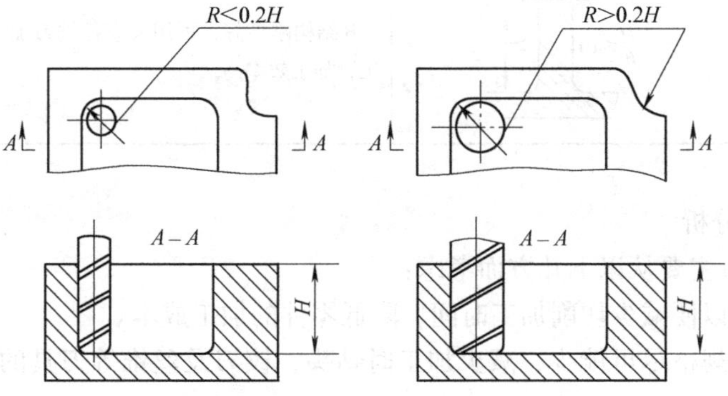

a)　　b)

图 4-61　零件肋板的高度与内转角圆弧半径对零件铣削工艺性的影响

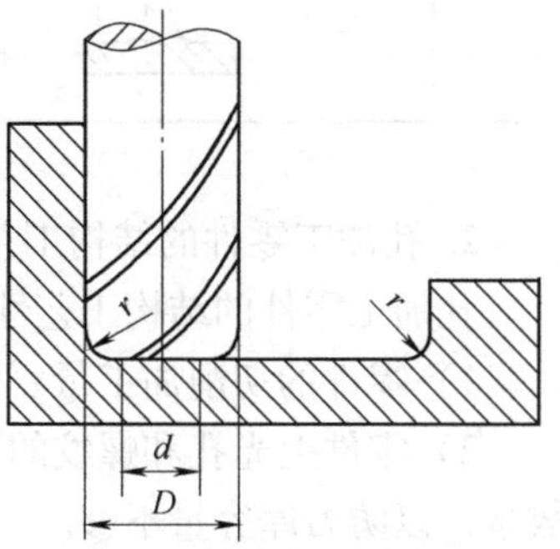

图 4-62　零件槽底圆角半径对零件铣削工艺性的影响

表 4-6　铣削加工零件的结构工艺性分析实例

序号	（A）工艺性差的结构	（B）工艺性好的结构	说明
1	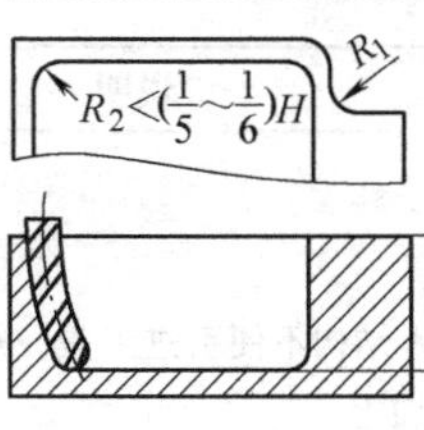	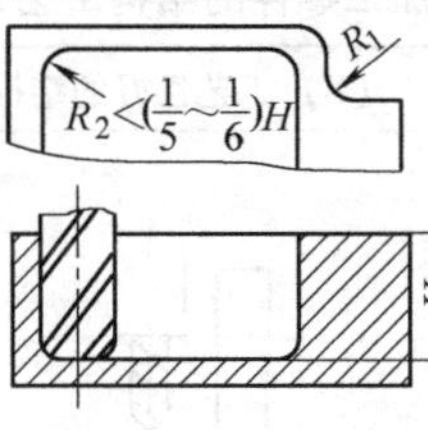	B 结构可选用较高刚性的铣刀
2	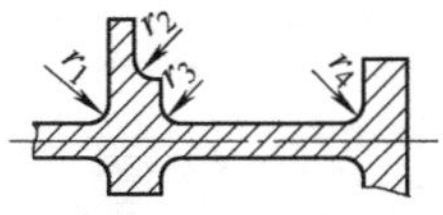	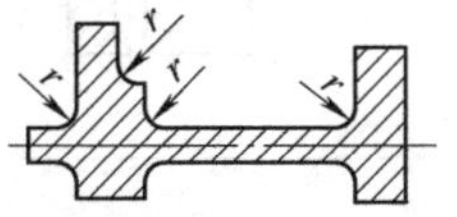	B 结构需用刀具比 A 结构少，减少了换刀的辅助时间
3	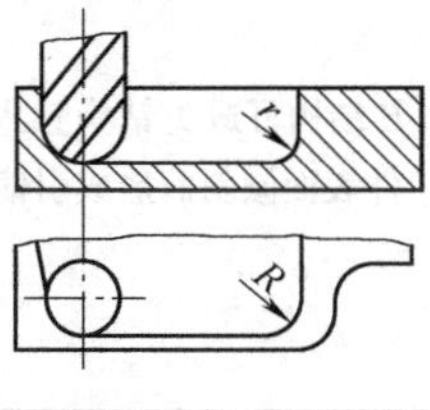	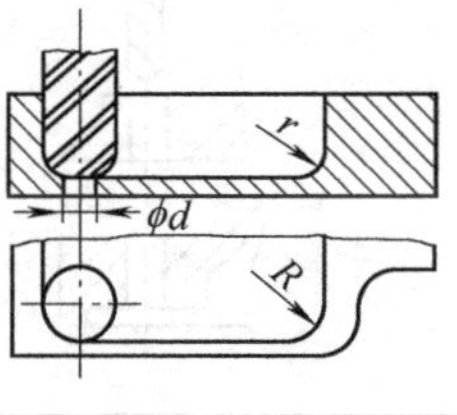	B 结构 R 大，r 小，铣刀端刃铣削面积大，生产率高

（续）

序号	（A）工艺性差的结构	（B）工艺性好的结构	说明
4	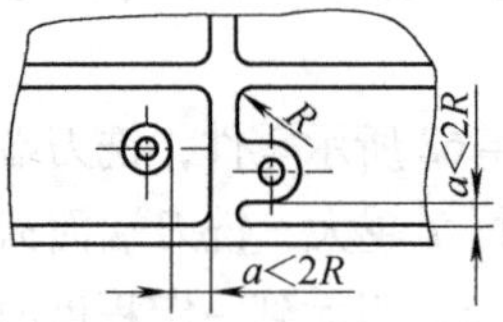	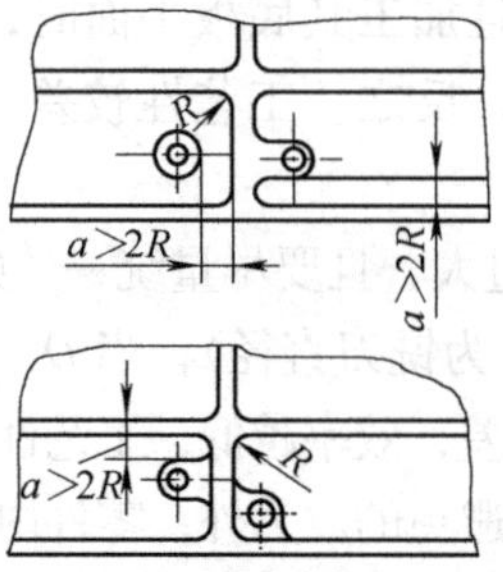	B 结构 $a>2R$，便于半径为 R 的铣刀进入，所需刀具少，加工效率高
5	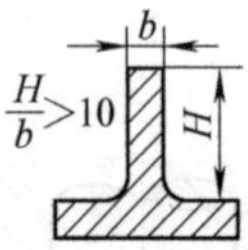	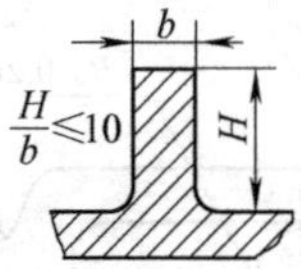	B 结构刚性好，可用大直径铣刀加工，加工效率高

2. 孔加工零件的结构工艺性分析

孔加工零件的结构工艺性分析主要从以下几方面考虑：

1）零件的切削加工量要小，以便减少切削加工时间，降低零件的加工成本。

2）零件上光孔和螺纹的尺寸规格尽可能少，减少加工时钻头、铰刀及丝锥等刀具的数量，以防刀库容量不够。

3）零件尺寸规格尽量标准化，以便采用标准刀具。

4）零件加工表面应具有加工的可能性和方便性。

5）零件结构应具有足够的刚性，以减少夹紧变形和切削变形。

有关孔加工零件的结构工艺性分析实例见表 4-7。

表 4-7　孔加工零件的结构工艺性分析实例

序号	（A）工艺性差的结构	（B）工艺性好的结构	说明
1	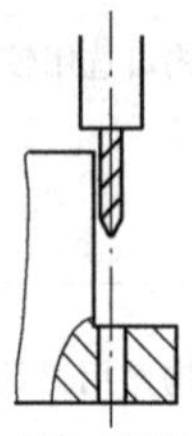	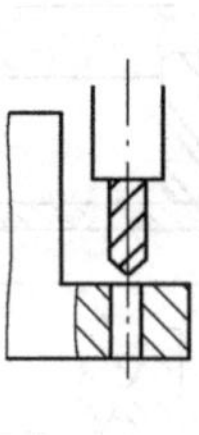	A 结构不便引进刀具，难以实现孔的加工
2	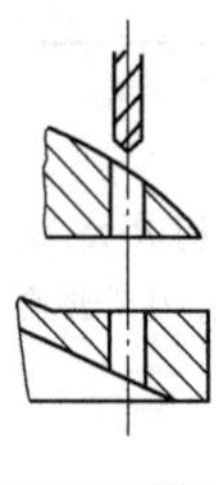	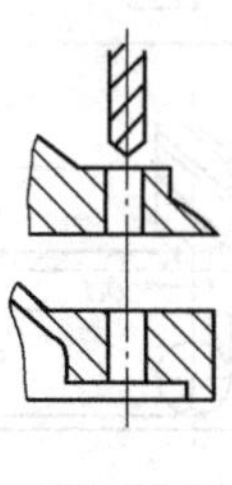	B 结构可避免钻头钻入和钻出时因工件表面倾斜而造成引偏或断损

（续）

序号	（A）工艺性差的结构	（B）工艺性好的结构	说明
3	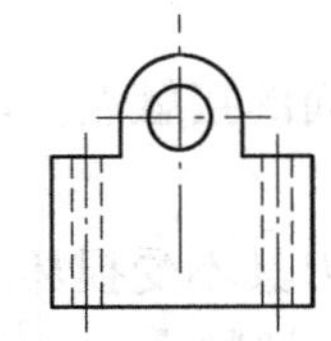	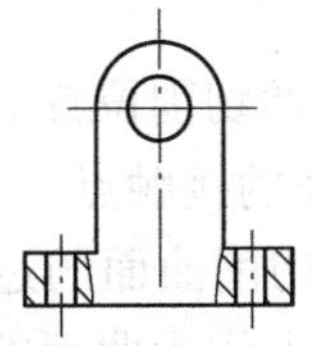	B结构节省材料，减小了质量，还避免了深孔加工
4	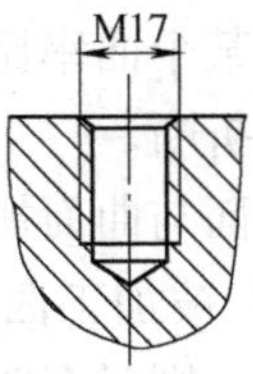	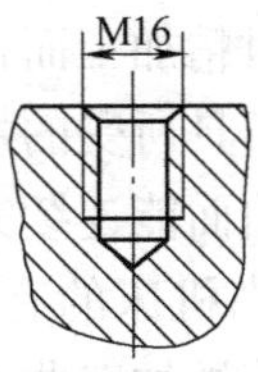	A结构不能采用标准丝锥攻螺纹
5	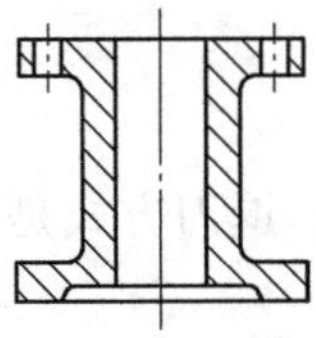	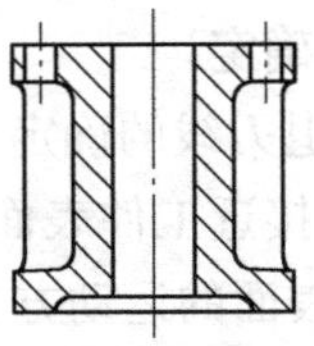	B结构刚性好
6	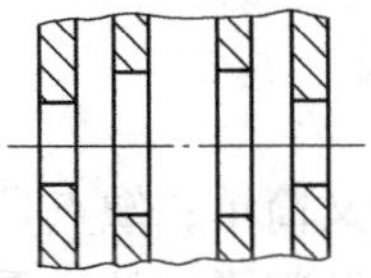	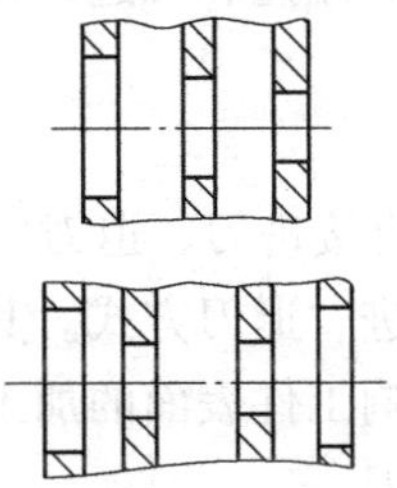	B结构孔径从一个方向递减或从两个方向递减，便于加工
7	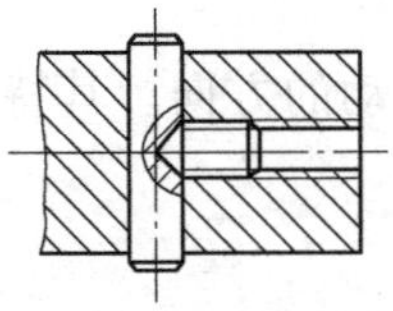	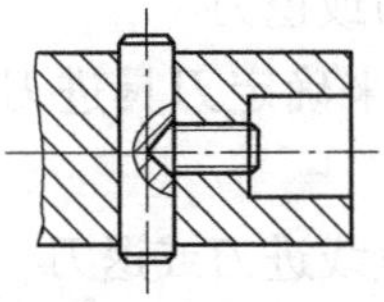	B结构可减少深孔的螺纹加工

三、与起刀、进刀和退刀有关的工艺问题的处理

（一）程序起刀点、返回点和切入点、切出点的确定

1. 起刀点、返回点确定原则

起刀点是指程序开始时，刀尖(刀位点)的初始停留点。返回点是指一把刀程序执行完毕后，刀尖返回后的停留点。返回点可与换刀点重合。

在同一个程序中起刀点和返回点最好相同，如果一个零件的加工需要几把刀具来完成，那么这几把刀起刀点和返回点也最好完全相同，以使操作方便。Z 坐标起刀点和返回点应定义在高出被加工零件的最高点 50~100mm 的某一位置上，即起始平面、退刀平面

所在的位置。这主要为了数控加工的安全性，同时也考虑数控加工的效率。一般数控铣床换刀点 X、Y 坐标要设置在工件坯料外换刀安全的地方。

2. 切入点、切出点的确定原则

切入点(进刀点)是指在曲面的初始切削位置上，刀具与曲面的接触点。切出点(退刀点)是指曲面切削完毕后，刀具与曲面的接触点。

切入点选择的原则是：在进刀或切削曲面的过程中，要使刀具不受损坏。一般来说，对粗加工而言，选择曲面内的最高角点作为曲面的切入点(初始切削点)，因为该点的切削余量较小，进刀时不易损坏刀具。对精加工而言，选择曲面内某个曲率比较平缓的角点作为曲面的切入点，因为在该点处，刀具所受的弯矩较小，不易折断。

切出点选择的原则是：主要考虑曲面能连续完整地加工及曲面与曲面加工间的非切削加工时间尽可能短，换刀方便，以提高机床的有效工作时间。若被加工曲面为开放型曲面，选择其中一个角点作为切出点；若被加工曲面为封闭型曲面，则只有曲面的一个角点为切出点，自动编程时系统一般自动确定。

（二）进刀、退刀方式及进刀、退刀线的确定

进刀方式是指加工零件前，刀具接近工件表面的运动方式；退刀方式是指零件(或零件区域)加工结束后，刀具离开工件表面的运动方式。

进刀、退刀线是为了防止过切、碰撞和飞边，在切入前和切出后设置的从引入点到切入点和从切出点引出的线。

进刀、退刀方式有如下几种：

方式 1：沿坐标轴的 Z 轴方向直接进刀、退刀

该方式是数控加工中最常用的进、退刀方式。其优点是定义简单；缺点是在工件表面进刀、退刀处会留下驻刀痕迹，影响工件表面的加工质量。在铣削平面轮廓零件时，应避免在零件垂直表面的方向进刀、退刀。

方式 2：沿给定的矢量方向进刀或退刀

该方式要先定义一个矢量方向来确定刀具进刀和退刀运动的方向。其特点与方式 1 类似。

方式 3：沿曲面的切矢方向以直线进刀或退刀

该方式是从被加工曲面的切矢方向切入或切出工件表面。其优点是在工件表面的进刀、退刀处不会留下驻刀痕迹，工件表面的加工质量高。如图 4-63 所示，用立铣刀铣削外圆轮廓零件时，为了避免在轮廓的切入点和切出点处留下刀痕，应沿轮廓外形的切线方向切入和切出。当零件轮廓由多个几何元素构成时，切入点和切出点一般选在零件轮廓两几何元素的交点处，进刀线、退刀线应沿零件轮廓延长线方向切入、切出；若零件轮廓不允许有外延，只能沿交点处的法向方向切入、切出。

方式 4：沿曲面的法矢方向进刀或退刀

该方式是以被加工曲面切入点或切出点的法矢量方向切入或切出工件表面。特点与方式 1 类似。

方式 5：沿圆弧段方向进刀或退刀

如图 4-64 所示，用立铣刀铣削内圆轮廓零件时，以圆弧段的运动方式切入或切出工

件表面，引入、引出线为圆弧，并且该圆弧使刀具与曲面相切。该方式必须首先定义切入或切出圆弧段。

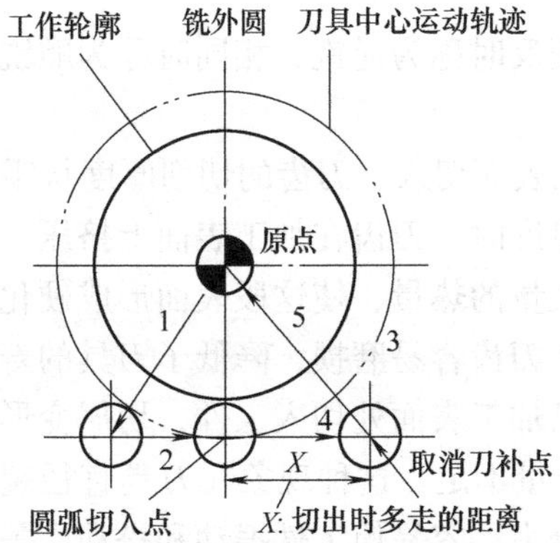

图 4-63　外圆铣削的进、退刀方式

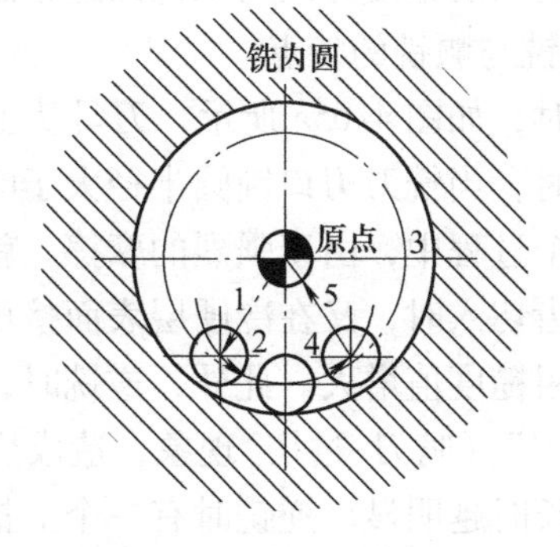

图 4-64　内圆铣削的进、退刀方式

方式 6：沿螺旋线或斜线进刀方式

即在两个切削层之间，刀具从上一层的高度沿螺旋线或斜线以渐进的方式切入工件，直到下一层的高度，然后开始正式切削。对于加工精度要求很高的型面加工来说，应选择沿曲面的切矢方向或沿圆弧方向进刀、退刀方式，这样不会在工件的进、退刀处留下驻刀痕迹而影响工件的表面加工质量。

（三）起始平面、返回平面、进刀平面、退刀平面和安全平面的确定

1. 起始平面与返回平面

起始平面是程序开始时刀具的初始位置所在的 Z 平面，如前所述，一般定义在被加工零件的最高点之上 50~100mm 的某一位置上。返回平面是指程序结束时，刀尖点所在的平面，它也定义在高出被加工表面最高点 50~100mm 的某个位置上，一般与起始平面重合。刀具在这两个平面上常以 G00 速度行进，其所在的高度也常被称为起始高度。

2. 安全平面

安全平面是指当零件一个表面切削完毕后，刀具沿刀轴方向返回运动一段距离后，刀尖所在的 Z 平面。它一般被定义在高出被加工零件最高点 10~50mm 的某个位置上，在此平面上刀具常以 G00 速度行进。这样设定安全平面既能防止刀具碰伤工件，又能减少空行程时间。安全平面所在的高度被称为安全高度。

3. 进刀平面与退刀平面

当刀具从安全平面下刀至要切到零件材料时变成以进刀速度下刀，此速度转折点所在平面即为进刀平面，其转折速度称为进刀速度或接近速度。此平面一般在加工面和安全平面之间，离加工面 5~10mm（指刀尖点到加工面间的距离），加工面为毛坯面时取大值，加工面为已加工面时取小值。进刀平面至加工平面之间的距离常被称为慢速下刀高度，此下刀速度即为进刀速度。当零件加工结束后，刀具以进给速度离开工件表面一段距离（5~10mm）后可转为以 G00 速度返回安全平面，此转折位置所在平面即为退刀平面。

四、逆铣、顺铣及切削方向、切削方式的确定

（一）逆铣与顺铣

铣刀的切削速度方向与工件的进给运动方向相反时称为逆铣，相同时称为顺铣。

1. 逆铣与顺铣的特点

逆铣时，如图4-65a所示，刀具从工件已加工表面切入，刀齿的切削厚度从零逐渐增大。逆铣时，当铣刀刃口钝圆半径大于瞬时切削厚度时，刀齿在加工表面上挤压、滑行现象，在这个过程中，由于强烈的摩擦，就会产生大量的热量，使这段表面形成硬化层；当下一个刀齿切入时，又在冷硬层表面挤压、滑行，刀齿容易磨损，降低了刀具的寿命，工件的表面粗糙度值增大。此外，逆铣时，刀齿从已加工表面处切入工件，切屑变形大，易产生“挖刀”（啃刀、过切）现象，造成后续加工余量不足。这种现象在刀具直径越小、刀杆伸出越长时越明显。逆铣时有一个上抬工件的分力，容易使工件振动和松动，需较大的夹紧力。但逆铣是从工件已加工表面切入的，当铣削表面有硬皮的毛坯件或强度、硬度较高的工件时，不易崩刀；逆铣时，有一个与工件进给方向相反的分力，使丝杠与螺母副间传动面始终紧贴，即使机床进给丝杠与螺母之间有间隙，逆铣也不会引起工作台窜动和爬行，铣削较平稳。

顺铣时，如图4-65b所示，刀具从工件待加工表面切入，刀齿的切削厚度从最大开始逐渐减小，无挤压、滑行现象，切屑分离时切削力很小，同时刀具垂直方向的分力终压向工作台，减小了工件的上下振动，工件夹持稳定性好，因而能提高铣刀寿命和工件加工表面质量。但若机床进给丝杠与螺母之间有间隙，且与工件进给方向相同的分力超过摩擦力时，会使工作台带动丝杠向右窜动，使丝杠与螺母副间传动面不能始终紧贴，造成工作台颤动和进给不均匀，产生窜动和爬行现象，引起打刀，严重时会崩刃；并且顺铣时，会出现让刀现象，造成欠切削。

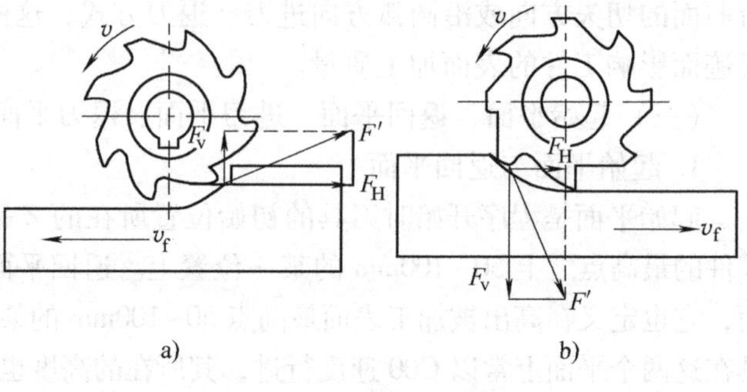

图4-65 逆铣和顺铣

a）逆铣 b）顺铣

2. 逆铣与顺铣方式的确定

根据逆铣与顺铣的特点，当机床的进给机构有间隙时，工件表面有硬皮或强度、硬度较高工件的粗铣，应尽量采用逆铣，按照逆铣方式安排进给路线。当工件表面无硬皮，机床进给机构无间隙时，应选用顺铣。由于顺铣加工表面质量好，刀齿磨损小，因此，精铣时应尽量采用顺铣，按照顺铣方式安排进给路线。加工铝镁合金、钛合金和耐热合金时，也应尽量采用顺铣。

由于数控铣床具有间隙补偿功能，因此，对于毛坯硬度不高、尺寸大、形状复杂、成本高的零件，即使粗加工，也可采用顺铣，以减少刀具的磨损，避免因“挖刀”而造成余量不足、不稳定的情况发生。

图 4-66 所示为顺铣轮廓面时刀具半径补偿的应用。从图中可看出，当主轴正转，刀具为右旋铣刀时，顺铣正好符合左刀补(即 G41)，而逆铣正好符合右刀补(即 G42)。

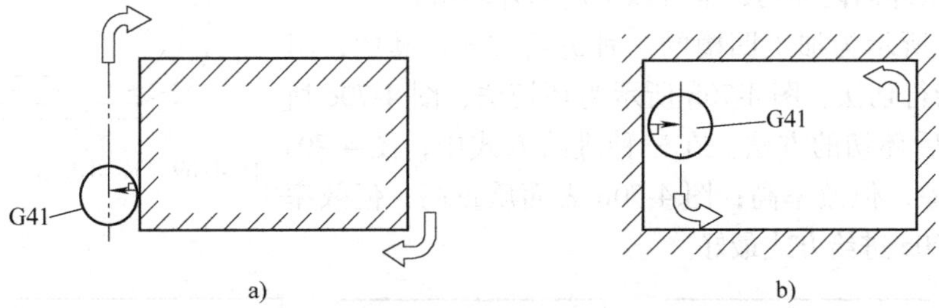

图 4-66 顺铣时刀具半径补偿的应用
a) 外轮廓 b) 内轮廓

(二) 切削(进给)方式和切削方向的确定

切削(进给)方式是指生成刀具运动轨迹时，刀具运动轨迹的分布方式；切削方向是指在切削加工时，刀具的运动方向。这两个概念在数控铣削工艺分析时是非常重要的，其选择是否合理会直接影响零件的加工精度和生产成本。孔加工时，主要是指孔加工的空行程进给路线和切削进给路线。其选择原则为：根据被加工零件表面的几何形状，在保证加工精度的前提下，使切削加工时间尽可能短。

1. 进给方式的选择

(1) 单向进给方式 单向进给方式(图 4-67)即抬刀连接进给方式，是指刀具加工到一行刀位的终点后，抬刀到安全高度，再沿直线快速进给到下一行开始点所在位置的安全高度，垂直进刀，然后沿着相同的方向进行加工。

单向进给方式在切削加工过程中能保证顺铣或逆铣的一致性，编程人员可根据实际加工要求选择顺铣或逆铣一种进给方式。由于该进给方式在完成一条切削轨迹后，附加了非切削运动轨迹，因此，延长了机床的加工时间。

(2) 往复进给方式 往复进给方式(图 4-68)即直线连接进给方式，它与单向进给方式不同的是在进给完一个行距后刀具沿着相反的方向进行加工，行间不抬刀，刀具运动轨迹呈“己”字形分布。

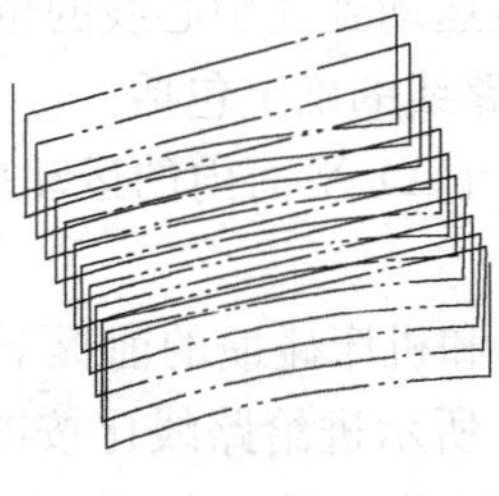

图 4-67 单向进给方式进给轨迹

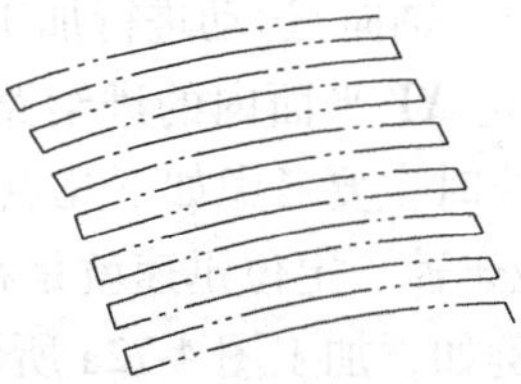

图 4-68 往复进给方式进给轨迹

该进给方式的特点是：在切削加工过程中顺铣、逆铣交替进行，表面质量较差但加工效率较高。单向进给方式和往复进给方式都属于行切进给方式。

(3) 环切进给方式 环切进给方式(图 4-69)运动轨迹是一组被加工曲面的等参数封

闭曲线，它主要用于封闭环状曲面的刀具运动轨迹的生成。具体环切轨迹又分为等距环切、依外形环切、螺旋环切等，可以从外向内环切，也可以从内向外环切。

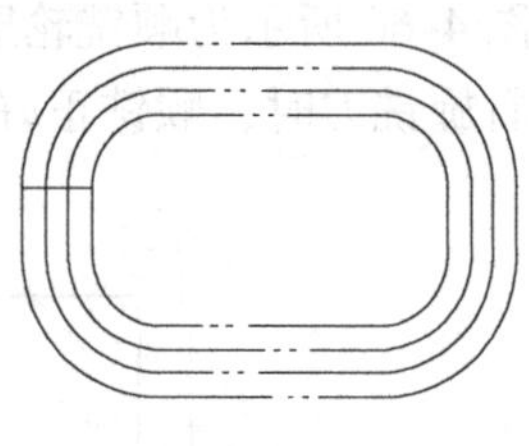

图 4-69 环切进给方式进给轨迹

图 4-70 所示为加工凹槽的三种进给方式。其中，图 4-70a 所示为行切法，图 4-70b 所示为环切法，图 4-70c 所示为先行切后环切的方法。在三种进给方式中，图 4-70a 表面质量最差，但效率高；图 4-70b 表面质量高，但效率最低；图 4-70c 进给方式最好。

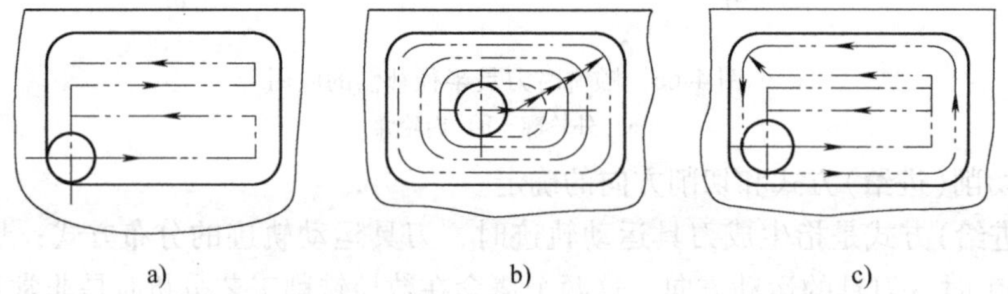

图 4-70 凹槽加工进给方式

（4）拐角过渡方式　拐角过渡方式就是在切削过程中遇到拐角时的处理方式，一般为尖角和圆弧两种过渡方法，如图 4-71 所示。

尖角：刀具从轮廓的一边到另一边的过程中，以直线的方式过渡。

圆弧：刀具从轮廓的一边到另一边的过程中，以圆弧的方式过渡。

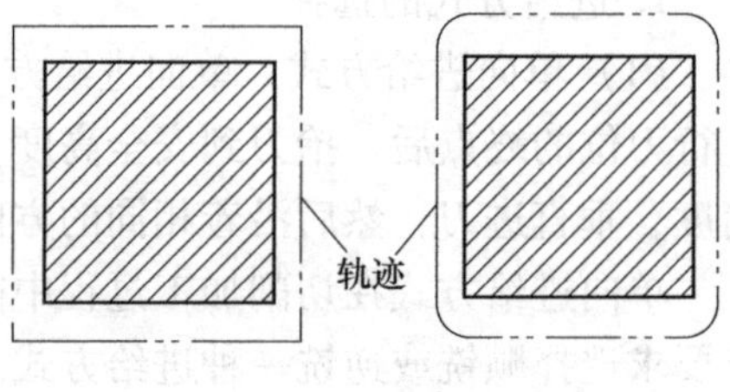

图 4-71 拐角过渡方式进给轨迹

2. 二维线框轮廓加工中的切削方向选择

在制订零件轮廓的粗铣加工工艺时，考虑到零件表面的加工余量大，应采用逆铣方法，以便减少机床的振动；而在制订零件轮廓的精铣加工工艺时，考虑到精加工的目的是保证零件的加工精度和表面粗糙度值，应采用顺铣方法。同时，应注意防止刀具直接切入工件表面，留下驻刀痕迹，影响被加工表面粗糙度，应沿零件轮廓的切线方向切入、切出。

孔加工时，一般是首先将刀具在 *XY* 平面内快速定位运动到孔中心线的位置上，然后刀具再沿 *Z* 向(轴向)运动进行加工。所以，孔加工进给路线的确定包括：

（1）确定 *XY* 平面内的进给路线　孔加工时，刀具在 *XY* 平面内的运动属点位运动，确定进给路线时主要考虑如下几点：

1）定位迅速。定位迅速就是在刀具不与工件、夹具和机床碰撞的前提下空行程时间尽可能短。例如，加工图 4-72a 所示零件时，按图 4-72b 所示进给路线比按图 4-72c 所示进给路线节省定位时间近一半，这是因为在点位运动情况下，刀具由一点运动到另一点时，通常是沿 *X*、*Y* 坐标轴方向同时快速移动。当 *X*、*Y* 轴各自移距不同时，短移距方向的运动先停，待长移距方向的运动停止后刀具才达到目标位置。图 4-72b 所示的方案使沿两轴方向的移距接近，所以定位过程迅速。

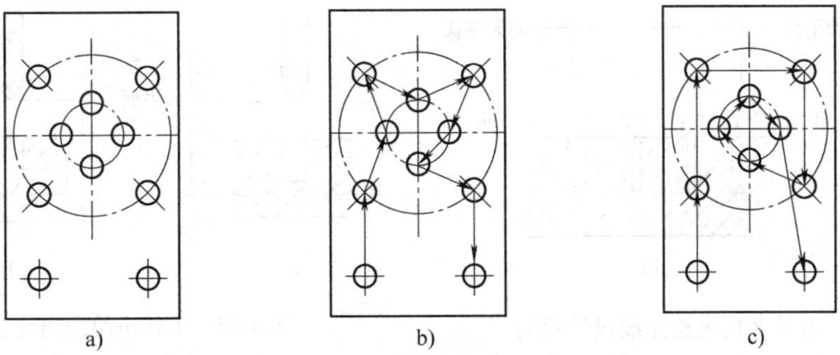

图 4-72　最短进给路线设计示例

2）定位准确。安排进给路线时，要避免机械进给系统反向间隙对孔位精度的影响。例如，镗削图 4-73a 所示零件上的 4 个孔。按图 4-73b 所示进给路线加工，由于 4 孔与 1、2、3 孔定位方向相反，Y 向反向间隙会使定位误差增加，从而影响 4 孔与其他孔的位置精度。按图 4-73c 所示进给路线，加工完 3 孔后往上多移动一段距离至 P 点，然后再折回来在 4 孔处进行定位加工，这样方向一致，就可避免反向间隙的引入，提高了 4 孔的定位精度。

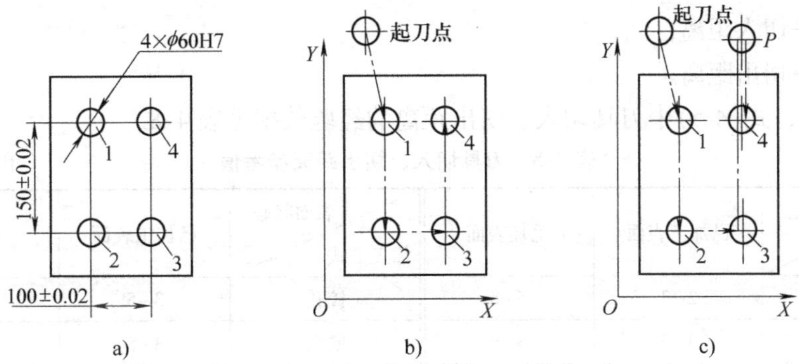

图 4-73　准确定位进给路线设计示例

定位迅速和定位准确有时两者难以同时满足，在上述两例中，图 4-73b 所示是按最短路线走刀，但不是从同一方向趋近目标位置，影响了刀具定位精度；图 4-73c 所示是从同上方向趋近目标位置，但不是最短进给路线，增加了刀具的空行程。这时应抓主要矛盾，若按最短进给路线走刀能保证定位精度，则取最短进给路线；反之，应取能保证定位准确的进给路线。

（2）确定 Z 向(轴向)的进给路线　刀具在 Z 向的进给路线分为快速移动进给路线和工作进给路线。刀具先从起始平面快速运动到距工件加工表面一定距离的 R 平面(距工件加工表面一切入距离的平面)上，然后按工作进给速度运动进行加工。图 4-74a 所示为加工单个孔时刀具的进给路线。

对同一表面上的多孔加工，为减少刀具空行程进给时间，加工中间孔时，刀具不必退回到初始平面，只要退到 R 平面上即可，其进给路线如图 4-74b 所示。

在工作进给路线中，工作进给距离 Z_F 包括被加工孔的深度 H、刀具的切入距离 Z_a 和切出距离 Z_0(加工通孔)，如图 4-75 所示。

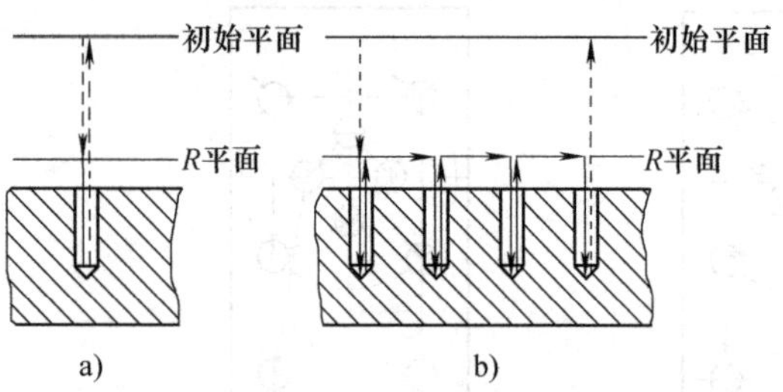

图 4-74 刀具 Z 向进给路线设计示例

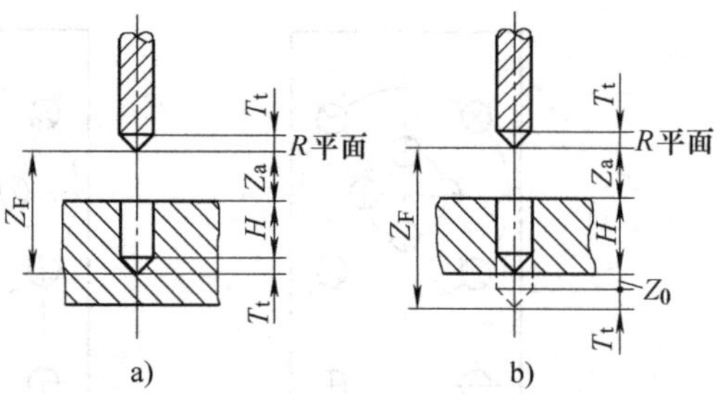

图 4-75 工作进给距离计算图

加工不通孔(封闭不通槽)时，工作进给距离为

$$Z_F = Z_a + H + T_t \tag{4-4}$$

加工通孔(通槽或轮廓面)时，工作进给距离为

$$Z_F = Z_a + H + Z_0 + T_t \tag{4-5}$$

式中 T_t——钻孔时一般取 $T_t = 0.3d$(d 为钻头的直径)，铣削通槽或轮廓面时等于立铣刀端刃底圆角半径(mm)；

H——孔的深度；

Z_a——切入距离；

Z_0——切出距离。

式(4-4)、式(4-5)中刀具切入、切出距离的经验数据见表 4-8。

表 4-8 刀具切入、切出距离参考值 (单位:mm)

表面状态 / 加工方式	已加工表面	毛坯表面	表面状态 / 加工方式	已加工表面	毛坯表面
钻孔	2~3	5~8	铰孔	3~5	5~8
扩孔	3~5	5~8	铣削	3~5	5~10
镗孔	3~5	5~8	攻螺纹	5~10	5~10

五、数控铣削加工工艺参数的确定

确定工艺参数是工艺制订中重要的内容，合理地选择工艺参数，不但可以提高切削效率，还可以提高零件的加工质量，降低成本。数控铣削加工工艺参数主要包括步长、行距、切削用量等。孔加工工艺参数主要是指切削用量。对于不同的加工方法、不同的设备、不同的工件、不同的刀具、不同的精度及表面质量要求，需要选择不同的工艺参数，并编入程序单内。数控铣削加工工艺参数的选择主要有以下几个方面：

(一) 与切削参数有关的工艺参数的确定

与切削参数有关的工艺参数主要是指曲面加工中的步长、行距、逼近误差等工艺参数，下面分别加以介绍。

1. 逼近误差 e_r 的确定

逼近误差 e_r 表示实际切削轨迹偏离理论轨迹的最大允许误差。在两轴联动加工中，当零件轮廓由直线和圆弧构成时，不存在逼近误差；当零件轮廓由非圆曲线构成，而数控系统又不具备该曲线插补功能时，逼近误差指对该曲线进行加工时用折线段逼近该曲线时的最大误差。对曲面的三轴数控加工而言，刀具的运动是通过对三个坐标轴进行线性插补完成的，这意味着刀具运动轨迹是由相应的直线段组成的。因此，在曲面加工中，我们所给定的逼近偏差一定是刀具轨迹同加工模型之间的最大允许误差，这样系统才能保证刀具轨迹与实际加工模型之间的偏离不大于逼近误差。为了确保零件的加工精度，提高加工效率，必须根据实际加工要求指定合理的逼近误差值。例如在进行粗加工时，逼近误差可以较大；而进行精加工时，需根据表面要求等给定逼近误差，若零件曲面已给出了形状公差，逼近误差应小于零件曲面形状公差。在指定逼近误差时有三种方式(图 4-76)可供选用。

(1) 指定外逼近误差值　误差分布在零件轮廓的外侧，如图 4-76a 所示。

(2) 指定内逼近误差值　误差分布在零件轮廓的内侧，如图 4-76b 所示。

(3) 同时指定内、外逼近误差　误差分布在零件轮廓的两侧，如图 4-76c 所示。

对于精度要求较高的大型复杂零件，如模具型面，在实际加工中一般采用指定外逼近误差值的方法。为保证其在数控机床上加工后具有高精度，钳工研修工作量小，确保研修后零件表面形状的失真性在要求的范围内，同时考虑生成刀具轨迹时不产生过多的刀位点，型面精加工和精清根加工的逼近误差值(公差)一般为 0.015~0.03mm。

2. 行距与步长的确定

由于空间曲面一般都采用行切法加工，故无论采用三坐标联动还是两轴半联动铣削，都必须计算行距与步长。

(1) 行距(切削间距)S 的确定方法　行距 S(图 4-77)是指加工轨迹中相邻两行刀具轨迹之间的距离。

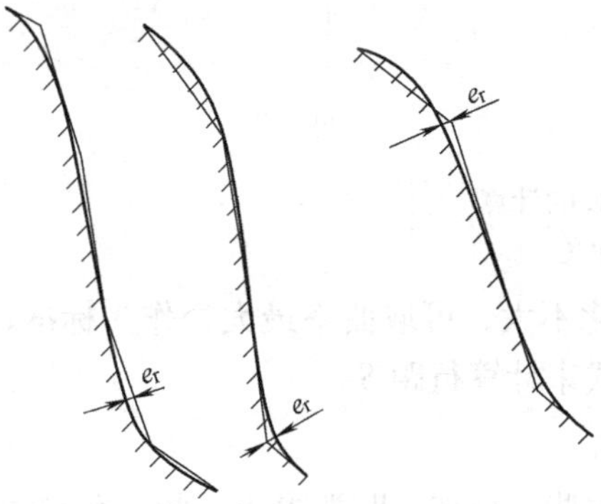

图 4-76　逼近误差分布方式

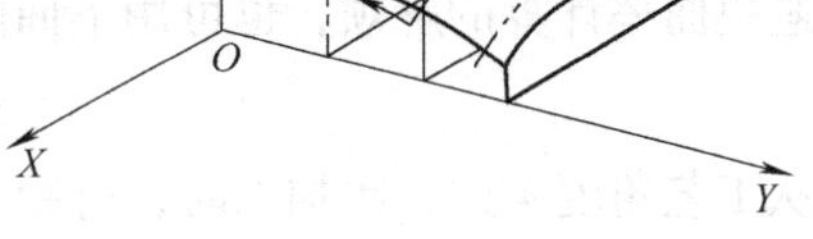

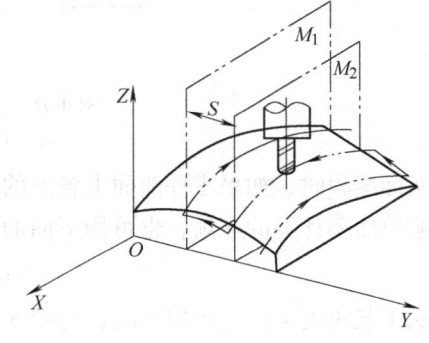

图 4-77　行切法加工加工曲面

在切削参数中，行距的选择是非常重要的，它关系到被加工零件的加工精度和加工费用。行距小，残留高度小，则加工精度高，钳工的研修工作量小，但所需加工时间长，费用高；行距大，残留高度大，则加工精度低，钳工的研修工作量大，研修后零件型面失真性较大，难以保证零件的加工精度，但所需加工时间短。由此可知，行距必须根据加工精度要求及占用数控机床的机时来综合考虑。在三轴加工中，由于行距造成的两刀之间一些材料未被切削，这些材料距切削面的高度即是残留高度。因此加工时，可通过控制残留高度来控制零件的加工精度。

定义行距的方法有以下两种：

1）直接定义行距。该方法通过直接定义两相邻切削行之间的距离来确定行距。其特点是算法简单，计算速度快。它适合于零件的粗加工、半精加工和曲率半径较大的零件加工。对粗加工而言，行距一般选为所使用刀具直径的一半左右；对曲率半径较大零件的精加工而言，行距一般选为所使用刀具直径的 1/10 左右。

2）用残留高度 h 来确定行距 S　由图 4-78a 可以看出残留高度 h 是指沿被加工表面的法矢量方向上两相邻切削行之间残留沟纹的高度。行距大，残留高度大，则表面粗糙度值大，必将增大钳修工作难度及降低零件最终加工精度；但行距太小，虽然能提高加工精度，减小钳修困难，但导致程序冗长，占机加工时间成倍增加，效率降低。

当采用球头铣刀加工，而球头铣刀半径 $r_刀$ 与曲面上曲率半径 ρ 相差较大时，则行距

$$S=2\sqrt{h(2r_刀-h)}\cdot\frac{\rho}{r_刀\pm\rho} \tag{4-6}$$

式(4-6)中，当两相邻切削行之间曲线段为凸起时取正号，凹时取负号。

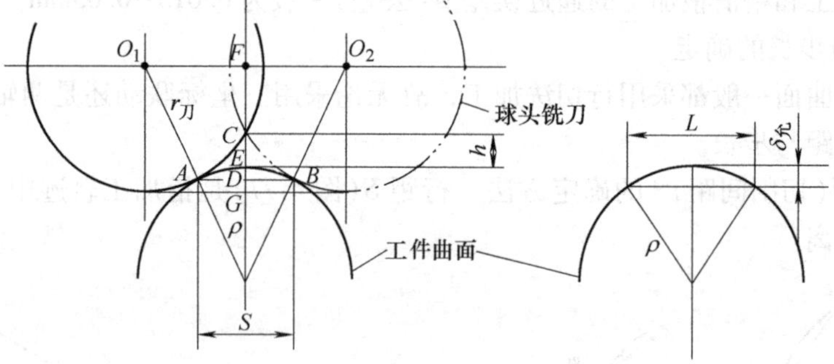

图 4-78　行距与步长的计算

a）行距　b）步长

实际编程时，如果零件曲面上各点的曲率变化不大，可取曲率最大处作为标准计算。为了避免曲率计算的麻烦，也可用下面的近似公式来计算行距 S

$$S\approx2\sqrt{2r_刀 h} \tag{4-7}$$

从工艺角度考虑，粗加工时，行距 S 可选得大些，精加工时选得小一些。有时为了减小刀峰高度 h(残留高度)，也可以在原来的两行距之间(刀峰处)加密行切一次，即进行去刀峰处理，这相当于 S 减小一半，实际效果会更好些。

用残留高度定义行距，是根据被加工零件形状的复杂程度，以所给定的残留高度为依据，由系统自动地计算出行距，来保证被加工零件的加工精度的。一般情况下，对曲率半径较小的曲面或加工精度要求较高的曲面，都可采用残留高度来定义行距。对一般模具曲面来说，大曲率半径的曲面，残留高度取为 0.1mm 左右；曲率半径小于 10mm 的圆弧过渡面，残留高度取 0.05mm 左右。

（2）步长（步距）L 的确定　在三轴联动加工中，还可以用给定步长的方式控制加工的误差，步长（图 4-78b）是用来控制刀具步进方向上每两个刀位点位置之间距离的长度，它决定了刀位点数据的多少。在加工过程中数控系统会按照所给定的步长计算刀具轨迹，同时对生成的刀具轨迹进行优化处理，删除处于同一直线上的刀位点，这样在保证加工精度的前提下可提高加工效率。因此，给定的步长是最小步长，即步距，实际生成的刀具轨迹中的步长可能大于用户给定的步长。采用等逼近误差方式控制零件加工精度时，进给轨迹曲率较小处的步长较长，进给轨迹曲率较大处的步长较短。

步长的确定方法如下：

1）直接定义步长法，即在编程时直接给出步长值，系统按给定步长计算各刀位点位置。步长是根据零件的加工精度要求来确定的，因此采用此法需要一定的经验。

2）间接定义步长法，即通过定义逼近误差来间接定义步长，即步长 $L=\sqrt{8e_r r}$（r 为轮廓曲率半径）。步长确定后，要求实际切削进给速度 $v_f \leqslant L/T$（T 为数控系统的插补周期），这样可以保证插补步长小于步距，即保证插补误差小于逼近误差。

（二）与切削用量有关的工艺参数的确定

数控加工中切削用量确定的原则与普通机床加工基本相同，即根据切削原理中规定的方法以及机床的性能和规定的允许值、刀具寿命等来选择和计算，并结合实践经验确定。

合理切削用量的选择原则是：粗加工时，以提高生产率为主，但也应考虑经济性和加工成本；半精加工和精加工时，应在保证加工质量的前提下，兼顾切削效率、经济性和加工成本。目前生产中是根据选用的不同材料、不同型号、应用于不同生产条件的刀片或刀具所推荐的具体切削用量值并参照实践经验来确定切削用量的。

1. 铣削切削用量的选择

（1）背吃刀量 a_p 和侧吃刀量 a_e（图 4-79）的选择

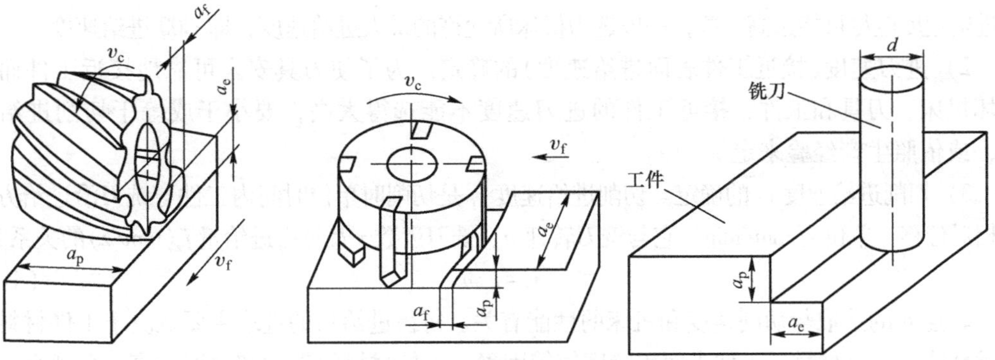

图 4-79　背吃刀量和侧吃刀量

背吃刀量 a_p 为平行于铣刀轴线测量的切削层尺寸，单位为 mm。端铣时为切削层深度；而圆周铣削时为被加工表面的宽度。

侧吃刀量 a_e 为垂直于铣刀轴线测量的切削层尺寸，单位为 mm。端铣时为被加工表面宽度；而圆周铣削时为切削层深度。

从延长刀具的角度寿命出发，选择切削用量的方法是：先选取背吃刀量或侧吃刀量，其次确定进给速度，最后确定切削速度。背吃刀量和侧吃刀量的确定主要根据机床夹具、刀具、工件的刚度和被加工零件的精度要求来决定，因其对刀具寿命影响最小。如果零件精度要求不高，在工艺系统刚度允许的情况下，最好一次切净加工余量，即 a_p 或 a_e 等于加工余量，以提高加工效率；如果零件精度要求高，为保证表面粗糙度值和精度，需采用多次进给。

1）当工件表面粗糙度值要求为 $Ra25 \sim 12.5\mu m$ 时，如果圆周铣削的加工余量小于5mm，端铣的加工余量小于6mm，粗铣一次进给就可以达到要求。但在余量较大，工艺系统刚性较差或机床动力不足时，可分两次进给完成。

2）当工件表面粗糙度值要求为 $Ra12.5 \sim 3.2\mu m$ 时，可分粗铣和半精铣两步进行。粗铣时背吃刀量或侧吃刀量选取同前，粗铣后留0.5~1.0mm余量，在半精铣时切除。

3）当工件表面粗糙度值要求为 $Ra3.2 \sim 0.8\mu m$ 时，可分粗铣、半精铣、精铣三步进行。半精铣时背吃刀量或侧吃刀量取1.5~2mm；精铣时圆周铣侧吃刀量取0.3~0.5mm，端铣背吃刀量取0.5~1mm。

一般讲，为提高切削效率，要尽量选用大直径的铣刀。切削宽度取刀具直径的1/3~1/2，切削深度应大于冷硬层。用立铣刀粗铣时，一般应先选侧吃刀量 a_e，然后再根据侧吃刀量 a_e 选择背吃刀量 a_p。当 $a_e < \frac{d}{2}$（d 为铣刀直径）时，取 $a_p = \left(\frac{1}{3} \sim \frac{1}{2}\right)d$；当 $\frac{d}{2} \leqslant a_e < d$ 时，取 $a_p = \left(\frac{1}{4} \sim \frac{1}{3}\right)d$；当 $a_e = d$（即满刀切削）时，取 $a_p = \left(\frac{1}{5} \sim \frac{1}{4}\right)d$。

（2）与进给有关参数的确定　在加工复杂表面的自动编程中，有五种进给速度需设定，它们是快速进给速度（空刀进给速度）、进刀速度（接近工件表面进给速度）、切削进给速度（进给速度）、行间连接速度（跨越进给速度）及退刀进给速度（退刀速度）。现分别讨论这些进给速度的设定原则。

1）快速进给速度（空刀进给速度）的确定。为了节省非切削加工时间，降低生产成本，快速进给速度应尽可能选高一些，一般选为机床所允许的最大进给速度，即G00进给速度。

2）进刀速度（接近工件表面进给速度）的确定。为了使刀具安全可靠地接近工件而不损坏机床、刀具和工件，接近工件的进刀速度不能选得太高，要小于或等于切削进给速度，或依照生产经验来定。

3）切削进给速度 v_f 的确定。切削进给速度 v_f 是切削时单位时间内工件与铣刀沿进给方向的相对位移，单位为mm/min。它与铣刀转速 n、铣刀齿数 z 及每齿进给量 f_z（mm/z）的关系为

$$v_f = f_z z n \tag{4-8}$$

转速 n 的选取与切削速度和机床的性能有关。每齿进给量的选取主要取决于工件材料的力学性能、刀具材料、工件表面粗糙度值等因素。工件材料的强度和硬度越高，f_z 越小；反之则越大。硬质合金铣刀的每齿进给量高于同类高速钢铣刀。工件表面粗糙度值越小，f_z 就越小。每齿进给量的确定可参考表4-9选取，工件刚性差或刀具强度低时，应取小值。因此，切削进给速度应根据所采用机床的性能、刀具材料和尺寸、被加工零件材料的切削加工性能和加工余量的大小来综合确定。一般原则是：工件表面的加工余量大，切削进给速度低；反之则高。切削进给速度可由机床操作者根据被加工工件表面的具体情况进行手动调整，以获得最佳切削状态。切削进给速度不能超过按逼近误差和插补周期计算所允许的进给速度。

表 4-9　铣刀每齿进给量

工件材料	每齿进给量 f_z/(mm/z)			
	粗铣		精铣	
	高速钢铣刀	硬质合金铣刀	高速钢铣刀	硬质合金铣刀
钢	0.10~0.15	0.10~0.25	0.02~0.05	0.10~0.15
铸铁	0.12~0.20	0.15~0.30		

设进给速度为 v_f，插补步长为 L 的坐标分量分别为 L_x、L_y 和 L_z，有

$$L=\sqrt{L_x^2+L_y^2+L_z^2}$$

则各运动坐标方向的分速度为

$$v_{fx}=\frac{L_x}{l}v_f,\ v_{fy}=\frac{L_y}{l}v_f,\ v_{fz}=\frac{L_{fz}}{l}v_f \tag{4-9}$$

假定编程所给的进给速度 v_f 恒定，从式(4-9)可以看出，各运动坐标方向的分速度一般来说是变化的。

在选择进给速度时还要注意零件加工中的一些特殊情况。例如，在高速进给的轮廓加工中，由于工艺系统的惯性作用，在拐角处刀具容易产生“超程”和“过切”现象，如图 4-80 所示。解决的办法是在编程时，在接近拐角前适当地降低进给速度，过拐角后再逐渐增速。有时在轮廓加工中，当刀具运动方向改变时，由于工艺系统在切削力作用下，有可能使刀具产生滞后，还会在拐角处产生“欠程”现象。

又如当加工圆弧段时，切削点的实际进给速度 v_t 并不等于选定的刀具中心进给速度 v_f。由图 4-81 可知，加工外圆弧时，切削点的实际进给速度 v_t 为

$$v_t=\frac{R}{R+r}v_f \tag{4-10}$$

式中　R——加工圆弧半径(mm)；

　　　r——铣刀半径(mm)。

此时 $v_t<v_f$。

而加工内圆弧时

即 $v_t>v_f$。如果 $R\approx r$ 时，则切削点的实际进给速度将变得非常大，有可能损伤刀具或工件，所以要考虑圆弧半径对实际进给速度的影响。

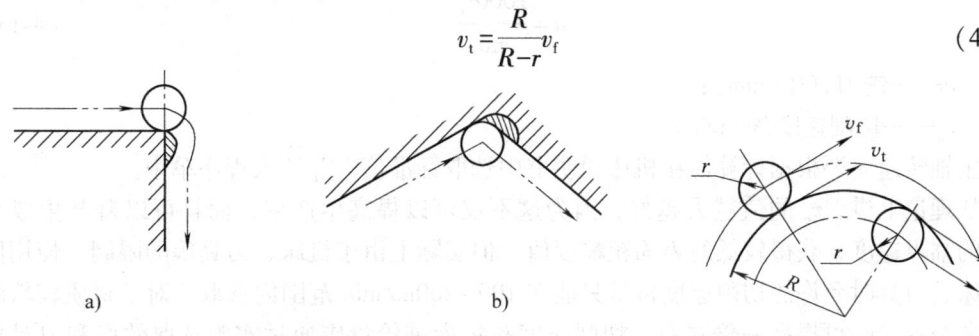

$$v_t=\frac{R}{R-r}v_f \tag{4-11}$$

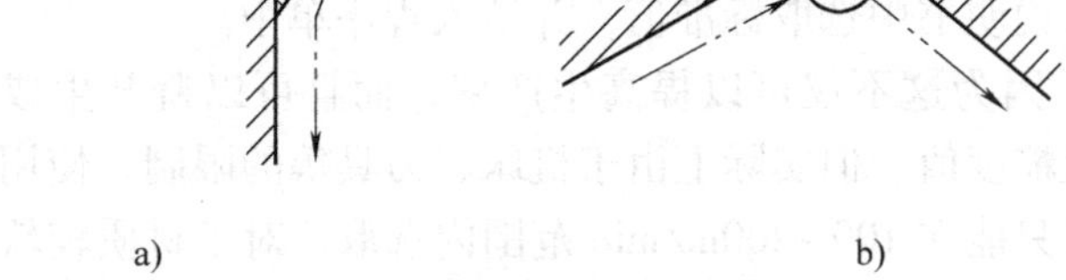

图 4-80　拐角处的超程和过切

a）超程现象　b）过切现象

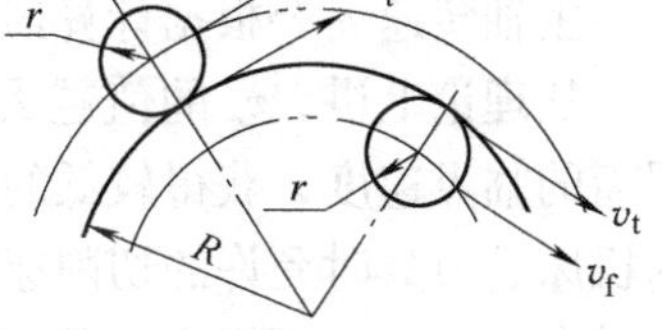

图 4-81　切削圆弧的进给速度

当具体选定某一厂家的刀具时，切削进给速度可按厂家推荐值经实验后选定。

4）行间连接速度(跨越进给速度)的确定。行间连接速度是指在曲面区域加工中，刀具从上切削行运动到下一切削行时所具有的运动速度。该速度一般小于或等于切削进给速度。

5）退刀进给速度(退刀速度)的确定。为了缩短非切削加工时间，降低生产成本，退刀进给速度应选择机床所允许的最大快速移动速度，即 G00 速度。

（3）与切削速度有关的参数确定

1）切削速度 v_c 的确定。根据切削原理可知，切削速度的高低主要取决于被加工零件的精度、材料、刀具的材料和刀具的寿命等因素。铣削的切削速度计算公式为

$$v_c=\frac{C_v d^q}{T^m f_z^{y_v} a_p^{x_v} a_e^{p_v} z^{x_v} 60^{1-m}}K_v \tag{4-12}$$

由式(4-12)可知，铣削的切削速度 v_c 与刀具寿命 T、每齿进给量 f_z、背吃刀量 a_p、侧吃刀量 a_e 以及铣刀齿数 z 成反比，而与铣刀直径 d 成正比。其原因为，f_z、a_p、a_e 和 z 增大时，切削刃负载增加，而且同时工作齿数也增多，使切削热增加，刀具磨损加快，从而限制了切削速度的提高。刀具寿命的提高使允许使用的切削速度降低。但是加大铣刀直径则可改善散热条件，因而可提高切削速度。式(4-12)中系数及指数都由实验确定，也可参考有关切削用量手册选用。

铣削的切削速度也可参考表 4-10 选取。

表 4-10　铣削的切削速度

工件材料	硬度(HBW)	切削速度 v_c/(m/min)	
		高速钢铣刀	硬质合金铣刀
钢	<225	8~42	66~150
	225~325	12~36	54~120
	325~425	6~21	36~75
铸铁	<190	21~36	66~150
	190~260	9~18	45~90
	160~320	4.5~10	21~30

2）主轴转速 n 的确定。根据允许的切削速度 v_c(m/min)来确定主轴转速

$$n=\frac{1000v_c}{\pi d} \tag{4-13}$$

式中　d——铣刀直径(mm)；

v_c——切削速度(m/min)。

主轴转速 n 要根据计算值在机床说明书中选取标准值，并填入程序单中。

从理论上讲，v_c 的值越大越好，因为这不仅可以提高生产率，而且可以避开生成积屑瘤的临界速度，获得较低的表面粗糙度值。但实际上由于机床、刀具等的限制，使用国内机床、刀具时允许的切削速度常常只能在 100~200m/min 范围内选取。对于材质较软的铝镁合金等，v_c 可提高一倍左右。切削速度和每齿进给量应通过实验选取效率和刀具寿命的综合最佳值。

2. 孔加工切削用量的选择

孔加工主轴转速 n 根据选定的切削速度 v_c 和加工工件直径 d(或刀具直径)仍按式(4-13)来计算。

孔加工切削进给速度 v_f(mm/min)可按下式来计算

$$v_f = fn \tag{4-14}$$

式中　f——主轴每转进给量(mm/r)；

　　n——主轴转速(r/min)。

表4-11～表4-15中列出了部分孔加工的切削用量，供选择时参考。

表4-11　高速钢钻头加工铸铁的切削用量

材料硬度 / 切削用量 / 钻头直径/mm	160～200HBW		200～400HBW		300～400HBW	
	v_c/(m/min)	f/(mm/r)	v_c/(m/min)	f/(mm/r)	v_c/(m/min)	f/(mm/r)
1～6	16～24	0.07～0.12	10～18	0.05～0.1	5～12	0.03～0.08
6～12	16～24	0.12～0.2	10～18	0.1～0.18	5～12	0.08～0.15
12～22	16～24	0.2～0.4	10～18	0.18～0.25	5～12	0.15～0.2
22～50	16～24	0.4～0.8	10～18	0.25～0.4	5～12	0.2～0.3

注：采用硬质合金钻头加工铸铁时取 v_c=20～30m/min。

表4-12　高速钢钻头加工钢件的切削用量

材料强度 / 切削用量 / 钻头直径/mm	σ_b=520～700MPa (35、45钢)		σ_b=700～900MPa (15Cr、20Cr钢)		σ_b=1000～1100MPa (合金钢)	
	v_c/(m/min)	f/(mm/r)	v_c/(m/min)	f/(mm/r)	v_c/(m/min)	f/(mm/r)
1～6	8～25	0.05～0.1	12～30	0.05～0.1	8～15	0.03～0.08
6～12	8～25	0.1～0.2	12～30	0.1～0.2	8～15	0.08～0.15
12～22	8～25	0.2～0.3	12～30	0.2～0.3	8～15	0.15～0.25
22～50	8～25	0.3～0.45	12～30	0.3～0.45	8～15	0.25～0.35

表4-13　高速钢铰刀铰孔的切削用量

工件材料 / 切削用量 / 钻头直径/mm	铸铁		钢及合金钢		铝、铜及其合金	
	v_c/(m/min)	f/(mm/r)	v_c/(m/min)	f/(mm/r)	v_c/(m/min)	f/(mm/r)
6～10	2～6	0.3～0.5	1.2～5	0.3～0.4	8～12	0.3～0.5
10～15	2～6	0.5～1	1.2～5	0.4～0.5	8～12	0.5～1
15～25	2～6	0.8～1.5	1.2～5	0.5～0.6	8～12	0.8～1.5
25～40	2～6	0.8～1.5	1.2～5	0.4～0.6	8～12	0.8～1.5
40～60	2～6	1.2～1.8	1.2～5	0.5～0.6	8～12	1.5～2

注：采用硬质合金铰刀加工铸铁时取 v_c=8～10m/min，铰铝时 v_c=12～15m/min。

表 4-14 镗孔切削用量

工序	刀具材料	铸铁 v_c/(m/min)	铸铁 f/(mm/r)	钢及合金钢 v_c/(m/min)	钢及合金钢 f/(mm/r)	铝、铜及其合金 v_c/(m/min)	铝、铜及其合金 f/(mm/r)
粗镗	高速钢 硬质合金	20~25 35~50	0.4~1.5	15~30 50~70	0.35~0.7	100~150 100~250	0.5~1.5
半精镗	高速钢 硬质合金	20~35 50~70	0.15~0.45	15~50 95~135	0.15~0.45	100~200	0.2~0.5
精镗	高速钢 硬质合金	70~90	<0.08 0.12~0.15	100~135	0.12~0.15	150~400	0.06~0.1

注：当采用高精度镗头镗孔时，由于余量较小，直径余量不大于 0.2mm，切削速度可提高一些，加工铸铁时为 100~150m/min，钢件为 150~200m/min，铝合金为 200~400m/min。进给量可在 0.03~0.1mm/r 范围内。

表 4-15 攻螺纹切削用量

加工材料	铸铁	钢及合金钢	铝、铜及其合金
v_c/(m/min)	2.5~5	1.5~5	5~15

表 4-16~表 4-17 中列出了公差等级为 IT7、IT8 孔的加工方式及其工序间的加工余量，供参考。

表 4-16 在实体材料上的孔加工方式及加工余量 （单位:mm）

加工孔的直径	直径：钻 第一次	钻 第二次	粗加工 粗镗	粗加工 或扩孔	半精加工 粗铰	半精加工 或半精镗	精加工(H7、H8) 精铰	精加工(H7、H8) 或精镗
3	2.9	—	—	—	—	—	3	—
4	3.9	—	—	—	—	—	4	—
5	4.8	—	—	—	—	—	5	—
6	5.0	—	—	5.85	—	—	6	—
8	7.0	—	—	7.85	—	—	8	—
10	9.0	—	—	9.85	—	—	10	—
12	11.0	—	—	11.85	11.95	—	12	—
13	12.0	—	—	12.85	12.95	—	13	—
14	13.0	—	—	13.85	13.95	—	14	—
15	14.0	—	—	14.85	14.95	—	15	—
16	15.0	—	—	15.85	15.95	—	16	—
18	17.0	—	—	17.85	17.95	—	18	—
20	18.0	—	19.8	19.8	19.95	19.90	20	20
22	20.0	—	21.8	21.8	21.95	21.90	22	22
24	22.0	—	23.8	23.8	23.95	23.90	24	24
25	23.0	—	24.8	24.8	24.95	24.90	25	25
26	24.0	—	25.8	25.8	25.95	25.90	26	26
28	26.0	—	27.8	27.8	27.95	27.90	28	28

（续）

加工孔的直径	直径							
	钻		粗加工		半精加工		精加工(H7、H8)	
	第一次	第二次	粗镗	或扩孔	粗铰	或半精镗	精铰	或精镗
30	15.0	28.0	29.8	29.8	29.95	29.90	30	30
32	15.0	30.0	31.7	31.75	31.93	31.90	32	32
35	20.0	33.0	34.7	34.75	34.93	34.90	35	35
38	20.0	36.0	37.7	37.75	37.93	37.90	38	38
40	25.0	38.0	39.7	39.75	39.93	39.90	40	40
42	25.0	40.0	41.7	41.75	41.93	41.90	42	42
45	30.0	43.0	44.7	44.75	44.93	44.90	45	45
48	36.0	46.0	47.7	47.75	47.93	47.90	48	48
50	36.0	48.0	49.7	49.75	49.93	49.90	50	50

表 4-17　已预先铸出或热冲出孔的加工余量　（单位:mm）

加工孔的直径	直径					加工孔的直径	直径				
	粗镗		半精镗	粗铰或二次半精镗	精铰或精镗成 H7、H8		粗镗		半精镗	粗铰或二次半精镗	精铰或精镗成 H7、H8
	第一次	第二次					第一次	第二次			
30	—	28.0	29.8	29.93	30	100	95	98.0	99.3	99.85	100
32	—	30.0	31.7	31.93	32	105	100	103.0	104.3	104.8	105
35	—	33.0	34.7	34.93	35	110	105	108.0	109.3	109.8	110
38	—	36.0	37.7	37.93	38	115	110	113.0	114.3	114.8	115
40	—	38.0	39.7	39.93	40	120	115	118.0	119.3	119.8	120
42	—	40.0	41.7	41.93	42	125	120	123.0	124.3	124.8	125
45	—	43.0	44.7	44.93	45	130	125	128.0	129.3	129.8	130
48	—	46.0	47.7	47.93	48	135	130	133.0	134.3	134.8	135
50	45	48.0	49.7	49.93	50	140	135	138.0	139.3	139.8	140
52	47	50.0	51.5	51.93	52	145	140	143.0	144.3	144.8	145
55	51	53.0	54.5	54.92	55	150	140	148.0	149.3	149.8	150
58	54	56.0	57.5	57.92	58	155	150	153.0	154.3	154.8	155
60	56	58.0	59.5	59.92	60	160	155	158.0	159.3	159.8	160
62	58	60.0	61.5	61.92	62	165	160	163.0	164.3	164.8	165
65	61	63.0	64.5	64.92	65	170	165	168.0	169.3	169.8	170
68	64	66.0	67.5	67.90	68	175	170	173.0	174.3	174.8	175
70	66	68.0	69.5	69.90	70	180	175	178.0	179.3	179.8	180
72	68	70.0	71.5	71.90	72	185	180	183.0	184.3	184.8	185
75	71	73.0	74.5	74.90	75	190	185	188.0	189.3	189.8	190
78	74	76.0	77.5	77.90	78	195	190	193.0	194.3	194.8	195
80	75	78.0	79.5	79.90	80	200	194	197.0	199.3	199.8	200
82	77	80.0	81.3	81.85	82	210	204	207.0	209.3	209.8	210
85	80	83.0	84.3	84.85	85	220	214	217.0	219.3	219.8	220
88	83	86.0	87.3	87.85	88	250	244	247.0	249.3	249.8	250
90	85	88.0	89.3	89.85	90	280	274	277.0	279.3	279.8	280
92	87	90.0	91.3	91.85	92	300	294	297.0	299.3	299.8	300
95	90	93.0	94.3	94.85	95	320	314	317.0	319.3	319.8	320
98	93	96.0	97.3	97.85	98	350	342	347.0	349.3	349.8	350

第四节　复杂曲线、曲面数控铣削加工的刀具轨迹

复杂曲线曲面数控铣削的关键是获取加工数据和工艺参数。其主要过程包括以下几个内容：

1）对图样进行分析，确定需要进行数控加工的曲线、曲面。

2）利用图形软件对上述曲线、曲面进行造型。

3）根据加工条件，选择合适的工艺参数，生成刀具运动轨迹（包括粗加工、半精加工、精加工、清根加工轨迹）。

4）轨迹的仿真检验。

5）生成数控加工程序并传送给数控机床加工。

在上述过程中，核心工作是生成刀具运动轨迹，然后将其离散成刀位点数据，经后置处理生成数控加工程序。

若要制订出一个合理的复杂曲线或曲面的数控加工工艺并生成数控加工程序，则必须要了解复杂曲线或曲面，了解其加工轨迹的生成原理及方法，合理确定工艺参数，熟悉整个工艺流程。

数控铣削简单曲线（直线、圆弧）、曲面（平面、圆柱面）的轨迹（即走刀路线）生成可直接靠人工设计实现，而复杂曲线、曲面轨迹的生成、编辑与干涉检查等则需借助自动编程软件才能实现。这既是编程问题，也是复杂曲线或曲面数控加工的关键工艺问题。

一、二坐标数控铣削刀具轨迹的生成

（一）概述

1. 基本概念

（1）平面轮廓　轮廓是一系列首尾相接曲线的集合，可用来界定零件被加工区域或被加工图形本身。平面轮廓则是某一平面内一系列首尾相接曲线的集合，分为开轮廓、闭轮廓，分别如图 4-82a、b 所示。

如果轮廓是用来界定被加工区域的，则要求指定的轮廓是闭合的；如果加工的是轮廓本身，则轮廓也可以不闭合。

（2）区域和岛　二坐标数控铣削的区域是指由一个闭合平面轮廓围成的内部空间，其内部可以有“岛”。岛也是由闭合轮廓界定的。区域是指外轮廓和岛之间的部分。由外轮廓和岛共同指定待加工的区域，外轮廓用来界定加工区域的外部边界，岛用来屏蔽其内部不需加工或需保护的部分，如图 4-83 所示。另外，轮廓和岛还可以嵌套，即岛内还可以再有岛。

2. 二坐标数控铣削的主要对象

（1）型面轮廓　平面上的型面轮廓分为内轮廓和外轮廓，其刀具中心轨迹为型面轮廓线的等距线。

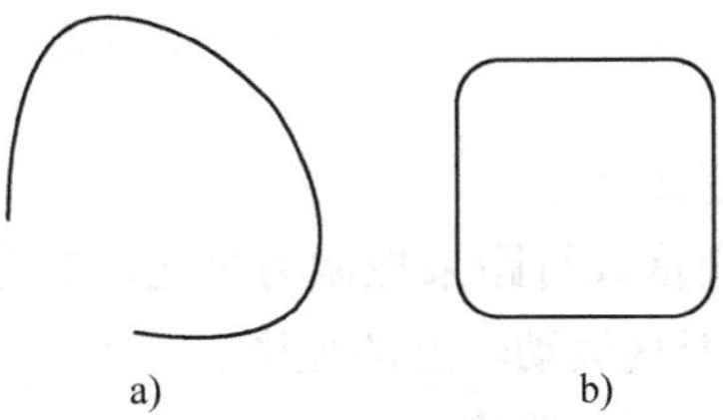

图 4-82　轮廓示例
a）开轮廓　b）闭轮廓

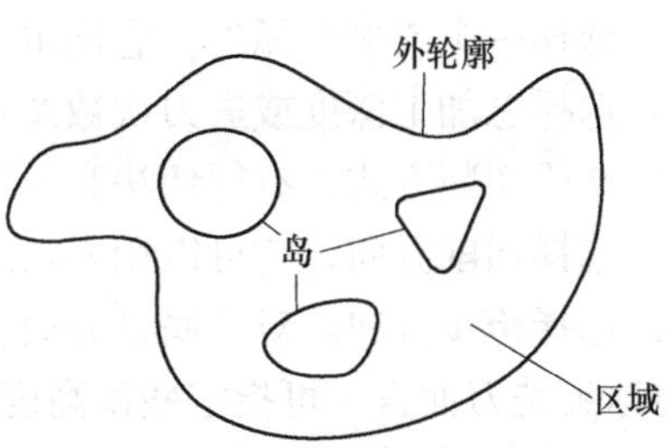

图 4-83　轮廓与岛的关系

(2) 二维型腔　二维型腔是指以平面封闭轮廓为边界的平底直壁凹坑。内部全部加工的为简单型腔，内部有不许加工的区域(岛)或只加工到一定深度(比型腔外面低)的为带岛型腔。其加工方法有行切法和环切法两种。

(3) 孔　孔的加工包括钻孔、镗孔和攻螺纹等操作，要求的几何信息仅为平面上的二维坐标点。孔的大小一般由刀具来保证，大直径孔的铣削加工除外。

(4) 二维字符　平面上的刻字加工也是一类典型的二坐标加工，按设计要求输入字符后，采用雕刻刀雕刻所设计的字符，其刀具轨迹一般就是字符轮廓轨迹，字符的线条宽度一般由雕刻刀刃尖直径来保证。

3. 二坐标数控铣削的方法

(1) 两轴加工　*X* 和 *Y* 轴联动，而 *Z* 轴固定，即机床在同一高度下对工件进行切削。两轴加工适合于铣削平面图形。

(2) 两轴半加工　*X*、*Y*、*Z* 三轴中任意两轴联动，第三轴周期进给，可以实现分层加工空间曲面类零件，每层在同一高度上进行两轴加工，层间有第三轴轴向的移动。

(二) 型面轮廓数控铣削刀具轨迹的生成

型面轮廓加工一般分为粗加工和精加工等多个工序。粗、精加工刀具轨迹的生成可通过刀具半径补偿途径来实现，即在采用同一把刀具的情况下，先制订精加工刀具轨迹，再通过改变刀具半径补偿值的方式进行粗加工刀具轨迹设定。如图 4-84 所示，若 R 为刀具半径，Δ 为精加工余量，实线为零件轮廓，细双点画线为精加工时刀具中心轨迹，精加工刀具半径补偿值为 R，粗加工刀具半径补偿值为 $R+\Delta$。另外，也可以通过设置粗、精加工次数及余量来设定粗、精加工刀具轨迹。

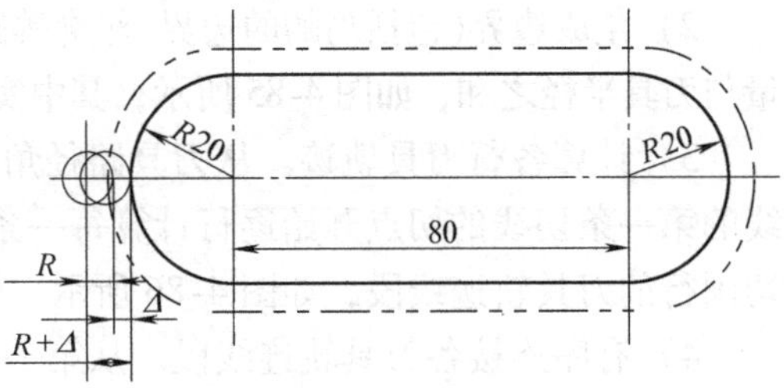

图 4-84　同一刀具的粗、精加工

(三) 二维型腔(内槽区域)数控铣削刀具轨迹的生成

二维型腔数控铣削能自动地清除边界区域(可以包含孤岛)内的材料，边界能够被定义为凸向区域或带有多重嵌套狭窄的非凸区域。采用自动编程生成型腔加工刀具运动轨迹的操作步骤如下：

1）首先选择最大轮廓边界曲线，它决定区域加工的范围。

2）选择一个或多个孤岛，它确定了非加工的保护区域。

3）选择总加工深度或进刀次数及每次进刀深度。

4）选择切削方式，有行切法和环切法可供选择。

5）选择切削方向，它可以用两点或一个矢量来定义。

6）选择跨步方向。对平底铣刀而言，可指定重叠量或行距来控制刀具运动轨迹的疏密；对球头铣刀而言，可指定残留高度或行距来控制刀具运动轨迹的疏密。

键入上述信息后，计算机就能生成加工所需的刀具运动轨迹。

二维型腔具体加工的过程是：先用平底立铣刀用环切法或行切法进给，铣去型腔的多余材料并留出轮廓(包括岛)和型腔底的精加工余量，最后根据型腔轮廓(及岛)内转接圆角半径和轮廓(及岛)与型腔底过渡的槽底圆角半径选圆环铣刀，沿型腔底面和轮廓(及岛)进给，精铣型腔底面和边界外形。

当型腔较深时，则要分层进行粗加工，这时还需要定义每一层粗加工的深度以及型腔的实际深度，以便计算需要分多少层进行粗加工。下面介绍行切法和环切法生成刀具轨迹的过程。

1. 行切法加工时刀具轨迹的生成

（1）刀具轨迹计算过程　根据型腔轮廓形状，首先确定刀具轨迹的角度(与 X 轴的夹角)，然后根据刀具半径及加工精度要求确定走刀步长，接着根据平面型腔边界轮廓形状(包括岛屿的形状)、刀具半精加工余量计算行距并确定各切削行的刀具轨迹，最后将各行刀具轨迹线段有序连接起来，连接的方式可以是单向(顺铣或逆铣方式不变)，也可以是双向(顺铣逆铣方式交替变化)。单向连接换向时需要抬刀(到安全面高度)，双向连接换向时不需要抬刀。另外，遇到岛屿有时也需要抬刀。

（2）有岛屿的刀具轨迹线段的连接步骤

1）生成封闭的边界轮廓(包括岛屿的边界轮廓)。

2）生成边界(包括岛屿的边界)轮廓等距线。该等距线距离边界轮廓的距离为精加工余量与刀具半径之和，如图 4-85 所示，其中实线为型腔及岛屿的边界轮廓，虚线为其等距线。

3）计算各行刀具轨迹。从刀具路径角度方向(本例与 X 轴平行)与上述边界轮廓等距线的第一条切线的切点开始逐行计算每一条行切刀具轨迹线与上述等距线的交点，生成各切削行的刀具轨迹线段，如图 4-86 所示。

4）有序连接各刀具轨迹线段。从第一条刀具轨迹线段(所有线段均为直线,第一条可能只有一个切点)开始，将前一行最后一条刀具轨迹线段的终点和下一行第一条刀具轨迹

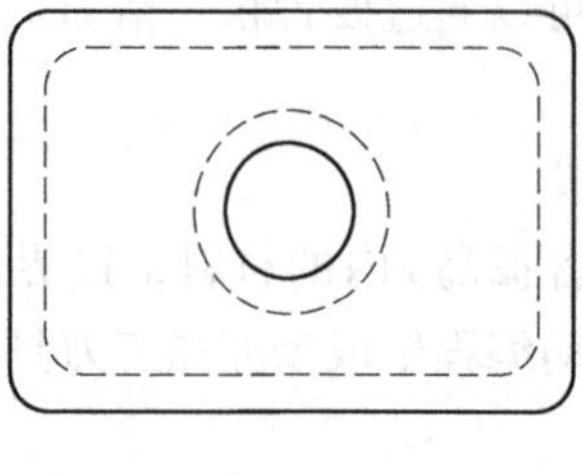

图 4-85　边界轮廓等距线的生成

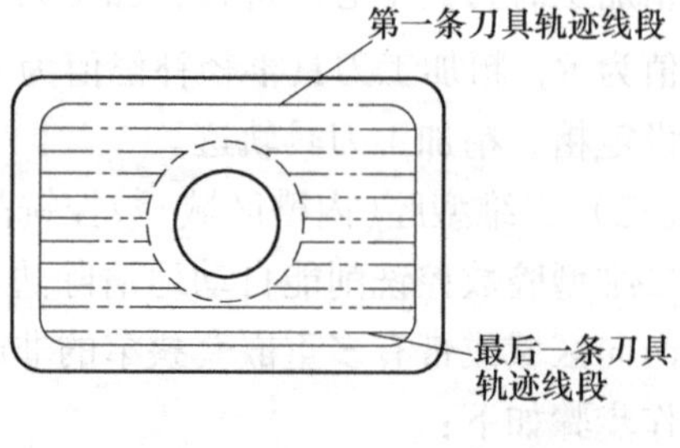

图 4-86　行切法加工刀具轨迹线段的生成

的起点沿边界轮廓等距线连接起来，同一行中的不同刀具轨迹线段则要通过抬刀再下刀的方式将刀具轨迹连接起来，即在前一段刀具轨迹的终点处将刀具抬起至安全面高度，用直线连接到下一段刀具轨迹起点的安全面高度处，再下刀至这一段刀具轨迹的起点进行加工，如图 4-87a 所示；或沿岛屿的等距线运动到下一行的下一条刀具轨迹线段的起点将刀具轨迹连接起来，如图 4-87b 所示。采用图 4-87b 所示方法生成的刀具轨迹可避免加工过程中的垂直进刀。由于平底立铣刀不宜垂直进刀，平面型腔的行切加工一般均采用双向走刀方式，以避免垂直进刀；在不能避免垂直进刀的情况下，需要预先在垂直进刀位置钻一个进刀工艺孔。

5）最后沿型腔和岛屿的等距线运动，生成最后一条刀具轨迹，如图 4-88 所示。

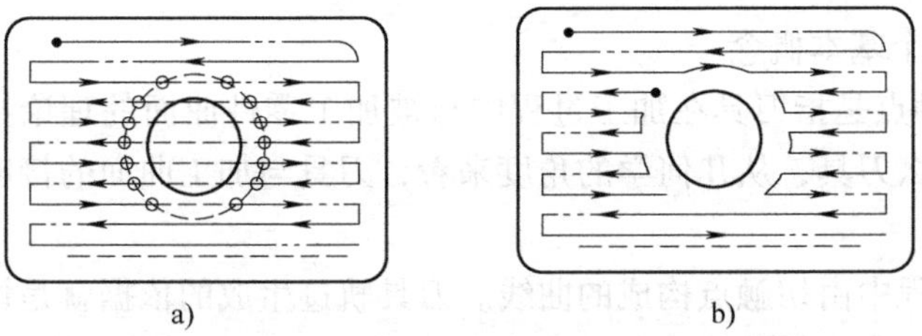

图 4-87　刀具轨迹线段的有序连接

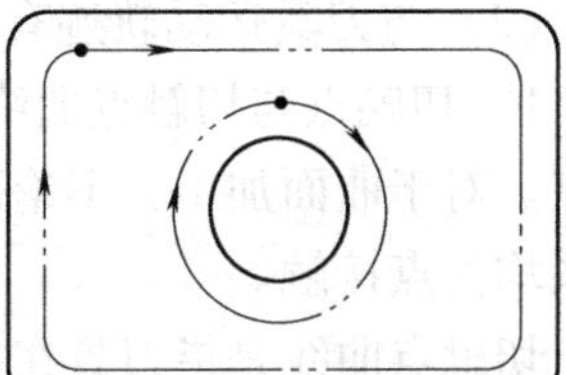

图 4-88　最后一条刀具轨迹的生成

2. 环切法加工时刀具轨迹的生成

环切法加工分为顺铣(图 4-89)和逆铣(图 4-90)，其刀具轨迹是沿型腔边界走等距线，优点是铣刀的切削方式不变。

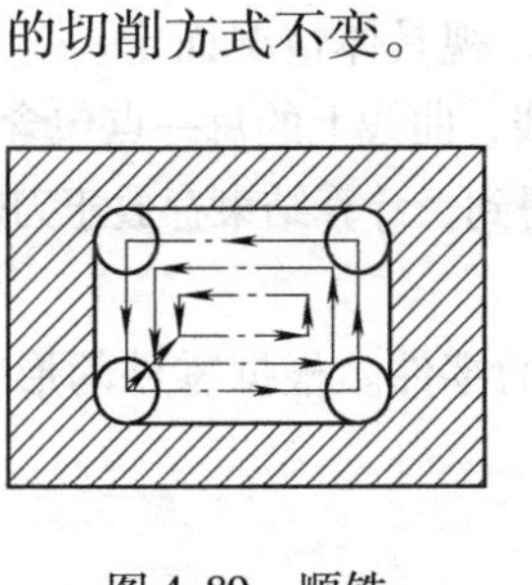

图 4-89　顺铣

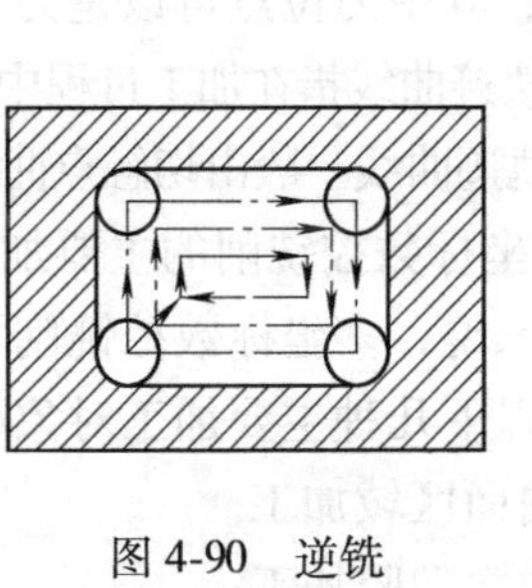

图 4-90　逆铣

图 4-91 所示为某零件型腔的边界轮廓及其环切法加工的刀具轨迹图。

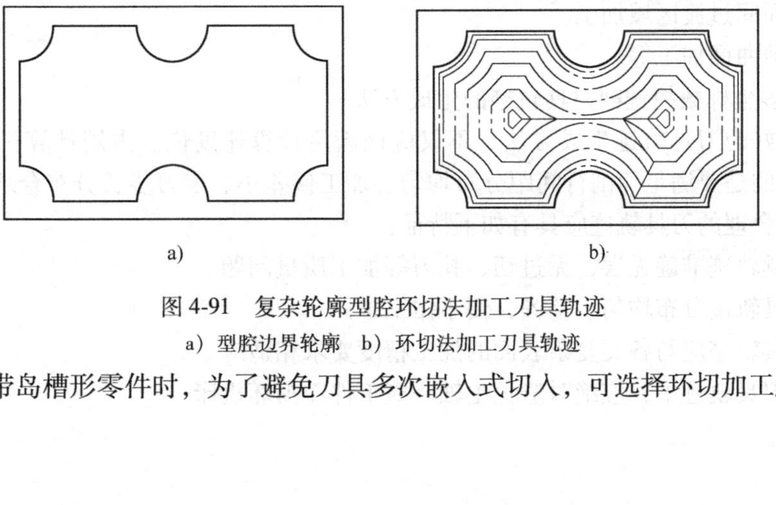

图 4-91　复杂轮廓型腔环切法加工刀具轨迹

a）型腔边界轮廓　b）环切法加工刀具轨迹

在铣削带岛槽形零件时，为了避免刀具多次嵌入式切入，可选择环切加工路线。

二、多坐标数控铣削刀具轨迹的生成

（一）概述

1. 多坐标数控铣削有关的基本概念

（1）常见数控铣削曲面的种类　构造完决定曲面形状的关键线框后，就可以在线框基础上选用各种曲面的生成和编辑方法，构造所需定义的曲面，描述零件的外表面。而曲面形状的关键线框主要取决于曲面特征线。曲面特征线是指曲面的边界线和曲面的截面线（也称剖面线，为曲面与各种平面的交线）。根据曲面特征线的不同组合方式，可以组成不同的曲面生成方式，有直纹面、旋转面、扫描面、昆氏（Coons）曲面、边界面、放样面、网格面、导动面、等距面等。

（2）与刀具运动轨迹有关的几个基本概念

1）切触点与切触点曲线。切触点是指刀具在加工过程中与被加工零件曲面的理论接触点。对于曲面加工，不论采用什么刀具，从几何学的角度来看，刀具与加工曲面的接触关系均为点接触。

切触点曲线是指刀具在加工过程中由切触点构成的曲线。刀具轨迹生成的依据就是切触点曲线。切触点曲线可以是曲面上实在的曲线，如曲面的等参数线、二曲面的交线等，也可以是对切触点的约束条件所隐含的虚拟曲线。

2）刀位点数据与刀具轨迹曲线。刀位点数据指准确确定刀具在加工过程中每一位置所需的数据。一般来说，刀具在工件加工坐标系中的准确位置可以用刀位点和刀轴矢量来进行描述，其中刀位点可以是刀心点，也可以是刀尖点，视具体情况而定。

刀具轨迹曲线指在加工过程中由刀位点运动构成的曲线，曲线上的每一点包含一个刀轴矢量。刀具轨迹曲线一般由切触点曲线及定义刀具偏置计算得到，计算结束存放于刀位文件。

2. 多坐标数控铣削的主要加工对象

一般来说，多坐标数控铣削可以加工任何复杂曲面的零件。根据零件的形状特征，可以归纳为以下几种主要加工对象（或加工特征）：

1）曲面区域加工。

2）曲面型腔加工。

3）多曲面连续加工。

4）曲面间过渡区域加工。

5）裁剪曲面加工等。

（二）多坐标数控铣削刀具轨迹的生成方法

一种较好的刀具轨迹生成方法，不仅应该满足计算速度快、占用计算机内存少的要求，更重要的是要满足切削行间距分布均匀、加工误差小、走刀步长分布合理、加工效率高等要求。合理的刀具轨迹应具有如下特征：

1）刀具轨迹准确无误，无过切、扎刀等加工质量问题。

2）刀具轨迹分布均匀、整齐，便于钳工维修。

3）刀具轨迹应与各类复杂表面的加工精度要求相适应。

4）在刀具轨迹中，应绝对避免主轴碰撞工件而损坏机床。

5）在刀具轨迹中，刀具受力均匀，应避免不必要的冲击力作用而使刀具受到损坏。

6）应缩短或直至避免刀具空刀运动轨迹的产生，以提高加工效率。

1. 曲面参数线加工方法

曲面参数线加工方法是多坐标数控铣削中生成刀具轨迹的主要方法，其特点是切削行沿曲面的参数线分布，即切削行沿 u 线或 w 线分布，适用于网格比较规整的参数曲面的加工。

刀具沿切削行进给时所覆盖的一根带状曲面区域，称为加工带。参数线加工先确定一个参数线方向为切削行的进给方向，假定 u 为参数曲线方向，则另一参数 w 方向即为切削行的行进给方向。然后根据编程精度要求计算各切削行的进给步长，以及根据允许的残留高度要求计算加工带的宽度(进给行距)。基于参数线加工的刀具轨迹计算方法有多种，下面介绍等参数步长法、局部等参数步长法。

（1）等参数步长法　最简单的参数线加工算法是等参数步长法，它是在整条参数线上按等参数步长计算刀位点。由于参数步长 L 和曲面逼近误差 e_r 没有一定的关系，为了满足加工精度要求，通常 L 的取值偏于保守且凭经验，这样计算的刀位点信息比较多。又由于刀位点信息按等参数步长计算，没有用曲面的曲率来估算步长，因此，等参数步长没有考虑曲面的局部平坦性(在平坦的区域只需较少的刀位)。但这种方法计算简单，速度快，在刀位计算中常被采用。

（2）局部等参数步长法　在实际应用中，也常采用局部等参数步长法。该方法是：加工带在 w 参数曲线方向上按局部等参数步长(曲面片内,实际就是行距分布)分布；在切削行上，走刀步长根据逼近误差进行计算，方法是在每一段 u 参数曲线上，按最大曲率估计步长，然后按等参数步长进行离散。采用局部等参数齿长法来求刀位点位置，不仅考虑了曲率的变化对走刀步长的影响，而且计算方法也比较简单。

参数线加工算法是各种曲面零件数控加工编程系统中主成刀具轨迹的主要方法，其优点是计算方法简单，计算速度快；不足之处是当曲面的参数线分布不均匀时，切削行刀具轨迹的分布也不均匀，加工效率不高，如图 4-92 所示。

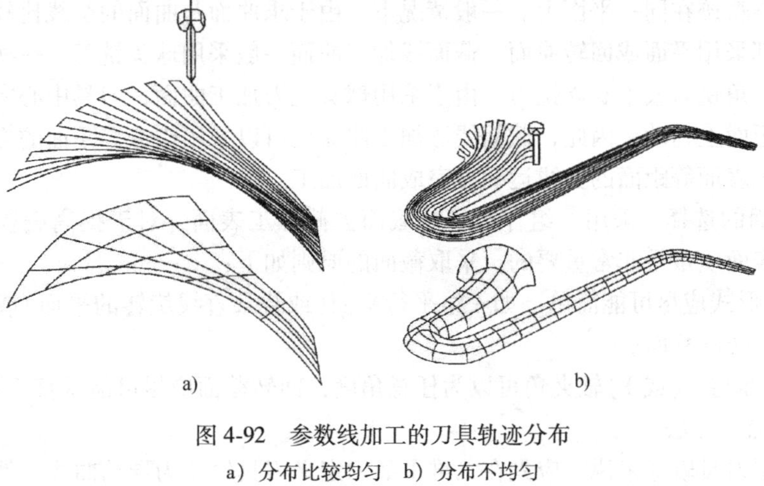

a)　　b)

图 4-92　参数线加工的刀具轨迹分布

a）分布比较均匀　b）分布不均匀

2. 截面线加工方法

参数线加工方法要求曲面的参数线分布比较均匀，当不满足该条件时，可采用截面线加工方法。截面线加工方法有截平面法(图 4-93a)和回转截面法(图 4-93b)。

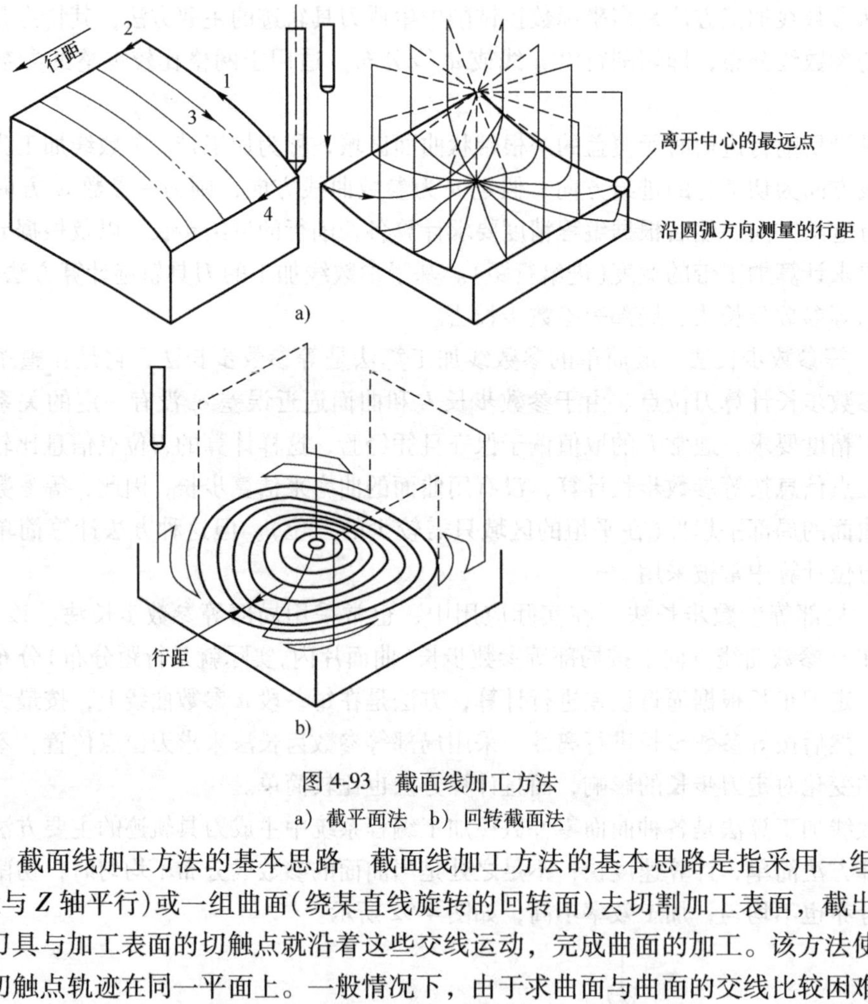

图 4-93　截面线加工方法

a）截平面法　b）回转截面法

（1）截面线加工方法的基本思路　截面线加工方法的基本思路是指采用一组平行平面(一般与 Z 轴平行)或一组曲面(绕某直线旋转的回转面)去切割加工表面，截出一系列交线，刀具与加工表面的切触点就沿着这些交线运动，完成曲面的加工。该方法使刀具与曲面的切触点轨迹在同一平面上。一般情况下，由于求曲面与曲面的交线比较困难，所以选用的截面都采用平面或回转曲面。截面线加工曲面一般采用球头铣刀，一些特殊情况下也可以采用圆角铣刀或平底立铣刀。由于采用球头铣刀加工曲面，刀具中心实际上是在加工表面的等距面上运动。因此，截面线法加工曲面也可以采用构造等距面的方法，使刀具沿截面与加工表面等距面的交线运动，完成曲面加工。

（2）截面的选择　采用一组什么样的截面去截加工表面，对于提高编程效率、加工效率及加工表面质量是非常重要的。采取截面的原则如下：

1）截面形式应尽可能简单，如一组平行平面(或绕某直线旋转的平面)或一组绕某一直线旋转的回转圆柱面。

2）截平面与 X(或 Y)轴夹角可以为任意角度，回转截面应尽可能垂直于加工表面。

3. 投影加工方法

对投影型刀具轨迹来说，应先在二维平面内定义刀具轨迹为导动曲线，然后把该二维刀具轨迹投影到被加工曲面上，生成加工三维曲面所需的刀具轨迹。由于二维平面内定义刀具轨迹非常方便、灵活，因此，该方式生成三维曲面的刀具轨迹具有很大的灵活性。

导动曲线在待加工表面上的投影一般为切触点轨迹，也可以是刀具中心点轨迹。切触点轨迹适合于曲面特征的加工，而对于有干涉面的场合，限制刀具中心点更为有效。由于待加工表面上每一点的法矢方向均不相同，因此限制切触点轨迹不能保证刀具中心点轨迹落在投影方向上，所以限制刀具中心点容易控制刀具的准确位置，可以保证在一些临界位置和其他曲面(干涉面)不发生干涉。图 4-94 描述了投影法加工限制切触点和限制刀具中心点的区别。

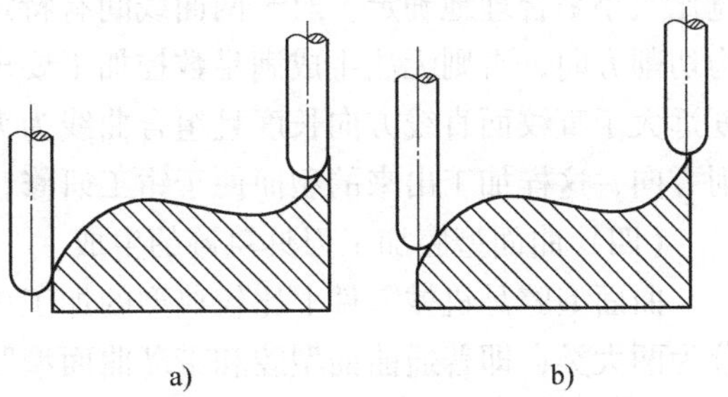

图 4-94　投影法加工

a)　限制切触点　b) 限制刀具中心点

投影法加工以其灵活且易于控制等特点在现代 CAD/CAM 系统中获得了广泛的应用，常用来处理其他方法难以取得满意效果的组合曲面和曲面型腔的加工。

(三) 常见曲面加工刀具轨迹的生成

1. 旋转面

对旋转面来说，一般沿圆周方向进行切削，并选择单方向切削方式。其优点是：在同一条切削轨迹中，切削余量均匀，刀具受力平稳。在切削过程中，切削余量从小到大均匀地变化，这样有利于保护刀具，但具体情况稍有区别。

对盘状旋转面而言，不论是生成粗加工刀具轨迹，还是精加工刀具轨迹，一般选 Z 坐标值较小的曲面角点为进刀点，选择环切走刀方式及圆周方向为切削加工方向。其优点是：所生成的刀具轨迹分布均匀、整齐，且刀具受力均匀，排屑方便；切削加工时间短。盘状旋转面的刀具轨迹如图 4-95 所示。

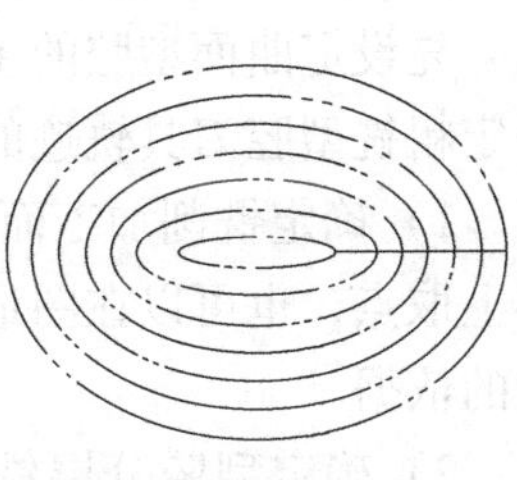

图 4-95　盘状旋转面的刀具轨迹

对轴类旋转面而言，应根据粗、精加工要求生成数控加工所需的刀具轨迹。由于在生成粗加工刀具轨迹时，主要考虑切削加工过程中刀具受力是否均匀、排屑是否方便及加工效率等因素，因此，应选择双向、轴向进给方式为切削加工方向，而且刀具轨迹是按先深后浅方式分布，如图 4-96 所示。而对精加工刀具运动轨迹而言，应选择圆周方向为切削加工方向，这样就能生成均匀、整齐、便于钳工修整的高质量刀具运动轨迹如图 4-97 所示。

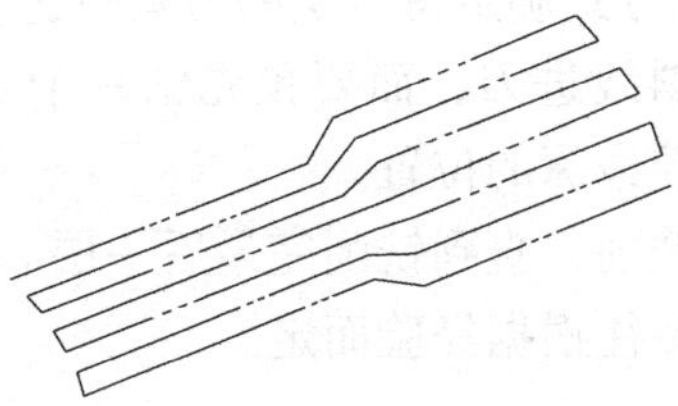

图 4-96　轴类旋转面粗加工刀具轨迹

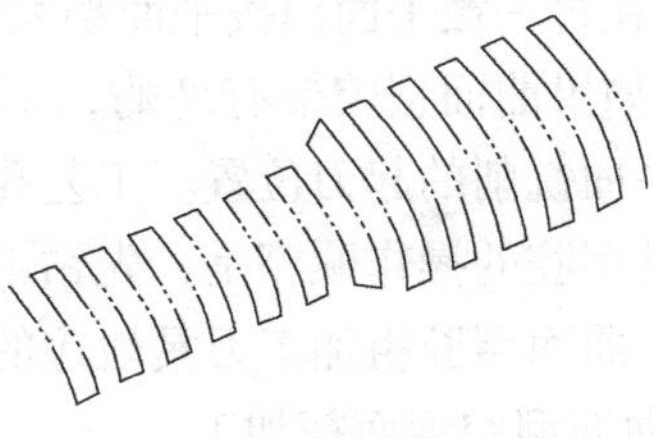

图 4-97　轴类旋转面精加工刀具轨迹

2. 直纹面

对于封闭型直纹环面，生成其粗、精加工刀具轨迹时，应选择环切进给方式及周边方向为切削加工方向，刀具轨迹按先深后浅顺序分布，这样能使零件的加工精度、效率及刀具的受力都处于最佳状态。对于非封闭型直纹面一般选择双向进给方式，这样能减少切削加工时间，同时也能保证零件的加工精度；切削方向应根据直纹面的形状特征及曲面的长宽比大小来合理地确定。对于两曲线间有特定参数对应关系的直纹面，只能选择直纹方向为切削方向，否则无法生成满足数控加工要求的刀具轨迹。当组成直纹面的组合曲线的长度远大于直纹面直线方向长度且组合曲线为大曲率半径的平滑曲线时，组合曲线方向为切削方向，这样加工出来的型面便于钳工研修，且加工时间短。

(四) 曲面型腔加工刀具轨迹的生成

曲面型腔是机械零件上比较典型的加工单元，种类繁多，形状各异，但归纳起来，可分为两大类，即普通曲面型腔和带岛曲面型腔。

曲面型腔可视为在一张具有封闭内环的曲面上沿该内环边界挖腔而生成的。一般来说，曲面型腔的加工采用三坐标加工方法。对于需要采用四、五坐标加工的曲面型腔，可根据实际情况采用特殊的加工方法。在三坐标数控机床上加工曲面型腔时，要求型腔型面沿 Z 坐标方向单调。曲面型腔的加工一般分为粗铣型腔和型腔型面精加工。粗铣型腔的目的是挖去型腔的大部分加工余量，切削出型腔的基本形状；型腔型面精加工是在型腔型面留有少量加工余量的基础上加工，达到设计要求。

1. 曲面型腔粗铣加工

先设定曲面型腔的主面(可以是简单曲面,也可以是组合曲面)及曲面型腔的边界，则确定粗铣型腔刀具轨迹的步骤如下：

1）确定铣削加工面(含余量)在毛坯上的最高位置。一般可直接从型腔主面的内环边界上取点，也可以在图形交互(或命令交互)方式下输入。该最高位置作为确定起刀点高度的依据。

2）确定型腔分层铣削的切削深度。一般根据工件材料、刀具尺寸与刀具材料来确定。除第一层外，其他各层的切削深度往往大于以后各层的切削深度。切削深度可以相等，也可以递减。

3）从铣削加工面在毛坯上的最高位置开始，根据分层切削深度依次用垂直于 Z 轴的截平面去截曲面型腔，形成一系列封闭截交线(当某一截平面上有一个以上的封闭截交线时,该型腔为带岛曲面腔槽)。当没有截交线时，即终止分层切削扫描。

4）在每一截平面内按平面型腔的行切或环切加工方式确定每一层的刀具轨迹。

5）如果曲面型腔带有岛屿，不宜采用螺旋线或斜线进刀，而要预先钻一个工艺孔，作为截平面铣削的起刀位置。工艺孔位置一般选在型腔最深的位置。

粗铣型腔的操作顺序是：先钻工艺孔，然后分层铣削，直到铣削完最后一层。值得说明的是，曲面型腔粗加工刀具轨迹的安排十分灵活，往往根据经验而定。

2. 曲面型腔型面精加工

曲面型腔精加工的主要方法有截平面法和投影法，但从本质上讲，曲面型腔型面精加工刀具轨迹的计算与编辑可以归结为组合曲面、裁剪曲面、曲面交线区域、曲面间过渡区域以及复杂曲面等加工特征刀具轨迹的计算与编辑。

曲面型腔型面的精加工一般采用球头铣刀，对于一些特殊的型腔，也可采用平底立铣刀。

（五）清根加工刀具轨迹的生成

对精度要求高、型面复杂的大型型面的加工一般由粗加工、半精加工、精加工和清根加工四道工序来完成。为了提高型面的加工精度和效率，在型面精加工中，当采用直径较大的球头铣刀进行精加工时，型面的某些区域会留下较大的加工余量，尤其是一些相对深度较浅的曲面加工，这会严重影响型面的加工精度。因此，在型面精加工后，必须采用更小尺寸的刀具，对精加工无法加工到的区域进行清根加工，保证型面的整体加工精度。常用的清根加工方法有笔式清根加工和区域清根加工。

（六）裁剪曲面加工刀具轨迹的生成

裁剪曲面一般表现为两种形式，即孔边界裁剪和岛屿边界裁剪。图 4-98 所示为一光滑曲面(三个曲面片组合而成)被一个孔和一个岛屿裁剪的情形，主环与岛屿环和型腔环围成的区域为裁剪后的零件待加工区域。

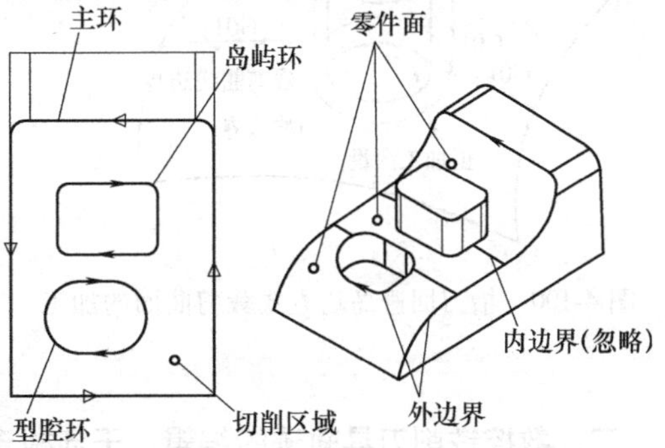

图 4-98　裁剪曲面的加工区域

裁剪曲面的数控铣削刀具轨迹具有以下特点：

1）裁剪之前的曲面是连续的，而且往往是光滑的，可以利用参数线法或截平面法生成数控铣削刀具轨迹。

2）被孔裁剪的裁剪曲面，不论孔的形状如何，如果孔的直径远小于待加工曲面，编程时可以不考虑孔的存在，而将裁剪曲面作为一个整体进行刀具轨迹规划。

3）如果孔的直径比较大，为了提高加工效率，可将跨越孔的刀具轨迹线对应的进给速度提高。这时需要对整体刀具轨迹进行裁剪，将加工区域刀具轨迹线段与跨越孔的刀具轨迹线分开。由于进给速度不同，一般需要对孔的边界指定一个负的加工余量，保证加工区域的刀具轨迹线延伸到孔中一定的距离，这样可避免刀具在快速跨越孔的边界时撞击零件的边缘，如图 4-99 所示。

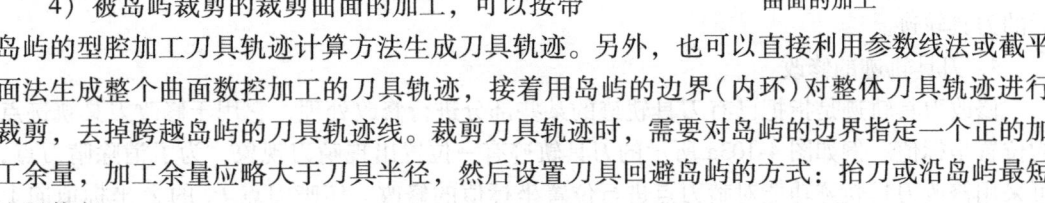

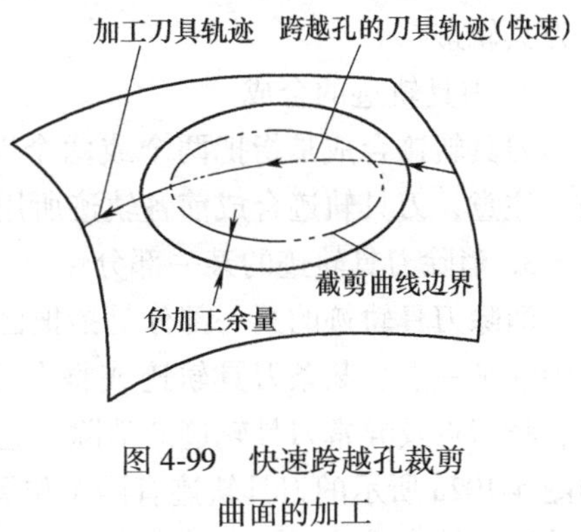

图 4-99　快速跨越孔裁剪曲面的加工

4）被岛屿裁剪的裁剪曲面的加工，可以按带岛屿的型腔加工刀具轨迹计算方法生成刀具轨迹。另外，也可以直接利用参数线法或截平面法生成整个曲面数控加工的刀具轨迹，接着用岛屿的边界(内环)对整体刀具轨迹进行裁剪，去掉跨越岛屿的刀具轨迹线。裁剪刀具轨迹时，需要对岛屿的边界指定一个正的加工余量，加工余量应略大于刀具半径，然后设置刀具回避岛屿的方式：抬刀或沿岛屿最短边界绕行。

如果回避方式为抬刀，则当刀具沿刀具轨迹运动到裁剪曲面的内环边界而切削行尚未结束时，刀具快速自动退到安全平面，并继续快速运动到此切削行的下一段刀具轨迹的起点，然后再下降到加工表面，沿此切削行的下一段刀具轨迹进行切削加工，如图 4-100 所示。

如果回避方式为沿岛屿最短边界绕行，则当刀具沿刀具轨迹运动到裁剪曲面的内环边界而切削行尚未结束时，刀具自动沿岛屿最短边界路径运动，直到此切削行的下一段的起点，然后沿此切削行的下一段进行切削加工，如图 4-101 所示。

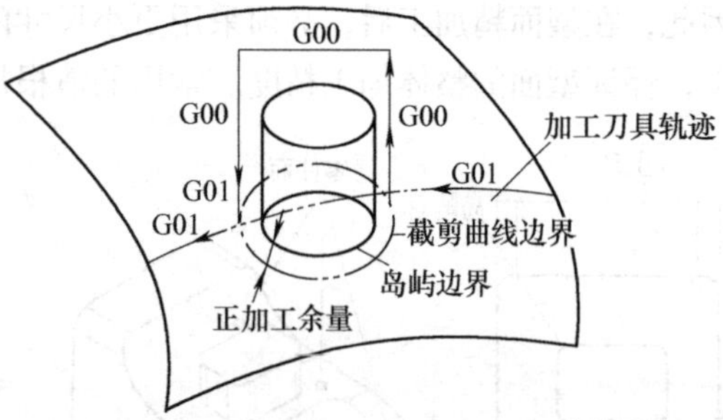

图 4-100　抬刀回避岛屿方式裁剪曲面的加工

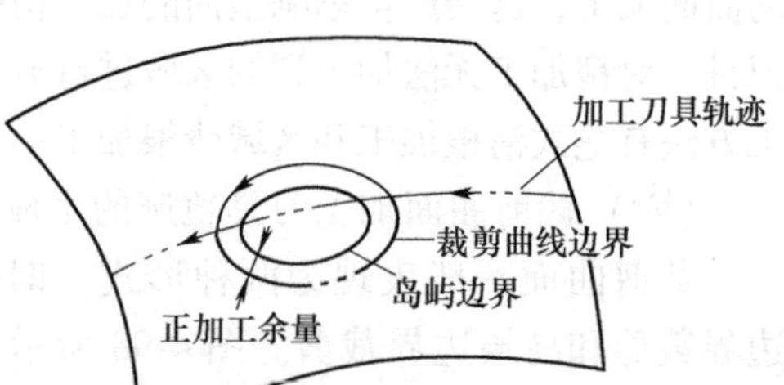

图 4-101　沿岛屿边界绕行回避岛屿方式裁剪曲面的加工

三、数控铣削刀具轨迹的编辑、干涉检查与修正

（一）刀具轨迹的编辑方法

刀具轨迹的编辑是指对已存在的刀具轨迹进行处理，以生成所需刀具轨迹的方法。下面介绍几种常用的轨迹编辑方法。

1. 刀具轨迹的分段

刀具轨迹分段是指把一个刀具轨迹在某一位置分解成二个刀具轨迹，而去掉其中的一个刀具轨迹。

2. 刀具轨迹的合成

刀具轨迹合成是指把两个或两个以上独立的刀具轨迹合成为一个刀具轨迹的处理方法。注意，刀具轨迹合成前各轨迹所用的刀具规格必须相同。

3. 消除刀具轨迹的某一部分

消除刀具轨迹的某一部分是指把已有的刀具轨迹的某一部分去掉，它包括消除刀具轨迹中的某一点、某条刀具轨迹或整个刀具轨迹。该处理方法主要用于刀具轨迹中的过切点、啃刀点及异常刀具轨迹的消除。它在数控加工刀具轨迹生成中得到了广泛的应用。例如图 4-102a 所示的刀具轨迹有两个位置出现啃刀现象，图 4-102b 所示是取消两个啃刀点后的刀具轨迹。

4. 刀具轨迹的修改

修改刀具轨迹是指把已有刀具轨迹的某些部分进行修改处理，它用于修改刀具轨迹点的位置坐标值。例如图 4-103a 所示的刀具轨迹有一位置出现啃刀现象，为了消除啃刀点，可采用修改刀具轨迹功能对啃刀点进行位置坐标值的修改，使啃刀点 P_1 的 Z 坐标值向上移动一定的距离，图 4-103b 所示是修改后的刀具轨迹。

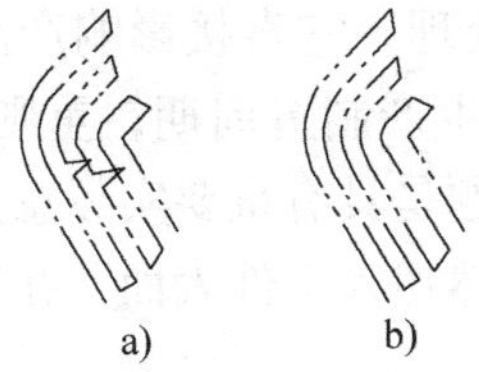

图 4-102　消除刀具轨迹的某一部分

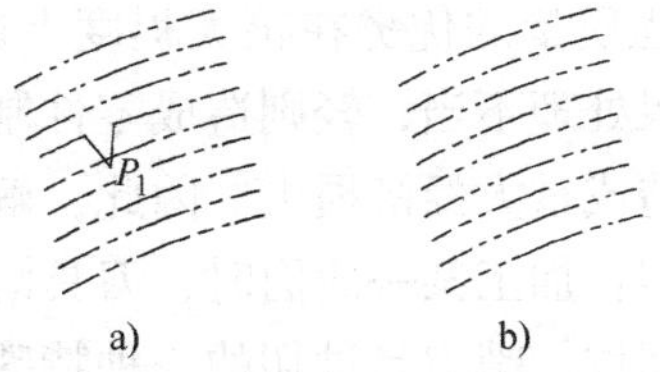

图 4-103　刀具轨迹的修改

5. 刀具轨迹的修剪

刀具轨迹的修剪是指按一定的要求，去掉原始刀具轨迹的某一部分，剩下所需刀具轨迹的处理方法。要对刀具轨迹进行修剪，必须有两个元素：其一是要修剪的刀具轨迹；其二是修剪几何元素，它可以是与刀具轨迹相交的曲线或曲面。刀具轨迹的修剪方法有曲线修剪法和曲面修剪法。曲线修剪法(图 4-104a)是指修剪元素为线框曲线，修剪曲线一定要与修剪的刀具轨迹相交，主要应用于曲面中间需要保护区域的刀具运动轨迹的生成；曲面修剪法(图 4-104b)是指修剪元素为曲面，修剪曲面应与要修剪的刀具运动轨迹相交。

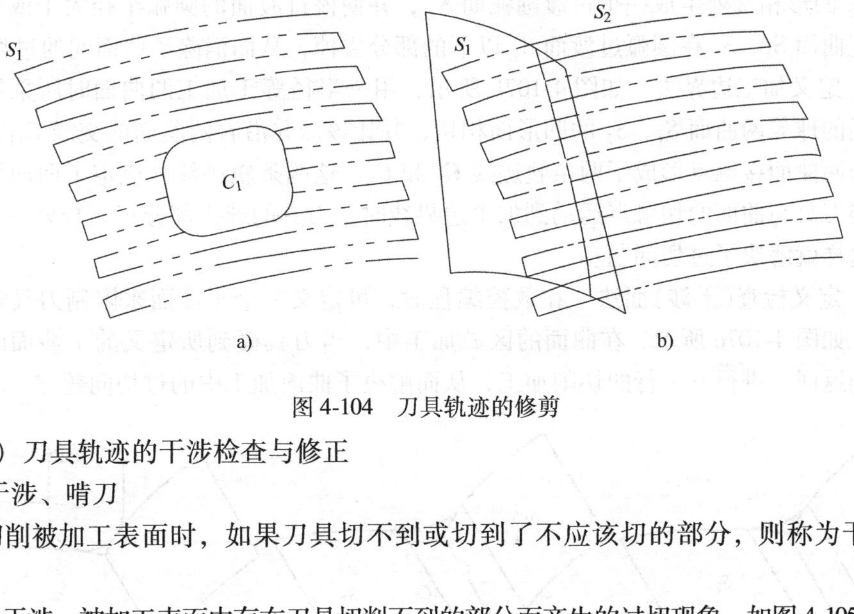

图 4-104　刀具轨迹的修剪

(二) 刀具轨迹的干涉检查与修正

1. 干涉、啃刀

在切削被加工表面时，如果刀具切不到或切到了不应该切的部分，则称为干涉或叫过切。

自身干涉：被加工表面中存在刀具切削不到的部分而产生的过切现象，如图 4-105 所示。

面间干涉：在加工一个或一系列表面时，对其他表面产生过切的现象，如图 4-106 所示。

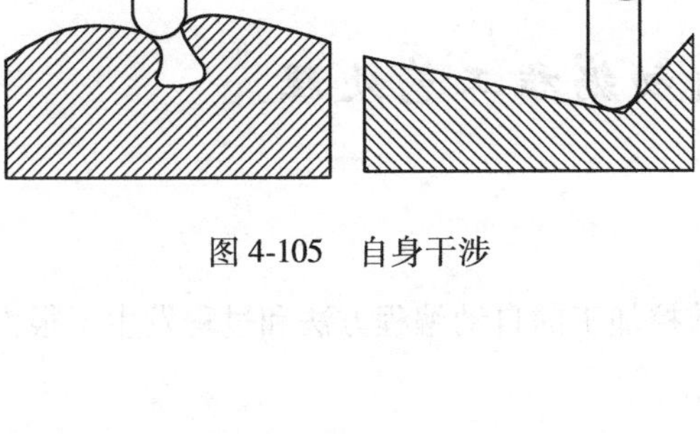

图 4-105　自身干涉

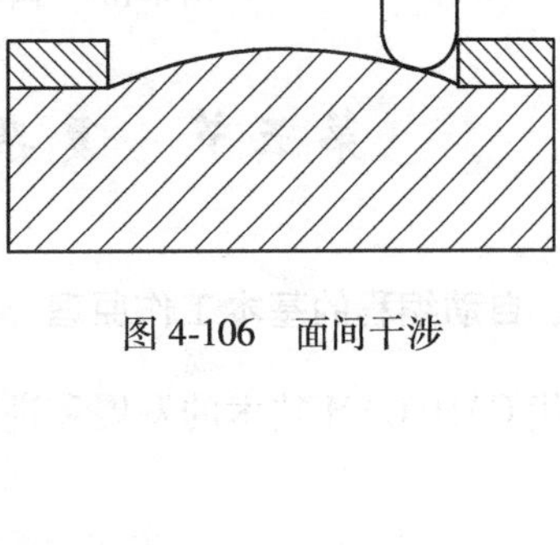

图 4-106　面间干涉

编程质量的优劣在很大程度上取决于过切问题如何处理，它直接影响产品的加工质量。如果处理不当，轻则造成零件制造缺陷，延长产品的生产制造周期；重则损坏零件、机床，造成重大经济损失。因此，解决数控加工的过切问题是具有重要实际意义的。

啃刀：加工某一曲面时，刀具沿曲面的法矢负方向突然切入工件表面，在工件表面扎了一个凹坑。啃刀是过切的一种特殊情况。

2. 干涉、啃刀的产生的原因

在三维曲面的数控加工中，产生曲面加工干涉主要有如下三个原因：

1）曲面凹圆角处的曲率半径小于数控加工时所采用的刀具半径。

2）对曲面特性理解不透，选用了不合理的曲线或曲面类型，使生成曲面偏离实际所需的曲面。

3）在两曲面的凹形交线处，对曲面的加工范围处理不当。

3. 两曲面凹形交线处过切的修正方法

（1）曲面修剪法　如图 4-107a 所示，为了防止在两曲面交线处产生过切，应在两曲面 S_1、S_2 凹形相接处生成一个过渡圆弧面 S_{12}，并使该过渡面的圆弧半径大于或等于刀具半径。把曲面 S_1、S_2 在圆弧过渡面 S_{12} 以下的部分去掉，从而消除了曲面间的过切区域。

（2）定义加工边界法　如图 4-107b 所示，用一半径等于加工两曲面时所采用的球头铣刀半径的球与两曲面 S_1、S_2 的凹形面相切，并让该球并沿着两曲面的交线 C_{12} 方向滚动时，球与两曲面接触点形成了两条轨迹线 C_1 和 C_2，这两条轨迹线就决定了两曲面的加工范围。当刀具与曲面的切触点运动到加工边界线时，刀具的球头部分正好与另一相邻曲面相切，这样就解决了过切问题。

（3）定义检查(干涉)面法　在数控编程时，可定义一个干涉面来限制刀具运动的终止位置。如图 4-107c 所示，在曲面的区域加工中，当刀具碰到所定义的干涉面时，刀具就能自动返回，进行下一行的切削加工，从而解决了曲面加工中的过切问题。

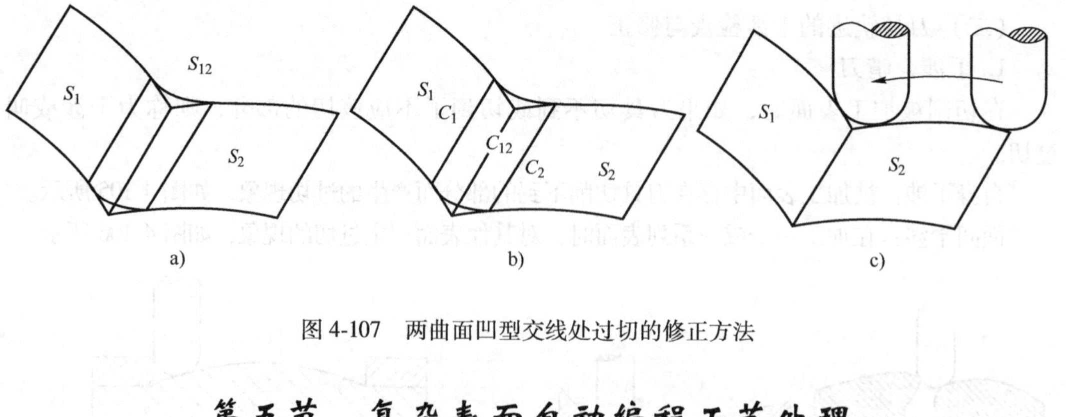

图 4-107　两曲面凹型交线处过切的修正方法

第五节　复杂表面自动编程工艺处理

一、自动编程的基本工作原理

现代 CAD/CAM 技术的发展和进步，使得数控加工的自动编程方法和过程发生了很大变化。自动编程技术一般是在引入零件 CAD 模型中几何信息的基础上，由人工交互添加被加工的具体对象、约束条件、刀具与切削用量，采用图形输入方式，通过激活屏幕上的相应菜单，利用系统提供的图形生成和编辑功能，将零件的几何图形输入到计算机，完成零件造型；同时以人机交互方式指定零件的加工部位、加工方式和加工方向，输入相应的加工工艺参数，通过软件系统的处理自动生成刀具路径文件，并动态显示刀具运动的加工轨迹，生成适合指定数控系统的数控加工程序；最后通过通信接口，把数控加工程序送给机床数控系统。这种编程系统具有交互性好，直观性强，运行速度快，便于修改和检查，使用方便，容易掌握等特点。因此，图形交互式自动编程已成为国内外流行的 CAD/CAM 软件所普遍采用的数控编程方法。在图形交互式自动编程系统中，需要输入两种数据以产生数控加工程序，即零件几何模型数据和切削加工工艺数据。图形交互式自动编程系统实现了造型→刀具轨迹生成→加工程序自动生成的一体化。它的三个主要处理过程是零件几何造型、生成刀具路径文件、生成零件的数控加工程序。

1. 零件几何造型

可通过三种方法获取和建立零件几何模型：

1）软件本身提供的 CAD 设计模块。

2）其他 CAD/CAM 系统生成的图形，通过标准图形转换接口（如 STEP、DXFIGES、STL、DWG、PARASLD、CADL、NFL 等），转换成编程系统的图形格式。

3）三坐标测量机数据或三维多层扫描数据。

2. 生成刀具路径

生成刀具路径的基本过程为：

1）首先确定加工类型(点位、轮廓、挖槽或曲面加工等)，然后用光标选择加工部位及该部位进给路线或切削方式。

2）选取或输入刀具类型、参数及切削用量，如刀号、刀具直径、刀具补偿号、加工预留量、进给速度、主轴转速、退刀安全高度、粗精切削次数及余量、刀具半径长度补偿状况、进退刀延伸线值等加工所需的全部切削工艺参数。

3）根据零件几何模型数据和切削加工工艺数据，编程系统经过计算、处理，生成刀具轨迹，然后进行刀具轨迹的编辑、校验与仿真。若无误，即生成中性刀位文件 CLF（Cut location file），并动态显示刀具运动的加工轨迹。系统在生成了刀位文件后模拟显示刀具运动的加工轨迹是非常必要和直观的，它可以检查编程过程中的错误。由于刀位文件是一个中性文件，与采用哪一种特定的数控系统无关，因此通常称产生刀具路径的过程为前置处理。

3. 后置处理

后置处理就是生成针对某一特定数控系统的数控加工程序。由于各种机床使用的数控系统各不相同，如 FANUC、SIEMENS 等系统，每一种数控系统所规定的代码及格式不尽相同。为此，自动编程系统通常提供多种专用的或通用的后置处理文件，这些后置处理文件的作用是将已生成的刀位文件转变成合适的数控加工程序。目前，绝大多数优秀的 CAD/CAM 软件提供开放式的通用后置处理文件，使用者可以根据自己的需要打开文件，按照希望输出的数控加工程序格式，修改文件中相关的内容。这种通用的后置处理文件，只要稍加修改，就能满足多种数控系统的要求。

4. 程序传送与DNC连续加工

通过后置处理生成数控加工程序的代码后，需要将该代码传送到数控机床，才能进行加工，而要将该代码传送到数控机床，须先在自动编程系统上设置串行通信参数，这些参数包括NC程序格式(ASCII、EIA、BIN)、通信接口(COM1、COM2)、传送速度(波特率)、奇偶校验、数据位数、停止位数及发送延时参数等，然后通过RS-232通信接口将该代码传送到数控机床进行加工。目前，数控系统的功能日趋完善，一般都支持RS-232C通信功能，即可接收或发送数控加工程序。还有很多数控系统可实现一边接收NC程序一边进行切削加工，这就是所谓的DNC的含义。但不是所有的数控系统都支持这一功能，有些数控系统只是先将接收的数控加工程序存储在数控系统的内存中，而不能同时进行切削加工，这种传送形式一般叫块(BLOCK)传送。在CAD/CAM集成系统中生成的曲面加工NC代码一般都很长，从几百K到几兆不等，大部分CNC系统的内存都很难容下这么大长度的程序代码，而对于大部分CNC系统来说，扩充系统内存非常昂贵，此时使用DNC功能便可以进行边传送边加工。

二、自动编程中机床、刀具、毛坯和工件坐标系的设置

下面以Mastercam软件为例进行介绍。

(一) 机床设置

Mastercam软件在安装时分车床和铣床两大类，用户进行选装选“Mill”，就是适用于铣床(包括加工中心)类的软件。Mastercam提供多种后置处理程序，如FANUC、SIEMENS、Fadal、Cincinnatit等，以适用于各种不同型号的数控系统。在主功能表中选【公用管理】→【后处理】→【更换机种】，弹出对话框，如选FANUC，可单击MPFAN. PST，则利用Mill软件生成的程序适用于装有FANUC数控系统的数控铣床。

(二) 刀具设置

Mastercam生成刀具路径时需输入各种参数。参数分为共同参数和模组专用参数两大类。共同参数是各种加工通用的，模组专用参数适合不同加工类型使用，如轮廓铣削有它的模组专用参数，而刀具参数是每个刀具路径都要输入的参数，因此是共同参数。

用户可在Mastercam(V8.1)软件的主功能表中选择【刀具路径】→【加工方式选项】→【刀具参数】来进行刀具设置，也可以在【公用管理】→【定义刀具】中定义刀具参数，并通过填写公共刀具参数表进行刀具设置。

公共刀具参数表包括如下内容:

(1) 刀具名称 从当前的刀具库里，调出存储在指定名称之下的刀具数据，也可以使用说明文字解释该铣刀性质。

(2) 刀具编号 指定所选定刀具库或者刀座里的编号。指定这个参数的号码使系统将一刀具交换指令加入到工件程序中。可以用喜欢的数字定义该刀具的号码，一般从1号刀开始定义，为方便记忆，也可以将半径和长度补正号码定义成与刀具号码相同。

(3) 直径/半径补正 指定存储刀具直径/半径补正值的暂存器编号。

(4) 长度补正 指定存储刀具长度补正值的暂存器编号，暂存器号码的形式是

“H××”。刀具长度补正值是指从固定于机床原点的刀具的尖端测量到零件参数平面的距离。

（5）刀具直径　指所用刀具的直径。

（6）刀角半径　指所用刀具的刀角半径。

Mastercam 软件将铣削用刀具按外形分为三类：平底立铣刀、球头铣刀、圆角铣刀，并用刀具直径和刀具圆角半径之间的关系来区分它们。当刀具圆角半径是 0 时为平底立铣刀；当刀具圆角半径是刀具直径的一半时为球头铣刀；当刀具圆角半径小于刀具直径的一半时为鼻刀。

（7）主轴转速　机床主轴的转速，单位为 r/min。

（8）切削液　控制切削液的开关和种类。该选项编程时可选关闭，实际加工时由操作者控制。

（9）进给率　*XY* 方向上刀具相对于工件的移动速度，单位为 mm/min。

（10）插入进给率　*Z* 方向上刀具相对于工件的移动速度，单位为 mm/min。

（11）退刀速率　*Z* 方向上的提刀移动速度，这时刀具不处于切削状态下，单位为 mm/min。

（三）毛坯设置

用户可在 Mastercam 软件中通过选择【刀具路径】→【工作设定】设置毛坯，确定毛坯尺寸(长、宽、高)。

（四）工件坐标系设置

Mastercam 软件是用定义刀具原点的办法定义工件坐标系原点。可以在【刀具路径】→【加工方式选项】→【刀具参数】中单击“T/C 平面”按钮，弹出“刀具面/构图面”对话框，直接输入刀具原点坐标值；也可以通过“选择”按钮用鼠标选择所绘图形上的某个点为刀具原点，该点即为工件坐标系原点。单击【刀具参数】中的“杂项变数”按钮，可以选择是用 G92 还是用 G54 指令建立工件坐标系。若用 G92 指令，执行后置处理后生成的 G 代码程序中 G92 后面的 X、Y、Z 坐标值即是刀具刀位点在所设工件坐标系中的起始点坐标值，而此时的刀具刀位点在系统坐标系下的位置是默认在系统原点(0,0,0)处。若用 G54 指令，原点偏置值要靠对刀确定并输入到原点偏置寄存器中。必须说明的是，【刀具路径】→【工作设定】对话框中的工件原点并不是工件坐标系的原点，这一点绝不能混淆。

三、自动编程中的工艺参数设置

（一）外形铣削需设置的工艺参数

1. 高度设定

高度的设定可用绝对坐标或相对坐标。绝对坐标设定时，其高度是指刀具平面的绝对坐标值。选用相对坐标时，是相对于工件表面的高度，分为安全高度、参考高度、进给高度、毛坯表面高度、最后深度、快速提刀高度等。

2. 深度分层

深度分层是指在 *Z* 方向分层粗铣和精铣，适用于材料较厚，无法一次加工到最后深度的情形。

3. 外形分层

外形分层是指在 X、Y 方向分层粗铣和精铣，适用于材料切除量较大，刀具无法一次加工到定义的外形尺寸的情形。

4. 转角设定

转角设定用于设定在外形的尖角处是否要加入圆角过渡。转角设定有三个选项：不走圆角、小于 135°走圆角、全走圆角。

5. 线性化误差

在进行空间曲线或空间圆弧的外形加工时，Mastercam 会将它们打断成线段，线性化误差用于设定打断的误差值。

6. 最大深度误差

在进行空间外形加工计算刀具补正时，由于空间的两个图素经补正后可能并不相交，为了使刀具路径平滑，就要对其端点的 Z 值进行调整，最大深度误差就是调整的最大误差值。

7. X、Y 方向预(裕)留量

即 X、Y 方向所留的余量，若要加工到外形尺寸，则输入预留量应为 0。

8. 进/退刀

外形加工一般要求加工表面要光滑，如果在加工时刀具在表面处切削时间过长(下刀和提刀时)，就会在此处留下刀痕。进/退刀功能可在刀具路径的起始点(进刀)和(或)终点(退刀)加上进退刀引线和(或)圆弧，使进退刀时刀具远离加工面，从而防止过切或毛边。

(二) 挖槽加工需设置的工艺参数

挖槽加工是指将一个封闭外形内的材料全部切除，此封闭外形称为槽的边界。

1. 挖槽参数

(1) 分层铣削　分层铣削是指在 Z 方向分层粗铣和精铣，适用于槽的材料较厚，无法一次加工到最后深度的情形。

(2) 表面加工　表面加工选项用于加工毛坯的表面(平面加工)，以便进一步加工。

(3) 铣斜壁　用于将槽或岛屿的侧壁铣成斜面(如起模斜度)。

(4) 精修方向　用于设定精修槽或岛屿外形时的刀具进给方向。为了得到较好的表面质量，一般选用顺铣，只有大吃刀量时才选用逆铣。

(5) 残料再加工　由于槽的外形以及岛屿的限制，用较大的刀具挖槽加工时会留下一些加工不到的地方即残料。此时可以选用残料再加工功能，采用较小的刀具将上一次(较大刀具)加工留下的残料部分去除。

2. 挖槽粗加工参数

(1) 切削方式　切削方式有以下几种：双向切削、单向切削、环形切削(包括等距环切、环绕切削、环切并清角、根据外形螺旋切削)。

(2) 切削方向　切削由外到内或由内到外。

(3) 使刀具损耗最小　这是用于设定“双向切削”时的刀具路径计算方法。不选此项时，双向切削刀具路径以使切削时间最少为目标，而不考虑刀具的受力情况。选此项时，双向切削刀具路径以使刀具损耗最小为目标，使刀具保持单面切削状态，但切削的路径可能更长，所需的切削时间也更多。

(4) 下刀方式　用于设定粗加工的 Z 向下刀方式。挖槽粗加工一般用平底立铣刀，这种刀具主要用侧面切削刃切削材料，其垂直方向的切削能力很弱，若采用垂直下刀(不选用“下刀方式”时)，易导致刀具的损坏。所以 Mastercam 提供了螺旋下刀和斜线下刀方式。

3. 挖槽精加工参数

(1) 精修边界　打开此选项时，将对槽和岛屿的边界进行精加工。否则，将仅对岛屿的边界进行精加工。

(2) 粗加工完的地点直接精修　由于槽中有岛屿，因而形成多个加工区域。打开此选项时，刀具路径的顺序是在一个区域内完成粗铣后直接开始此区域的精铣，然后从另一个区域开始分别粗铣和精铣。否则，刀具路径的顺序是在所有区域内完成粗铣，然后再在所有区域内完成精铣。

(3) 最后精修/分层精修　用于设定“深度分层”挖槽时的精加工。最后精修是指只在分层挖槽的最后深度进行精加工。分层精修是指在分层挖槽的每层深度都进行精加工。

(三) 曲面加工需设置的工艺参数

1. 曲面粗加工参数

曲面粗加工参数包括曲面平行铣削加工参数、曲面放射状加工参数、曲面投影加工参数、曲面流线加工参数、曲面外形加工参数、曲面挖槽加工参数、曲面插削下刀加工参数等。

2. 曲面精加工参数

曲面的精加工共有三页参数对话框，分别是刀具参数、切削参数及与所选的加工方法对应的专用参数。精加工切削参数与粗加工参数相比，对话框中缺少了“最大 Z 轴进给量”，这是因为精加工时无需分层加工，其他与粗加工参数基本一样。

第六节　数控铣削加工的程序编制

一、FANUC 系统基本指令格式

在这一部分中，以 XH714 型立式加工中心为基础，介绍其程序编制的基本方法。XH714 型立式加工中心配置的是 FANUC 0i-MA 数控系统，该系统的基本可控制轴数为 X、Y、Z 三轴，基本同时控制轴数仍为 X、Y、Z 三轴，扩展后可联动控制轴数为四轴；该系统编程代码通用性强，指令丰富，这里主要介绍加工中使用较多的一些基本指令。

(一) 工件坐标系的建立

工件坐标系的设定是编程计算的第一步，应根据不同的加工要求和编程的方便性进行恰当的选择。

1. 设置工件坐标系指令 G92

指令格式：G92　X__　Y__　Z__；

G92 指令将工件坐标系原点设定在相对于起刀点的某一空间点上。这一指令通常出现在程序的第一段，用来设定工件坐标系，也可放在程序中间，用于重新设定工件坐标系。执行 G92 指令后，所有坐标字指定的坐标都是该工件坐标系中的位置。

例 4-1　“G92　X20　Y10　Z10;”表示通过该指令确立的工件坐标系原点在距离起

刀点$X=-20$、$Y=-10$、$Z=-10$的位置上，如图 4-108 所示，即将工件装夹到机床上后，在加工开始前通过对刀，使起刀点与对刀点重合，从而确立了工件坐标系原点在机床坐标系中的位置(该图中刀位点也是起刀点)。

注意：若将工件装夹到机床上后，程序输入的仍是“G92　X20　Y10　Z10”，而起刀点与工件坐标系原点的距离不在$X=20$、$Y=10$、$Z=10$的位置上，则工件坐标系原点在机床坐标系中的位置就会发生变化，就不能加工出符合要求的工件。

2. 选择机床坐标系指令 G53

指令格式：G53　G90　X__　Y__　Z__；

G53 指令使刀具快速定位到机床坐标系中的指定位置上，其中 X、Y、Z 后面的值为执行指令后当前刀具在机床坐标系中的坐标值。

例 4-2　执行“G53　G90　X-100　Y-100　Z-20；”后，刀具在机床坐标系中的位置如图 4-109 所示。

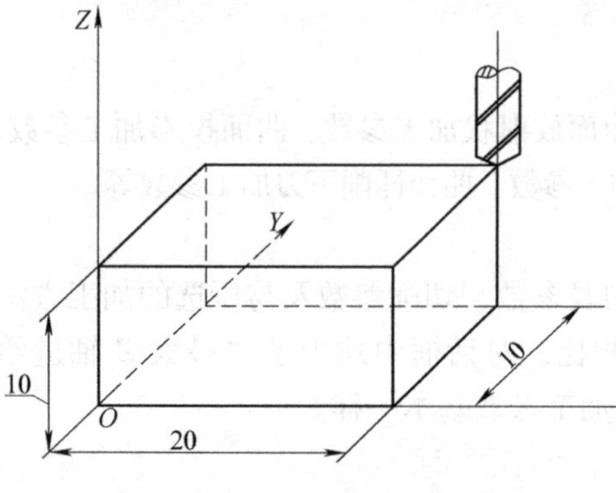

图 4-108　G92 设置工件加工坐标系

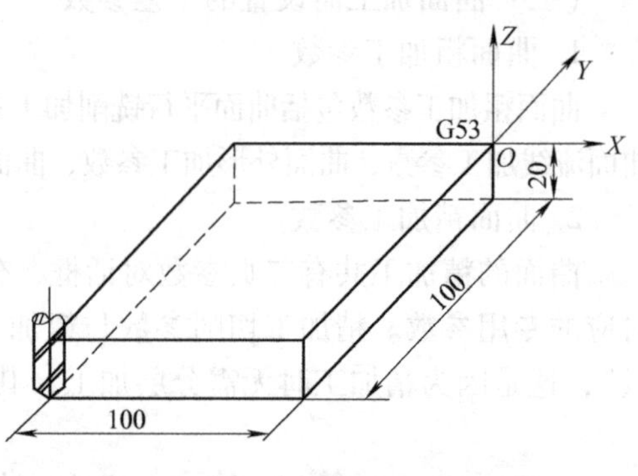

图 4-109　G53 选择机床坐标系

3. 选择工件坐标系指令 G54、G55、G56、G57、G58、G59

指令格式：G54~G59　G90　G00(G01)　X__　Y__　Z__　(F__)；

G54~G59 指令可以分别用来选择相应的工件坐标系。该指令执行后，所有坐标字指定的尺寸坐标都是已选定的工件坐标系的位置。这六个工件坐标系是通过 CRT/MDI 方式设置的。

例 4-3　将图 4-110 所示工件装夹到机床上后，通过对刀，在 CRT/MDI 参数设置方式下将以下两个加工原点 O'及 O''在机床坐标系中的偏移量分别输入到系统的参数设置区域，就完成了这两个工件坐标系的设置。

参考程序如下：

G54X-50　Y-50　Z-10；

G55X-100　Y-100　Z-20；

这时，建立了原点在 O'的 G54 工

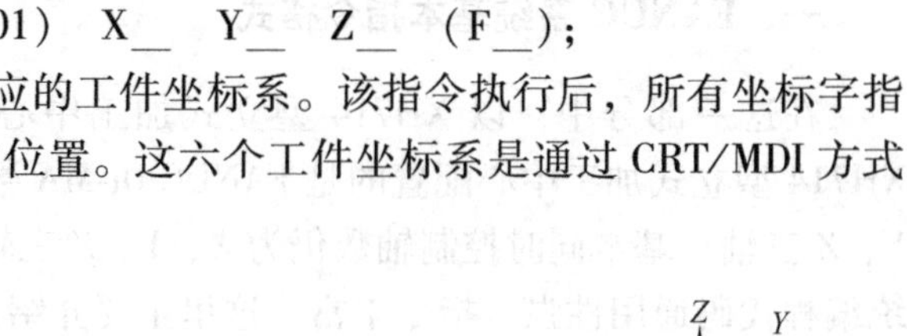

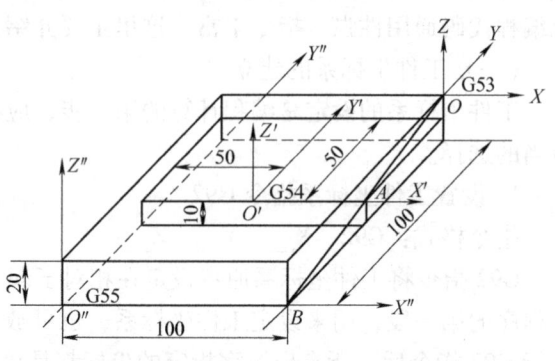

图 4-110　G54~G59 设置加工坐标系

件坐标系和原点在 O''的 G55 工件坐标系。

在 G54 坐标系下若执行下述程序段：

N10　G53　G90　X0　Y0　Z0；

N20　G54　G90　G01　X50　Y0　Z0　F100；

N30　X50　Y-50　Z-10；

刀位点的运动轨迹为图 4-110 中 *OAB*。

在 G55 坐标系下若执行下述程序段：

N10　G53　G90　X0　Y0　Z0；

N20　G55　G90　G01　X100　Y50　Z10　F100；

N30　X100　Y0　Z0；

刀位点的运动轨迹仍为图 4-110 中 *OAB*。

G92 指令与 G54~G59 指令的区别与联系：

1）G92 指令与 G54~G59 指令都可用于设置工件坐标系。

2）G92 指令是通过程序来设定、选用工件坐标系的，G92 指令所设置的工件坐标系原点是与当前刀具所在位置有关的，这一加工原点在机床坐标系中的位置是随当前刀具位置的不同而改变的；而 G54~G59 指令是通过 CRT/MDI 在设置参数方式下设定工件坐标系的，一旦设定，加工原点在机床坐标系中的位置是不变的，它与刀具的当前位置无关，除非再通过 CRT/MDI 方式更改。

3）G92 指令程序段只是设定工件坐标系，而不产生任何动作；而 G54~G59 指令程序段则可以和 G00、G01 指令组合在选定的工件坐标系中进行移动。

（二）坐标平面选择指令 G17、G18、G19

G17、G18、G19 指令用来选择圆弧插补平面和刀具半径补偿平面。G17（本系统默认状态）表示选择在 *XY* 平面内加工；G18 表示选择在 *XZ* 平面内加工；G19 表示选择在 *YZ* 平面内加工。

（三）刀具半径补偿功能 G41、G42、G40

1. 刀具半径补偿功能

刀具半径补偿功能的定义及作用在本课程前面已讨论过，这里不详述。在这里仅介绍本系统刀具半径补偿功能的编程格式。在针对具体零件编程中，要注意正确选择 G41 和 G42，以保证顺铣和逆铣的加工要求。

指令格式：G41（G42）　G00（G01）　X__　Y__　D__（F__）；　　建立刀补程序段

…　　轮廓切削程序段

G40　G00（G01）　X__　Y__　（F__）；　　撤销刀补程序段

2. 应用举例

例 4-4　试编制图 4-111 所示零件外轮廓面 *ABCDEFG* 的精铣数控加工程序，并选择合适的刀具（用 G92 指令建立工件加工坐标系）。

根据零件图上的最小凹圆半径，选择 ϕ16mm 的立铣刀，设刀具半径补偿代码D01=8。

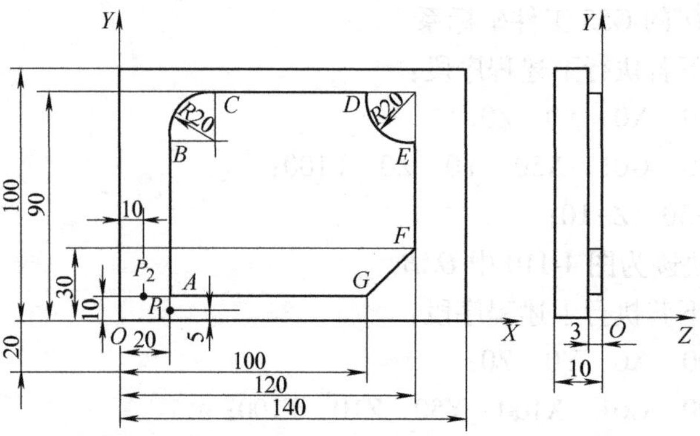

图 4-111　刀具半径补偿指令应用一

程序如下：

程　序	注　释
O0001;	程序名
N10　G92　X-20　Y-20　Z10;	设定工件坐标系
N20　M03　S1000;	主轴正转
N30　G00　Z3;	下刀至进刀平面
N40　G01　Z-3　F100;	下刀至切削平面
N50　G41　X20　Y5　D01;	建立左刀具半径补偿
N60　Y70;	直线插补至 *B* 点($P_1 \to A \to B$)
N70　G02　X40　Y90　I20　J0;	顺时针圆弧插补至 *C* 点($B \to C$)
N80　G01　X100;	直线插补至 *D* 点($C \to D$)
N90　G03　X120　Y70　R20;	逆时针圆弧插补至 *E* 点($D \to E$)
N100　G01　Y30;	直线插补至 *F* 点($E \to F$)
N110　X100　Y10;	直线插补至 *G* 点($F \to G$)
N120　X10;	直线插补至 P_2 点($G \to A \to P_2$)
N130　G40　X-20　Y-20;	撤销刀具半径补偿
N140　G01　Z3;	抬刀至退刀平面
N150　G00　Z10;	抬刀至安全平面
N160　M05;	主轴停止
N170　M30;	程序结束

例 4-5　试编制图 4-112 所示零件内轮廓面 *ABCD* 的精铣数控加工程序。

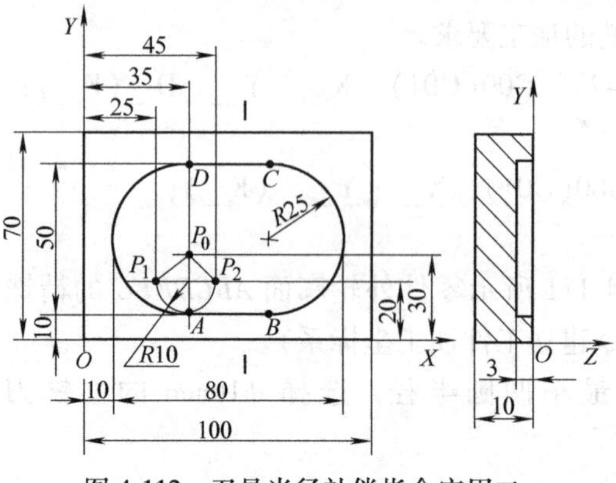

图 4-112　刀具半径补偿指令应用二

选择 ϕ8mm 的立铣刀，设刀具半径补偿代码 D02=4。

程序如下：

程　序	注　释
O0002;	程序名
N10　G54　G90　G00　X0　Y0　Z50;	进入工件坐标系
N20　M03　S1000;	主轴正转
N30　G00　Z3;	下刀至进刀平面
N40　X35　Y30;	快速移至 P_0 点
N50　G01　Z-3　F100;	下刀至切削平面
N60　G41　X25　Y20　D02;	建立左刀具半径补偿($P_0 \to P_1$)
N70　G03　X35　Y10　R10;	逆时针圆弧插补至 A 点($P_1 \to A$)
N80　G01　X55;	直线插补至 B 点($A \to B$)
N90　G03　Y60　R25;	逆时针圆弧插补至 C 点($B \to C$)
N100　G01　X35;	直线插补至 D 点($C \to D$)
N110　G03　Y10　R25;	逆时针圆弧插补至 A 点($D \to A$)
N120　G03　X45　Y20　R10;	逆时针圆弧插补至 P_2 点($A \to P_2$)
N130　G40　G01　X35　Y30;	撤销刀具半径补偿($P_2 \to P_0$)
N140　G01　Z3;	抬刀至退刀平面
N150　G00　Z50;	抬刀至安全平面
N160　M05;	主轴停止
N170　M30;	程序结束

(四) 子程序调用

这里仅以一实例介绍子程序调用的基本方法。

例 4-6　在图 4-113 所示的零件上铣削 4 个 ϕ20mm 的沉孔，试选用合适的刀具，并编写顺铣的数控加工程序。

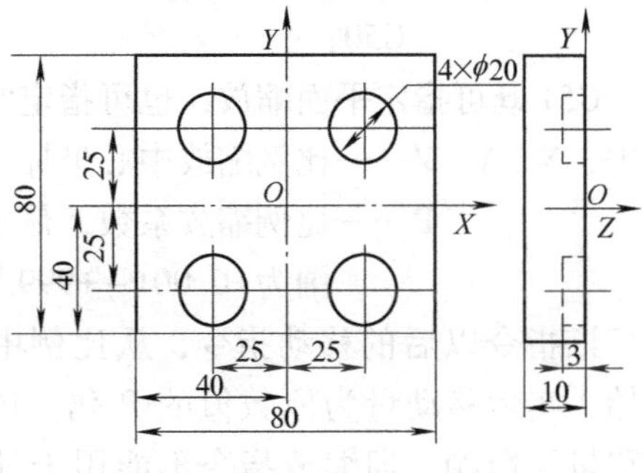

图 4-113　子程序应用图例

选用 ϕ10mm 的立铣刀，设刀具半径补偿代码为 D03，并设 D03=5。

程序如下：

主程序	注　释
O0003;	程序名
N10　G54　G90　G00　X0　Y0　Z50;	进入工件坐标系
N20　M03　S1000;	主轴正转
N30　G00　Z3;	下刀至进刀平面
N40　X25　Y25;	快速移至第一个孔的位置
N50　M98　P1000;	调子程序铣第一个孔
N60　X-25　Y25;	快速移至第二个孔的位置
N70　M98　P1000;	调子程序铣第二个孔
N80　X-25　Y-25;	快速移至第三个孔的位置
N90　M98　P1000;	调子程序铣第三个孔
N100　X25　Y-25;	快速移至第四个孔的位置
N110　M98　P1000;	调子程序铣第四个孔
N120　X0　Y0;	快速移至($X0$,$Y0$)点
N130　Z50;	抬刀至安全平面
N140　M05;	主轴停止
N150　M30;	程序结束

（续）

子程序	注　释
O1000;	子程序名
N10　G01　Z-3　F100;	下刀至切削平面
N20　G91　G41　X10　Y0　D03;	增量编程方式，建立左刀具半径补偿
N30　G03　X0　Y0　I-10　J0;	逆时针圆弧插补铣孔
N40　G40　G01　X-10　Y0;	撤销刀具半径补偿
N50　G90　G00　Z3;	绝对编程方式，抬刀至退刀平面
N60　M99;	子程序结束

（五）比例缩放及镜像功能 G51、G50

比例缩放功能可使原编程尺寸按指定比例缩小或放大；镜像功能可使图形按指定规律产生镜像变换。使用缩放指令可实现用同一程序加工出形状相同，但尺寸不同的工件；当工件具有相对于某一轴对称的形状时，利用镜像功能和子程序相结合的方法，只对工件的一部分进行编程，就可加工出工件的整体。

1. 各轴按相同比例编程

指令格式：G51　X__　Y__　Z__　P__;　　　缩放开始

…　　　缩放有效

G50;　　　缩放取消

G51 既可指定平面缩放，也可指定空间缩放。

其中，X、Y、Z——比例缩放中心坐标(绝对方式)；

P——比例缩放系数，最小输入量为 0.001 或 0.00001，比例缩放系数的范围为+0.001～+999.999 或+0.00001～+9.99999，取决于参数设置。

该指令以后的移动指令，从比例中心点开始，实际移动量为原数值的 P 倍。P 值对偏移量无影响，即缩放指令不能用于补偿量的缩放。

例 4-7　如图 4-114 所示零件，采用缩放功能，编制其程序如下：

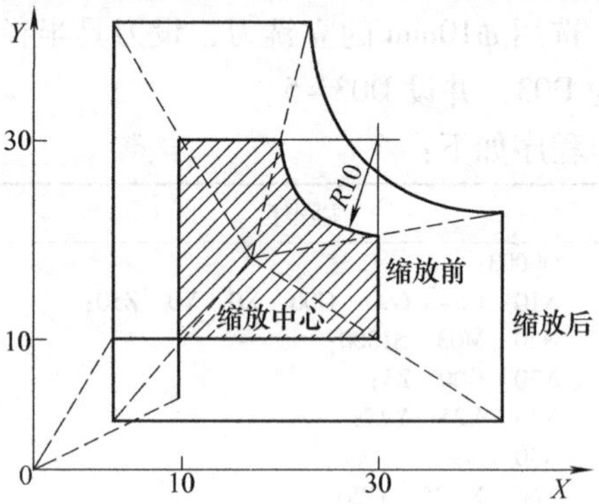

图 4-114　各轴按相同比例缩放应用图例

主程序

O0007;

N10　G92　X0　Y0　Z10;

N20　M03　S800;

N30　G00　Z3;

N40　G01　Z-3　F100;

N50　M98　P1000;　　　调子程序铣削缩放前的图形

N60　G01　Z-6;

N70　G51　X15　Y15　P2;　　　缩放中心(15,15)，放大 2 倍

N80　M98　P1000;　　　调子程序铣削缩放后的图形

```
N90  G50;                              取消缩放
N100  G00  Z10;
N110  M05;
N120  M02;
子程序
O1000;
N10  G41  G01  X10  Y4  D01;
N20  Y30;
N30  X20;
N40  G03  X30  Y20  I10  J0;
N50  G01  Y10;
N60  X5;
N70  G40  X0  Y0;
N80  M99;
```

2. 各轴以不同比例编程

各个轴可以按不同比例来缩小或放大，当给定的比例系数为±1 时，可获得镜像加工功能。

```
指令格式：G51  X__  Y__  Z__  I__  J__  K__;        缩放开始
          …                                          缩放有效
          G50;                                       缩放取消
```

其中，X、Y、Z——比例缩放中心坐标；

I、J、K——对应 *X*、*Y*、*Z* 轴的比例系数，在±0.001～±9.999 范围内。

本系统设定 I、J、K 不能带小数点，比例为 1 时，应输入 1000，并在程序中都应输入，不能省略。比例系数与图形的关系如图 4-115 所示。图中 *b/a* 为 *X* 轴系数；*d/c* 为 *Y* 轴系数；O_1 为比例中心。

3. 镜像功能

```
指令格式：G51  X__  Y__  Z__  I__  J__  K__;        镜像开始
          …                                          镜像有效
          G50;                                       取消镜像
```

其中，X、Y、Z——镜像对称中心坐标；

I、J、K——对应 X、Y、Z 轴的比例系数，取±1000。

例 4-8　试利用镜像功能编制图 4-116 所示零件的数控铣削加工程序。

```
主程序
O0005;
N10  G92  X0  Y0  Z25;
N20  M03  S800;
N30  M98  P1005;                       调子程序铣①图
N40  G51  X0  Y0  I-1000  J1000;       Y轴镜像
```

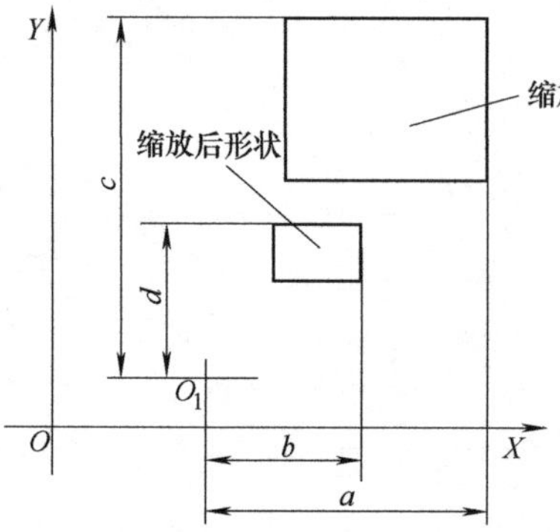

图 4-115 各轴按不同比例编程

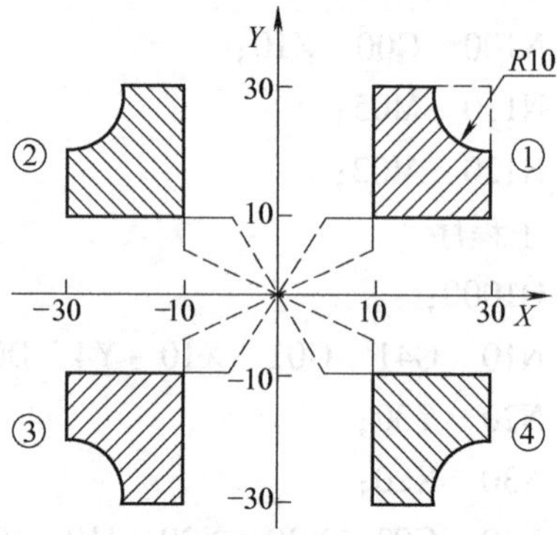

图 4-116 镜像功能应用图例

```
N50  M98  P1005;                          调子程序铣②图
N60  G51  X0  Y0  I-1000  J-1000;         原点镜像
N70  M98  P1005;                          调子程序铣③图
N80  G51  X0  Y0  I1000  J-1000;          X 轴镜像
N90  M98  P1005;                          调子程序铣④图
N100  G50;                                取消镜像
N110  M05;
N120  M30;
```

子程序

```
O1005;
N10  G41  G00  X10  Y4  D01;
N20  Y5;
N30  Z3;
N40  G01  Z-3  F100;
N50  Y30;
N60  X20;
N70  G03  X30  Y20  I10;
N80  G01  Y10;
N90  X5;
N100  G00  Z25;
N110  G40  X0  Y0;
N120  M99;
```

说明：使用该程序加工，①图和③图为顺铣，②图和④图为逆铣。

（六）长度补偿功能 G43/G44、G49

当使用不同类型及规格的刀具或刀具磨损后刀具长度变化时，不必重新改动程序或重新进行对刀调整，只需改变刀具数据库中刀具长度补偿值即可。

指令格式：G43(G44)　G00(G01)　Z__　H__(F__)；　建立刀具长度补偿程序段

…　　　　　　　　　　　　　　长度补偿生效

G49　G00(G01)　Z__(F__)；

取消刀具长度补偿程序段

在 G17 的情况下，刀具长度补偿 G43、G44 只用于 *Z* 轴的补偿，对 *X* 轴和 *Y* 轴无效。

刀具长度补偿功能的定义及作用在本课程前面已讨论过，这里不详述。现仅举一例来说明刀具长度补偿指令的含义。

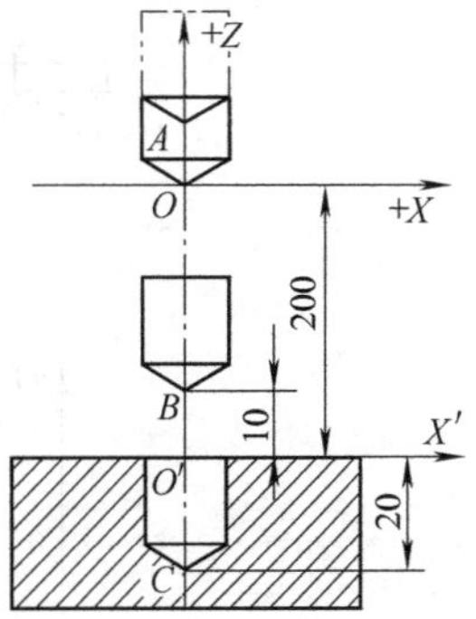

图 4-117　刀具长度补偿的含义

例 4-9　如图 4-117 所示，钻一深为 20mm 的孔，设工件 *Z* 向零点距工件上表面 200mm。

当设定(H02)= 200mm 时的程序如下：

N5　G92　X0　Y0　Z0；　　设定当前点 *O* 为工件加工零点

N10　M03　S1000；

N15　G44　G00　Z10　H02；　　指定点 *A*→实到点 *B*

N20　G01　Z-20　F100；　　实到点 *C*

N25　Z10；　　实际返回点 *B*

N30　G49　G00　Z0；　　实际返回点 *O*

…

当设定(H02)= -200mm 时程序如下：

N5　G92　X0　Y0　Z0；

N10　M03　S1000；

N15　G43　G00　Z10　H02；

N20　G01　Z-20　F100；

N25　Z10；

N30　G49　G00　Z0；

…

从上述程序例中可以看出，使用 G43、G44 相当于平移了 *Z* 轴原点，即将坐标原点 *O* 平移到了 *O′* 点处，后续程序中的 *Z* 坐标均相对于 *O′* 进行计算。使用 G49 时则又将 *Z* 轴原点平移回到了 *O* 点。

例 4-10　对图 4-118 所示的零件钻孔，按理想刀具刀位点进行对刀编程，现测得实际刀具比理想刀具短 8mm，若设定(H01)= -8mm。

程序如下：

O0003；

N10　G92　X0　Y0　Z0；　　实际刀具在距 Z0 上方 8mm 的位置上

N15　M03　S630；

N20　G00　X120　Y80；

N25　G43　Z-32　H01；　　刀具长度正补偿，实际刀具下移至距离工件上表面

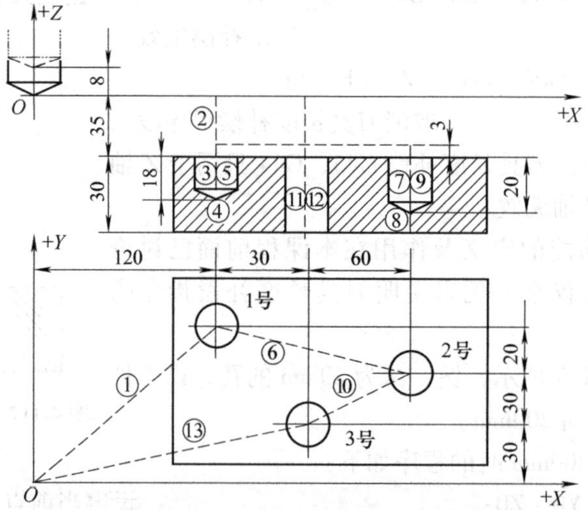

图 4-118　刀具长度补偿的应用

3mm 的上方

N30　G01　Z-53　F120;　　钻 1 号孔

N35　G00　Z-32;　　实际刀具上移至距离工件上表面 3mm 的上方

N40　X210　Y60;

N45　G01　Z-55;　　钻 2 号孔

N50　G00　Z-32;　　实际刀具上移至距离工件上表面 3mm 的上方

N55　X150　Y30;

N60　G01　Z-73;　　钻 3 号孔

N70　G49　G00　Z0;　　取消刀具长度补偿，实际刀具提刀至距 Z0 上方 8mm 的位置上

N75　X0　Y0;

N80　M05;

N85　M02;

说明：使用刀具长度补偿功能时，若补偿值设置不合适，会造成刀具冲撞工作台的危险事故。同一程序中需要使用多把刀具时，其每把刀具长度补偿数据的设定如前述(见第四章第一节)，即可采用基准刀具的刀位点进行对刀编程，此时基准刀具的长度补偿数据为零，其他每把刀具的长度补偿数据为其他每把刀具的长度与基准刀具的长度之差(使用 G43 指令)；或采用刀具相关点进行对刀编程，此时每把刀具的长度补偿数据为每把刀具的长度值(刀具长度值为正值时使用 G43 指令)。

（七）固定循环功能

在前面介绍的常用加工指令中，每一个 G 指令一般都对应机床的一个动作，它需要用一个程序段来实现。为了进一步提高编程工作效率，FANUC 0i-MA 系统设计有固定循环功能，它规定对于一些典型孔加工中的固定、连续的动作，用一个 G 指令表达，即用固定循环指令来选择孔加工方式。

常用的固定循环指令能完成的工作有钻孔、攻螺纹和镗孔等。

1. 固定循环的动作组成

如图 4-119 所示，固定循环动作顺序可分解为：

1）在 *XY* 平面内快速定位到孔中心的位置上。

2）快速运动到 *R* 平面。

3）孔的切削加工动作。

4）孔底动作。

5）返回动作。

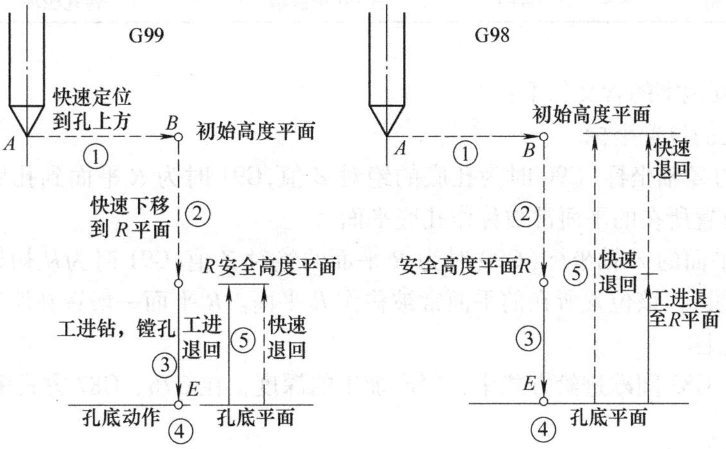

图 4-119　固定循环动作分解

图中实线表示切削进给运动，虚线表示快速运动。*R* 平面为在孔口时快速运动与进给运动的转换位置。

2. 固定循环指令格式

G90(G91)　G99(G98)　G73～G89　X_　Y_　Z_　R_　Q_　P_　F_　K_；

其中，G98、G99 是孔加工完后的回退方式指令，G98 指令是返回初始平面处，G99 则是返回 *R* 平面处。当某孔加工完后还有其他同类孔需要接续加工时，一般使用 G99 指令；只有当全部同类孔都加工完成后，或孔间有比较高的障碍需跳跃的时候，才使用 G98 指令，这样可节省抬刀时间。

G73～G89 为孔加工方式指令，对应的固定循环功能见表 4-18。

表 4-18　孔加工固定循环功能

G 指令	孔加工动作(-Z 方向)	孔底动作	回退动作(+Z 方向)	用　途
G73	间歇进给		快速移动	高速深孔钻循环
G74	切削进给(主轴反转)	暂停→主轴正转	切削进给	左旋攻螺纹循环
G76	切削进给	主轴定向停止	快速移动	精镗循环
G80				取消固定循环
G81	切削进给		快速移动	钻孔循环，定点钻循环
G82	切削进给	暂停	快速移动	钻孔循环，锪、镗孔循环

（续）

G 指令	孔加工动作(-Z 方向)	孔底动作	回退动作(+Z 方向)	用　途
G83	间歇进给		快速移动	深孔钻循环
G84	切削进给(主轴正转)	暂停→主轴反转	切削进给	右旋攻螺纹循环
G85	切削进给		切削进给	镗孔循环
G86	切削进给	主轴停止	快速移动	镗孔循环
G87	切削进给	主轴定向停止	快速移动	背镗循环
G88	切削进给	暂停→主轴停止	手动移动	镗孔循环
G89	切削进给	暂停	切削进给	镗孔循环

指令中，其他字的含义如下：

X、Y 是孔的位置坐标。

Z 是孔底的 *Z* 轴坐标(G90 时为孔底的绝对 *Z* 值,G91 时为 *R* 平面到孔底平面的 *Z* 坐标增量)。该位置所在的平面常被称作孔底平面。

R 是安全平面的 *Z* 轴坐标(G90 时为 *R* 平面的绝对 *Z* 值,G91 时为从初始平面到 *R* 平面的 *Z* 坐标增量)，该位置所在的平面常被称作 *R* 平面。*R* 平面一般选在距零件孔口表面 3~5mm 的位置上。

Q 是 G73、G83 间歇进给方式中，每次加工的深度，在 G76、G87 方式中为横向(*X* 或 *Y* 向)的让刀量。

P 是孔底暂停的时间，用整数表示，单位为 ms。

F 是进给速度。

K 是重复加工的循环次数，为 1 可不写，为 0 将不执行加工，仅存储加工数据。

上述固定循环中的指令数据，不一定都写，根据需要可省去若干地址数据。固定循环指令是模态指令，一旦指定，持续有效，直到被另一固定循环指令所替代，或被 G80 所取消。当然，也可用 01 组 G 代码取消固定循环指令。

3. 各循环方式说明

(1) 钻孔循环

1) 深孔钻循环指令 G73、G83

指令格式：G73　X__　Y__　Z__　R__　Q__　F__　K__;

　　　　　G83　X__　Y__　Z__　R__　Q__　F__　K__;

G73 与 G83 都可用于深孔钻削循环，如图 4-120a、e 所示。但 G73 是高速深孔钻循环，它执行间歇进给直到孔的底部时，才快速返回，因此，钻削深孔的效率较高；而 G83 每次执行间歇进给时，都要快速返回到 *R* 平面，因此，钻削深孔的排屑性能非常好。

图中 *q* 表示每次背吃刀量(用增量表示,在指令中由地址 Q 给定)，*d* 表示每次退刀量(增量)，由 NC 系统内部通过参数设定。

2) 钻孔循环指令 G81、G82

指令格式：G81　X__　Y__　Z__　R__　F__　K__;

　　　　　G82　X__　Y__　Z__　R__　P__　F__　K__;

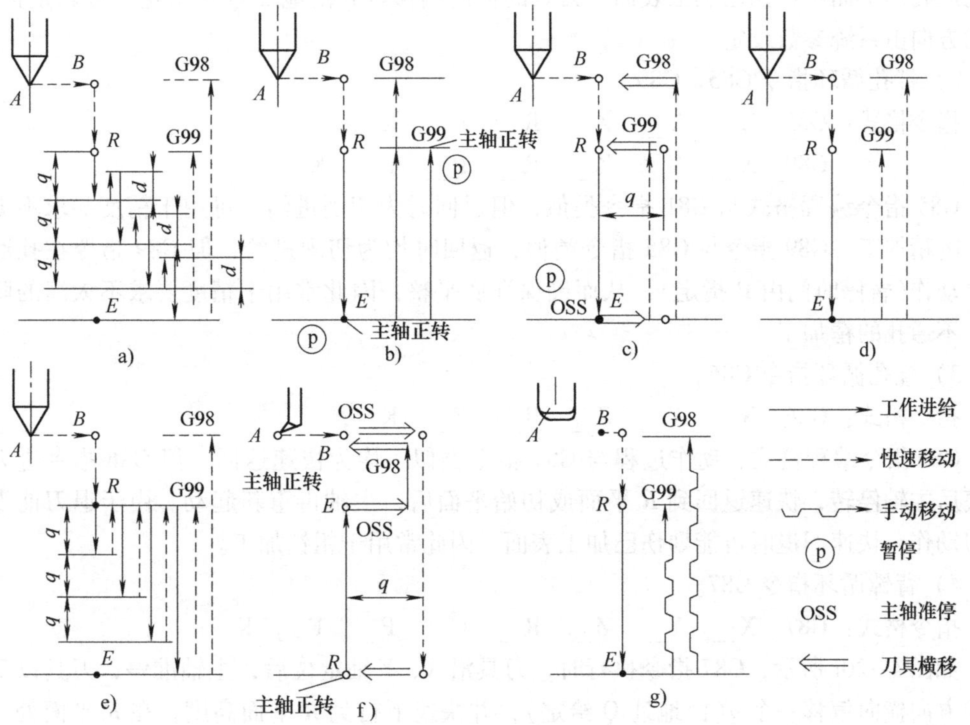

图 4-120　固定循环图解

a) G73　b) G74　c) G76　d) G81　e) G83　f) G87　g) G88

G81 与 G82 都可用于一般钻孔加工循环，动作过程类似，均为快速返回，如图4-120d 所示。G81 常用于一般钻孔循环、定点钻；而 G82 除用于钻孔循环外，还可用于锪孔、镗孔，因该指令可使刀具在孔底暂停（暂停时间由 P 指定），从而确保孔底平整，因此，常用于加工锪孔、沉头台阶孔。

（2）攻螺纹循环指令 G74、G84

指令格式：G74　X__　Y__　Z__　R__　P__　F__　K__；

　　　　　G84　X__　Y__　Z__　R__　P__　F__　K__；

G74 指令用于左旋攻螺纹循环，该指令执行前，主轴要先反转，才能执行攻螺纹。当到达孔底时，主轴要正转，然后以切削进给的速度返回，如图 4-120b 所示。G84 指令用于右旋攻螺纹循环，G84 指令与 G74 指令中的主轴转向相反，其他均和 G74 相同。攻螺纹循环的进给速度 v_f = 主轴转速（r/min）×螺距（mm）；R 平面最好选在距孔口表面 7mm 以上的地方。攻螺纹循环中进给倍率不起作用，进给保持只能在返回动作结束后执行。

（3）镗孔循环指令 G76、G85、G86、G87、G88、G89

1）精镗循环指令 G76。

指令格式：G76　X__　Y__　Z__　R__　Q__　P__　F__　K__；

G76 指令用于精镗加工循环，镗削到孔底时，主轴停止在定向位置上，即准停，然后使刀尖偏移离开已加工表面后，再抬刀退出如图 4-120c 所示。这样可以高精度、高效率地完成孔加工而不损伤已加工表面。刀具的横向偏移量 q 由地址 Q 来给定，且总是正值，移动方向由系统参数设定。

2）镗孔循环指令 G85、G89。

指令格式：G85 X_ Y_ Z_ R_ F_ K_;

G89 X_ Y_ Z_ R_ P_ F_ K_;

G85 指令编程格式与 G81 指令类似，但返回时为切削进给，可用于精度要求不太高的孔的精加工。G89 指令与 G85 指令类似，返回时均为切削进给，但 G89 指令在孔底有暂停动作(暂停时间由 P 指定)，从而确保孔底平整，因此常用于精度要求不太高的阶梯孔、不通孔的精加工。

3）镗孔循环指令 G86。

指令格式：G86 X_ Y_ Z_ R_ F_ K_;

G86 指令编程格式、动作过程与 G81 指令类似，均为快速返回，但 G86 指令进刀到孔底后主轴停转，快速返回到 R 平面或初始平面后，主轴再重新起动。由于退刀前没有让刀动作，快速回退时可能划伤已加工表面，因此常用于粗镗加工。

4）背镗循环指令 G87。

指令格式：G87 X_ Y_ Z_ R_ Q_ P_ F_ K_;

如图 4-120f 所示，G87 指令执行时，刀具沿 X、Y 轴定位后，主轴准停，刀具以反刀尖的方向横向偏移一个 q(由地址 Q 给定)，并快速下行到 R 平面高度，在 R 平面处，刀具按原偏移量沿刀尖的正方向偏移，主轴正转，然后刀具沿 Z 轴正方向一直向上加工到孔底平面高度。在这个位置上，主轴再次准停，刀具又进行反刀尖偏移，然后向孔的上方快速移出，返回到初始平面后，刀具再按原偏移量沿刀尖的正方向偏移，主轴正转，继续执行下一程序段。背镗循环不使用 G99 指令。

5）镗孔循环指令 G88。

指令格式：G88 X_ Y_ Z_ R_ P_ F_ K_;

如图 4-120g 所示，加工到孔底后暂停，主轴停止转动，自动转换为手动状态，用手动将刀具从孔中退出到返回点平面后，主轴正转，再转入下一个程序段自动加工。

在使用固定循环指令前，必须使用 M03 或 M04 指令起动主轴；在程序格式段中，X、Y、Z 或 R 指令数据应至少有一个才能进行孔的加工；在使用带控制主轴回转的固定循环(如 G74、G84、G86 等)中，如果连续加工的孔间距较小，或孔口平面到 R 平面(或初始平面)的距离比较短时，会出现进入孔正式加工前，主轴转速还没有达到正常的转速的情况，影响加工效果。因此，遇到这种情况，应在各孔加工动作间插入 G04 指令，以获得时间使主轴能恢复到正常的转速。

例 4-11 加工图 4-121 所示 3 个 ϕ6mm 的等距通孔，要求先使用中心钻预钻定位孔，然后再使用 ϕ6mm 的钻头钻孔，试编写其数控加工程序(采用手动换刀)。

程序如下：

```
O0005;
N10 G92 X-10 Y-10 Z200;
N15 M03 S1000;
```

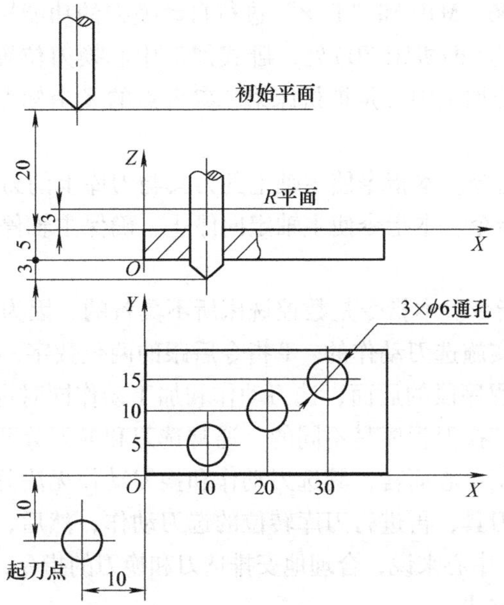

图 4-121 固定循环功能的应用

N20 G43 G00 Z20 H01;	中心钻下移至距孔口表面 20mm 的上方(初始平面)
N25 G99 G81 X10 Y5 Z-3 R3 F100;	钻第一个中心孔(返回 *R* 平面)
N30 X20 Y10;	钻第二个中心孔(返回 *R* 平面)
N35 G98 X30 Y15;	钻第三个中心孔(返回初始平面)
N40 G00 X300 M05;	取消钻孔循环，回换刀点，主轴停止旋转
N45 G49 Z200 M00;	取消长度补偿，程序暂停，手动换刀
N50 G43 Z20 H02;	钻头下移至距孔口表面 20mm 的上方(初始平面)
N55 M03 S800;	
N60 G99 G81 X10 Y5 Z-8 R3 F80;	钻第一个孔(返回 *R* 平面)
N65 X20 Y10;	钻第二个孔(返回 *R* 平面)
N70 G98 X30 Y15;	钻第三个孔(返回初始平面)
N75 G49 G00 Z200;	取消钻孔循环，取消长度补偿
N80 X-10 Y-10;	回起刀点
N85 M05;	
N90 M02;	

(八) 加工中心的编程要点

1. 自动换刀程序的编写

实际上除换刀程序外，加工中心的编程和数控铣床的编程基本相同。由于有自动换刀程序，因此增加了用 M06、M19 和“T××”进行自动换刀的功能指令。一般立式加工中心换刀位置在机床 *Z* 轴零点(即机床 *Z*0)处，卧式加工中心换刀位置在机床 *Y* 轴零点(即机床 *Y*0)处。当然，也有的加工中心是把机床第二参考点的 *Z* 坐标点或 *Y* 坐标点作为换刀位置的。

M06——自动换刀指令。本指令使主轴上的刀具与刀库上的刀具进行自动交换。

M19——主轴准停指令。本指令使主轴定向停止，确保主轴停止的方位和装刀标记方位一致。

T××——选刀功能指令。本指令是数控铣床所不具备的，因为 T 指令是用以驱动刀库电动机带动刀库转动而实施选刀动作的。T 指令后跟的两位数字，表示要更换的刀具地址号。若 T 指令在某加工程序段的后面，选刀动作和加工动作同时进行。

不同的加工中心，其换刀程序是不同的，通常选刀和换刀分开进行。但对于不采用机械手换刀的立、卧式加工中心而言，其选刀动作和换刀动作无法分开进行，在进行换刀动作时，先取下主轴上的刀具，再进行刀库转位的选刀动作，然后，再换上新的刀具。而对于采用机械手换刀的加工中心来说，合理地安排选刀和换刀的指令，是其加工编程的要点。

自动换刀程序设计方法一：

```
…
N20  G01  X__  Y__  F__;
…
N50  G28(G30)  Z__  T02  M06;
…
```

以上程序在执行到 N50 程序段时，在主轴返回 *Z* 向参考点(换刀点)的同时，刀库转动选 T02 号刀。若主轴已回到 *Z* 向参考点(换刀点)，而刀库还没有转出 T02 号刀，就不执行 M06 换刀指令，直到刀库转出 T02 号刀后，才能进行刀具交换，将 T02 号刀换到主轴上去。因此，这种方法占用机动时间较长。

自动换刀程序设计方法二：

```
…
N20  G01  X__  Y__  T01;
…
N50  G28(G30)  Z__  M06  T02;
…
N80  G28(G30)  Z__  M06  T03;
…
```

以上程序在执行到 N50 程序段时，换上的是在 N20 程序段选出的 T01 号刀，即在 N50~N80 程序段中加工所用的是 T01 号刀；N50 程序段换刀完成后，刀库马上转位选 T02 号刀，为下次换刀作准备；执行到 N80 程序段时，换上的是 N50 程序段选出的 T02 号刀，即从 N80 程序段开始用 T02 号刀加工。这种方法选刀是在切削加工中进行的，换刀时间较短。

在对加工中心进行换刀动作的编程安排时，应考虑如下问题：

1）换刀动作必须在主轴停转的条件下进行，且必须实现主轴准停，即定向停止。

2）换刀点的位置应根据所用机床的要求安排，有的机床要求必须将换刀位置安排在参考点处，这时就要使用G28指令。有的机床则允许用参数设定第二参考点作为换刀位置，这时就要使用G30指令。

3）为了节省自动换刀时间，提高加工效率，应将选刀动作与机床加工动作在时间上重合起来。

4）换刀位置在参考点处，换刀完成后，可使用G29指令返回到下一道工序的加工起始位置。

5）换刀完毕后，不要忘记安排重新起动主轴的指令，否则加工将无法持续。

XH714型立式加工中心采用的是刀库移动→主轴升降式换刀方式，其选刀动作和换刀动作无法分开进行，该机床通过M06指令调用一个换刀宏程序来完成选刀和换刀动作，换刀时可采用“T××　M06”　（M19、G30指令包含在换刀宏程序中）进行换刀操作。

例4-12　在XH714型立式加工中心上采用自动换刀方式，加工图4-121所示的3个ϕ6mm等距通孔。设T01为中心钻，T02为ϕ6mm的钻头。

程序如下：

```
O0005;
N5  T01  M06;                              自动换刀(换上的是中心钻)
N10  G54  G90  G00  X-10  Y-10  Z200;
N15  X0  Y0;
N20  M03  S1000;
N25  G43  Z20  H01;
N30  G91  G99  G81  X10  Y5  Z-6  R-17
F100  K3;                                  钻3个中心孔(返回R平面)
N35  G90  G49  G00  Z200;
N40  T02  M06;                             自动换刀(换上的是钻头)
N45  G00  X0  Y0;
N50  G43  Z20  H02;
N55  M03  S800;
N60  G91  G99  G81  X10  Y5  Z-11  R-17
F80  K3;                                   钻3个孔(返回R平面)
N65  G90  G49  G00  Z200;
N70  X-10  Y-10;
N75  M05;
N80  M30;
```

2. 加工中心编程时应注意的问题

1）首先应进行合理的工艺分析。由于在加工中心加工的零件一般加工工序较多，使用的刀具种类也较多，有时在一次装夹下要完成零件的粗加工、半精加工、精加工，因此要周密、合理地安排各工序加工的顺序，以利于提高精度和生产率。加工顺序可按铣大平面、粗镗孔、半粗镗孔、轮廓加工、钻中心孔、钻孔、攻螺纹、精加工、铰镗、精铣等加工顺序。

2）根据批量等情况，决定采用自动换刀还是手动换刀。一般批量较大，而刀具更换较频繁时，以采用自动换刀为宜。但当加工批量很小而使用的刀具种类又不多时，可采用手动换刀。

3）自动换刀要留出足够的换刀空间。有些刀具直径较大或尺寸较长，自动换刀时要注意避免发生撞刀事故。

4）为了提高机床利用率，尽量采用刀具机外预调，并将测量尺寸填写到刀具卡片中，以便操作者在运行程序前，及时修改刀具补偿参数。

5）对于编好的程序，应认真检查，并于加工前安排好试运行。

6）尽量把不同工序内容的程序，分别安排到不同的子程序中，或按工序顺序添加程序段号标记。当零件加工程序较多时，为便于程序调试，一般将各工序内容分别安排到不同的子程序中，主程序内容主要是完成换刀及子程序调用的指令。这样安排便于按每一工序独立地调试程序，也便于因加工顺序不合理而做出重新调整。

7）尽可能地利用机床数控系统本身所提供的镜像、子程序、旋转、固定循环和宏指令编程功能，以简化程序量。

二、SIEMENS 系统循环指令格式

下面介绍西门子 SINUMERIK 840D(PGK-10.00 版)数控系统孔加工固定循环中常用的一些基本指令。

（一）钻孔循环

1. 钻孔、定心循环指令 CYCLE81

指令格式：CYCLE81(RTP,RFP,SDIS,DP,DPR)　LF

参数：RTP 是返回平面(绝对)；RFP 是参照平面(绝对)；SDIS 是安全距离(不带符号输入)；DP 是最终钻孔深度/加长孔深度/槽深/凹槽深度(绝对)；DPR 是最终钻孔深度/加长孔深度/槽深/凹槽深度(相对于参照平面,不带符号输入)。

说明：CYCLE81 使用循环之前编写的主轴转速和进给速度进行钻孔，到达最后钻孔深度后快速返回。其作用同 FANUC 0i-MA 系统的 G81 指令类似。循环过程如图 4-122a 所示。

2. 钻孔、镗孔循环指令 CYCLE82

指令格式：CYCLE82(RTP,RFP,SDIS,DP,DPR,DTB)　LF

参数：RTP、RFP、SDIS、DP、DPR 的含义同 CYCLE81；DTB 是最终钻孔深度处的停顿时间(断屑)。

说明：CYCLE82 使用循环之前编写的主轴转速和进给速度进行钻孔，到达最后钻深后，可实现孔底暂停(时间单位为 s)，然后快速返回。其作用同 FANUC 0*i*-MA 的 G82 指令类似。循环过程如图 4-122b 所示。

3. 深孔钻 CYCLE83

指令格式：CYCLE83(RTP,RFP,SDIS,DP,DPR,FDEP,FDPR,DAM,DTB,DTS,FRF,VARI)　LF

参数：RTP、RFP、SDIS、DP、DPR 的含义同 CYCLE81；DTB 的含义同 CYCLE82；

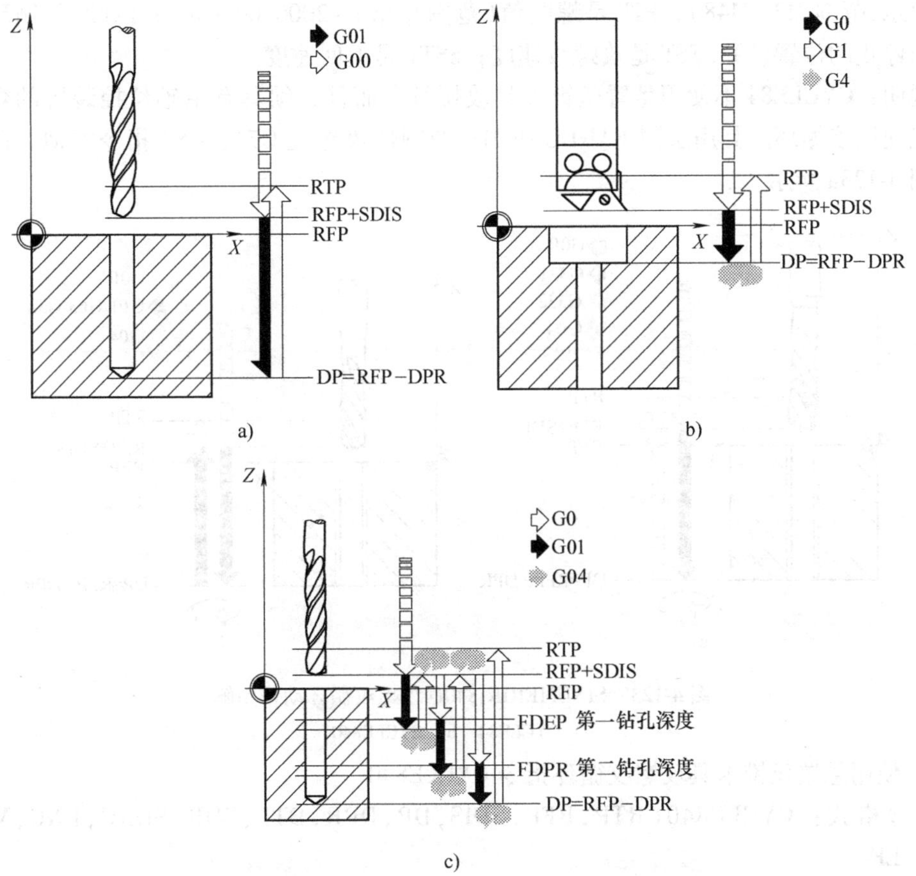

a) b) c)

图 4-122 SINUMERIK 840D 钻孔循环动作图解

a) CYCLE81 b) CYCLE82 c) CYCLE83

FDEP 是第一深度(绝对); FDPR 是相对于参照平面的第一钻孔深度(不带符号输入); DAM 是递减量(不带符号输入); DTS 是起点处的停顿时间和切削的停顿时间; FRF 为第一钻孔深度的进料速率因子(不带符号输入), 值 l 的范围为 0.001~1; VARI 是加工模式, 0=断屑式, 1=排屑式。

说明: CYCLE83 用于深孔钻循环, 通过几个步骤的深度切削可以实现最大最终钻孔深度。若 VARI=0, 带断屑器, 每次切削进给完毕仅退回 1mm 后立即开始下次进给; 若 VARI=1, 不带断屑器, 每次切削进给完毕从参照平面退刀。其作用同 FANUC 0i-MA 的 G73 与 G83 指令类似。循环过程如图 4-122c 所示。

(二) 攻螺纹循环

1. 刚性攻螺纹循环指令 CYCLE84

指令格式: CYCLE84(RTP,RFP,SDIS,DP,DPR,DTB,SDAC,MPIT,PIT,POSS,SST,SST1) LF

参数: RTP、RFP、SDIS、DP、DPR 的含义同 CYCLE81; DTB 的含义同 CYCLE82; SDAC 是表示循环结束后主轴旋转方向或主轴停止, 主轴正转(M03)用 3 表示, 主轴反转(M04)用 4 表示, 主轴停止(M05)用 5 表示; MPIT 是作为螺纹尺寸的螺距(如 M3 的螺纹用3表示,范围M3~M48)；PIT是螺距值(范围0.001~2000.000mm)；POSS是循环中主轴定向停止的位置(°)；SST是攻螺纹速度；SST1是返回速度。

说明：CYCLE84不使用悬置丝锥夹具攻螺纹，而且必须具有主轴位控装置的数控机床才能使用该循环。其用法同FANUC 0i-MA的刚性攻螺纹G74、G84指令类似。循环过程如图4-123a所示。

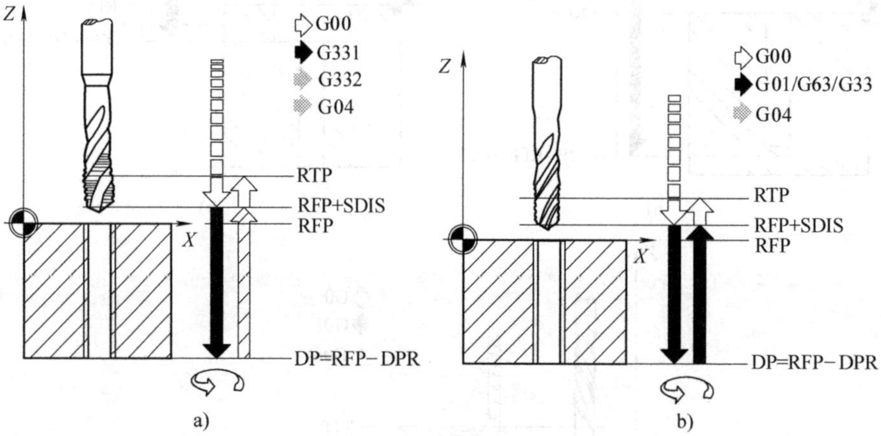

图4-123 SINUMERIK 840D攻螺纹循环动作图解
a) CYCLE84 b) CYCLE840

2. 使用悬置丝锥卡具攻螺纹循环指令CYCLE840

指令格式：CYCLE840(RTP,RFP,SDIS,DP,DPR,DTB,SDR,SDAC,ENC,MPIT,PIT) LF

参数：RTP、RFP、SDIS、DP、DPR的含义同CYCLE81；DTB的含义同CYCLE82；SDR是回路主轴旋转的方向，如自动反向旋转用0表示，主轴正转(M03)用3表示，主轴反转(M04)用4表示；SDAC MPIT、PIT的含义同CYCLE84；ENC表示是否使用编码器攻螺纹，当ENC=0时，使用编码器，当ENC=1时，不使用编码器。

说明：CYCLE840可以使用悬置丝锥夹具攻螺纹，此时可使用或不使用编码器。若不使用悬置丝锥夹具攻螺纹，则必须用CYCLE84。其作用同FANUC 0i-MA的柔性攻螺纹G74、G84指令类似。循环过程如图4-123b所示。

(三) 镗孔循环

1. 镗孔循环指令CYCLE85

指令格式：CYCLE85(RTP,RFP,SDIS,DP,DPR,DTB,FFR,RFF) LF

参数：RTP、RFP、SDIS、DP、DPR的含义同CYCLE81；DTB是最终钻孔深度处的停顿时间(断屑)，同CYCLE82；FFR是切削进料速度；RFF是回路进料速度。

说明：CYCLE85的作用同FANUC 0i-MA的G85指令类似，但可有孔底停留时间，且必须指定切削进料速度和回路进料速度。循环过程如图4-124a所示。

2. 镗孔循环指令CYCLE86

指令格式：CYCLE86(RTP,RFP,SDIS,DP,DPR,DTB,SDIR,RPA,RPO,RPAP,POSS) LF

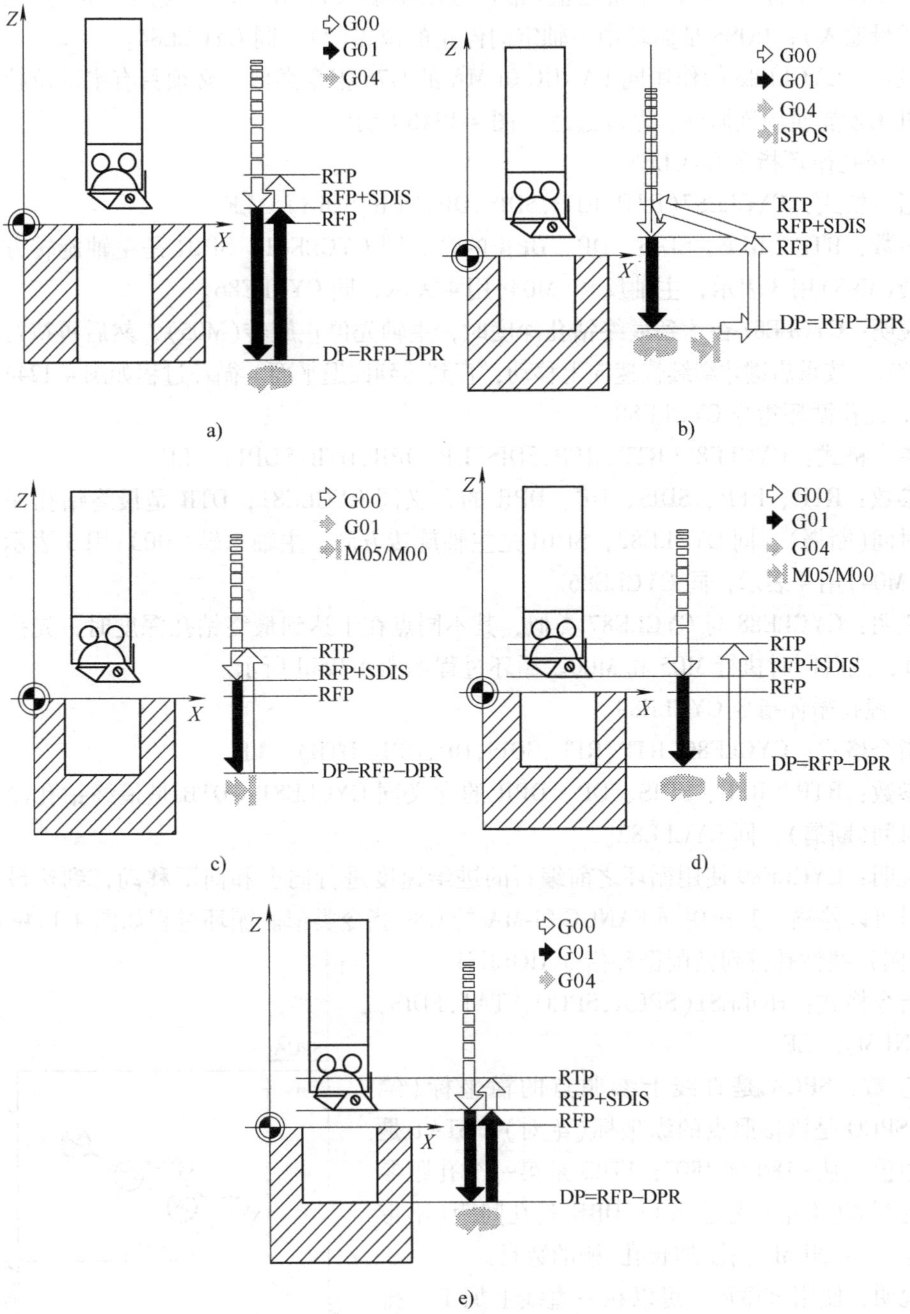

图 4-124　SINUMERIK 840D 镗孔循环动作图解
a) CYCLE85　b) CYCLE86　c) CYCLE87　d) CYCLE88　e) CYCLE89

参数：RTP、RFP、SDIS、DP、DPR 的含义同 CYCLE81；DTB 是最终钻孔深度处的停顿时间(断屑)，同 CYCLE82；SDIR 是主轴旋转方向，主轴正转(M03)用 3 表示，主轴反转(M04)用 4 表示；RPA 是活动平面横坐标(*X*)的回路轨迹值(带符号增量输入)；RPO

是活动平面纵坐标(Y)的回路轨迹值(带符号增量输入)；RPAP是应用中的返回平面(带符号增量输入)；POSS是循环中主轴定向停止的位置(°)，同CYCLE84。

说明：CYCLE86的作用同FANUC 0i-MA的G76指令类似。必须具有主轴位控装置的数控机床才能使用该循环。循环过程如图4-124b所示。

3. 镗孔循环指令CYCLE87

指令格式：CYCLE87(RTP,RFP,SDIS,DP,DPR,SDIR)　LF

参数：RTP、RFP、SDIS、DP、DPR的含义同CYCLE81；SDIR是主轴旋转方向，主轴正转(M03)用3表示，主轴反转(M04)用4表示，同CYCLE86。

说明：CYCLE87在达到最终钻孔深度时，主轴先停止旋转(M05)，然后再执行编程停止(M00)，按重启键才继续快速向上移动，直到达到回退平面。循环过程如图4-124c所示。

4. 镗孔循环指令CYCLE88

指令格式：CYCLE88(RTP,RFP,SDIS,DP,DPR,DTB,SDIR)　LF

参数：RTP、RFP、SDIS、DP、DPR的含义同CYCLE81；DTB是最终钻孔深度处的停顿时间(断屑)，同CYCLE82；SDIR是主轴旋转方向，主轴正转(M03)用3表示，主轴反转(M04)用4表示，同CYCLE86。

说明：CYCLE88与CYCLE87类似，其不同点在于达到最终钻孔深度时，先执行暂停(G04)，然后同时执行M05和M00。循环过程如图4-124d所示。

5. 镗孔循环指令CYCLE89

指令格式：CYCLE89(RTP,RFP,SDIS,DP,DPR,DTB)　LF

参数：RTP、RFP、SDIS、DP、DPR的含义同CYCLE81；DTB是最终钻孔深度处的停顿时间(断屑)，同CYCLE82。

说明：CYCLE89使用循环之前编写的进给速度进行向上和向下移动，到达最终钻孔深度时可以停顿。其作用同FANUC 0i-MA的G89指令类似。循环过程如图4-124e所示。

(四) 线性孔排列钻削循环指令HOLES1

指令格式：HOLES1(SPCA,SPCO,STA1,FDIS,DBH,NUM)　LF

参数：SPCA是直线上参照点的横坐标(绝对)；SPCO是该参照点的纵坐标(绝对)；STA1是起始角值，从-180到180°；FDIS是第一个孔距参照点的距离(不带符号输入)；DBH是孔间距(不带符号输入)；NUM是孔/加长孔/槽的数目。

说明：使用该循环，可以在一直线上加工一排孔。循环过程如图4-125所示。

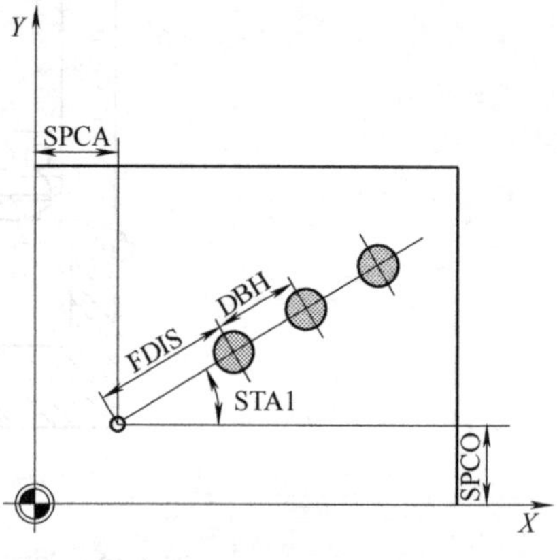

图4-125　SINUMERIK 840D线性孔排列钻削循环动作图解

(五) 应用举例

例4-13　用ϕ6mm的钻头加工图4-121所示的3个孔，采用钻孔循环指令CYCLE81。

程序如下：

N10　G54　G90　G00　G17　T01　D01　F80　S800　M03　LF

```
N20  X10  Y5  LF
N30  CYCLE81(20,0,3,-8)  LF
N40  G00  X20  Y10  LF
N50  CYCLE81(20,0,3,-8)  LF
N60  G00  X30  Y15  LF
N70  CYCLE81(20,0,3,-8)  LF
N80  M05  LF
N90  M02  LF
```

三、华中世纪星系统基本指令格式

华中世纪星系统基本指令格式与FANUC系统基本指令格式基本相似，下面以表格的形式给出华中世纪星铣削系统的基本指令格式。表4-19给出了华中世纪星铣削系统G代码及其功能，表4-20给出了华中世纪星铣削系统常用M代码及其功能。

表4-19 华中世纪星铣削系统G代码及其功能

G代码	组别	功 能	后继地址字
G00	01	快速定位	X、Y、Z、A、B、C、U、V、W
G01*		直线插补	X、Y、Z、A、B、C、U、V、W、F
G02		顺时针圆弧插补	X、Y、Z、U、V、W、I、J、K、R、F
G03		逆时针圆弧插补	X、Y、Z、U、V、W、I、J、K、R、F
G04	00	暂停	P、X
G07		虚轴指定	X、Y、Z、A、B、C、U、V、W
G09		准停校验	
G11	07	单段允许	
G12		单段禁止	
G17*	02	*X*(*U*)*Y*(*V*) 平面选择	X、Y、U、V
G18		*Z*(*W*)*X*(*U*) 平面选择	X、Z、U、W
G19		*Y*(*V*)*Z*(*W*) 平面选择	Y、Z、V、W
G20	08	英寸输入	
G21*		毫米输入	
G22		脉冲当量输入	
G24	03	镜像功能开	X、Y、Z、A、B、C、U、V、W
G25*		镜像功能关	X、Y、Z、A、B、C、U、V、W
G28	00	返回参考点	X、Y、Z、A、B、C、U、V、W
G29		由参考点返回	X、Y、Z、A、B、C、U、V、W
G33	01	螺纹切削	X、Y、Z、F、Q
G40*	09	刀具半径补偿取消	
G41		左刀补	D
G42		右刀补	
G43	10	刀具长度正向补偿	H
G44		刀具长度负向补偿	H
G49*		刀具长度补偿取消	

（续）

G代码	组别	功　能	后继地址字
G50*	04	缩放关	
G51		缩放开	X、Y、Z、P
G52	00	局部坐标系设定	X、Y、Z、A、B、C、U、V、W
G53		直接机床坐标系编程	
G54*	11	工作坐标系1选择	
G55		工作坐标系2选择	
G56		工作坐标系3选择	
G57		工作坐标系4选择	
G58		工作坐标系5选择	
G59		工作坐标系6选择	
G60	00	单方向定位	X、Y、Z、A、B、C、U、V、W
G61	12	精确停止校验方式	
G64*		连续方式	
G65	00	子程序调用	P，A~Z
G68	05	旋转变换	X、Y、Z、P
G69*		旋转取消	
G73	06	深钻孔削循环	X、Y、Z、P、Q、R、I、J、K、F
G74		攻左旋螺纹循环	X、Y、Z、P、Q、R、I、J、K、F
G76		精镗循环	X、Y、Z、P、Q、R、I、J、K、F
G80*		固定循环取消	X、Y、Z、P、Q、R、I、J、K、F
G81		定心钻循环	X、Y、Z、P、Q、R、I、J、K、F
G82		锪孔循环	X、Y、Z、P、Q、R、I、J、K、F
G83		深孔钻循环	X、Y、Z、P、Q、R、I、J、K、F
G84		攻螺纹循环	X、Y、Z、P、Q、R、I、J、K、F
G85		镗孔循环	X、Y、Z、P、Q、R、I、J、K、F
G86		镗孔循环	X、Y、Z、P、Q、R、I、J、K、F
G87		反镗循环	X、Y、Z、P、Q、R、I、J、K、F
G88		镗孔循环	X、Y、Z、P、Q、R、I、J、K、F
G89		镗孔循环	
G90*	13	绝对值编程	
G91		增量值编程	
G92	11	工件坐标系设定	X、Y、Z、A、B、C、U、V、W
G94*	14	每分钟进给	
G95		每转进给	
G98	15	固定循环返回到起始点	
G99*		固定循环返回到*R*点	

注：1. 本表中G代码以两位阿拉伯数字分组，00组中的G代码是非模态的，其他组中的G代码是模态的。

2. 标记＊为系统上电时的默认值。

3. *A*、*B*、*C*、*U*、*V*、*W*是指*X*、*Y*、*Z*之外的其他轴。

表 4-20　华中世纪星铣削系统常用 M 代码及其功能

代　码	模态代码	功能说明	代　码	模态代码	功能说明
M00	非	程序停止	M03	是(1)	主轴正转
M01	非	选择停止	M04	是(1)	主轴反转
M02	非	程序结束	M05 *	是(1)	主轴停止旋转
M30	非	程序结束并返回程序起点	M06	非	换刀
M98	非	调用子程序	M07	是(2)	切削液开
M99	非	子程序结束	M09 *	是(2)	切削液关

注：1. 表中(1)或(2)表示它们是同组模态代码，其功能可以相互注销。

2. 标记 * 为系统上电时的默认值。

四、应用实例

在这一部分中，介绍在 XH714 型立式加工中心上加工一些典型零件的程序编制方法。

(一) 轮廓加工

例 4-14　加工图 4-126 所示零件的内、外轮廓，刀具为 ϕ8mm 立铣刀，试编写其数控加工程序。

解　该零件毛坯尺寸 ϕ80mm×30mm，材料为铝合金，上、下平面均已加工，本工序铣削外轮廓及内型腔。

在加工外轮廓时，刀具沿 D 点切向切入。加工内腔时，刀具在圆弧 R10mm 的延长线上 E 点开始切入，在粗加工时留精加工余量 0.2mm，即内轮廓刀具补偿 D01 与外轮廓刀具补偿 D02 在粗加工时可取 $D01_{粗} = D02_{粗} = 4.1$mm。轴向加工深度每次小于 3mm。全部深度切削完成后，修改刀具补偿 D01、D02 的数值进行精加工调整。内轮廓切削深度的改变用修改长度补偿的数值来进行。用当前刀的刀位点对刀编程。

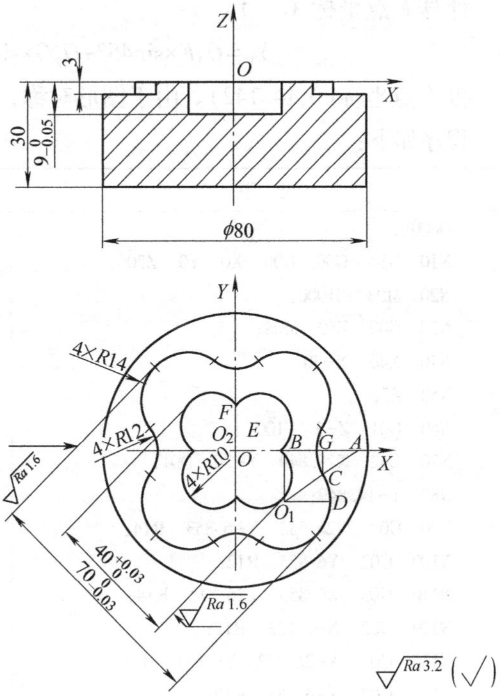

图 4-126　轮廓加工应用实例

轨迹点(基点)的计算：

O_1 点坐标 X、Y

$$X=Y=\frac{70-2\times14}{2}\times\cos45°=14.849。$$

得 O_1 点坐标(+14.849,−14.849)。

计算 R12mm 与 R14mm 相切基点 C 的坐标 X_C、Y_C。

$$OA=OB+AB=14.849+\sqrt{26^2-14.849^2}=36.192$$

$$AG=\frac{AB}{1+\frac{14}{12}}=\frac{21.342}{1+\frac{14}{12}}=9.85$$

$$X_C=OA-AG=36.192-9.85=26.342$$

$$Y_C=\frac{-14.849}{1+\frac{14}{12}}=-6.853$$

得 C 点坐标(26.342,-6.853)，由于图形对称，R12mm 与 R14mm 相切其他 7 个基点坐标也可得知。

D 点坐标(28.849,-14.849)。

计算 E 点坐标，O_2E 平行于 X 轴，E 点为 $R10$ 与 O_2E 交点。

$$X_E=O_2E-O_2O\times\cos45°=10-10\times\cos45°=2.929$$

$$Y_E=OO_2\times\sin45°=10\times\sin45°=7.07$$

得 E 点坐标(2.929,7.07)。

计算 F 点坐标 X_F，Y_F

$$Y_F=O_2F\times\sin45°+O_2O\times\sin45°=20\times\sin45°=14.142$$

得 F 点坐标(0,14.142)。由于图形对称，与 R10mm 相交的其他 3 个基点坐标也可得出。

程序如下：

程 序	注 释
O0001;	程序名
N10 G54 G90 G00 X0 Y0 Z200;	选择工件坐标系
N20 M03 S1000;	主轴正转
N30 G00 Z50 M08;	下刀至安全平面，切削液打开
N40 X40 Y-40;	移刀至刀具半径补偿开始点
N50 Z5;	下刀至进刀平面
N60 G01 Z-3 F100;	下刀至切削平面
N70 G42 X28.849 Y-20 D01;	建立右刀补，精加工时修正 D01 的数值
N80 Y-14.849;	直线插补至 D 点
N90 G03 X26.342 Y-6.853 R14;	逆时针圆弧插补至 C 点
N100 G02 Y6.853 R12;	顺时针圆弧插补加工右边 R12mm 的圆弧
N110 G03 X6.853 Y26.342 R14;	逆时针圆弧插补加工右上边 R14mm 的圆弧
N120 G02 X-6.853 R12;	顺时针圆弧插补加工上边 R12mm 的圆弧
N130 G03 X-26.342 Y6.853 R14;	逆时针圆弧插补加工左上边 R14mm 的圆弧
N140 G02 Y-6.853 R12;	顺时针圆弧插补加工左边 R12mm 的圆弧
N140 G03 X-6.853 Y-26.342 R14;	逆时针圆弧插补加工左下边 R14mm 的圆弧
N150 G02 X6.853 R12;	顺时针圆弧插补加工下边 R12mm 的圆弧
N160 G03 X28.849 Y-14.849 R14;	逆时针圆弧插补加工右下边 R14mm 的圆弧到 D 点
N170 G01 Y-10;	D 点切向延长线退出
N180 G00 Z50;	抬刀至安全平面
N190 G40 X0 Y0 M09;	撤销刀具半径补偿，切削液关闭
N200 M05;	主轴停止旋转
N210 M01;	程序暂停

（续）

程　序	注　释
N220　M03　S1000；	主轴正转
N230　G43　G00　Z5　H01；	建立刀具长度补偿，下刀至进刀平面
N240　G01　Z-3　F100；	下刀至切削平面
N250　G41　X2.929　Y7.07　D02；	建立左刀补至 *E* 点，精加工时修正 D02 的数值
N260　G03　X-14.142　Y0　R-10；	逆时针圆弧插补左上边 *R*10mm 的圆弧
N270　G03　X0　Y-14.142　R10；	逆时针圆弧插补左下边 *R*10mm 的圆弧
N280　G03　X14.142　Y0　R10；	逆时针圆弧插补右下边 *R*10mm 的圆弧
N290　G03　X-2.929　Y7.07　R-10；	逆时针圆弧插补右上边 *R*10mm 的圆弧
N300　G00　G49　Z50；	撤销刀具长度补偿，抬刀至安全平面
N310　G40　X0　Y0　M09；	撤销刀具半径补偿，切削液关闭
N320　M05；	主轴停止旋转
N330　M01；	程序暂停
N340　M99　P220；	返回到 N220 程序段
N350　M30；	程序结束

注：1. 刀具长度补偿值 H01 的修改：第一次 H01＝0，第二次 H01＝-3，第三次 H01＝-6，精加工时仍取H01＝-6。

2. 内轮廓深度方向的多次切削一般多采用调子程序的方法。

3. 用同一把刀同一程序进行某一轮廓面的粗、精加工时，可在程序中分别采用两个不同的刀具半径偏置代码（如:D01 为粗加工的,D02 为精加工的），用调子程序的方法，完成该轮廓面的粗、精加工。

4. M01 用于修改刀具半径补偿值和刀具长度补偿值。精加工时要打开跳步选择开关，关掉程序选择停止开关。

（二）孔系加工

例 4-15　加工图 4-127 所示零件上的 12 个孔。

解　设该零件上下表面均已加工，且 2 个 ϕ40mm 的孔已经粗加工完成。本工序仅进行 6 个 ϕ6mm、4 个 ϕ10mm 小孔的钻削加工和 2 个 ϕ40mm 的孔的精镗加工。

T01、T02 和 T03（图 4-128）对应的刀具补偿号分别为 H01、H02 和 H03。对刀时，以 T01 刀为基准，按图 4-127 中的方法确定零件上表面为 *Z* 向零点，将 H01 中刀具长度补偿值设置

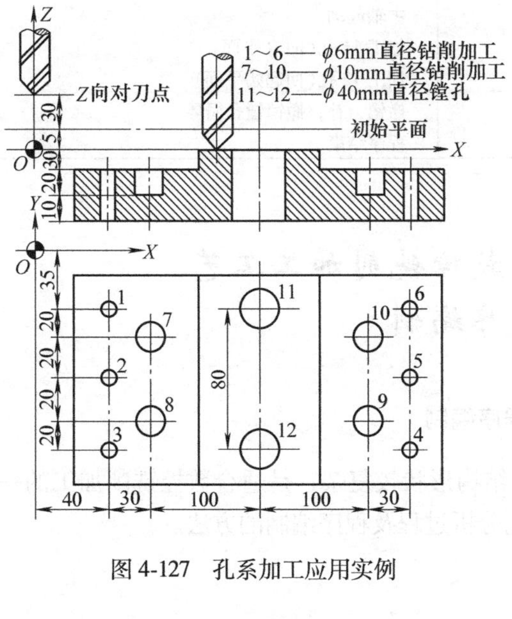

图 4-127　孔系加工应用实例

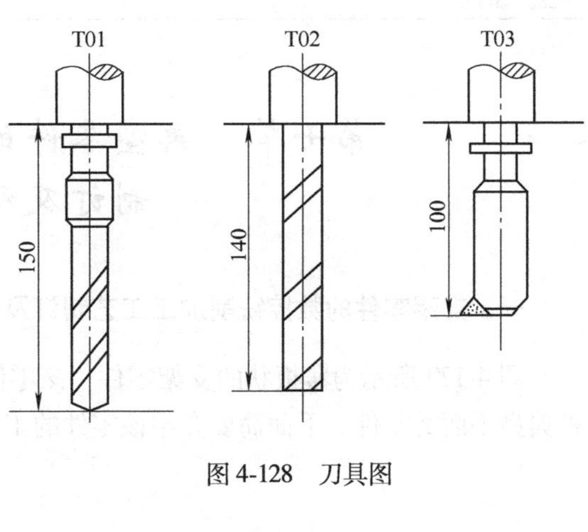

图 4-128　刀具图

为零。对T02，因其刀具长度与T01相比缩短了10mm，所以将H02的补偿值设置为-10。对T03，其刀具长度与T01相比缩短了50mm，所以将H03的补偿值设置为-50。设初始平面为*Z*=5，*R*平面定为零件孔口表面+*Z*向3mm处。

程序如下：

程 序	注 释
O0002;	程序名
N5 T01 M06;	自动换刀，换上T01号刀
N10 G54 G90 G00 X0 Y0 Z100;	进入工件坐标系
N20 G43 Z35 H01;	T01号刀具长度补偿
N30 Z5 M08;	到达孔加工初始平面
N40 S600 M03;	主轴起动
N50 G99 G81 X40 Y-35 Z-63 R-27 F120;	加工1孔(回*R*平面)
N60 Y-75;	加工2孔(回*R*平面)
N70 G98 Y-115;	加工3孔(回初始平面)
N80 G99 X300;	加工4孔(回*R*平面)
N90 Y-75;	加工5孔(回*R*平面)
N100 G98 Y-35;	加工6孔(回初始平面)
N110 G49 G00 Z100;	撤销刀补，撤销钻孔循环
N120 T02 M06;	自动换刀，换上T02号刀
N130 G43 G00 Z35 H02;	T02号刀具长度补偿
N140 Z5;	到达孔加工初始平面
N150 S600 M03;	主轴起动
N160 G99 G81 X70 Y-55 Z-50 R-27 F120;	加工7孔(回*R*平面)
N170 G98 Y-95;	加工8孔(回初始平面)
N180 G99 X270;	加工9孔(回*R*平面)
N190 G98 Y-55;	加工10孔(回初始平面)
N200 G49 G00 Z100;	撤销刀补，撤销钻孔循环
N210 T03 M06;	自动换刀，换上T03号刀
N220 G43 G00 Z35 H03;	T03号刀具长度补偿
N230 Z5;	到达孔加工初始平面
N240 S300 M03;	主轴起动
N250 G76 G99 X170 Y-35 Z-65 R3 F50;	加工11孔(回*R*平面)
N260 G98 Y-115;	加工12孔(回起始平面)
N270 G49 G00 Z100 M09;	撤销刀补，撤销镗孔循环
N280 M30;	程序结束

第七节 典型零件的数控铣削加工工艺制订及程序编制

一、支架零件的数控铣削加工工艺制订及程序编制

图4-129所示为薄板状的支架零件，该零件结构形状较复杂，是适合数控铣削加工的一种典型平面类零件。下面简要介绍该零件的工艺分析过程及程序编制的方法。

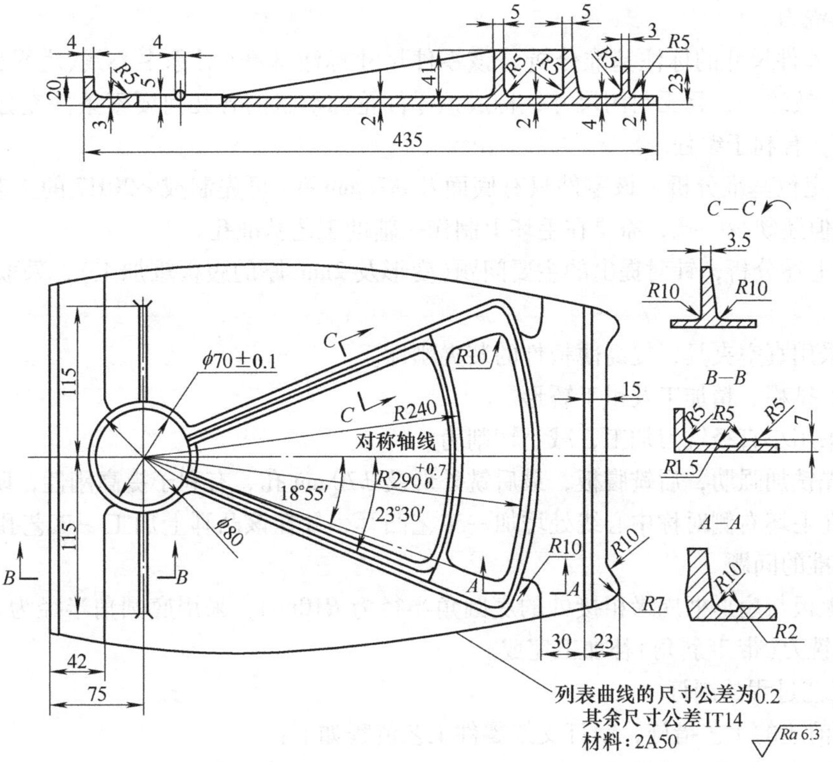

图 4-129　支架零件

（一）支架零件数控铣削工艺的制订

1. 零件图样工艺分析

（1）零件轮廓形状分析　由图 4-129 可知，该零件的加工轮廓由列表曲线、圆弧及直线构成，形状复杂，加工、检验都较困难，除粗铣底平面宜在普通铣床上铣削外，其余各加工部位均可采用数控铣床加工。

（2）零件精度要求分析　该零件的列表曲线尺寸公差为 0.2mm，其余尺寸公差都按 IT14，表面粗糙度值均为 $Ra6.3\mu m$，比较容易加工。但其腹板厚度只有 2mm，且面积较大，加工时极易产生振动，处理不好可能会导致其壁厚公差及表面粗糙度值要求难以达到。

（3）零件材料、毛坯、余量分析　支架的材料为锻铝 2A50（旧标准为 LD5），其毛坯形状与零件相似，各处均有单边加工余量 5mm（毛坯图略）。零件在加工后各处厚薄尺寸相差悬殊，除扇形框外，其他各处刚性很差，尤其是腹板两面切削余量与基本尺寸相差较大 $\left(\frac{5-2}{2}\times 100\%=150\%\right)$，故该零件在铣削过程中及铣削后都将产生较大变形。

（4）零件结构工艺性分析　该零件被加工轮廓表面的最大高度 $H=41mm-2mm=39mm$，各轮廓面的内转接圆弧半径均为 $R10mm$，R/H 略大于 0.2，故该处的铣削工艺性尚可。底圆角分别半径为 $R10mm$、$R5mm$、$R2mm$ 及 $R1.5mm$，利用圆角制造公差可将 $R2mm$ 及 $R1.5mm$ 统一为 $R1.5mm$，省去一把铣刀；另外，铣列表曲线轮廓面、

ϕ70mm 内孔、腹板表面的铣刀底圆角半径可取 $R0.5$mm，这样大致需要四把不同底圆角半径的铣刀。

（5）零件尺寸的标注基准分析　该零件尺寸标注基准（对称中心线、底平面、ϕ70mm 孔中心线）较统一，且无封闭尺寸；构成该零件轮廓形状的各几何要素条件充分，无相互矛盾之处，有利于编程。

（6）定位基准分析　该零件只有底面及 ϕ70mm 孔（可先制成 ϕ20H7 的工艺孔）作定位基准，但还缺少一孔，需要在毛坯上制作一辅助工艺基准孔。

根据上述分析，针对提出的主要问题（变形及 2mm 厚的腹板难加工），采取如下工艺措施：

1）采用真空夹具，提高薄板件的装夹刚性。

2）安排粗、精加工及钳工矫形。

3）采用小直径铣刀加工，减小切削力。

4）先铣加强肋，后铣腹板，最后铣外形及 ϕ70mm 孔，有利于提高刚性，防止振动。

5）在毛坯右侧对称中心线处增加一工艺凸耳，并在该凸耳上加工一工艺孔，解决缺少定位基准的问题。

6）腹板与扇形框周缘相接处的底圆角半径为 $R10$mm，采用底圆角半径为 $R10$mm 的成形球头铣刀（带 7°斜角）补加工完成。

2. 工艺过程的制订

根据前述的工艺措施，制订支架零件工艺流程如下：

1）钳工：划两侧宽度线。

2）普通铣床：铣两侧宽度。

3）钳工：划底平面切线。

4）普通铣床：铣底平面。

5）钳工：矫平底面，划对称中心线，制 2×ϕ20H7 定位孔。

6）数控铣床：粗铣腹板厚度、型面轮廓及内外形。

7）钳工：矫平底面。

8）数控铣床：精铣腹板厚度、型面轮廓及内外形。

9）普通铣床：铣去工艺凸耳。

10）钳工：矫平底面、表面光整、尖边倒角。

11）表面处理。

3. 装夹方案的确定

如前所述，在数控铣削加工工序中，选择底面、ϕ70mm 孔位置上预制的 ϕ20H7 工艺孔以及工艺凸耳上的 ϕ20H7 工艺孔为定位基准，相应的夹具定位元件为“一面两销”。

因该零件的外形不规则，可设计制造一专为数控铣削工序中用的过渡真空平台（图 4-130），并将其与壁板和数控铣床上的真空平台连接起来（图 4-131）。利用真空来吸紧工件，夹紧面积大，夹紧力均匀，夹紧刚性好，铣削时不易产生振动，非常适用于薄板类零件的装夹。为防止抽真空装置发生故障或漏气，使夹紧力突然消失或下降，需另加辅助夹紧装置，避免工件松动(图 4-130)。

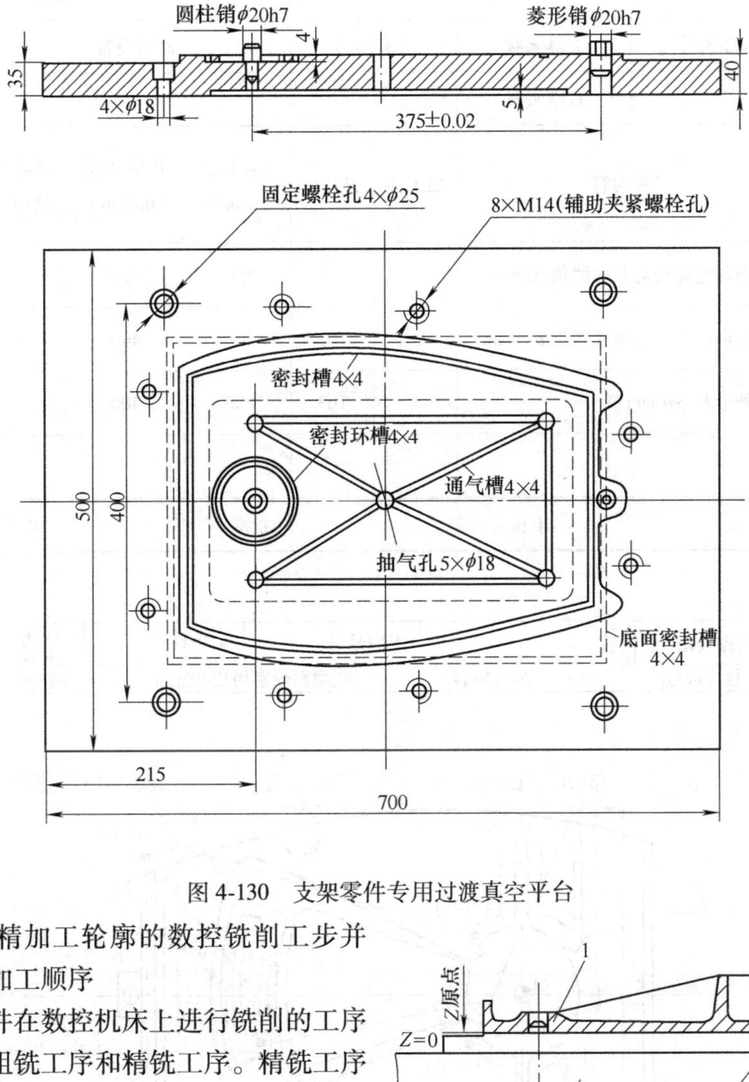

图 4-130　支架零件专用过渡真空平台

4. 划分精加工轮廓的数控铣削工步并安排各工步加工顺序

支架零件在数控机床上进行铣削的工序共两道，即粗铣工序和精铣工序。精铣工序中各轮廓面的精加工可按同一把铣刀的加工内容来划分工步，即划分为 3 个工步，具体的工步内容及各工步加工顺序见表 4-21 支架零件数控加工工序卡(粗铣工序这里从略)。

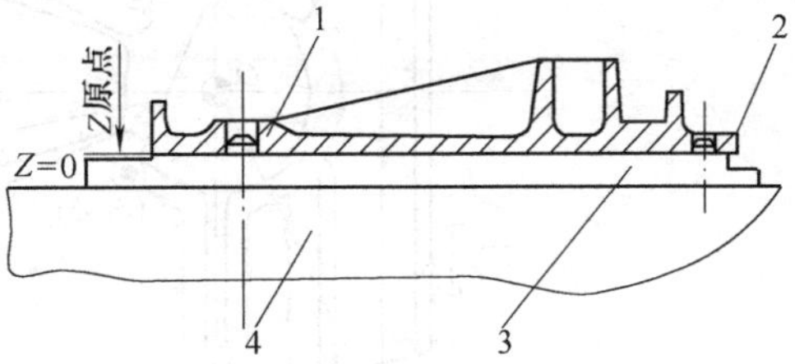

图 4-131　支架零件数控铣削加工装夹示意图
1—支架　2—工艺凸耳及定位孔
3—过渡真空平台　4—机床真空平台

5. 进给路线的确定

图 4-132 ~ 图 4-134 所示是数控精铣工序中各轮廓面加工工步的进给路线。图中 Z 值是铣刀在 Z 方向的移动坐标。在图 4-134 中，铣削 ϕ70mm 孔的进给路线未绘出。

表 4-21 支架零件数控加工工序卡

（单位名称）	数控加工工序卡		产品名称或代号	零件名称	材料	零件图号
				支架	2A50	
工序号	程序编号	夹具名称	夹具编号	使用设备		车间
		真空夹具				

工步号	工步内容	加工面	刀具号	主轴转速/(r/min)	进给速度/(mm/min)	背吃刀量/mm	备注
1	铣型面轮廓周边及底圆角 $R5$mm		T01	800	400		
2	铣扇形框内外形及底圆角 $R10$mm		T02	800	400		
3	铣外形及 $\phi70$mm 孔		T03	800	400		

编制		审核		批准		共 1 页	第 1 页

数控机床进给路线图	零件图号		工序号		工步号	1	程序编号	
机床型号		程序段号		加工内容	铣型面轮廓周边 $R5$mm		共3页	第1页

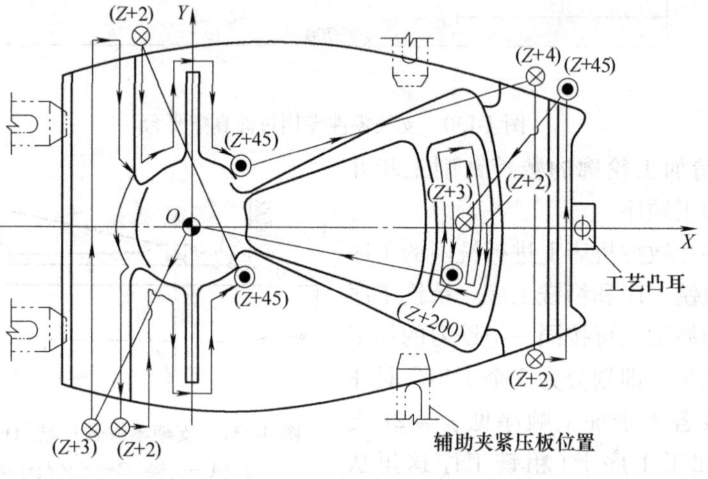

							编程		校对		审批
符号	◉	⊗									
含义	抬刀	下刀	程编原点	起始	进给方向	进给线相交	爬斜坡	钻孔	行切	轨迹重叠	回切

图 4-132 铣支架零件型面轮廓周边（用 $\phi20R5$ 的立铣刀）进给路线图

数控机床进给路线图		零件图号		工序号		工步号	2	程序编号	
机床型号		程序段号		加工内容	铣扇形框内外形			共3页	第2页

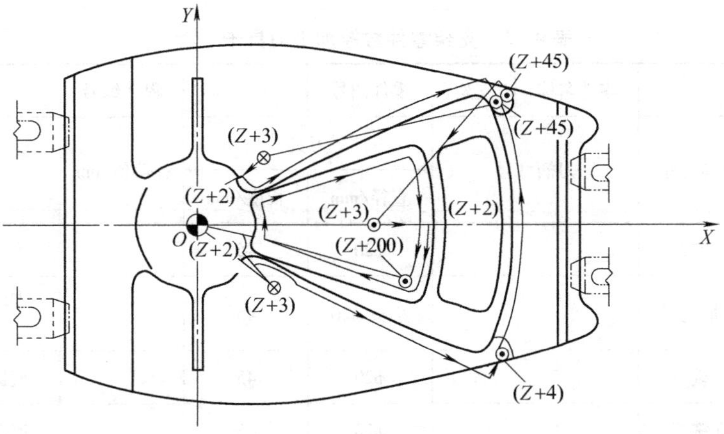

							编程		校对		审批
符号	⊙	⊗	◕	•—→	⇄	←┘	•---	⋰•	⊏	⇄	↑•
含义	抬刀	下刀	程编原点	起始	进给方向	进给线相交	爬斜坡	钻孔	行切	轨迹重叠	回切

图 4-133 铣支架零件扇形框内外形（用 $\phi20R10$ 的成形球头铣刀）进给路线图

数控机床进给路线图		零件图号		工序号		工步号	3	程序编号	
机床型号		程序段号		加工内容	铣削外形及内孔 $\phi70mm$			共3页	第3页

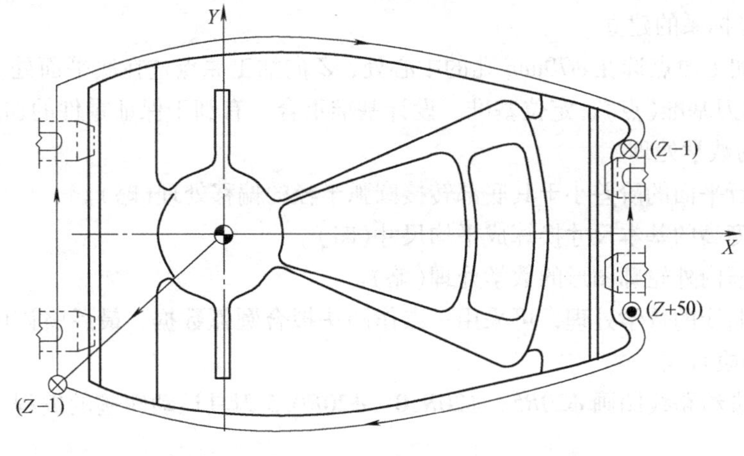

							编程		校对		审批
符号	⊙	⊗	◕	•—→	⇄	←┘	•---	⋰•	⊏	⇄	↑•
含义	抬刀	下刀	程编原点	起始	进给方向	进给线相交	爬斜坡	钻孔	行切	轨迹重叠	回切

图 4-134 铣支架零件外形（用 $\phi20R0.5$ 的立铣刀）进给路线图

6. 刀具的选择

铣刀种类及几何尺寸根据被加工表面的形状和尺寸选择。本例数控精铣工序选用铣刀为立铣刀和成形铣刀，刀具材料为高速钢，所选铣刀及其几何尺寸见表 4-22 支架零件数控加工刀具卡片。

表 4-22　支架零件数控加工刀具卡

<table>
<tr><td colspan="2">产品名称或代号</td><td></td><td>零件名称</td><td>支架</td><td>零件图号</td><td></td><td>程序编号</td><td></td></tr>
<tr><td rowspan="2">工步号</td><td rowspan="2">刀具号</td><td rowspan="2">刀具名称</td><td colspan="2" rowspan="2">刀柄型号</td><td colspan="2">刀具</td><td rowspan="2">补偿值/mm</td><td rowspan="2">备注</td></tr>
<tr><td>直径/mm</td><td>长度/mm</td></tr>
<tr><td>1</td><td>T01</td><td>立铣刀</td><td colspan="2"></td><td>$\phi 20$</td><td>45</td><td></td><td>底圆角 $R5$mm</td></tr>
<tr><td>2</td><td>T02</td><td>成形铣刀</td><td colspan="2"></td><td>小头 $\phi 20$</td><td>45</td><td></td><td>底圆角 $R10$mm 带 7°斜角</td></tr>
<tr><td>3</td><td>T03</td><td>立铣刀</td><td colspan="2"></td><td>$\phi 20$</td><td>45</td><td></td><td>底圆角 $R0.5$mm</td></tr>
<tr><td>4</td><td>T04</td><td>立铣刀</td><td colspan="2"></td><td>$\phi 20$</td><td>45</td><td></td><td>底圆角 $R1.5$mm</td></tr>
<tr><td>编制</td><td colspan="2"></td><td>审核</td><td></td><td>批准</td><td></td><td>共 1 页</td><td>第 1 页</td></tr>
</table>

7. 切削用量的确定

切削用量根据工件材料、刀具材料及图样要求选取。数控精铣的三个工步所用铣刀直径相同，加工余量和表面粗糙度值也相同，故可选择相同的切削用量。所选主轴转速 $n=800$r/min，进给速度 $v_f=400$mm/min（表 4-21）。

（二）支架零件程序编制的方法

1. 工件坐标系的建立

X、Y 向加工原点选在 $\phi 70$mm 孔的中心处，Z 向加工原点选在底平面处。这样，工件加工原点与对刀基准（点）、定位基准、设计基准重合，有利于保证零件的加工精度。

2. 图形的数学处理

1）两平行平面的阶差小于其底部转接圆弧半径的偏移处理（略）。

2）将精度高的基本尺寸换算成平均尺寸（略）。

3）扇形框内外轮廓图形的数学处理（略）。

4）列表曲线的数学处理，可采用三点作圆法拟合圆弧数据，最后将该曲线拟合成四段圆弧和一小段直线。

5）根据进给路线图画 $\phi 20R5$、$\phi 20R10$、$\phi 20R0.5$ 刀具运动轨迹的编程节点计算草图（图 4-135）。

6）以编程草图为依据计算各节点坐标（略）。采用自动编程可省略该步骤。

3. 程序编制

可将 $\phi 20R5$ 铣刀铣支架零件型面轮廓周边、$\phi 20R10$ 铣刀铣支架零件扇形框内外形，$\phi 20R0.5$ 铣刀铣支架零件外形及 $\phi 70$mm 孔、分别放在三个子程序中。

支架零件各轮廓面精铣加工程序如下（FANUC　0i-MA 数控系统）：

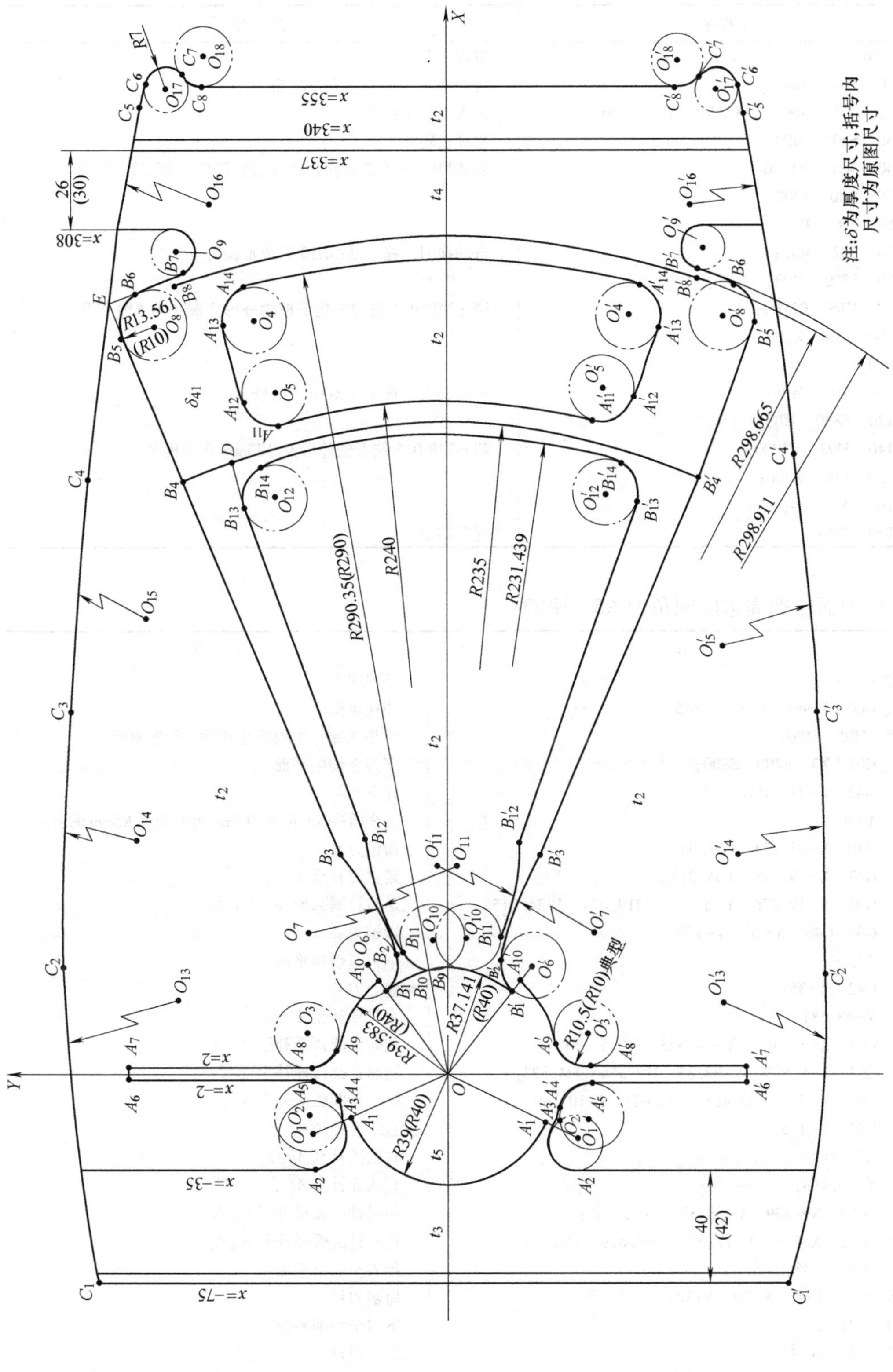

图 4-135　支架零件编程节点计算草图

主程序：

主程序	注释
O0001；	主程序名
N10 T01 M06；	自动换刀，换上 φ20R5 立铣刀
N20 G90 G00 G54 X0 Y0 Z200；	进入工件坐标系
N30 S800 M03；	主轴正转
N40 M98 P1000；	调 φ20R5 铣刀铣型面轮廓周边底圆角为 R5 的子程序
N50 G00 Z200；	
N60 X0 Y0；	
N70 T02 M06；	自动换刀，换上 φ20R10 7°成形铣刀
N80 S800 M03；	
N90 M98 P2000；	调 φ20R10 7°铣刀铣扇形框内外形底圆角为 R10 子程序
N100 G00 Z200；	
N110 X0 Y0；	
N120 T03 M06；	自动换刀，换上 φ20R0.5 立铣刀
N130 S800 M03；	
N140 M98 P3000；	调 φ20R 0.5 铣刀铣外形及 φ70mm 孔子程序
N150 G00 Z200；	
N160 X0 Y0；	
N170 M30；	程序结束

铣型面轮廓周边底圆角为 R5 子程序：

子程序	注释
O1000；	子程序名
N10 G00 X-40 Y-150 Z45；	快速定位
/N15 M05 M00；	跳步选择，主轴停止转动，程序暂停
N20 G01 Z3 F400 S800；	下刀至切削平面
N25 G42 X-71 D01；	建立刀补
N30 Y150；	直线插补铣左侧高为 3mm 底圆角为 R5mm 的表面
N35 G40 X-34.234 Y61.053；	撤销刀补
N40 G42 X-19.078 Y34.015；	建立刀补至 A_1 点
N45 G03 X-19.078 Y-34.015 I19.078 J-34.015；	逆时针圆弧插补至 A_1' 点
N50 G01 G40 X-20 Y-150；	撤销刀补
N55 Z2；	下刀至切削平面
N60 G42 X-35；	建立刀补
N65 Y-43.681；	直线插补至 A_2' 点
N70 G02 X-19.364 Y-34.523 I10.5 J0；	顺时针圆弧插补至 A_3' 点
N75 G03 X-9.879 Y-38.33 I19.364 J34.523；	逆时针圆弧插补至 A_4' 点
N80 G02 X-2 Y-48.498 I-2.621 J-10.168；	顺时针圆弧插补至 A_5' 点
N85 G01 Y-115；	直线插补至 A_6' 点
N90 X2；	直线插补至 A_7' 点
N95 Y-48.498；	直线插补至 A_8' 点
N100 G02 X9.879 Y-38.33 I10.5 J0；	顺时针圆弧插补至 A_9' 点
N105 G03 X35.7 Y-17.097 I-9.879 J38.33；	逆时针圆弧插补至 A_{10}' 点
N110 G01 Z45；	抬刀至安全平面
N115 G00 G40 X-20 Y150；	撤销刀补
N120 G01 Z2；	下刀至切削平面
N125 G41 X-35；	建立刀补

（续）

子程序	注　释
N130　Y43.681;	直线插补至 A_2 点
N135　G03　X-19.364　Y34.523　I10.5　J0;	逆时针圆弧插补至 A_3 点
N140　G02　Y-9.879　Y38.33　I19.364　J-34.523;	顺时针圆弧插补至 A_4 点
N145　G03　X-2　Y48.498　I-2.621　J10.168;	逆时针圆弧插补至 A_5 点
N150　G01　Y115;	直线插补至 A_6 点
N155　X2;	直线插补至 A_7 点
N160　Y48.498;	直线插补至 A_8 点
N165　G03　X9.879　Y38.33　I10.5　J0;	逆时针圆弧插补至 A_9 点
N170　G02　X35.7　Y17.097　I-9.879　J-38.33;	顺时针圆弧插补至 A_{10}点
N175　G01　Z45;	抬刀至安全平面
N180　G00　G40　X320　Y140;	撤销刀补
N185　Z4;	下刀至切削平面
N190　G42　X337;	建立刀补
N195　Y-140;	直线插补铣右侧高为 4mm 底圆角为 R5mm 的表面
N200　Z2;	下刀至切削平面
N205　X340;	移至准备切削点
N210　Y140;	直线插补铣右侧高为 2mm 底圆角为 R5mm 的表面
N215　Z45;	抬刀至安全平面
N220　G00　G40　X265　Y0;	撤销刀补
N225　G01　Z3;	下刀
N230　G42　X290.35;	建立刀补
N235　Z2;	下刀至切削平面
N240　G02　X277.96　Y-83.741　I-290.35　J0;	顺时针圆弧插补至 A'_{14}点
N245　X264.502　Y-90.645　I10.054　J3.029;	顺时针圆弧插补至 A'_{13}点
N250　G01　X236.763　Y81.139;	直线插补至 A'_{12}点
N255　G02　X230.1　Y-68.221　I3.388　J9.933;	顺时针圆弧插补至 A'_{11}点
N260　G03　X230.1　Y68.221　I-230.1　J68.221;	逆时针圆弧插补至 A_{11}点
N265　G02　X236.763　Y81.139　110.067　J2.985;	顺时针圆弧插补至 A_{12}点
N270　G01　X264.502　Y90.645;	直线插补至 A_{13}点
N275　G02　X277.96　Y83.741　I3.404　J-9.933;	顺时针圆弧插补至 A_{14}点
N280　X277.96　Y-83.741　I-277.96　J-83.741;	顺时针圆弧插补至 A'_{14}点
N285　G40　X263.676　Y-74.506;	撤销刀补
N290　G03　X263.676　Y74.506　I-263.676　J74.506;	N290~N320 程序段按刀具中心轨迹编程，依照零件轮廓的形状用往复走刀方式切除剩余部分的材料
N295　G01　X257.991　Y72.558;	
N300　G02　X257.991　Y-72.558　I-257.991　J-72.558;	
N305　G01　X252.306　Y-70.609;	
N310　G03　X252.306　Y70.609　I-252.306　J70.609;	
N315　G01　X246.621　Y68.661;	
N320　G02　X246.621　Y-68.661　I-246.621　J-68.661;	
N325　G01　Z45;	抬刀至安全平面
N330　M99;	子程序结束

铣扇形框内外形底圆角为 R10mm 子程序：

子程序	注　释
O2000;	子程序名
N10　G00　X61.006　Y-29.215　Z45;	快速定位
/N15　M05　M00;	跳步选择，主轴停止转动，程序暂停

（续）

子程序	注　释
N20　G01　Z3　F400　S800；	下刀
N25　G41　X33.498　Y-16.042　D02；	建立刀补至 B_1' 点
N30　Z2；	下刀至切削平面
N35　G02　X43.667　Y-10.1　I9.47　J-4.535；	顺时针圆弧插补至 B_2' 点
N40　X71.439　Y-31.063　I-2.113　J-31.677；	顺时针圆弧插补至 B_3' 点
N45　G01　X214.089　Y-96.972；	直线插补至 B_4' 点
N50　X259.844　Y-117.634；	直线插补至 B_5' 点
N55　G03　X277.857　Y-110.197　I5.407　J2.436；	逆时针圆弧插补至 B_6' 点
N60　X287.404　Y-82.138　I-277.857　J10.197；	逆时针圆弧插补至 B_7' 点
N65　G01　Z4；	抬刀至切削平面
N70　X287.168　Y-82.07；	直线插补至 B_8' 点
N75　G03　X287.168　Y82.07　I-287.168　J82.07；	逆时针圆弧插补至 B_8 点
N80　G01　Z45；	抬刀至安全平面
N85　G00　G40　X61.006　Y29.215；	撤销刀补
N90　G01　Z3；	下刀
N95　G41　X33.498　Y16.042；	建立刀补至 B_1 点
N100　Z2；	下刀至切削平面
N105　G03　X43.667　Y10.1　I9.47　J4.535；	逆时针圆弧插补至 B_2 点
N110　X71.439　Y31.063　I-2.113　J31.677；	逆时针圆弧插补至 B_3 点
N115　G01　X214.089　Y96.972；	直线插补至 B_4 点
N120　X259.844　Y117.634；	直线插补至 B_5 点
N125　G02　X277.857　Y110.197　I5.407　J-12.436；	顺时针圆弧插补至 B_6 点
N130　X287.404　Y82.138　I-277.857　J-110.197；	顺时针圆弧插补至 B_7 点
N135　G01　Z45；	抬刀至安全平面
N140　G00　G40　X60　Y0；	撤销刀补
N145　G01　Z3；	下刀
N150　G42　X37.141；	建立刀补至 B_9 点
N155　Z2；	下刀至切削平面
N160　G03　X35.483　Y10.972　I-37.141　J0；	逆时针圆弧插补至 B_{10} 点
N165　G02　X38.358　Y21.757　I10.032　J3.102；	顺时针圆弧插补至 B_{11} 点
N170　X72.762　Y27.821　I21.875　J-23.483；	顺时针圆弧插补至 B_{12} 点
N175　G01　X204.861　Y81.843；	直线插补至 B_{13} 点
N180　G02　X218.76　Y75.552　I3.974　J-9.719；	顺时针圆弧插补至 B_{14} 点
N185　X218.76　Y-75.552　I-218.76　J-75.552；	顺时针圆弧插补至 B_{14}' 点
N190　X204.861　Y-81.843　I-9.925　J3.428；	顺时针圆弧插补至 B_{13}' 点
N195　G01　X72.762　Y-27.821；	直线插补至 B_{12}' 点
N200　G02　X38.358　Y-21.757　I-12.529　J29.547；	顺时针圆弧插补至 B_{11}' 点
N205　X35.483　Y-10.972　I7.157　J7.683；	顺时针圆弧插补至 B_{10}' 点
N210　X37.141　Y0　I-35.483　J10.972；	顺时针圆弧插补至 B_9 点
N215　G01　G40　X60；	撤销刀补
N220　Z45；	抬刀至安全平面
N225　M99；	子程序结束

铣外形及内孔 ϕ70mm 子程序：

子程序	注 释
O3000;	子程序名
N10 G00 X-50 Y-150 Z45;	快速定位
/N15 M05 M00;	跳步选择，主轴停止转动，程序暂停
N20 G01 Z-1 F400 S800;	下刀
N25 G41 X-75 D03;	建立刀补
N30 Y130.25;	直线插补经 C_1' 至 C_1 点
N35 G02 X35 Y139.75 I214.442 J-1841.417;	顺时针圆弧插补至 C_2 点
N40 X115 Y139.75 I40 J-888.439;	顺时针圆弧插补至 C_3 点
N45 X235 Y130 I-43.251 J-996.159;	顺时针圆弧插补至 C_4 点
N50 X351.179 Y111.314 I-194.611 J-1580.496;	顺时针圆弧插补至 C_5 点
N55 G01 X354.366 Y110.548;	直线插补至 C_6 点
N60 G02 X358.152 Y99.073 I-1.366 J-6.728;	顺时针圆弧插补至 C_7 点
N65 G03 X355 Y91.573 I7.348 J-7.5;	逆时针圆弧插补至 C_8 点
N70 G01 Y15;	N70~N90 程序段为直线插补铣 C_8~C_8' 点的直线
N75 X370;	段的程序，铣削中要让开工艺凸台
N80 Y-15;	
N85 X355;	
N90 Y-91.573;	直线插补至 C_8' 点
N95 G03 X358.152 Y-99.073 I10.5 J0;	逆时针圆弧插补至 C_7' 点
N100 G02 X354.366 Y-110.548 I-5.152 J-4.747;	顺时针圆弧插补至 C_6' 点
N105 G01 X351.179 Y-111.314;	直线插补至 C_5' 点
N110 G02 X235 Y-130 I-310.79 J1561.81;	顺时针圆弧插补至 C_4' 点
N115 X115 Y-139.75 I-163.251 J1265.909;	顺时针圆弧插补至 C_3' 点
N120 X35 Y-139.750 I-40 J888.439;	顺时针圆弧插补至 C_2' 点
N125 X-75 Y-130.25 I104.442 J1850.917;	顺时针圆弧插补至 C_1' 点
N130 G01 G40 X-100 Y-150;	撤销刀补
N135 Z45;	抬刀至安全平面
N140 G00 X21 Y0;	快速定位
N145 G01 Z6;	下刀
N150 Y10 Z5;	N150~N175 程序段是在 YZ 平面内直线插补铣削
N155 Y-10 Z3.5;	一宽为 20mm，深 $Z=-1$mm 的进刀槽
N160 Y10 Z2;	
N165 Y-10 Z0.5;	
N170 Y10 Z-1;	
N175 Y0;	
N180 G42 X35;	建立刀补
N185 G02 X35 Y0 I-35 J0;	顺时针圆弧插补铣 ϕ70mm 的内孔
N190 G40 X21;	撤销刀补
N200 G00 Z45;	抬刀至安全平面
N205 M99;	子程序结束

二、平面槽形凸轮零件的数控铣削加工工艺制订及程序编制

图 4-136 所示为平面槽形凸轮零件，其外轮廓面、上下表面及 $\phi12^{+0.018}_{0}$mm、$\phi20^{+0.021}_{0}$mm 孔均已在前面工序中加工完成，本工序的任务是铣削 ϕ8F8 的凸轮槽。零件材料为 HT200。

下面介绍该零件的工艺分析过程及程序编制的方法。

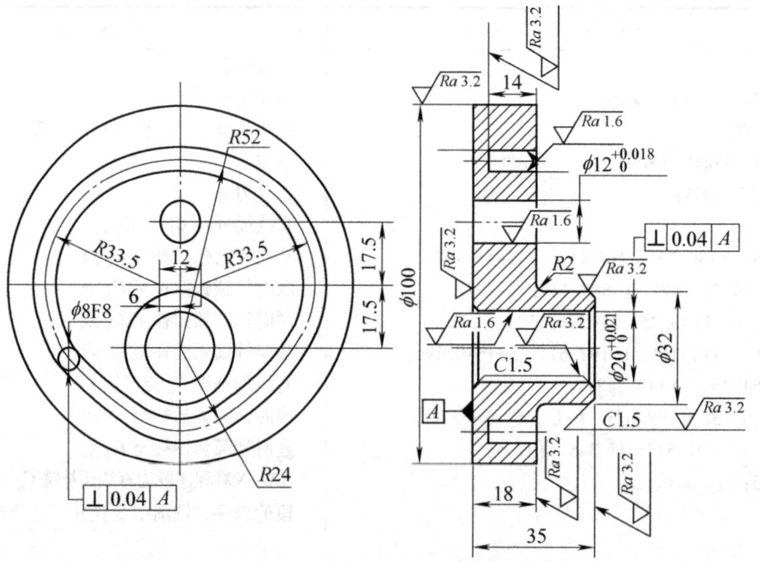

图 4-136　平面槽形凸轮零件

（一）平面槽形凸轮零件的数控铣削加工工艺制订

1. 零件图样工艺分析

凸轮槽内外轮廓由直线和圆弧组成，几何元素之间关系描述清楚完整，凸轮槽两侧面尺寸公差等级为IT8，表面粗糙度值为*Ra*1.6μm，底面的表面粗糙度值为*Ra*3.2μm。凸轮槽内外轮廓面与底面有垂直度要求。零件材料为HT200，切削加工性能较好。根据上述分析，凸轮槽内外轮廓面的加工应分粗加工、精加工，以保证零件加工质量要求。

2. 装夹方案的确定

根据零件的结构特点，采用“一面两孔”方式定位，采用螺旋压板机构夹紧。以圆盘底面*A*定位，可提高装夹刚度并可满足垂直度要求，以$\phi 12^{+0.018}_{0}$mm和$\phi 20^{+0.021}_{0}$mm两个孔为定位基准，满足六点定位要求。装夹示意图如图4-137所示。

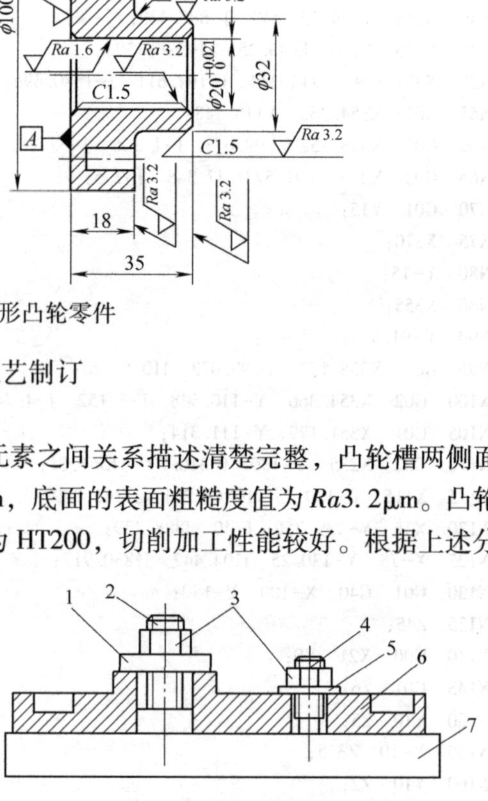

图 4-137　凸轮槽加工装夹示意图

1—开口垫圈　2—带螺纹圆柱销　3—压紧螺母
4—带螺纹菱形销　5—垫圈　6—工件　7—垫块

3. 进给路线的确定

进给路线包括平面进给和深度进给两部分。平面内进给时，外凸轮廓从切线方向切入(图4-138a)，内凹轮廓从过渡圆弧切入(图4-138b)。为使凸轮槽表面具有较好的表面质量，采用顺铣方式铣削，即对外凸轮廓面按顺时针方向铣削，对内凹轮廓面按逆时针方向铣削。深度进给有两种方法：一种是在*XZ*平面(或*YZ*平面)来回铣削逐渐进刀到既定深度；另一种方法是先打一个工艺孔，然后从工艺孔进刀到既定深度，最后用分层铣削加工的方法完成轮廓面的加工。

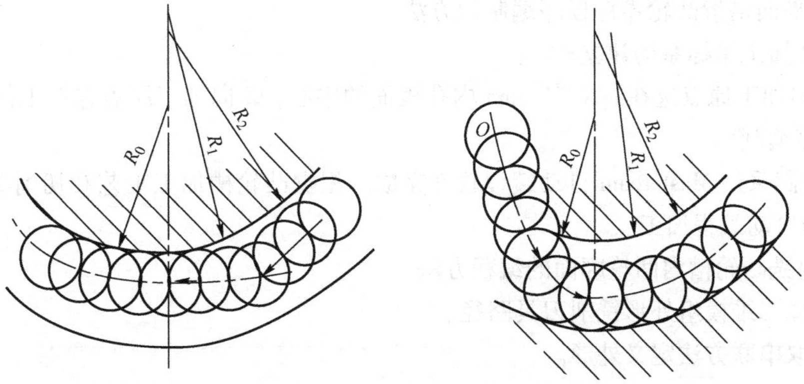

a)　　b)

图 4-138 平面槽形凸轮零件切入进给路线
a）切线方向切入外凸轮廓 b）过渡圆弧切入内凹轮廓

4. 刀具的选择

铣削轮廓面时，通常为提高效率要尽量选用大直径的铣刀。根据本零件的结构特点，铣削凸轮槽内、外轮廓面时，铣刀直径的选择要受槽宽限制，故选用 ϕ6mm 的立铣刀。粗加工选用 ϕ6mm 高速钢立铣刀，精加工选用 ϕ6mm 硬质合金立铣刀。

5. 切削用量的选择

切削用量的选择要根据零件材料、刀具材料和性能及加工精度要求确定。凸轮槽内凹、外凸轮廓面精加工时留 0.2mm 铣削余量，凸轮槽内凹、外凸轮廓面粗加工时粗切量一般取刀具直径的 1/5~1/4；凸轮槽底面精加工时留 0.2mm 铣削余量，凸轮槽底面粗加工时最大粗切量应大于工件冷硬层厚度，本例取 2.0mm。选择主轴转速与进给速度时，先查表确定切削速度与每齿进给量，然后按式(4-13)和式(4-8)计算主轴转速与进给速度(计算过程从略)

6. 填写数控加工工序卡

将凸轮槽内、外轮廓面各工步的加工内容、所用刀具和切削用量填入平面槽形凸轮数控加工工序卡，见表 4-23。

表 4-23 平面槽形凸轮零件数控加工工序卡

(单位名称)	数控加工工序卡		产品名称或代号	零件名称		材料	零件图号
				平面槽形凸轮		HT200	
工序号	程序编号	夹具名称	夹具编号	使用设备			车间
		专用夹具					
工步号	工步内容	加工面	刀具号	主轴转速/(r/min)	进给速度/(mm/min)	背吃刀量/mm	备注
1	粗铣凸轮槽轮廓面		T01	1000	40	4	
2	半精铣凸轮槽内凹轮廓面		T01	1200	40	4	
3	半精铣凸轮槽外凸轮廓面		T02	1200	20	14	
4	精铣凸轮槽内凹轮廓面		T02	1500	20	14	
5	精铣凸轮槽外凸轮廓面		T02	1500	20	14	
编制		审核		批准		共 1 页	第 1 页

（二）平面槽形凸轮零件程序编制的方法

1. 工件加工坐标系的建立

X、Y 向加工原点选在 $\phi20^{+0.021}_{0}$mm 内孔表面的中心，Z 向加工原点选在工件上表面。

2. 程序编制

程序编制采用 Mastercam 自动编程软件完成。根据凸轮槽加工工艺和切削参数，进行刀具路径的自动编程加工。

（1）粗铣凸轮槽内凹轮廓面的编程方法。

1）选择二维模组外形铣削刀具路径。

2）选取串联方法定义外形。

3）进入刀具参数和外形铣削参数对话框，定义该零件自动编程所需的所有参数设置，包括刀具类型的选择和参数设置、轮廓加工参数的选取（刀补和刀尖形式、安全高度、切削高度、工件加工深度、刀具切入与退出的引导路线、是否快速返回等）。至此，系统便可按上述设定参数自动计算出刀具路径，生成刀具路径图。

4）在刀具路径菜单中，选择操作管理员，再选择刀具路径模拟选项，进入刀具路径仿真，进行实体切削模拟加工。

5）刀具路径检验无误后，便可执行后置处理程序，将刀具轨迹文件(.nci)转换为 NC 代码文件(.nc)，即生成所选系统的数控加工程序。

6）根据所使用机床的特点修改后处理生成的数控加工程序。

7）进行程序传送的参数设置。操作所使用的数控机床，使机床处于接收等待状态。上述工作完成后，单击“传送”按钮，选择修改后的数控加工程序的路径和文件名，按确定按钮，完成程序的传送过程。

凸轮槽内凹轮廓面粗铣具体参数设置见表 4-24。

表 4-24 凸轮槽内凹轮廓面粗铣参数设置

刀 具 参 数		外形铣削参数	
刀具名称	6. FLAT ENDMILL	外形形式	2D
刀具直径	6.0mm	安全高度	10(绝对坐标)
刀角半径	0.0mm	参考高度	5(绝对坐标)
进给率	40.0m/min	进给下刀位置	2(增量坐标)
Z 轴进给率	40.0m/min	要加工的表面高度	-17.0(绝对坐标)
提刀速度	500r/min	加工深度	-31.0(绝对坐标)
程序名称	O0100	计算机补正位置	左补正
起始行号	100	XY 方向预留量	0.2mm
行号增量	2	Z 方向预留量	0.2mm
主轴转速	1100r/min	Z 轴分层铣削设定	
切削液	喷油 M08	最大粗加工切削量	4.0mm
起、退刀点位置		精修次数	0
进入点位置	X-27.613	精修量	0.0
	Y-25.596	分层铣削之顺序	⊙依照轮廓○依照深度
	Z10.0	不提刀	☑不提刀

凸轮槽内凹轮廓面粗铣数控加工程序如下(FANUC 0-MD数控系统)：

程序	程序
%;	N152　G02　X0.　Y-40.7　R23.2;
(6. FLAT ENDMILL TOOL)	N154　X-14.968　Y-35.226　R23.2;
O0100;	N156　G01　X-27.097　Y-24.985;
N104　Z10　M03;	N158　Z-27.35;
(PROGRAM　NAME-凸轮);	N160　G02 X-38.7　Y0.　R32.7;
(DATE=DD-MM-YY-04-05-03	N162　X-16.605　Y30.932　R32.7;
TIME=HH：MM-18：26);	N164　X0.　Y33.7　R51.2;
N100　G21;	N166　X16.605　Y30.932　R51.2;
N102　G00　G17　G40　G49　G80　G90;	N168　X38.7　Y0.　R32.7;
N106　G00　G90　G54　X-27.613　Y-25.596;	N170　X27.097　Y-24.985　R32.7;
N108　Z-15　M08;	N172　G01　X14.968　Y-35.226;
N112　G01　X-27.097　Y-24.985;	N174　G02　X0.　Y-40.7　R23.2;
N114　Z-20.45;	N176　X-14.968　Y-35.226　R23.2;
N116　G02　X-38.7　Y0.　R32.7　F40.;	N178　G01　X-27.097　Y-24.985;
N118　X-16.605　Y30.932　R32.7;	N180　Z-30.8;
N120　X0.　Y33.7　R51.2;	N182　G0 2　X-38.7　Y0.　R32.7;
N122　X16.605　Y30.932　R51.2;	N184　X-16.605　Y30.932　R32.7;
N124　X38.7　Y0.　R32.7;	N186　X0.　Y33.7　R51.2;
N126　X27.097　Y-24.985　R32.7;	N188　X16.605　Y30.932　R51.2;
N128　G01　X14.968　Y-35.226;	N190　X38.7　Y0.　R32.7;
N130　G02　X0.　Y-40.7　R23.2;	N192　X27.097　Y-24.985　R32.7;
N132　X-14.968　Y-35.226　R23.2;	N194　G01　X14.968　Y-35.226;
N134　G01　X-27.097　Y-24.985;	N196　G02　X0.　Y-40.7　R23.2;
N136　Z-23.9;	N198　X-14.968　Y-35.226　R23.2;
N138　G02　X-38.7　Y0.　R32.7;	N200　G01　X-27.097　Y-24.985;
N140　X-16.605　Y30.932　R32.7;	N202　G00　Z10.;
N142　X0.　Y33.7　R51.2;	N208　M09;
N144　X16.605　Y30.932　R51.2;	N210　M05;
N146　X38.7　Y0.　R32.7;	N214　M30;
N148　X27.097　Y-24.985　R32.7;	%;
N150　G01　X14.968　Y-35.226;	

(2) 精铣凸轮槽内凹轮廓面的编程方法　精铣凸轮槽内凹轮廓面的参数设置及操作方法与(1)基本相同，修改后的凸轮槽内凹轮廓面精加工程序如下：

程　序	程　序
%;	N118　X-16.541　Y30.743　R32.5;
(6.FLAT　END　MILL　TOOL)	N120　X0.　Y33.5　R51.;
O0200;	N122　X16.541　Y30.743　R51.;
(PROGRAM　NAME-凸轮)	N124　X38.5　Y0.　R32.5;
(DATE=DD-MM-YY-04-05-03	N126　X26.967　Y-24.832　R32.5;
TIME=HH：MM-21：48)	N128　G01　X14.839　Y-35.073;
N100　G21;	N130　G02　X0.　Y-40.5　R23.;
N102　G00　G17　G40　G49　G80　G90;	N132　X-14.839　Y-35.073　R23.;
N106　G43　H2　Z10;	N134　G01　X-26.967　Y-24.832;
N108　G00　G90　G54　X-27.613　Y-25.596　M03;	N136　G00　Z10.;
N110　X-26.967　Y-24.832;	N140　M05;
N112　Z-15.;	N146　M30;
N114　G01　Z-31.F20.;	%;
N116　G02　X-38.5　Y0.　R32.5;	

（3）精铣凸轮槽外凸轮廓面的编程方法　精铣凸轮槽外凸轮廓面的参数设置及操作方法同(2)。

三、盖板零件加工中心加工工艺的制订及程序编制

盖板零件加工表面主要有平面和孔，需经铣平面、钻孔、扩孔、镗孔、铰孔及攻螺纹等工步才能完成。下面介绍图 4-139 所示盖板零件加工中心加工工艺的制定及程序编制的方法。

（一）盖板零件加工中心加工工艺的制订

1. 零件图样的工艺分析

盖板零件的材料为灰铸铁，故毛坯为铸件。由图 4-139 可知，盖板零件加工内容为平面、孔和螺纹，且都集中在 *A*、*B* 面上，其中公差等级最高为 IT7。最小表面粗糙度值为 *Ra*0.8μm，最高位置尺寸精度为 ϕ100±0.2mm。从定位和加工两个方面考虑，以 *A* 面为主要定位基准，并在前道工序中先加工好，*B* 面及位于 *B* 面上的全部孔在加工中心上加工。

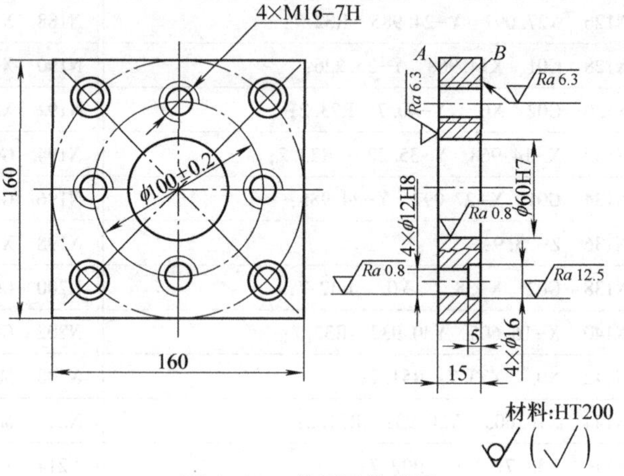

图 4-139　盖板零件简图

2. 加工中心的选择

由于 *B* 面及位于 *B* 面上的全部孔只需单工位加工即可完成，故选择立式加工中心。该零件加工内容只有粗铣、精铣、粗镗、半精镗、精镗、钻、扩、锪、铰及攻螺纹等工步，所需刀具不超过 20 把，故选用国产 XH714 型立式加工中心即可满足上述要求。该机床 *X* 轴行程为 600mm，*Y* 轴行程为 400mm，*Z* 轴行程为 400mm，工作台尺寸为 800mm×400mm，主轴端面至工作台台面距离为 125～525mm，定位精度和重复定位精度分别为

0.02mm 和 0.01mm，工件一次装夹后可自动完成上述内容加工。

3. 工艺设计

（1）加工方法的选择　*B* 面尺寸精度无要求，但表面粗糙度值为 *Ra*6.3μm，故采用粗铣→精铣方案；ϕ60H7 孔公差等级为 IT7，表面粗糙度值为 *Ra*0.8μm，已铸出毛坯孔，故采用粗镗→半精镗→精镗方案；ϕ12H8 孔公差等级为 IT8，表面粗糙度值为 *Ra*0.8μm，为防止钻偏，按钻中心孔→钻孔→扩孔→铰孔方案进行；ϕ16mm 孔在 ϕ12H8 孔基础上锪至尺寸即可；M16 螺纹孔在 M6 和 M20 之间，故采用先钻底孔后攻螺纹的加工方法，即按钻中心孔→钻底孔→倒角→攻螺纹方案加工。

（2）加工顺序的确定　可按照先粗后精、先面后孔的原则确定该零件的加工顺序，且该部分的加工内容不需划分加工阶段，即该部分的加工内容可安排在一道工序中。工序的加工顺序为：粗、精铣 *B* 面→粗、半精、精镗 ϕ60H7 孔→钻各光孔和螺纹孔的中心孔→钻、扩 4×ϕ12H8 孔→锪 4×ϕ16mm 孔→铰 4×ϕ12H8 孔→钻 4×M16-7H 螺纹底孔。各工步的加工顺序见盖板数控加工工序卡（表 4-25）。

（3）装夹方案的确定和夹具的选择　盖板零件形状较简单、尺寸较小，四个侧面较光整，加工面与非加工面之间的位置精度要求不高，单件生产故可选通用机用平口钳，以盖板底面 *A* 和侧面定位，用机用平口钳钳口从另一侧面夹紧。

（4）刀具的选择　根据加工内容，所需刀具有面铣刀、镗刀、中心钻、麻花钻、铰刀、立铣刀（锪 ϕ16mm 孔）及丝锥等，其规格根据加工尺寸选择。一般来说用面铣刀铣削较大的平面，粗铣时铣刀直径应选小一些，以减小切削力矩，但也不能太小，以免影响加工效率；精铣时铣刀直径应选大一些，以减少接刀痕迹，但还要考虑 XH714 型立式加工中心的允许装刀直径，该刀库无相邻刀具时允许的最大装刀直径为 ϕ150mm，有相邻刀具时为 ϕ80mm，因此精铣 *B* 面时面铣刀最大直径可取 ϕ150mm。由于工件宽度为 160mm，一次不能铣削整个宽度，至少需两次进给，又考虑到两次进给的重叠量及减少刀具种类等方面的因素，经综合分析确定粗、精铣面铣刀直径都选为 ϕ100mm。其他刀具根据孔径尺寸确定。刀柄柄部根据主轴锥孔和拉紧机构选择。XH714 型立式加工中心主轴锥孔为 ISO 40，适用刀柄为 BT40（日本标准 JISB 6339），故刀柄柄部应选择 BT40 型。具体所选刀具及刀柄盖板数控加工刀具卡（表 4-26）。

（5）进给路线的确定　*B* 面的粗、精铣削加工进给路线根据铣刀直径和 *B* 面的表面质量要求来确定，因所选铣刀直径为 ϕ100mm，故安排沿 *X* 方向两次进给，又因 *B* 面的表面粗糙度值为 *Ra*6.3μm，因此为提高效率，可选择双向行切进刀方式，如图 4-140 所示。

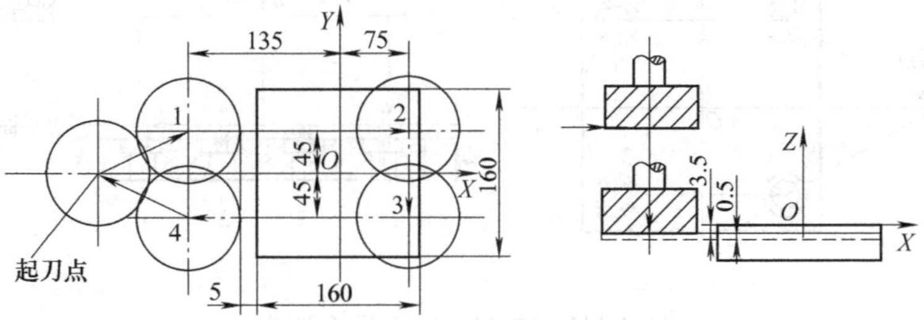

图 4-140　铣削 *B* 面的进给路线图

因为孔的位置精度要求不高，机床的定位精度完全能保证，所以所有孔加工进给路线均按最短路线确定，图 141～图 145 所示的即为各孔加工的进给路线。

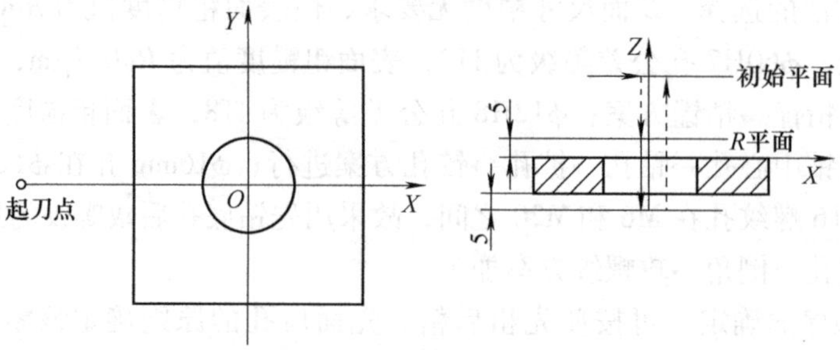

图 4-141　镗 ϕ60H7 孔进给路线

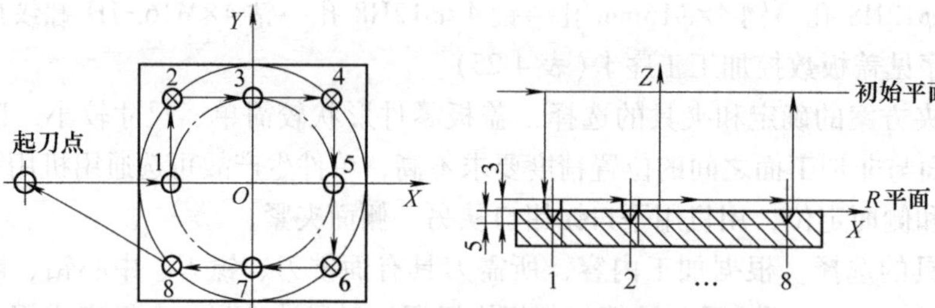

图 4-142　钻中心孔进给路线

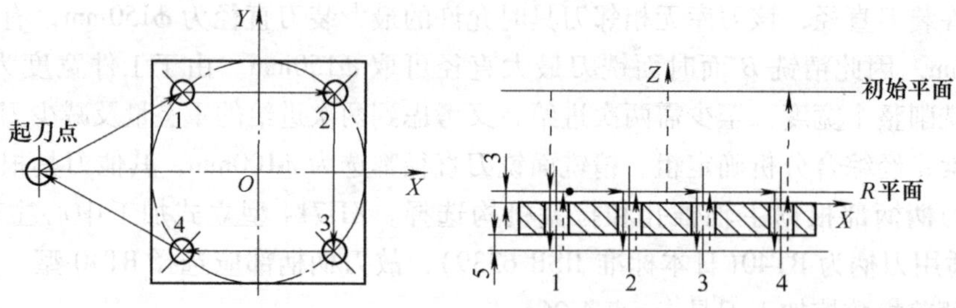

图 4-143　钻、扩、铰 ϕ12H8 孔进给路线

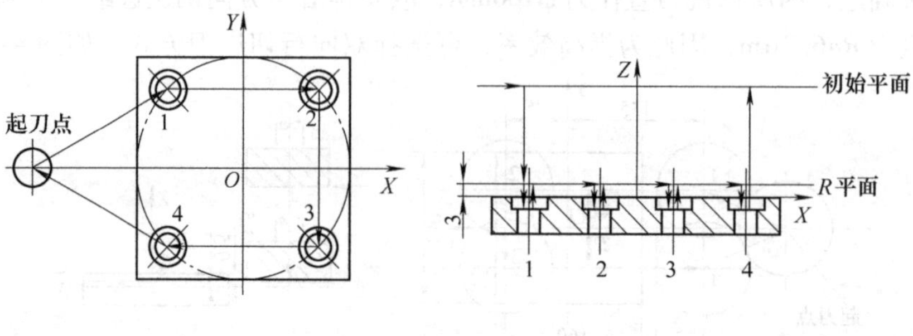

图 4-144　锪 ϕ16mm 孔进给路线

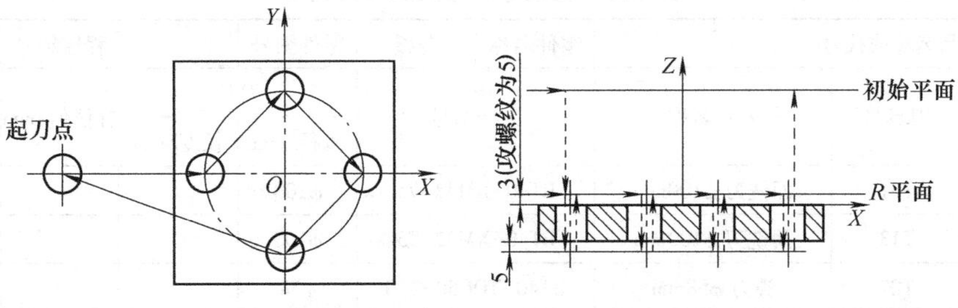

图 4-145　钻螺纹底孔、攻螺纹进给路线

（6）切削用量的选择　首先，根据各表面加工质量要求，确定各工步加工余量(表4-16~表4-17)和背吃刀量；然后根据工件材料、刀具材料、刀具直径等查表(表4-11~表4-15)或根据经验确定各表面切削速度和进给量，然后计算出主轴转速和进给速度，详见表4-25。

表 4-25　盖板数控加工工序卡

（单位名称）	数控加工工序卡		产品名称或代号		零件名称	材料		零件图号
					盖板	HT200		
工序号	程序编号	夹具名称	夹具编号		使用设备			车间
		机用平口钳			XH714			
工步号	工步内容	加工面	刀具号	刀具规格/mm	主轴转速/(r/min)	进给速度/(mm/min)	背吃刀量/mm	备注
1	粗铣 *B* 平面留余量 0.5mm		T01	ϕ100	300	70		
2	精铣 *B* 平面至尺寸		T13	ϕ100	350	50	0.5	
3	粗镗 ϕ60H7 孔至 ϕ58mm		T02	ϕ58	400	60		
4	半精镗 ϕ60H7 孔至 ϕ59.92mm		T03	ϕ59.92	450	50		
5	精镗 ϕ60H7 孔至尺寸		T04	ϕ60	500	40		
6	钻 4×ϕ12H8 及 4×M16 的中心孔		T05	ϕ3	1000	50		
7	钻 4×ϕ12H8 至 ϕ11mm		T06	ϕ11	600	60		
8	扩 4×ϕ12H8 至 ϕ11.85mm		T07	ϕ11.85	300	40		
9	锪 4×ϕ16mm 至尺寸		T08	ϕ16	150	30		
10	铰 4×ϕ12H8 至尺寸		T09	ϕ12	100	40		
11	钻 4×M16mm 底孔至 ϕ14mm		T10	ϕ14	450	60		
12	倒 4×M16mm 底孔端角		T11	ϕ18	300	40		
13	攻 4×M16mm 螺纹孔至尺寸		T12	M16	100	200		
编制		审核			批准		共 1 页	第 1 页

表 4-26 盖板零件数控加工刀具卡

产品名称或代号			零件名称	盖板	零件图号		程序编号	
工步号	刀具号	刀具名称	刀柄型号	刀具			补偿值/mm	备注
				直径/mm		长度/mm		
1	T01	面铣刀 ϕ100mm	BT40-XM32-75	ϕ100				
2	T13	面铣刀 ϕ100mm	BT40-XM32-75	ϕ100				
3	T02	镗刀 ϕ58mm	BT40-TQC50-180	ϕ58				
4	T03	镗刀 ϕ59.92mm	BT40-TQC50-180	ϕ59.92				
5	T04	镗刀 ϕ60mm	BT40-TQW50-140	ϕ60				
6	T05	中心钻 ϕ3mm	BT40-Z10-45	ϕ3				
7	T06	麻花钻 ϕ11mm	BT40-M1-45	ϕ11				
8	T07	扩孔钻 ϕ11.85mm	BT40-M1-45	ϕ11.85				
9	T08	阶梯铣刀 ϕ16mm	BT40-MW2-55	ϕ16				
10	T09	铰刀 ϕ12mm	BT40-M1-45	ϕ12				
11	T10	麻花钻 ϕ14mm	BT40-M1-45	ϕ14				
12	T11	麻花钻 ϕ18mm	BT40-M2-50	ϕ18				
13	T12	机用丝锥 M16mm	BT40-G12-130	M16				
编制		审核		批准			共 1 页	第 1 页

（二）盖板零件程序编制的方法

1. 工件坐标系的建立

X、*Y* 向工件加工原点选在 ϕ60H7 孔的中心，*Z* 向加工原点选在 *B* 面(不是毛坯表面)。工件加工原点与设计基准重合，有利于编程计算的方便，且易保证零件的加工精度。批量生产时，*X*、*Y* 向对刀基准面选择在与零件相互垂直的两侧面相接处的定位元件表面，*Z* 向对刀基准面选择在与底面 *A* 接触的定位元件表面，此时，对刀基准与工件的定位基准重合。

2. 程序编制

盖板零件的数控加工程序如下(FANUC 0i-MA 数控系统)：

主程序	注释
O0002;	主程序名
N10 T01 M06;	自动换刀，换成粗铣面铣刀
N20 G54 G90 G00 X-230 Y0;	进入工件坐标系
N30 G43 Z30 H01;	建立刀具长度正补偿，进入安全平面
N40 X-135 Y45;	快速定位至进刀点
N50 M03 S300;	主轴正转
N60 Z0.5;	进入粗铣切削平面
N70 G01 X75 F70;	直线插补铣削加工
N80 Y-45;	
N90 X-135;	

（续）

主程序	注释
N100 G00 X-230 Y0;	
N110 G49 Z100 M05;	取消刀具长度正补偿，主轴停止转动
N120 T13 M06;	自动换刀，换成精铣面铣刀
N130 G00 X-135 Y45;	
N140 G43 Z30 H13;	
N150 M03 S350;	
N160 Z0;	进入精铣切削平面
N170 G01 X75 F50;	
N180 Y-45;	
N190 X-135;	
N200 G00 X-230 Y0;	
N210 G49 Z100 M05;	
N220 T02 M06;	自动换刀，换成粗镗刀
N230 G00 X0 Y0;	
N240 G43 Z30 H02;	
N250 M03 S400;	
N260 G98 G81 Z-20 R5 F60;	固定循环，粗镗 ϕ60H7 孔
N270 G00 G49 Z100 M05;	
N280 T03 M06;	自动换刀，换成半精镗刀
N290 G43 Z30 H03;	
N300 M03 S450;	
N310 G98 G81 Z-20 R5 F50;	固定循环，半精镗 ϕ60H7 孔
N320 G00 G49 Z100 M05;	
N330 T04 M06;	自动换刀，换成精镗刀
N340 G00 G43 Z30 H04;	
N350 M03 S500;	
N360 G98 G76 Z-20 R5 Q0.2 P200 F40;	固定循环，精镗 ϕ60H7 孔到尺寸
N370 G00 G49 Z100 M05;	
N380 T05 M06;	自动换刀，换成中心钻
N390 G00 G43 Z30 H05;	
N400 X-230 Y0;	
N410 M03 S1000;	
N420 G99 G81 X-50 Z-5 R3 F50;	固定循环，钻中心孔
N430 X-56.569 Y56.569;	
N440 X0 Y50;	
N450 X56.569 Y56.569;	
N460 X50 Y0;	
N470 X56.569 Y-56.569;	
N480 X0 Y-50;	
N490 X-56.569 Y-56.569;	
N500 G00 G49 Z100 M05;	
N510 T06 M06;	自动换刀，换成 ϕ11mm 钻头
N520 G00 G43 Z30 H06;	
N530 X-230 Y0;	
N540 M03 S600;	
N550 G99 G81 X-56.569 Y56.569 Z-20 R3 F60;	固定循环，钻 ϕ12H8 为 ϕ11mm
N560 M98 P1000;	

（续）

主程序	注　释
N570　G00　G49　Z100　M05；	
N580　T07　M06；	自动换刀，换成 ϕ11.85mm 扩孔钻
N590　G00　G43　Z30　H07；	
N600　X-230　Y0；	
N610　M03　S300；	
N620　G99　G81　X-56.569　Y56.569　Z-20　R3　F40；	固定循环，扩 ϕ12H8 为 ϕ11.85mm
N630　M98　P1000；	
N640　G00　G49　Z100　M05	
N650　T08　M06；	自动换刀，换成阶梯铣刀
N660　G00　G43　Z30　H08；	
N670　X-230　Y0；	
N680　M03　S150；	
N690　G99　G82　X-56.569　Y56.569　Z-5　R3　P500　F30；	固定循环，锪 ϕ16mm 孔至尺寸
N700　M98　P1000；	
N710　G00　G49　Z100　M05；	
N720　T09　M06；	自动换刀，换成铰刀
N730　G00　G43　Z30　H09；	
N740　X-230　Y0；	
N750　M03　S100；	
N760　G99　G81　X-56.569　Y56.569　Z-20　R3　F40；	固定循环，铰 ϕ12H8 孔至尺寸
N770　M98　P1000；	
N780　G00　G49　Z100　M05；	
N790　T10　M06；	自动换刀，换成 ϕ14mm 钻头
N800　G00　G43　Z30　H10；	
N810　X-230　Y0；	
N820　M03　S450；	
N830　G99　G81　X-50　Z-20　R3　F60；	固定循环，钻 M16 螺纹底孔
N840　M98　P2000；	
N850　G00　G49　Z100　M05；	
N860　T11　M06；	自动换刀，换成 ϕ18mm 的倒角钻头
N870　G00　G43　Z30　H11；	
N880　X-230　Y0；	
N890　M03　S300；	
N900　G99　G82　X-50　Y0　Z-20　R3　P500　F40；	固定循环，倒角
N910　M98　P2000；	
N920　G00　G49　Z100　M05；	
N930　T12　M06；	自动换刀，换成 M16 机用丝锥
N940　G00　G43　Z30　H12；	
N950　X-230　Y0；	
N960　M03　S100；	
N970　G99　G84　X-50　Y0　Z-20　R5　F200；	
N980　M98　P2000；	攻 M16 螺纹孔
N990　G00　G49　Z100　M05；	
N1000　X-230　Y0；	
N1010　M30；	程序结束

加工 ϕ160mm 中心线上孔的子程序：

子程序	注　释
O1000;	子程序名
N10　X56.569　Y56.569;	
N20　Y-56.569;	
N30　X-56.569;	
N40　M99;	子程序结束

加工 ϕ100mm 中心线上孔的子程序：

子程序	注　释
O2000;	子程序名
N10　X0　Y50;	
N20　X50　Y0;	
N30　X0　Y-50;	
N40　M99;	子程序结束

四、支承套零件加工中心加工工艺的制订及程序编制

图 4-146 所示为升降台铣床上的支承套零件，该零件在两个互相垂直的方向上有多个孔要加工。若在普通机床上加工，则需多次安装才能完成，且效率低；在加工中心上加工，只需一次安装即可完成。现将其加工中心加工工艺的制订及程序编制的方法介绍如下：

（一）支承套零件加工中心加工工艺的制订

1. 零件图样的工艺分析

支承套零件的材料为 45 钢，毛坯为棒料。从图 4-146 中可看出 ϕ35H7 孔对 ϕ100f9 外圆有位置精度要求；ϕ60mm 孔底平面对 ϕ35H7 孔有跳动要求；2×ϕ15H7 孔的轴线对端面 *C* 有平行度要求；端面 *C* 对 ϕ100f9 外圆有跳动要求。若在普通机床上加工，由于各加工面在不同方向上，需多次安装才能完成，且这些位置精度要求不易保证且效率低；而在加工中心上加工，只需一次安装即可完成。为便于在加工中心上定位和夹紧，将 ϕ100f9 外圆、$80^{+0.5}_{0}$mm 尺寸两端面、$78^{0}_{-0.5}$mm 尺寸上平面均安排在前面工序中由普通机床完成。其余加工表面，如 2×ϕ15H7 孔、ϕ35H7 孔、ϕ60mm 孔、2×ϕ11mm 孔、2×ϕ17mm 孔、2×M6—6H 螺纹孔确定在加工中心上一次安装完成。

2. 加工中心的选择

因加工表面位于支承套零件互相垂直的两个表面（左侧面及上平面）上，需要两工位加工才能完成，故选择卧式加工中心。加工内容有钻孔、扩孔、镗孔、锪孔、铰孔及攻螺纹等，所需刀具不超过 20 把。国产 XH754 型卧式加工中心即可满足上述要求。该机床 *X* 轴行程为 500mm，*Y* 轴行程为 400mm，*Z* 轴行程为 400mm，工作台尺寸为 400mm×400mm，主轴中心线至工作台距离为 100～500mm，主轴端面至工作台中心线距离为 150～550mm，主轴锥孔为 ISO 40，刀库容量 30 把，定位精度和重复定位精度分别为 0.02mm 和 0.01mm，工作台分度精度和重复分度精度分别为 7″和 4″。

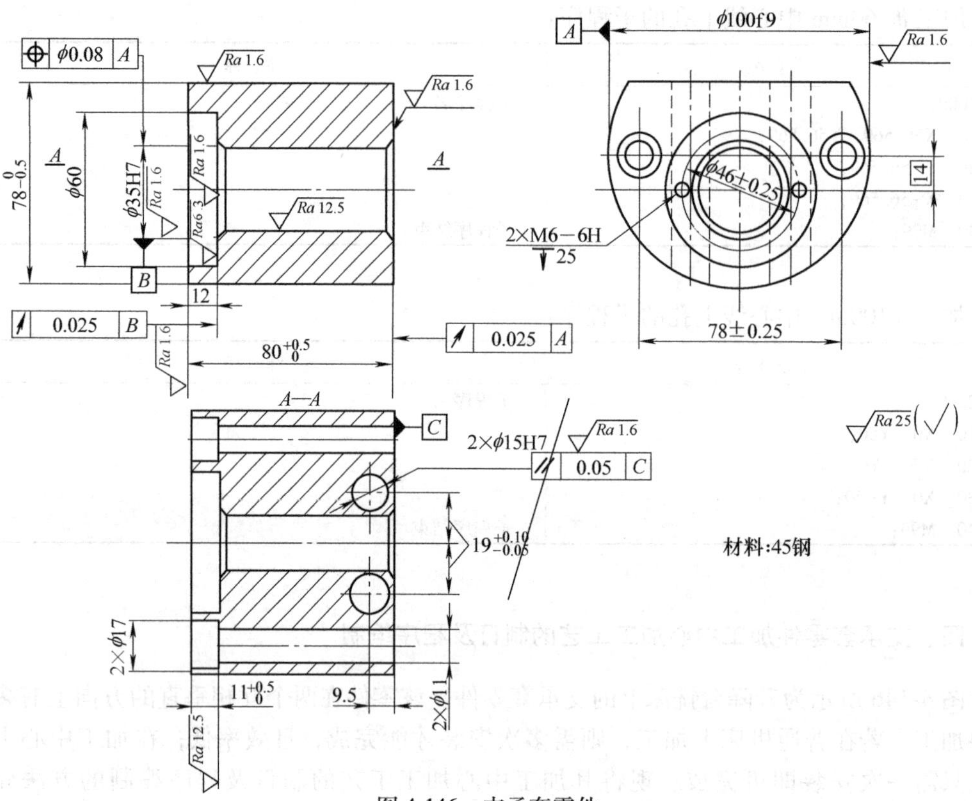

图 4-146　支承套零件

3. 工艺设计

（1）加工方法的选择　由于毛坯为棒料，因此所有孔都是在实体上加工。为防止钻偏，均需先用中心钻钻引正孔，然后再钻孔。对于 φ35H7 孔及 2×φ15H7 选择铰削作为其最终加工方法。对于 φ60mm 的孔，根据孔径精度、孔深尺寸和孔底平面要求，用铣削方法同时完成孔壁和孔底平面的加工。各表面的具体加工方案如下：

φ35H7 孔：钻中心孔→钻孔→粗镗→半精镗→铰孔。

2×φ15H7 孔：钻中心孔→钻孔→扩孔→铰孔。

φ60mm 孔：粗铣→精铣。

2×φ11mm 孔：钻中心孔→钻孔。

2×φ17mm 孔：锪孔(在 2×φ11mm 底孔上)。

2×M6—6H 螺孔：钻中心孔→钻底孔→孔端倒角→攻螺纹。

（2）加工顺序的确定　为减少变换工位的辅助时间和工作台分度误差的影响，各个工位上的加工表面在工作台一次分度下按先粗后精的原则加工完毕。该部分的加工内容不需划分加工阶段，即该部分的加工内容可安排在一道工序中。具体的各工步加工顺序是：第一工位(B0°)，钻 φ35H7、2×φ11mm、2×φ11mm 中心孔→钻 φ35H7 孔→钻 2×φ11mm 孔→锪 2×φ17mm 孔→粗镗 φ35H7 孔→粗铣、精铣 φ60mm×12mm 孔→半精镗 φ35H7 孔→钻 2×M6—6H 螺纹中心孔一钻 2×M6—6H 螺纹底孔→2×M6—6H 螺纹孔端倒角→攻 2×M6—6H 螺纹→铰 φ35H7 孔；第二工位(B90°)，钻 2×φ15H7 中心孔→钻 2×φ15H7 孔→

扩 2×ϕ15H7 孔→铰 2×ϕ15H7 孔。详见表 4-27 数控加工工序卡。

表 4-27　支承套零件数控加工工序卡

(单位名称)	数控加工工序卡		产品名称或代号	零件名称	材料	零件图号
				支承套	45 钢	
工序号	程序编号	夹具名称	夹具编号	使用设备		车间
		专用夹具		XH754		

工步号	工步内容	加工面	刀具号	刀具规格 /mm	主轴转速 /(r/min)	进给速度 /(mm/min)	背吃刀量 /mm	备注
	B0°							
1	钻 ϕ35H7 孔、2×ϕ11mm 孔中心孔		T01	ϕ3	1200	40		
2	钻 ϕ35H7 孔至 ϕ31mm		T02	ϕ31	150	30		
3	钻 2×ϕ11mm 孔		T03	ϕ11	500	70		
4	锪 2×ϕ17mm 沉孔		T04	ϕ17	150	15		
5	粗镗 ϕ35H7 孔至 ϕ34mm		T05	ϕ34	400	30		
6	粗铣 ϕ60mm×12mm 孔至 ϕ59mm ×11.5mm		T06	ϕ32	500	70		
7	精铣 ϕ60mm×12mm 至尺寸		T06	ϕ32	600	45		
8	半精镗 ϕ35H7 孔至 ϕ34.85mm		T07	ϕ34.85	450	35		
9	钻 2×M6—6H 螺纹中心孔		T01	ϕ3	1200	40		
10	钻 2×M6—6H 底孔至 ϕ5mm		T08	ϕ5	650	35		
11	2×M6—6H 孔端倒角		T03	ϕ11	500	20		
12	攻 2×M6—6H 螺纹		T09	M6	100	100		
13	铰 ϕ35H7 孔至尺寸		T10	ϕ35AH7	100	50		
	B90°							
14	钻 2×ϕ15H7 孔中心孔		T01	ϕ3	1200	40		
15	钻 2×ϕ15H7 孔中心孔至 ϕ14mm		T11	ϕ14	450	60		
16	扩 2×ϕ15H7 孔中心孔至 ϕ14.85mm		T12	ϕ14.85	200	40		
17	铰 2×ϕ15H7 孔中心孔至尺寸		T13	ϕ15AH7	100	60		
编制		审核		批准			共 1 页	第 1 页

（3）装夹方案的确定和夹具的选择　由于 ϕ35H7 孔、ϕ60mm 孔、2×ϕ11mm 孔及 2×ϕ17mm 孔的设计基准均为 ϕ100f9 外圆中心线，所以按照基准重合原则选择 ϕ100f9 外圆表面为主要定位基准面。因 ϕ100f9 外圆不是整圆，故用 V 形块做定位元件。该零件长度方向的定位基准，若选右端面定位，ϕ17mm 孔深尺寸 $11^{+0.5}_{0}$mm 存在基准不重合误差，精度不能保证(因工序尺寸 $80^{+0.5}_{0}$ 的公差为 0.5mm)，故选左端面定位。所用夹具为专用夹具，工件的装夹示意图如图 4-147 所示。在装夹时应使工件上平面在夹具中保持垂直，以

消除转动自由度。

（4）刀具的选择　各工步刀具直径根据加工余量和孔径确定，详见支承套数控加工刀具卡（表 4-28）。刀具长度与工件在机床工作台上的装夹位置有关，在装夹位置确定之后，再计算刀具长度，这里只计算钻 ϕ35H7 孔的刀具长度。为减小刀具的悬伸长度，提高工艺系统的刚性，将工件装夹在工作台中心线与机床主轴端面之间，如图 4-148a 所示。

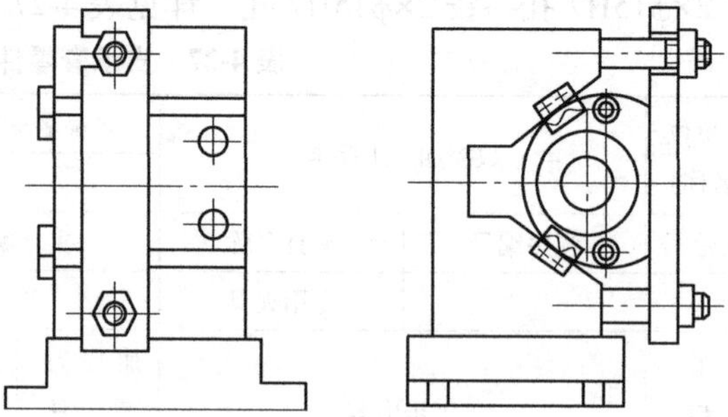

图 4-147　支承套零件装夹示意图

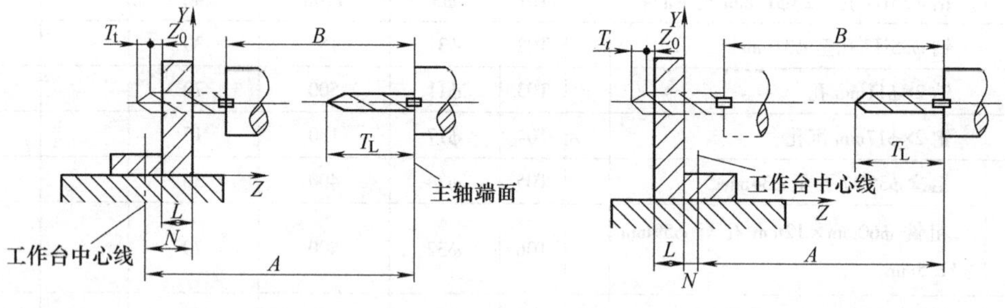

a)　　b)

图 4-148　卧式加工中心刀具长度的确定

表 4-28　支承套数控加工刀具卡

产品名称或代号			零件名称	盖板	零件图号	程序编号	
工步号	刀具号	刀具名称	刀柄型号	刀具		补偿值	备注
				直径/mm	长度/mm	/mm	
1、9、14	T01	中心钻 ϕ3mm	JT 40-Z6-45	ϕ3	280		
2	T02	锥柄麻花钻 ϕ31mm	JT 40-M3-75	ϕ31	330		
3、11	T03	锥柄麻花钻 ϕ11mm	JT 40-M1-35	ϕ11	330		
4	T04	锥柄埋头钻 ϕ17mm ×11mm	JT 40-M2-50	ϕ17	300		
5	T05	粗镗刀 ϕ34mm	JT 40-TQC30-165	ϕ34	320		
6、7	T06	立铣刀 ϕ32T	JT 40-MW4-85	ϕ32T	300		
8	T07	镗刀 ϕ34.85mm	JT 40-TZC30-165	ϕ34.85	320		
10	T08	直柄麻花钻 ϕ5mm	JT 40-Z6-45	ϕ5	300		
12	T09	机用丝锥 M6	JT 40-G1JT3	M6	280		
13	T10	套式铰刀 ϕ35AH7	JT 40-K19-140	ϕ35AH7	330		

（续）

产品名称或代号				零件名称	盖板	零件图号		程序编号	
工步号	刀具号	刀具名称		刀柄型号		刀具		补偿值/mm	备注
						直径/mm	长度/mm		
15	T11	锥柄麻花钻 ϕ14mm		JT 40-M1-35		ϕ14	320		
16	T12	扩孔钻 ϕ14. 85mm		JT 40-M2-50		ϕ14. 85	320		
17	T13	铰刀 ϕ15AH7		JT 40-M2-50		ϕ15AH7	320		
编制			审核			批准		共 1 页	第 1 页

从图 4-148a 可以看出，当工件的加工部位位于工作台中心线与机床主轴端面之间时，刀具的长度范围为

$$T_L > A-B-N+L+Z_0+T_t \tag{4-15}$$

$$T_L < A-N \tag{4-16}$$

式中　T_L——刀具长度(mm)；

A——主轴端面至工作台中心最大距离(mm)；

B——主轴在 Z 向的最大行程(mm)；

N——加工表面距工作台中心距离(mm)；

L——工件的加工深度尺寸(mm)；

Z_0——刀具切出工件长度(mm)，见表 4-8；

T_t——钻头尖端锥度部分长度(mm)，一般 $T_t=0.3d$(d 为钻头直径)。

本例中，$A=550$mm　$B=150$mm　$N=180$mm　$L=80$mm　$Z_0=3$mm　$T_t=0.3d=0.3\times31$mm$=9.3$mm

所以$T_L>(550-150-180+80+3+9.3)mm\approx312$mm

$T_L<(550-180)$mm$=370$mm

取 $T_L=330$mm。其余刀具的长度参照上述算法可一一确定，见表 4-28。

当工件的加工部位位于工作台中心线与机床主轴端面两者之外时(图 4-148b)，刀具的长度范围为

$$T_L > A-B+N+L+Z_0+T_t \tag{4-17}$$

$$T_L < A+N \tag{4-18}$$

(5) 选择切削用量　在机床说明书允许的切削用量范围内查表选取切削速度和进给量，然后算出主轴转速和进给速度，其值见表 4-27。

(6) 进给路线的确定(略)

(二) 支承套零件程序编制的方法

1. 工件坐标系的建立

在 B0°工位：X、Y 向的加工原点设在 ϕ35H7 孔中心上，Z 向的加工原点设在 $80^{+0.5}_{0}$mm 尺寸的左端面上。采用 G54 指令建立工件坐标系。

在 B90°工位：X 向的加工原点设在 $80^{+0.5}_{0}$mm 尺寸的左端面上，Y 向的加工原点设在 ϕ35H7 孔中心上，Z 向的加工原点设在 $78^{0}_{-0.5}$mm 尺寸上表面。采用 G55 指令建立工件坐

标系。

2. 数学处理

将基本尺寸换算成平均尺寸(略)。

3. 程序编制

支承套零件的数控加工程序如下(采用 FANUC-6M 数控系统):

程 序	注 释
O0003;	程序名
N10 G30 Y0 T01 M06;	自动换刀，换上 ϕ3mm 的中心钻
N20 B0;	
N30 G00 G54 X0 Y0;	
N40 G43 Z50.0 H01 S1200 M03;	
N50 G99 G81 Z-5.0 R5.0 F40;	钻 ϕ35H7、2×ϕ11mm 中心孔
N60 X14.0 Y39.0;	
N70 Y-39.0;	
N80 G00 G49 Z350.0 M05;	
N90 G30 Y0 T02 M06;	自动换刀，换上 ϕ31mm 的钻头
N100 G00 X0 Y0;	
N110 G43 Z50.0 H02 S150 M03;	
N120 G98 G81 Z-92.0 R5.0 F30;	钻 ϕ35H7 孔至 ϕ31mm
N130 G00 G49 Z350.0 M05;	
N140 G30 Y0 T03 M06;	自动换刀，换上 ϕ11mm 的钻头
N150 G00 X14.0 Y39.0;	
N160 G43 Z50.0 H03 S500 M03;	
N170 G99 G81 Z-88.0 R5 F70;	钻 2×ϕ11mm 孔
N180 Y-39.0;	
N190 G00 G49 Z350.0 M05;	
N200 G30 Y0 T04 M06;	自动换刀，换上 ϕ17mm 的埋头钻
N210 G43 Z50.0 H04 S150 M03;	
N220 G00 X14.0 Y39.0;	
N230 G99 G82 Z-11.25 R5.0 P500 F15;	扩 2×ϕ11mm 孔至 2×ϕ17mm×11.25mm
N240 Y-39.0;	
N250 G00 G49 Z350.0 M05;	
N260 G30 Y0 T05 M06;	自动换刀，换上 ϕ34mm 的粗镗刀
N270 G00 X0 Y0;	
N280 G43 Z50.0 H05 S400 M03;	
N290 G98 G81 Z-85.0 R5 F30;	粗镗 ϕ35H7 孔至 ϕ34mm
N300 G00 G49 Z350.0 M05;	
N310 G30 Y0 T06 M06;	自动换刀，换上 ϕ32T 的铣刀
N320 G00 Y0;	
N330 G43 Z-11.5 H06 S500 M03;	
N340 G01 G42 X29.5 D01 F70;	建立右刀补
N350 G02 I-29.5;	粗铣 ϕ60mm×12mm 孔至 ϕ59mm×11.5mm
N360 G01 G40 X0;	撤销刀补
N370 S600;	
N380 Z-12.0;	
N390 G41 X30.0 D02 F45;	建立左刀补
N400 G03 I-30.0;	精铣 ϕ60mm×12mm 至尺寸

（续）

程 序	注 释
N410 G01 G40 X0;	撤销刀补
N420 G00 G49 Z350.0 M05;	
N430 G30 Y0 T07 M06;	自动换刀，换上 ϕ34.85mm 的镗刀
N440 G00 X0 Y0;	
N450 G43 Z50.0 H07 S450 M03;	
N460 G98 G81 Z-85.0 R-7.0 F35;	镗 ϕ35H7 孔至 ϕ34.85mm
N470 G00 G49 Z350.0 M05;	
N480 G30 Y0 T01 M06;	自动换刀，换上 ϕ3mm 的中心钻
N490 G00 X0 Y23.0;	
N500 G43 Z15.0 H01 S1200 M03;	
N510 C99 G81 Z-17.0 R-7.0 F40;	钻 2×M6—6H 螺纹中心孔
N520 Y-23.0;	
N530 G00 G49 Z350.0 M05;	
N540 G30 Y0 T08 M06;	自动换刀，换上 ϕ5mm 的钻头
N550 G00 Y23.0;	
N560 G43 Z15.0 H08 S650 M03;	
N570 G99 G81 Z-42.0 R-7.0 F30;	钻 2×M6—6H 螺纹底孔至 ϕ5mm
N580 Y-23.0;	
N590 G00 G49 Z350.0 M05;	
N600 G30 Y0 T03 M06;	自动换刀，换上 ϕ11mm 的钻头
N610 G00 Y23.0;	
N620 G43 Z15.0 H03 S500 M03;	
N630 G98 G82 Z-12.5 R-5.0 P500 F20;	2×M6—6H 螺纹孔端倒角
N640 Y-23.0;	
N650 G00 G49 Z350 M05;	
N660 G30 Y0 T09 M06;	自动换刀，换上 M6 的机用丝锥
N670 G00 Y23.0;	
N680 G43 Z15.0 H09 S100 M03;	
N690 G98 G84 Z-37.0 R-7.0 F100;	攻 2×M6—6H 螺纹
N700 Y-23.0;	
N710 G00 49 Z300 M05;	
N720 G30 Y0 T10 M06;	自动换刀，换上 ϕ35AH7 套式铰刀
N730 G00 X0 Y0;	
N740 G43 Z50.0 H10 S100 M03;	
N750 98 G85 Z-95.0 R-7.0 F50;	铰 ϕ35H7 孔
N760 G00 G49 Z350.0 M05;	
N770 M01;	在 ϕ35H7 孔内手动装入工艺堵
N780 G30 Y0 T01 M06;	自动换刀，换上 ϕ3mm 的中心钻
N790 B90;	
N800 G00 G55 X70.75 Y19.025;	
N810 G43 Z50.0 H01 S1200 M03;	
N820 99 G81 Z-5.0 R5.0 F40;	钻 2×ϕ15H7 中心孔
N830 Y-19.025;	
N840 G00 G49 Z350.0 M05;	
N850 G30 Y0 T11 M06;	自动换刀，换上 2×ϕ14mm 钻头
N860 G00 Y19.025	
N870 G43 Z50.0 H11 S450 M03;	

（续）

程 序	注 释
N880 G99 G81 Z-85.0 R5.0 F60;	钻 2×ϕ15H7 孔至 ϕ14mm
N890 Y-19.025;	
N900 G00 G49 Z350.0 M05;	
N910 G30 Y0 T12 M06;	自动换刀，换上 2×ϕ14.85mm 扩孔钻
N920 G00 Y19.025;	
N930 G00 G43 Z50.0 H12 S200 M03;	
N940 G99 G81 Z-85.0 R5.0 F40;	扩 2×ϕ15H7 至 2×ϕ14.85mm
N950 Y-19.025;	
N960 G00 G49 Z350.0 M05;	
N970 G30 Y0 T13 M06;	自动换刀，换上 ϕ15AH7 铰刀
N980 G00 Y19.025;	
N990 G43 Z50.0 H13 S100 M03;	
N1000 G99 G85 Z-95.0 R5.0 F60;	铰 2×ϕ15H7 孔至尺寸
N1010 Y-19.025;	
N1020 G00 G49 Z350.0 M05;	
N1030 G28 X0 Y0;	回机床 X0、Y0 参考点
N1040 G28 Z0;	回机床 Z0 参考点
N1050 M30;	程序结束

思考练习题

4-1 数控铣削加工适用于哪些场合？

4-2 简述加工中心加工的工艺特点，并说明加工中心加工与普通机床加工相比有哪些不足之处。

4-3 数控铣削加工时，被加工零件轮廓上的内转角尺寸是指哪些尺寸？为何要统一？

4-4 什么是行距？什么是步长？它们的大小如何确定？

4-5 如果屏幕上显示当前刀具刀位点在机床坐标系中的坐标为(-150,-100,-80)，用 MDI 执行“G92 X50 Y50 Z20”后，工件加工原点在机床的坐标系中的坐标是多少？

4-6 简述数控铣削加工中装夹方案的确定方法与夹具的选用方法。

4-7 简述数控铣削加工中起刀点、对刀点、对刀基准面、刀位点、刀具相关点及换刀点的含义。

4-8 简述数控铣削加工中常用的对刀方法。

4-9 简述数控铣削加工中常用刀具的种类及选用方法。

4-10 应用刀具长度补偿时，若所用刀具因多次使用磨损而变短了应怎样设置刀补？若原来是按刀座对刀编程的，现装上了一把刀具应怎样设置刀补？

4-11 在数控铣床上加工编程时，如何进行多把刀具的换刀程序控制？

4-12 在加工中心上加工编程时，如何进行自动换刀程序设计？

4-13 试利用孔加工固定循环指令编制图 4-149 所示零件的孔加工数控程序。

4-14 在图 4-150 所示的零件图样中，材料为 45 钢，技术要求见图，试完成以下工作：

（1）分析零件加工要求及工装要求。

（2）编制工艺卡片。

（3）编制刀具卡片。

（4）编制数控加工程序，并提供尽可能多的程序方案。

4-15 加工图4-151所示凸轮零件，要求进行数加工工艺分析，包括选择刀具、装夹与定位方案、切削参数、进给路线等，并编写零件的数控加工程序。

4-16 试完成图4-152所示零件的数控加工工艺制订及程序编制。（坯料：80mm×50mm×25mm的45钢，要求采用自动编程加工）

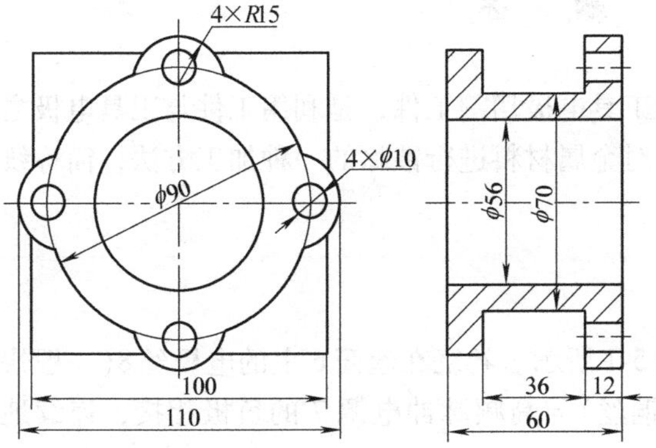

图4-149 题4-13图

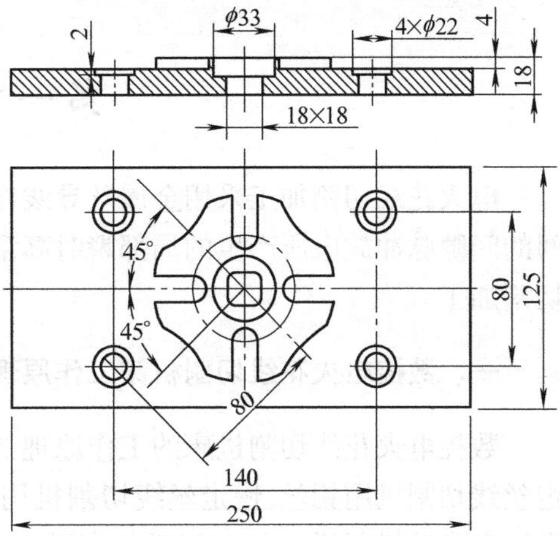

图4-150 题4-14图

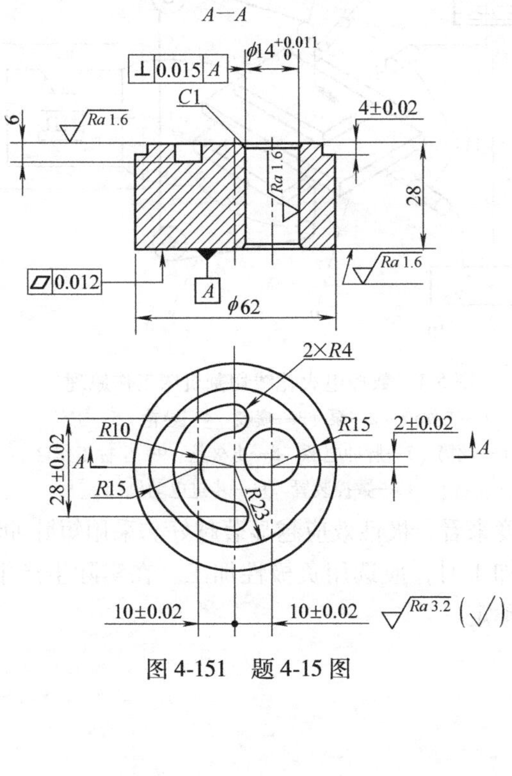

图4-151 题4-15图

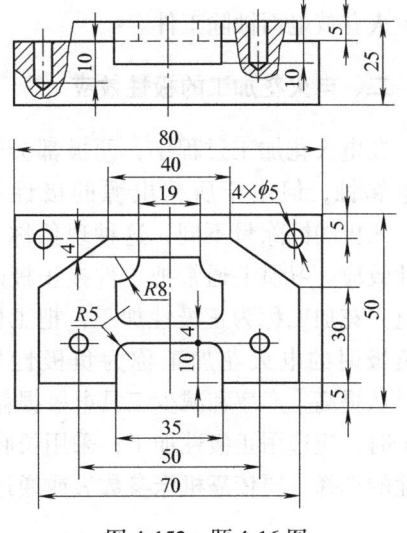

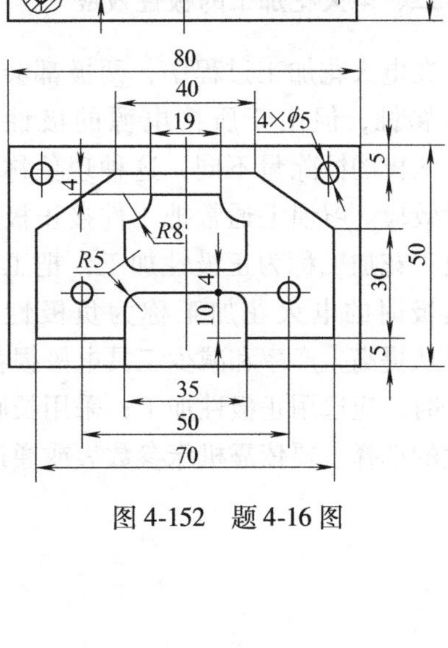

图4-152 题4-16图

第五章　数控电火花线切割加工工艺制订与编程

学习目的： 通过学习，了解电火花线切割机床工作原理、主要加工对象、加工的特点，掌握数控线切割加工工艺的制订、常用线切割加工编程方法，能够合理调整电火花线切割加工参数。

第一节　概　述

电火花线切割加工采用金属丝导线作为工具电极切割工件，是利用工件与工具电极之间的间隙脉冲放电所产生的局部瞬时高温，对金属材料进行蚀除的一种加工方法，简称线切割加工。

一、数控电火花线切割机床工作原理

数控电火花线切割机床的工作原理如图 5-1 所示。卷绕在丝筒 6 上的电极丝 8(一般快走丝线切割机用钼丝,慢走丝线切割机用黄铜丝) 与高频脉冲电源 7 的负极相接，连续地沿其自身轴线行进，并在张紧状态下由上、下导轮支承着通过加工区。安装在坐标工作台 9 上的工件 5 接脉冲电源的正极。工作液 1 由喷嘴 3 以一定的压力喷向加工区。当脉冲电压击穿电极丝和工件之间的极间间隙时，两者之间随即产生火花放电而蚀除工件。

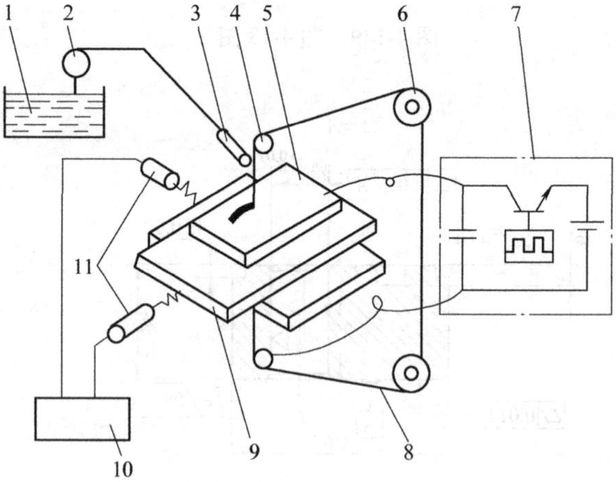

图 5-1　数控电火花线切割机床工作原理

1—工作液　2—泵　3—喷嘴　4—导轮　5—工件　6—丝筒　7—脉冲电源　8—电极丝　9—坐标工作台　10—数控装置　11—步进电动机

二、电火花加工的极性效应

在电火花加工过程中，两极都会受到电腐蚀，但由于所接电源的极性不同，两极的蚀除量不同，这种现象称为极性效应。习惯上通常把工件接正极时的电火花加工称为正极性加工，把工件接负极时的电火花加工称为负极性加工。从提高生产率和减少工具电极损耗的角度来看，极性效应越显著越好。采用短脉冲精加工时，应选用正极性加工；采用长脉冲粗加工时，应选用负极性加工。在实际生产中，极性的选择主要依靠机床参数表或通过试验确定。

三、数控电火花线切割机的主要加工对象

1. 加工模具

数控电火花线切割机广泛用于加工硬质合金、淬火钢模具零件，调整不同间隙补偿量，只需一次编程就可以切割凸模、凸模固定板、凹模卸料板，挤压模、粉末冶金模、弯曲模、塑料模等带锥度的模具，以及形状复杂、带有尖角的窄缝形小型凹模。可采用整体结构淬火后线切割加工，既能保证模具精度，又可简化模具设计和制造。

2. 加工电火化成形加工用的电极

数控电火花线切割机可用于加工带锥度型腔加工的电极和一般穿孔加工的电极，对于银钨、铜钨合金材料等的电火花成形电极，用数控电火花线切割加工特别经济。

3. 加工零件

数控电火花线切割机可用于加工品种多、数量少的零件，特殊难加材料的零件。试验样件、样板、各种型孔、齿轮、成形刀具以及细微型孔和成形槽孔加工，尤其是薄壁件加工，可多片叠在一起加工。

四、数控电火花线切割加工的特点

1）以金属丝为电极，降低了成形工具电极的设计制造费用。

2）加工时工具与工件不直接接触(有些特种加工方法不需要工具)，不承受较大的作用力。

3）工具的硬度可以比工件低，只要是导电或半导电材料都可以加工。

4）电极丝直径较细，介于0.003~0.3mm之间，切缝很窄，可实现套料加工。

5）采用移动的长电极丝加工，电极丝损耗少，加工速度快。

6）不能加工不通孔或纵向阶梯表面。

第二节　数控电火花线切割加工工艺的制订

数控电火花线切割加工一般是零件加工的最后一道工序。图5-2所示为线切割加工的工艺过程。它与通用机械加工工艺有很大差别，因此数控电火花线切割编程与其他数控加工编程相比，有着自己的特点。编程前应细致分析零件的加工要求和特点，充分考虑零件的线切割加工工艺，做好编程前的工艺处理。

一、坯料准备

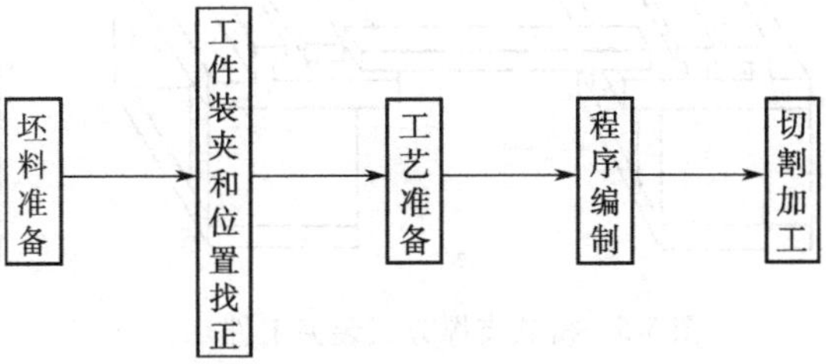

图5-2　线切割加工的工艺过程

模具工件一般采用锻造毛坯，其线切割加工常在淬火与回火后进行。由于材料淬透性的影响，当大面积去除金属和切断加工时，会使材料内部残余应力的相对平衡遭到破坏而产生变形，影响加工精度，甚至在加工中造成材料突然

开裂。为减少这种影响，应在加工前做好工艺准备：

下料→锻造→退火→机加工→划线→加工型孔→淬火→磨→退磁处理。

二、工件装夹和位置确定

工件在机床工作台或夹具中的位置直接影响工件各基点坐标的计算，同时也影响切割部位和切割起点的选择。合理装夹工件不但有利于编程，而且有利于减少加工变形，保证加工精度。

1. 工件装夹方式

数控电火花线切割加工中工件的装夹方法主要有以下几种：

（1）悬臂方式装夹　如图5-3所示，这种方式装夹方便，通用性强，但装夹误差较大，仅用于工件加工精度要求不高或悬臂较短的情况。

（2）两端支撑方式装夹　如图5-4所示，这种方式装夹方便、稳定，定位精度高，但不适于装夹较小的零件。

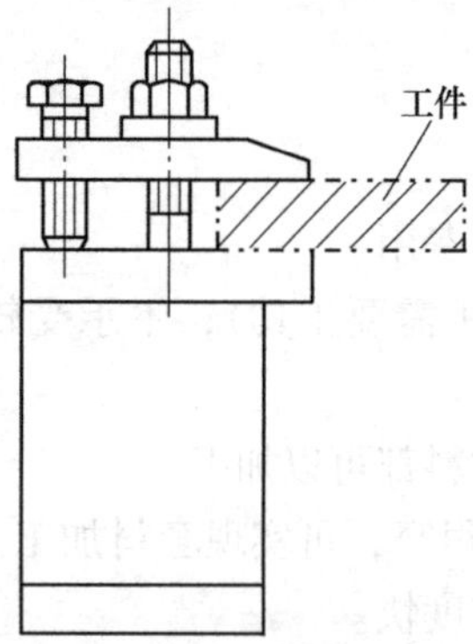

图5-3　悬臂方式装夹工件

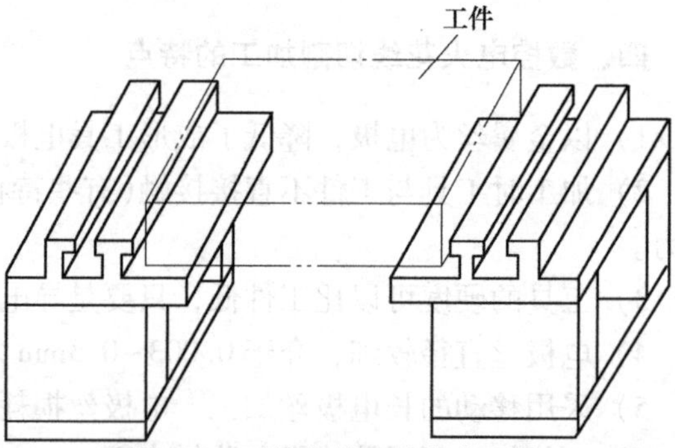

图5-4　两端支撑方式装夹工件

（3）桥式支撑方式装夹　如图5-5所示，在通用夹具上放置垫铁后再装夹工件。这种方式装夹方便，对大、中、小型工件都能适用。

（4）板式支撑方式装夹　如图5-6所示，使用有通孔的支撑板装夹工件，装夹精度高。

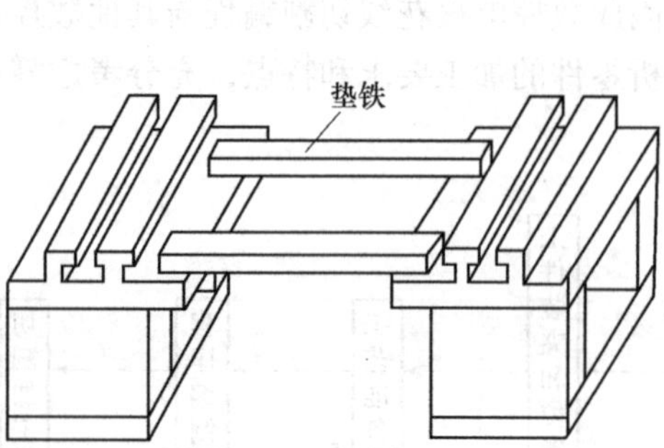

图5-5　桥式支撑方式装夹工件

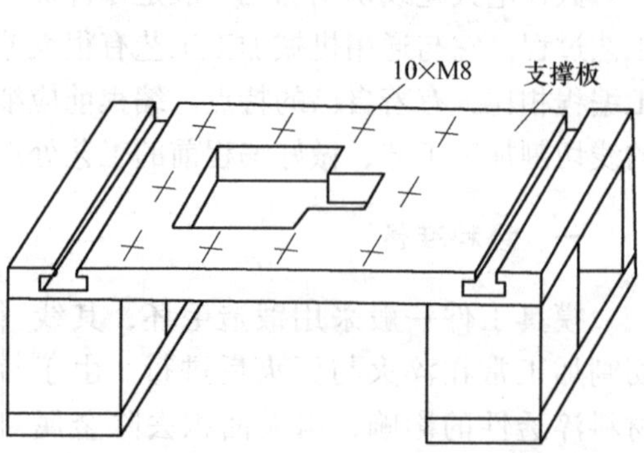

图5-6　板式支撑方式装夹工件

2. 工件位置的找正

采用上述方式安装后，还需进行位置找正，才能使零件的定位基准面分别与机床的工作台面及 X、Y 轴平行，以保证所切割的工件表面与基准面之间的相对位置精度。

（1）百分表找正　如图 5-7 所示，用磁性表座将百分表固定在丝架或其他位置上，百分表的测头与工件基准面接触，往复移动工作台，按百分表的指示值调整工件的位置，直至百分表指针的偏摆范围达到要求的数值。找正应在相互垂直的三个方向进行。

（2）划线找正　如图 5-8 所示，利用固定在丝架上的划针对正工件上的基准线或基准面，往复移动工作台，根据目测调整工件的位置，直至划针的运动轨迹同工件上的基准线或基准面完全吻合。该法用于精度要求不高的工件，也可以在表面较为粗糙的工件上进行。

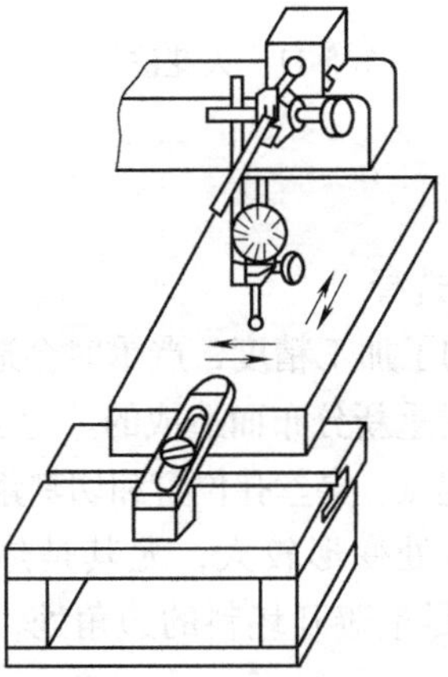

图 5-7　百分表找正

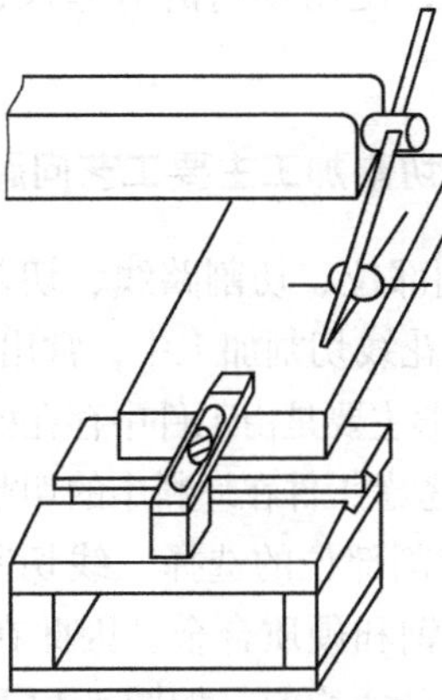

图 5-8　划线找正

（3）固定基面定位找正　如图 5-9 所示，利用通用或专用夹具上的定位基准面，将夹具的位置找正就可保证工件的正确加工位置。

3. 电极丝位置的找正

线切割加工前，应将电极丝调整到与工作台面垂直的位置。

（1）目测法　如图 5-10 所示，可以直接利用目测或借助 2~8 倍的放大镜进行电极

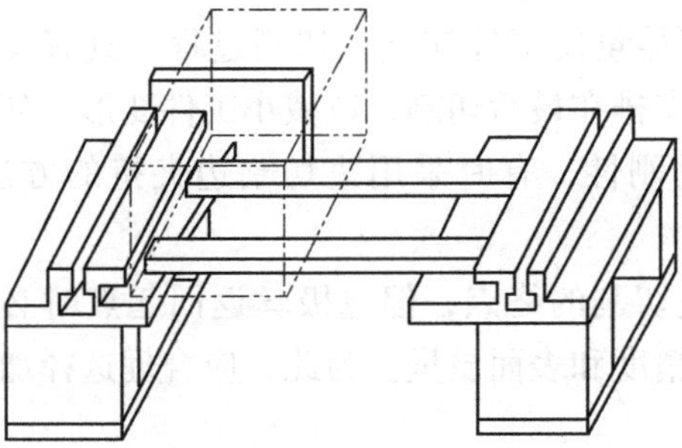

图 5-9　固定基面定位找正

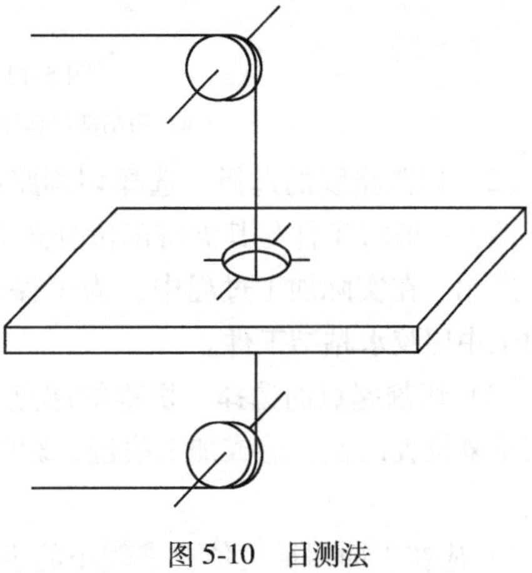

图 5-10　目测法

丝的找正。将电极丝移动到加工的起点上(穿丝孔中心)，利用穿丝处的十字基准线，分别沿划线方向观察电极丝与基准线的重合情况，调整电极丝的上、下导轮位置，直至在两个方向观察电极丝与基准线都重合为止。该法适用于加工精度不高的场合。

（2）火花法 如图 5-11 所示，从 *X*、*Y* 两个方向分别移动工作台，使电极丝逐渐逼近工件的基准面，若出现的火花上下均匀，则说明电极丝的位置已调整好。火花法适用于加工精度不高的场合。当精度要求较高时，使用专门的对丝仪，操作方法相同。

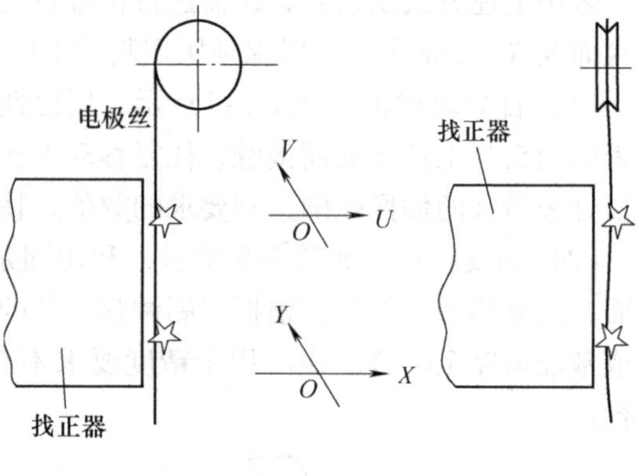

图 5-11 火花法

三、线切割加工主要工艺问题

1. 切割部位、切割路线、切割起点和穿丝孔位置的选择

在电火花线切割加工中，常出现加工变形问题，影响了加工精度，严重时会造成工件报废。工件变形主要是由工件中存在的内应力在线切割加工时重新分布而造成的。为了减少工件变形，必须考虑工件在坯料中的切割部位，合理选择切割起点、穿丝孔位置和切割路线。

（1）切割部位的选择 线切割加工时，坯料的边角处变形较大，尤其是热处理性能较差的淬火钢和硬质合金，因此在选择切割部位时，应尽量避开坯料的边角处，使切割轨迹距离各边尺寸均匀，如图 5-12 所示。

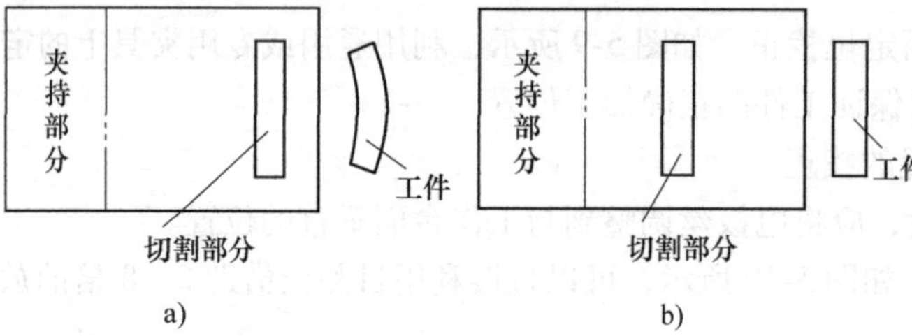

图 5-12 切割部位的选择

a）切割部位选择不当 b）切割部位选择合适

（2）切割路线的选择 选择切割路线时，应尽量使工件在整个切割过程中具有良好的刚性，一般将工件与其夹持部位分离的切割段安排在最后切割，以减小工件变形，如图 5-13 所示。在实际加工过程中，为了保持工件的刚性，有时采用边切割边夹持的方法，如加工中用胶水粘结工件。

（3）切割起点的选择 切割的起点一般也是切割的终点，但电极丝返回起点时必然存在重复位置误差，造成加工痕迹，影响了切割精度和表面质量。为此，应合理选择加工起点：

1）应在表面粗糙度值要求较小的表面上选择切割起点。

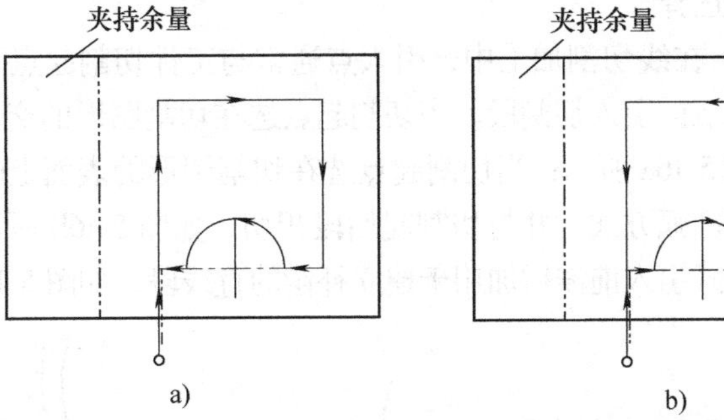

图 5-13　切割路线的选择

a）不正确　b）正确

2）应尽量在切割图形的交点上选择切割起点。

3）对于无切割交点的工件，切割起点应尽量选择在便于钳工修复的部位，如外轮廓的平面、半径大的弧面，要避免选择在凹入部分的表面上。

（4）穿丝孔位置的选择　使用穿丝孔切割工件，可使坯料保持完整，从而有利于保持刚度，减小工件变形。在切割起点确定后，可以确定穿丝孔的位置。一般穿丝孔加工在切割起点的附近、轨迹交点或便于计算的坐标点上，直径不宜太大或太小，一般为3~10mm，如图 5-14 所示。

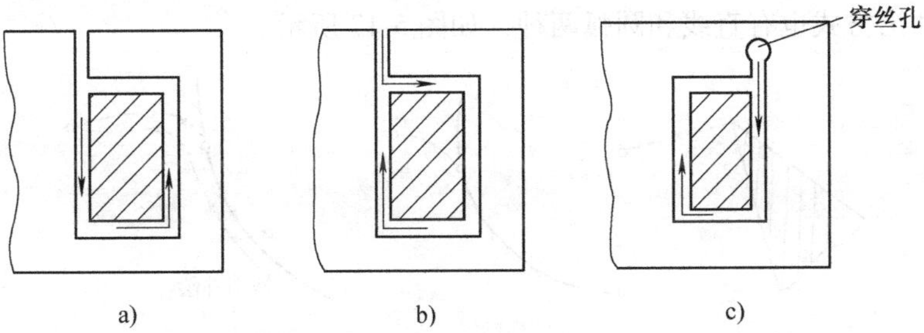

图 5-14　穿丝孔

a）不正确　b）不好　c）好

在同一块毛坯上要切出两个以上工件时，不能仅设一个穿丝孔就将所有工件一次性切割出来。加工大型工件时最好在加工轨迹上多设置几个穿丝孔，以便在切割中发生断丝时能够就近重新穿丝。切割带有封闭型孔的工件时，穿丝孔应位于待切割型孔内部。穿丝孔设在型孔中心，计算、操作方便，但无用的切入行程较长。对大型型孔工件，穿丝孔应设在靠近加工轨迹的边角处。切割外形时，可以将穿丝孔设在型面外边，靠近切割起点处。切割窄槽时，穿丝孔应设在图形的最宽处，如图5-15所示。

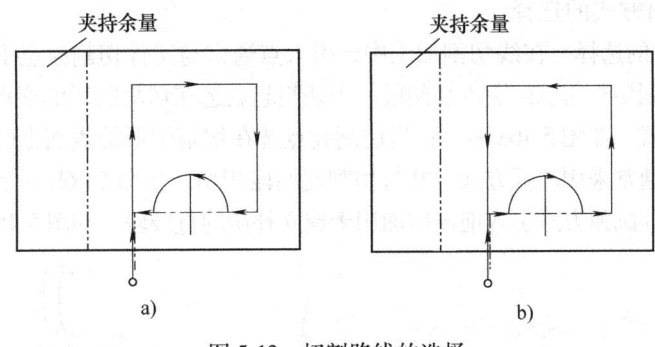

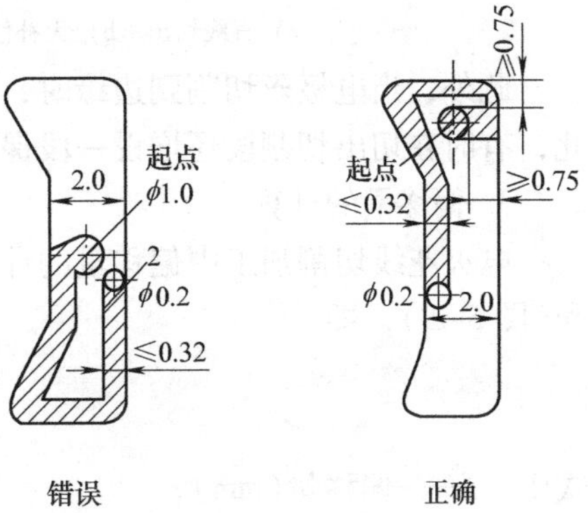

图 5-15　穿丝孔位置应选择在图形的最宽处

2. 引入和切出方式的选择

（1）引入方式的选择　在线切割加工中，引入点通常与工件切割起点不重合，这就需要一段从引入点切割到切割起点的引入切割段。当切割起点选在切割图形的交点上时，引入切割段通常采用直线方式，如图 5-16a 所示；当切割起点选在切割图形的表面上时，对于无补偿的切割，引入切割段通常采用圆弧方式，并与切割起始段相切，如图 5-16b 所示，对于带补偿的切割，引入切割段在圆弧方式引入前需增加用于建立补偿的直线段，如图 5-16c 所示。

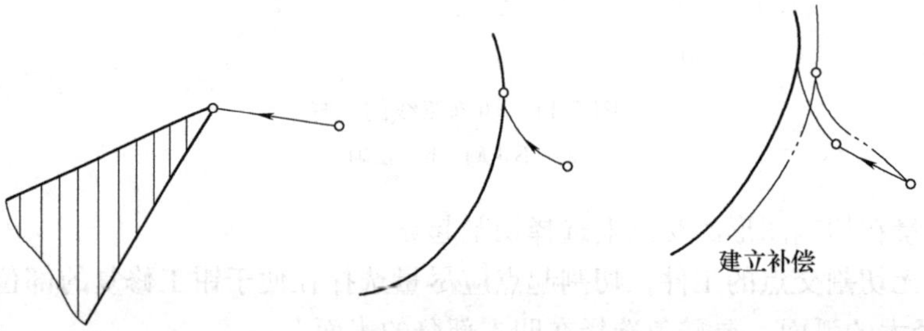

a)　　b)　　c)

图 5-16　引入方式

a）直线引入　b）无补偿切割的圆弧引入　c）带补偿切割的圆弧引入

（2）切出方式的选择　一般工件轮廓切割完后，还需增加一段切出切割段。与引入方式相同，切出方式也有直线和圆弧两种，如图 5-17 所示。

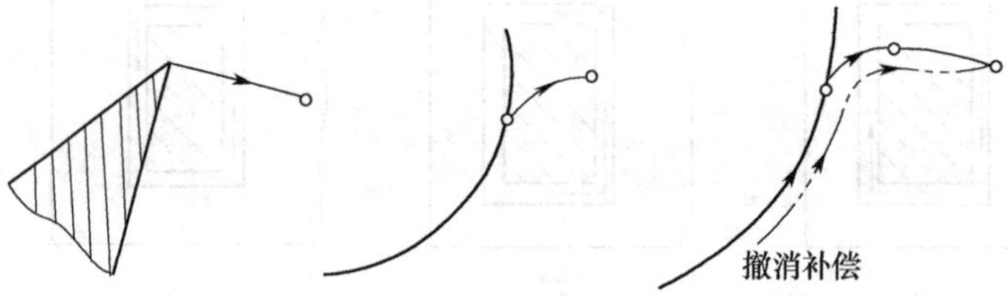

a)　　b)　　c)

图 5-17　切出方式

a）直线切出　b）无补偿切割的圆弧切出　c）带补偿切割的圆弧切出

此外，当电极丝切割到边缘时，材料易发生变形，会造成切口闭合而夹断电极丝。因此，有时在切出切割段还增设一段保护电极丝的切割段，如图 5-18 中的 $A'A''$ 切割段。

3. 偏移量的计算

电火花线切割加工中偏移量的计算比较简单，偏移量为电极丝半径与单边放电间隙之和(图 5-19)，即

$$f=\frac{d}{2}+\Delta$$

式中　f——偏移量(mm)；

d——电极丝直径(mm)；

Δ——单边放电间隙(mm)。

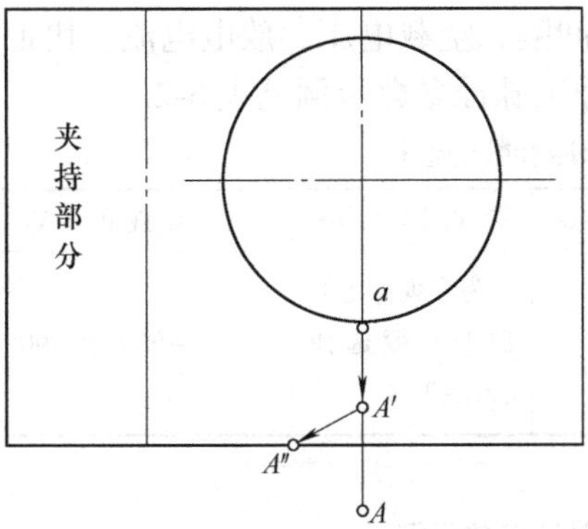

图 5-18　切出切割段中的保护切割段

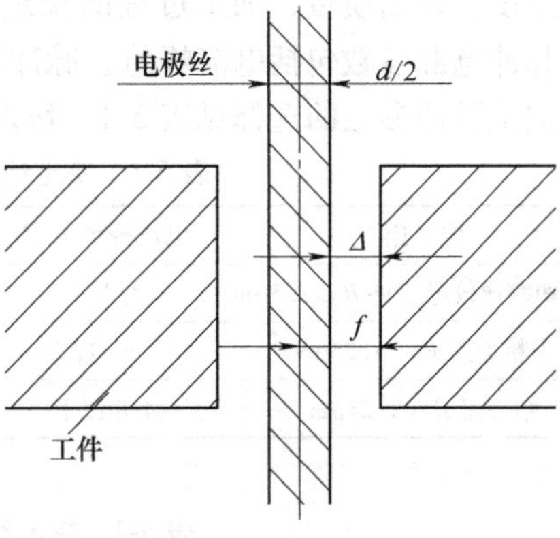

图 5-19　偏移量的计算

电极丝直径的选择应根据工件厚度和拐角尺寸大小来选择。若加工大厚度工件或大电流切割时应选较粗的电极丝，若加工带尖角、窄缝的小零件宜选用较细的电极丝。

放电间隙的大小与加工条件参数有关，可以通过查表(机床生产厂家提供的加工条件参数表)再计算得到。一般快走丝线切割加工时，取单边放电间隙 $\Delta = 0.01 \sim 0.02$mm。对于加工条件参数表中查不到的加工情况和加工精度要求很高的情况，可以通过切割一个正方形试件后实测得到。

第三节　数控电火花线切割加工工艺指标的主要影响因素

一、实现电火花线切割加工的基本条件

1. 电火花线切割加工必须采用直流脉冲电源

为了使电火花放电产生的热量来不及传导扩散出去，形成极小范围内的瞬时高温，使金属局部熔化、汽化，放电时间必须极其短促，一般小于 1ms。放电之后，为使介质有足够的时间恢复到绝缘状态，还需有一定的放电停歇时间，不然会引起持续的电弧放电。

2. 脉冲放电能量应足够大

放电通道要有很大的电流密度，脉冲放电产生的热量应足以使金属局部熔化或汽化。

3. 工件与工具电极之间必须保持合理的距离(即放电间隙)

如果两极间距离大于放电间隙，介质不能被击穿，无法产生火花放电；两极间距离小于放电间隙，会导致积炭，甚至发生电弧放电。

4. 两极间必须充入绝缘介质

线切割加工一般用去离子水或乳化液作为绝缘介质。绝缘介质是实现电火花放电的必要条件，它还有利于排出放电间隙中的电蚀产物，对工件和工具电极起到冷却作用。

二、脉冲电源参数

电火花加工用脉冲电源即脉冲发生器，它的作用是把普通 50Hz 的交流电转换成频率较高的单向脉冲电流，以使电极间隙产生电火花放电来蚀除金属。脉冲电源对放电加工的

加工速度、表面质量、加工过程的稳定性和工具电极的损耗等技术经济指标有很大的影响。脉冲电源参数包括电流峰值、脉冲宽度、脉冲间隔、空载电压、放电电流。快走丝线切割加工脉冲参数的选择见表5-1，快走丝线切割加工脉冲参数示例见表5-2。

表5-1 快走丝线切割加工脉冲参数的选择

应 用	电流峰值 I_c/A	脉冲宽度 t_i/μs	脉冲间隔 t_0/μs	空载电压/V
快速切割或较厚工件 $Ra>2.5\mu m$	大于12	20~40	为实现稳定的加工一般选择 $t_0/t_i=3\sim4$	一般为70~90
半精加工 $Ra=1.25\mu m$	6~12	6~20		
精加工 $Ra<1.25\mu m$	4.8以下	2~6		

表5-2 快走丝线切割加工脉冲参数示例

工件材料 WC　　工作液导电率 $10\times10^4\Omega\cdot cm$

电极丝直径 $\phi0.2mm$　　工作液压力 第一次切割 $1\sim2kg/cm^2$

电极丝张力 0.2A/(120g)　　第二次切割 $1\sim2kg/cm^2$

电极丝速度 6~10mm/min　　工作液流量 上/下5~6L/min

工件厚度/mm		加工条件编号	偏移量编号	电压/V	电流/A	速度/(mm/min)
20	1st	C423	H175	62	7.0	2.0~2.6
	2nd	C725	H125	60	1.0	7.0~8.0
	3rd	C755	H115	65	0.5	9.0~10.0
	4th	C785	H110	60	0.3	9.0~10.0
30	1st	C433	H174	32	7.2	1.5~1.8
	2nd	C725	H124	60	1.0	6.0~7.0
	3rd	C755	H114	60	0.7	9.0~10.0
	4th	C785	H109	60	0.3	9.0~10.0
40	1st	C443	H178	34	7.5	1.2~1.5
	2nd	C725	H128	60	1.5	5.0~6.0
	3rd	C755	H113	65	1.1	9.0~10.0
	4th	C785	H108	30	0.7	9.0~10.0
50	1st	C453	H178	35	7.0	0.9~1.1
	2nd	C725	H128	58	1.5	4.0~5.0
	3rd	C755	H113	42	1.3	6.0~7.0
	4th	C785	H108	30	0.7	9.0~10.0
60	1st	C463	H179	35	7.0	0.8~0.9
	2nd	C725	H129	58	1.5	4.0~5.0
	3rd	C755	H114	42	1.3	6.0~7.0
	4th	C785	H109	30	0.7	9.0~10.0

（续）

工件厚度/mm		加工条件编号	偏移量编号	电压/V	电流/A	速度/(mm/min)
70	1st	C473	H185	33	6.8	0.6~0.8
	2nd	C725	H135	55	1.5	3.5~4.5
	3rd	C755	H115	35	1.5	4.0~5.0
	4th	C785	H110	30	1.0	7.0~8.0
80	1st	C483	H185	33	6.5	0.5~0.6
	2nd	C725	H135	55	1.5	3.5~4.5
	3rd	C755	H115	35	1.5	4.0~5.0
	4th	C785	H110	30	1.0	7.0~8.0
90	1st	C493	H185	34	6.5	0.5~0.6
	2nd	C725	H135	52	1.5	3.0~4.0
	3rd	C755	H115	30	1.5	3.5~4.5
	4th	C785	H110	30	1.5	7.0~8.0
100	1st	C493	H185	34	6.3	0.4~0.5
	2nd	C725	H135	52	1.5	3.0~4.0
	3rd	C755	H115	30	1.5	3.0~4.0
	4th	C785	H110	30	1.0	7.0~8.0

1. 电流峰值

电流峰值指短路时放电电流的瞬时最大值，在其他参数不变时，电流峰值增大，切割速度明显增大，但表面质量会变差，电极丝的损耗加大甚至断丝。

2. 脉冲宽度

脉冲宽度是指脉冲电流持续的时间。在其他参数不变时，脉冲宽度增大，初期切割速度明显加快，但电蚀物随之增加，来不及排出，造成切割过程不稳，反而使切割速度下降，表面质量变差，电极丝的损耗加大甚至断丝。试验证明，改变脉冲宽度不如改变电流峰值对切割速度影响显著。

3. 脉冲间隔

脉冲间隔是指两个连续脉冲之间的时间，它直接影响平均电流。在其他参数不变时，脉冲间隔减小相当于增加了单位时间内的放电次数，平均电流增大，切割速度加快；但脉冲间隔过小，会造成电弧放电和断丝。

4. 空载电压

空载电压是指放电间隙被击穿之前的极间峰值电压，对电流峰值和加工间隙有影响。提高空载电压，加工间隙增大，切缝宽，易排屑，提高了切割速度和加工稳定性，但易造成电极丝振动，使加工表面质量变差，也会造成电极丝损耗增大。

5. 放电波形

电流波形的前沿上升比较缓慢时，电极丝损耗少，不过当脉冲宽度很窄时，必须要有陡的前沿才能进行有效的切割。在相同的工艺条件下，高频分组脉冲常常能获得较好的加工效果。

三、电极丝及走丝速度

1. 电极丝材料

电极丝不同，线切割加工的速度也不同。到目前为止，比较适合做电极丝材料的主要有钼丝、钨钼合金丝、纯铜丝、黄铜丝等。

2. 电极丝直径

线切割加工的蚀除量是切缝宽度与零件厚度的乘积。电极丝直径直接影响峰值电流的大小、切缝的宽窄，而切缝宽度影响排屑过程。电极丝直径小，允许的峰值电流小，切缝窄，不利于排屑，影响切割速度和稳定性；电极丝直径过大，造成切缝过宽，蚀除量多，反而影响切割速度，使加工表面质量变差。

3. 电极丝走丝速度

对于快走丝线切割加工，在一定范围内，提高速度有利于把工作液带入割缝冲走电蚀物，保持加工的稳定。对于厚件，提高速度有利于减少电极丝在加工区逗留的时间，减少电极丝的损耗。但走丝速度过高，将使电极丝的振动加剧，降低切割精度，使表面质量变差，易断丝。快走丝线切割加工走丝速度以小于 10m/s 为宜；慢走丝线切割加工电极丝张力均匀，振动小，加工稳定，表面质量较好。

四、工件厚度及材料

对于厚件，工作液难以进入放电间隙，加工稳定性差，但电极丝不易抖动，加工精度和表面质量好；但厚度过大时，排屑条件变差，导致切割速度下降。对于薄件，工作液易进入并充满放电间隙，对排屑有利，加工稳定性好；但工件太薄，电极丝易产生抖动，对加工精度和表面质量不利。

工件材料不同，熔点、汽化点、热导率等不同，加工效果也不同。例如加工铜、铝、淬火钢时，使用乳化液作为工作液，加工过程稳定，切割速度高；加工硬质合金时，加工过程比较稳定，表面质量好，切割速度低；加工不锈钢、磁钢、未淬火钢时，稳定性较差，切割速度低，表面质量差。

数控电火花线切割机的加工条件参数包括与放电脉冲设定有关的参数和与机械、控制有关的参数两大类。不同的数控电火花线切割机，加工条件参数的项目及其取值会有一定差异。加工时，若要求获得较小的表面粗糙度值，应该选用较小的脉冲参数；若要求获得较快的切割速度，应该选用较大的脉冲参数，但加工电流的增大受排屑条件及电极丝横截面积的限制，过大的电流易引起断丝。

五、工作液的准备

工作液对切割速度、表面粗糙度值、加工精度等影响较大，加工时应合理选配。常用的工作液主要有乳化液和去离子水。

(1) 快走丝线切割加工　一般采用质量分数为 10%左右的乳化液。乳化液是由乳化油和工作介质配置(质量分数为 8%~15%)而成的。工作介质可以是水，也可以是蒸馏水、高纯水、磁化水。

（2）慢走丝线切割加工　普遍采用去离子水，适当添加某些导电液，增加工作液的电导率，有利于提高切割速度。加工淬火钢时，一般使用电阻率为 $2\times10^4\Omega\cdot cm$ 左右的工作液，可达到较高的切割效果，如加工淬火钢。加工硬质合金时，电阻率一般在 $3\times10^5\Omega\cdot cm$ 左右。工作液电阻率过高、过低都有降低切割速度的倾向。

第四节　数控电火花线切割加工的程序编制

数控电火花线切割加工的编程格式主要有：3B、4B 格式和 ISO 代码格式。3B、4B 格式是较早的线切割数控系统的编程格式，而 ISO 代码格式是国际标准代码格式。但由于 3B、4B 代码格式应用仍然比较广泛，目前生产的数控电火花线切割机一般都能够接受这两种格式的程序。

一、3B 格式程序编制

1. 程序格式

3B 格式是一种无间隙补偿的程序格式，见表 5-3。

表 5-3　3B 代码格式

B	*X*	B	*Y*	B	*J*	G	Z
分隔符号	*X* 坐标值	分隔符号	*Y* 坐标值	分隔符号	计数长度	计数方向	加工指令

2. 各符号含义

（1）分隔符号 B　因为 X、Y、J 均为数值，用分隔符号 B 将其隔开，以免混淆。

（2）坐标值 X、Y　在 3B 格式中，采用相对（增量）坐标编程。加工斜线时，以加工起点为坐标原点，X、Y 值为终点坐标值，单位为 μm，但允许将 X 和 Y 值按相同的比例缩放；加工圆弧时，圆心为坐标原点，X、Y 值为圆弧起点的坐标值，单位为 μm；加工平行于 X 轴或 Y 轴的直线时，X 或 Y 值为 0，均可不写，但分隔符号必须保留。

（3）计数方向 G　有两种计数方向，即计 X 向和计 Y 向，分别写成 GX 和 GY。加工直线时，必须以进给距离较大的一坐标轴作为控制进给的计数方向。计数方向如图 5-20a 所示，以直线的起点为切割坐标系的原点，直线终点坐标 (X_e, Y_e) 落在阴影区域内，计数方向取 GY；直线终点坐标落在阴影区域外，计数方向取 GX；直线正好在 45°线上时，计数方向可任意选取。圆弧加工时，计数方向如图 5-20b 所示，以圆弧的圆心为切割坐标系的原点，圆弧终点坐标 (X_e, Y_e) 落在阴影区域内，计数方向取 GX；圆弧终点坐标落在阴影区域外，计数方向取 GY；圆弧终点正好在 45°线上时，计数方向可以任意选取。

（4）计数长度 J　计数长度是指工作台在计数方向上进给的总长度，单位为 μm。编程时，计数长度一般应补足六位，如计数长度为 1988μm，应写成 001988。加工直线时，计数长度等于该直线在计数方向上的投影长度。如图 5-21 中直线 OC 的计数长度为 $J_1 = |Y_e|$；加工圆弧时，应将该圆弧以坐标象限分段，计数长度等于各分段圆弧在计数方向上投影长度的总和，图 5-21 中圆弧 AB 的计数长度为 $J_2 = J_{X1} + J_{X2}$。

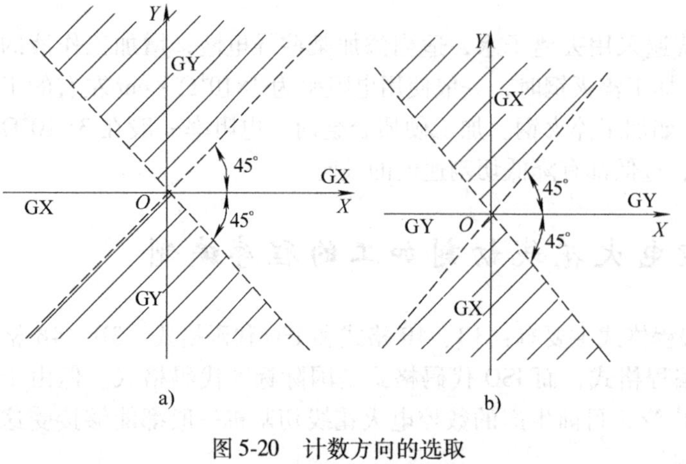

图 5-20 计数方向的选取

a）加工直线 b）加工圆弧

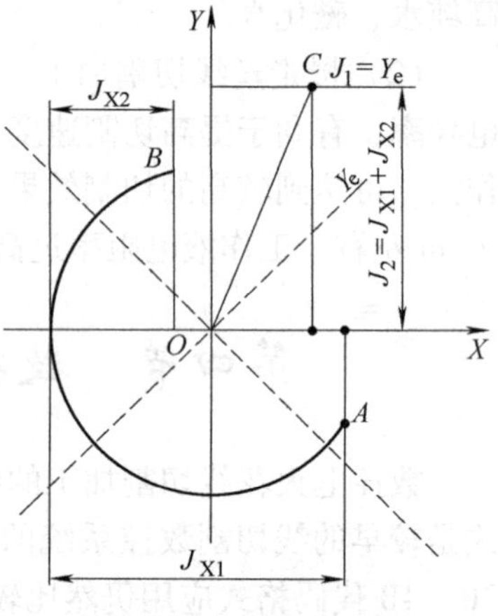

图 5-21 计数长度的确定

（5）加工指令 Z 加工指令 Z 是用来确定切割轨迹的形状，起点或终点，所在象限和加工方向等信息。数控系统根据这些指令，控制工作台进给方向实现自动加工。加工指令共 12 种，直线按走向和终点所在象限分为 L1、L2、L3、L4 四种，如图 5-22a 所示。如果

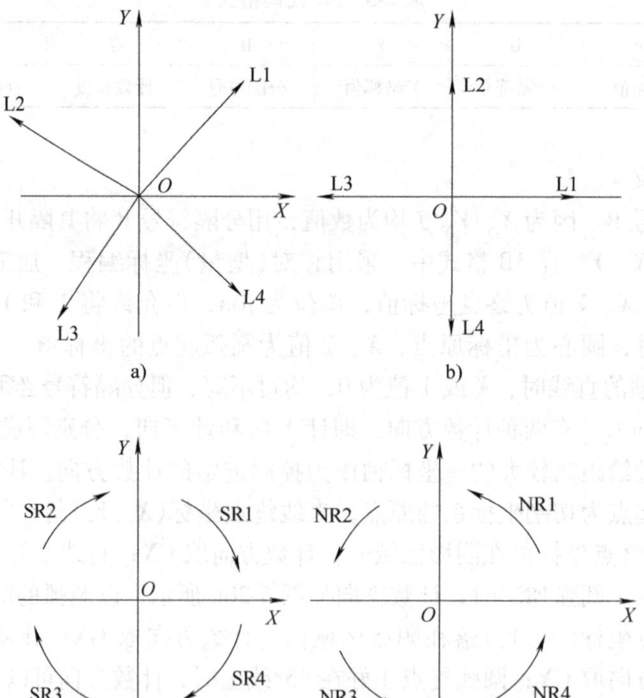

图 5-22 直线和圆弧的加工指令

a）直线终点在象限内 b）直线终点在坐标轴上 c）顺时针加工圆弧 d）逆时针加工圆弧

被加工线段与某坐标轴平行时，根据进给方向，亦可用 L1、L2、L3、L4，如图 5-22b 所示。圆弧按起点所在象限及走向(顺时针或逆时针)分为 SR1、SR2、SR3、SR4 及 NR1、NR2、NR3、NR4 八种，如图 5-22c、d 所示。如果圆弧起点刚好在坐标轴上，其指令可选相邻两象限中的任何一个。

二、4B 格式程序编制

4B 指令格式具有间隙补偿功能和锥度补偿功能。

间隙补偿指电极丝在切割工件时，电极丝中心运动轨迹能根据要求自动偏离编程轨迹一补偿量，此时按工件轮廓编程。显然，按工件轮廓编程比按电极丝中心运动轨迹编程要简单得多。当电极丝损耗，放电间隙变化后，无须改变程序，只需改变补偿量即可。

锥度补偿是指系统根据要求，同时控制 *X*、*Y*、*U*、*V* 四轴运动，*X*、*Y* 方向运动为工作台的运动，*U*、*V* 方向运动为上丝架导轮的运动。*U*、*V* 轴分别平行于 *X*、*Y* 轴。由于走的距离不同，使电极丝偏离垂直方向一个角度(即锥度)，从而切割出锥度工件来。

1. 程序格式

1）4B 指令是带“±”符号的 3B 指令，为了区别 3B 指令，称之为 4B 指令。±符号反映了间隙、锥度补偿信息，其他与 3B 指令完全一致，其格式见表 5-4。

表 5-4 4B 代码格式

±	B	*X*	B	*Y*	B	*J*	G	Z
正、负补偿	分隔符号	*X* 坐标值	分隔符号	*Y* 坐标值	分隔符号	计数长度	计数方向	加工指令

2）间隙补偿时，当实际轨迹的线段大于基准轮廓时，为正补偿，用“+”号表示；当实际轨迹的线段小于基准轮廓时，为表示负补偿，用“-”号表示。对于圆弧，规定以凸模为准，圆弧增大，正偏时加“+”号，圆弧减小，负偏时加“-”号。进行间隙补偿时，轨迹线与轨迹线之间必须是光滑连接，否则以圆弧过渡。

3）锥度切割时，必须使电极丝相对于垂直方向倾斜一个角度，倾斜的方向由第一条 4B 指令决定。若第一条指令之前加+号，则按如下规则倾斜电极丝；若加-号，则向相反方向倾斜电极丝。

① 若引入程序段是直线，则按照直线的法线方向倾斜电极丝，如图 5-23 所示。箭头方向即为电极丝的倾斜方向。

② 若引入程序段是圆弧，则电极丝的倾斜方向和切割起点的圆弧半径方向一致。锥度切割一般采用正锥度，所切割工件为上大下小；若要切割上小下大的工件，则可输入负的锥度角。

2. 编程举例

加工图 5-24 所示凹模，未注圆角半径为 1mm，机床脉冲当量为 0.001mm/脉冲，电极丝直径为 $\phi 0.15$mm，放电间隙值 $Z=0.014$mm，补偿值为 $f=0.089$mm/脉冲，圆弧中心 O_1 为穿丝孔位置，*a* 为程序起点，根据编程规则编写加工程序。图中细双点画线为电极丝中心运动轨迹。

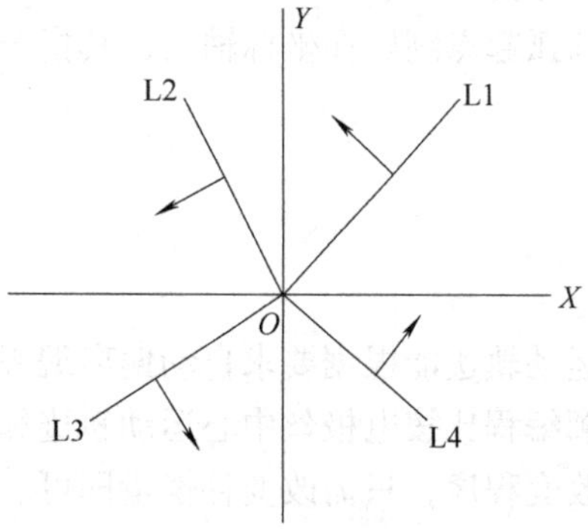

图 5-23　直线引入

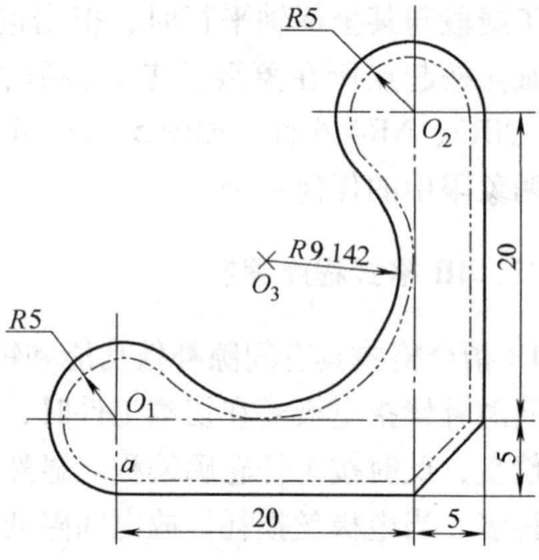

图 5-24　实例 1 图

1）不考虑锥度补偿、间隙补偿的 3B 加工程序如下：

N10　B0　B0　B4911　GY　L4；

N20　B0　B0　B19586　GX　L1；

N30　B0　B911　B644　GX　NR4；

N40　B4414　B4414　B4414　GY　L1；

N50　B144　B144　B144　GY　NR4；

N60　B0　B0　B19586　GY　L2；

N70　B4911　B0　B13295　GX　NR1；

N80　B6527　B6257　B18463　GY　SR1；

N90　B3473　B3473　B13295　GY　L2；

N100 B0　B0　B4911　GY　L2；

N110 D；

2）进行正锥度补偿，机床具有间隙补偿功能的 4B 加工程序如下：

N10　+B0　B0　B500　GX　L1；

N20　-B0　B0　B19586　GY　L4；

N30　-B1000　B0　B707　GX　SR4；

N40　-B4414　B4414　B4414　GY　L3；

N50　-B707　B707　B707　GX　SR4；

N60　-B0　B0　B19586　GX　L3；

N70　-B0　B5000　B13536　GX　SR3；

N80　+B6464　B646　B18284　GX　NR3；

N90　-B3536　B3536　B13536　GY　SR3；

N100 -B0　B0　B5000　GX　L3；

N110 D；

三、ISO 代码格式程序编制

1. 功能指令

在电火花线切割机所配置的数控系统中，使用的地址字母见表5-5。数控线切割系统常用的ISO指令代码见表5-6。这些指令绝大部分与数控铣床编程指令格式相同。

表5-5　地址字母表

地　址	意　义	地　址	意　义
N、O	顺序号	C	指定加工条件号
G	准备功能	M	辅助功能
X、Y、Z、U、V	坐标轴移动指令	A	指定加工锥度
I、J	指定圆弧中心坐标	RI、RJ	图形旋转的中心坐标
T	机械设备控制	RX、RY	图形或坐标旋转的角度 角度=arctan(RY/RX)
H	指定补偿偏移量		
P	指定调用的子程序号	RA	图形或坐标旋转的角度
L	指定子程序调用次数	R	转角R功能

表5-6　ISO指令代码

代码	功　能	属性	代码	功　能	属性
G00	快速定位	模态	G54	加工坐标系1	模态
G01	直线插补	模态	G55	加工坐标系2	模态
G02	顺时针圆弧插补	模态	G56	加工坐标系3	模态
G03	逆时针圆弧插补	模态	G57	加工坐标系4	模态
G04	暂停		G58	加工坐标系5	模态
G05	*X*轴镜像	模态	G59	加工坐标系6	模态
G06	*Y*轴镜像	模态	G80	移动轴到接触感知	
G08	*X-Y*轴交换	模态	G81	移动轴到机床极限	
G09	取消镜像和*X-Y*轴交换	模态	G82	移动到当前位置坐标的一半处	
G11	打开跳转(SKIP ON)	模态	G90	绝对坐标指令	
G12	关闭跳转(SKIP OFF)	模态	G91	增量坐标指令	
G20	英制	模态	G92	设置当前点的坐标值	
G21	米制	模态	M00	程序暂停	
G28	尖角圆弧过渡	模态	M02	程序结束	模态
G29	尖角直线过渡	模态	M05	忽略接触感知	模态
G40	取消电极丝补偿	模态	M98	子程序调用	模态
G41	电极丝左偏	模态	M99	子程序调用结束	
G42	电极丝右偏	模态	T84	起动工作液泵	
G50	消除锥度	模态	T85	关闭工作液泵	
G51	左锥度	模态	T86	起动走丝机构	
G52	右锥度	模态	T87	关闭走丝机构	

另外，数控线切割系统还可以使用T、M功能，实现起闭工作液泵、走丝机构、切割暂停、结束操作等操作。

2. 编程举例

编制图 5-25 所示零件的加工程序，不计电极丝直径与放电间隙。程序如下：

```
P1;                              程序名
N10  G92  X0  Y0;                设置坐标系，确定切割起点
N20  G01  X10000  Y0;
N30  G01  X10000  Y20000;
N40  G02  X30000  Y20000
          I10000  J0;
N50  G01  X30000  Y0;
N60  G01  X0  Y0;
N70  M02;                        程序结束
```

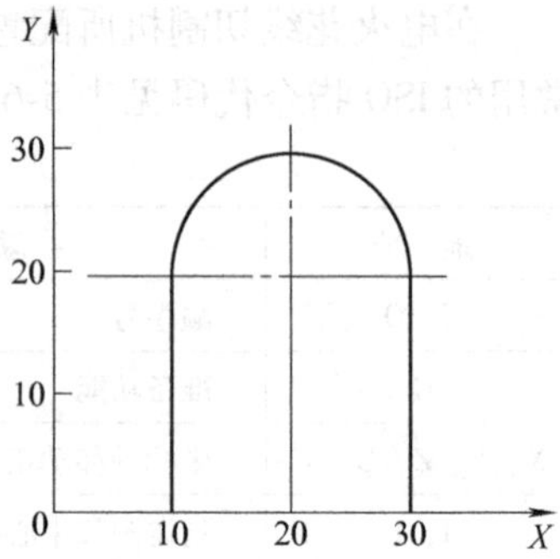

图 5-25　实例 2 图

思考练习题

5-1　试述数控电火花线切割加工原理。

5-2　试述数控电火花线切割加工特点。

5-3　简述数控电火花线切割加工应注意的主要问题。

5-4　简述数控电火花线切割加工的工件装夹方法。

5-5　简述 3B 与 4B 编程指令的异同点。

5-6　编写图 5-26 所示五个零件的加工程序，分别使用 3B 与 ISO 指令格式。

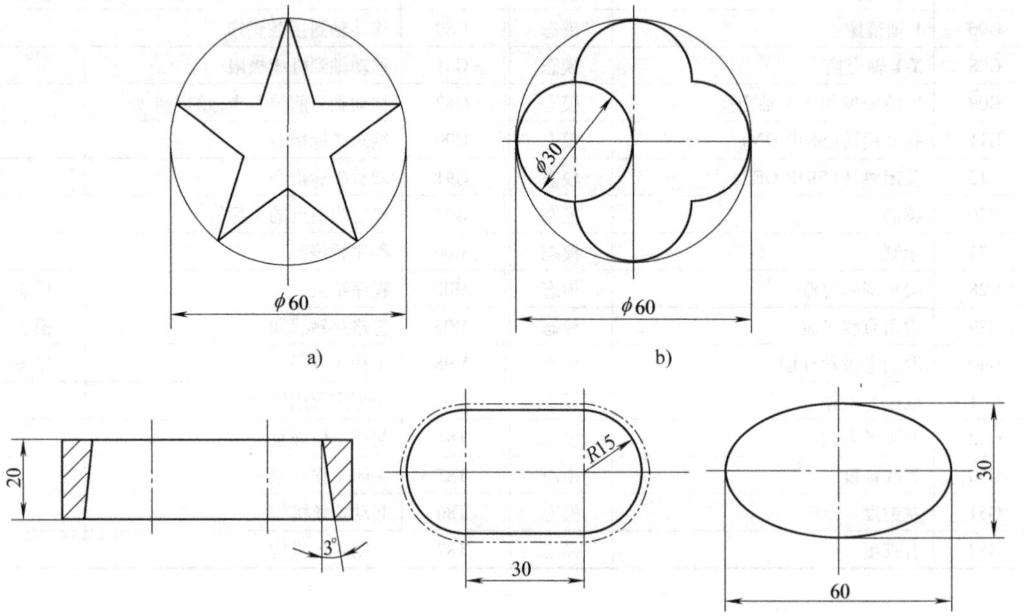

图 5-26　题 5-6 图

参 考 文 献

[1] 《机械工程师手册》编委会. 机械工程师手册[M]. 北京：机械工业出版社，2007.

[2] 晏初宏. 数控加工工艺与编程[M]. 北京：化学工业出版社，2004.

[3] 武文革. 金属切削原理及刀具[M]. 北京：国防工业出版社，2009.

[4] 《数控加工技师手册》编委会. 数控加工技师手册[M]. 北京：机械工业出版社，2007.

[5] 詹华西. 数控加工与编程[M]. 西安：西安电子科技大学出版社，2004.

[6] 徐宏海. 数控加工工艺[M]. 北京：化学工业出版社，2004.

[7] 华茂发. 数控机床加工工艺[M]. 北京：机械工业出版社，2004.

[8] 赵长明. 数控加工工艺及设备[M]. 北京：高等教育出版社，2003.

[9] 陈洪涛. 数控加工工艺与编程[M]. 北京：高等教育出版社，2002.

[10] 孙建东. 数控机床加工技术[M]. 北京：高等教育出版社，2001.

[11] 刘雄伟. 数控机床操作与培训教程[M]. 北京：机械工业出版社，2001.

[12] 黄康美. 数控加工实训教程[M]. 北京：电子工业出版社，2002.

[13] 张超英. 数控机床加工工艺、编程与操作实训[M]. 北京：高等教育出版社，2003.

[14] 睦润舟. 数控编程与加工技术[M]. 北京：机械工业出版社，2002.

[15] 惠延波. 加工中心的编程与操作技术[M]. 北京：机械工业出版社，2001.

[16] 韩鸿鸾. 数控机床加工程序的编制[M]. 北京：机械工业出版社，2003.

[17] 李蓓华. 数控机床操作工(中级)[M]. 北京：中国劳动社会保障出版社，2004.

[18] 张伯霖. 高速切削技术及应用[M]. 北京：机械工业出版社，2002.

[19] 严烈. 最新 MasterCAM 8 模具设计教程[M]. 北京：冶金工业出版社，2000.

[20] 杨国平. CAXA 制造工程师 2000 实用教程[M]. 北京：机械工业出版社，2001.

[21] 中国有色金属工业协会. GB/T 2076—2007 切削刀具用可转位刀片型号表示规则[S]. 北京：中国标准出版社，2007.

[22] 北京发那科机电有限公司. BEIJING-FANUC 0i-MA 系统操作说明书. 北京：北京发那科机电有限公司，2005.

[23] 西门子(中国)有限公司. SINUMEIK 840D/810D/FM-NC 编程指南. 北京：西门子(中国)有限公司，2006.